普通高等教育机电类规划教材

机械系统设计

第 2 版

主　编　朱龙根
参　编　王恪典　张　眉　高荣慧
　　　　付云忠　王　洪
主　审　郭可谦

机械工业出版社

本书是在 1992 年第 1 版的基础上修订的。本书从系统的观点出发，分析机械系统的特点，阐述机械系统设计的一般规律和方法。全书共分九章：第一章概述，第二章机械系统的方案设计与总体设计，第三章机械系统的载荷特性和动力机选择，第四章执行系统设计，第五章传动系统设计，第六章操纵系统设计，第七章控制系统设计，第八章机械系统的噪声及控制，第九章机械基础设计。

本书为高等学校机械设计制造及其自动化专业和机械设计类专业的教材，也可供有关专业师生和工程技术人员参考。

图书在版编目（CIP）数据

机械系统设计/朱龙根主编 .—2 版 .—北京：机械工业出版社，2001.5（2025.6 重印）

普通高等教育机电类规划教材
ISBN 978-7-111-03089-8

Ⅰ．机… Ⅱ．朱… Ⅲ．机械系统—系统设计—高等学校—教材
Ⅳ．TH

中国版本图书馆 CIP 数据核字（2001）第 20780 号

机械工业出版社（北京市百万庄大街 22 号　邮政编码 100037）
责任编辑：邓海平　蔡开颖　版式设计：霍永明　责任校对：刘志文
封面设计：方　芬　责任印制：刘　媛

三河市宏达印刷有限公司印刷

2025 年 6 月第 2 版·第 27 次印刷
184mm×260mm·18.5 印张·454 千字
标准书号：ISBN 978-7-111-03089-8
定价：49.80 元

电话服务　　　　　　　　　网络服务
客服电话：010-88361066　　机 工 官 网：www.cmpbook.com
　　　　　010-88379833　　机 工 官 博：weibo.com/cmp1952
　　　　　010-68326294　　金 书 网：www.golden-book.com
封底无防伪标均为盗版　　　机工教育服务网：www.cmpedu.com

第 2 版前言

本书第 1 版自 1992 年面世以来已历七载，根据机械设计及制造专业教学指导委员会 1997 年 4 月工作会议制定的教材编写出版规划，决定对本书进行修订。按教学指导委员会意见，综合了各兄弟院校的修改建议，并经编写组研究讨论提出如下修订原则：

（1）"机械系统设计"是专业教学指导委员会规定的专业主干课之一，设置本课程的目的是使学生通过本课程学习，能从整机的角度和系统的观点了解一般机械产品设计的规律和特点，拓展学生的知识面，扩大机械结构设计知识，增强机械设计能力，掌握机械产品设计基本方法和技术，结合课程设计和其他实践教学环节，培养学生具有开发设计性能良好的有市场竞争力的机械产品的初步能力。这也是本次修订的指导思想。

（2）机械系统设计涉及的内容很多，除本书已包涵的各章内容外，还应包括很多设计内容，如各种设计方法、液压系统设计、润滑系统设计、造型设计、摩擦学设计、可靠性设计、零部件结构设计、结构件设计、工艺分析、系统分析等等，但作为一门课程不可能包罗那么完整、全面。教材必须体现其内容的科学性、先进性与实践性，并处理好与相关课程内容的衔接、呼应和延伸，不过分强调内容的完整性和系统性。为此，本书以一般机械产品设计中的共性内容为重点，并与本专业课程体系中的其他课程一起构筑专业教学框架。各校应在教学中按各自的具体情况和特点作必要的增删。

（3）为了说明一般机械产品设计的共性规律和设计方法，应尽量从各个不同行业及机械中选择有代表性的典型实例，这也是拓宽学生知识面的需要。限于篇幅，在教材中不可能列入太多的典型实例，各校可在授课时补充或选择更有代表性的典型实例。

（4）本教材中的量和单位一律采用 GB/T3100~3102—1993《量和单位》的规定，物理量一般均采用首选符号。对于未列入国家标准而各行业采用不同符号的，本书均作统一处理。

本次修订时保留了第 1 版的基本体系和内容，有些则做了补充和修改，并增加了如下内容：

1）第四章执行系统设计中增加了常用机构的主要性能、特点及选择，以便于机构选型和执行系统设计。这部分内容可作为学生自学，不在课内讲授；

2）第五章传动系统设计中增加了液压传动及传动系统动力学设计概述；

3）第七章增加了常用控制电机和检测传感器简介；

4）增加了第八章机械系统的噪声及控制。噪声控制已成为现代机械设计的重要内容，越来越多的机电产品已将噪声指标列为产品性能指标。本专业学生应对机械系统的噪声机理、控制途径及测量方法有基本的了解；

5）各章都适当列出一些思考题。

参加本教材修订的人员有：杭州应用工程技术学院朱龙根（第一、二、九章及第八章部分），西安交通大学王恪典（第三章），四川大学张眉（第四、五章）、合肥工业大学高荣慧（第六章）、哈尔滨工业大学付云忠（第七章）、杭州应用工程技术学院王洪（第八章部分）。朱龙根任主编，北京航空航天大学郭可谦教授任主审。

诚望使用本教材的各校师生指正书中不当及错误，以使本教材不断改进、完善。

编　者
于杭州

第 1 版前言

本书是根据全国高等工业学校机械设计及制造专业教学指导委员会1988年3月制订的"机械系统设计"教材编写大纲编写的。

为市场提供优质高效、价廉物美的机械产品,以满足不断增长的社会生产活动和人们生活的需要,是机械产品设计的根本宗旨。

"机械系统设计"是机械设计及制造专业的主干必修课程之一。通过本课程的学习,使学生能从整机的角度和系统的观点了解一般机械产品设计的规律和特点,扩大机械结构知识,增强机械设计能力,掌握机械产品设计的基本方法和技术,并结合课程设计和实验等实践教学环节,培养学生具有开发设计性能良好的和有市场竞争力的机械产品的初步技能。

为此,本书在编写过程中力求从系统的观点出发,对机械系统的组成和设计要求进行分析,并介绍机械系统的主要组成部分的设计方法和原理。为使学生具有较宽广的知识和视野,有较强的工作适应能力,不仅有从事机械设计的基础知识和基本技能,有对机械设计中的具体技术问题进行分析和设计的能力,而且还具有对各类产业机械进行整机设计的初步能力,本书在内容的选择和安排上尽量注意拓宽专业面,结合典型机械设计实例,概括机械设计的一般规律和方法。讲授本课程约需50学时。

本书由合肥工业大学朱龙根副教授、东北工学院黄雨华副教授主编。具体编写分工:第一、八章及附录由朱龙根编写;第二章由江苏工学院蒋生发副教授编写;第三章由黄雨华编写;第四章由上海工业大学胡潮曾副教授编写;第五章由山东工业大学庄苁之副教授编写;第六章由吉林工业大学张家励副教授编写;第七章由哈尔滨工业大学黄开榜副教授编写。

本书在编写时注意理论联系实际,并努力遵循"少而精"的原则。第四章执行系统设计中不包含机构设计理论和方法的内容,这部分内容由"机构设计"课程进行系统的讲述。"机械工程控制基础"是本课程的先修课程之一,考虑到没有学过该课程的学生学习的需要,将有关机械系统控制的基础知识在附录中作一概要介绍。

本书由同济大学喻怀正教授主审。参加审稿会的还有哈尔滨工业大学孙靖民教授、西北工业大学沈允文教授、东北工学院崔广椿教授、大连理工大学欧宗瑛教授、吉林工业大学赵清副教授等。

本书在编写过程中得到全国高等工业学校机械设计及制造专业教学指导委员会的具体指导,尤其是合肥工业大学徐业宜教授、北京航空航天大学郭可谦教授对本书的指导思想和内容体系均提出了许多宝贵意见。此外,全国机械设计及制造专业教育研究会的兄弟院校也对本书的编写给予了很大的支持和帮助,编者在此一并表示由衷的感谢。

本书可作为机械设计类专业本科生教材,也可供有关专业师生和工程技术人员参考。

  限于编者水平，加之本课程是一门新开设的课程，很多问题都有待进一步探讨。因此，本书的缺点和不足，甚至谬误之处在所难免，殷切希望使用本书的各校师生和广大读者批评指正，编者将不胜感激。

编 者
1990 年 4 月

目 录

第 2 版前言
第 1 版前言
第一章　绪论 ………………………………… 1
　第一节　机械与机械系统 …………………… 1
　第二节　机械系统设计的任务 ……………… 5
　第三节　机械系统设计方法概述 …………… 15
　思考题 ………………………………………… 19
第二章　机械系统的方案设计与总体
　　　　设计 ………………………………… 20
　第一节　机械系统的方案设计 ……………… 20
　第二节　机械系统的总体设计 ……………… 30
　思考题 ………………………………………… 43
第三章　机械系统的载荷特性和动力机
　　　　选择 ………………………………… 44
　第一节　工作机械的载荷和工作制 ………… 44
　第二节　动力机的种类、机械特性及其
　　　　　选择 ……………………………… 54
　思考题 ………………………………………… 73
第四章　执行系统设计 ……………………… 74
　第一节　执行系统的组成、功能及分类 …… 74
　第二节　机构选型及常用执行机构的主要
　　　　　性能特点 ………………………… 81
　第三节　执行系统设计 …………………… 100
　思考题 ……………………………………… 105
第五章　传动系统设计 …………………… 106
　第一节　传动系统的功能和要求 ………… 106
　第二节　传动系统的类型及其选择 ……… 106
　第三节　传动系统的组成 ………………… 111
　第四节　传动系统的运动设计 …………… 131

　第五节　传动系统动力学分析概述 ……… 151
　思考题 ……………………………………… 162
第六章　操纵系统设计 …………………… 163
　第一节　操纵系统的功能和要求 ………… 163
　第二节　操纵系统的组成和分类 ………… 164
　第三节　操纵系统设计 …………………… 167
　第四节　操纵系统与人机工程学 ………… 175
　思考题 ……………………………………… 182
第七章　控制系统设计 …………………… 183
　第一节　控制系统的作用、分类和组成 … 183
　第二节　控制原理 ………………………… 185
　第三节　控制电机和位置检测装置 ……… 191
　第四节　伺服系统设计 …………………… 200
　思考题 ……………………………………… 217
第八章　机械系统的噪声及控制 ………… 218
　第一节　机械系统噪声的分类和特性 …… 218
　第二节　机械系统噪声控制 ……………… 223
　第三节　机械噪声测量简介 ……………… 235
　思考题 ……………………………………… 244
第九章　机械基础设计 …………………… 246
　第一节　机械基础的要求 ………………… 246
　第二节　机械基础的静力学计算 ………… 247
　第三节　机械基础的动力学计算 ………… 250
　第四节　机械基础的构造与材料 ………… 260
　第五节　机械基础的隔振简介 …………… 262
　思考题 ……………………………………… 267
附录 A　拉氏变换及其应用 ……………… 268
附录 B　传递函数和方框图 ……………… 273
附录 C　若干声学性能参考数据 ………… 279

第一章 绪 论

第一节 机械与机械系统

一、系统的概念

人类在长期的社会实践中认识到，客观事物是复杂的，为了准确而科学地把握和研究某一事物，除了必须研究和分析该事物的特性及其发展规律外，还必须研究和分析该事物与其周围相关事物之间的联系和作用，由此逐渐形成了系统的概念。"系统"这一概念是对世界上一切事物和现象的共性——系统性的高度概括。

所谓系统是指具有特定功能的、相互间具有有机联系的许多要素构成的一个整体。

一般认为，由两个或两个以上的要素组成的具有一定结构和特定功能的整体都可看作是一个系统。任何系统都具有一定的结构，任何系统都具有特定的功能。系统结构是指系统内部各要素相互联系的方式和作用秩序，系统功能是指系统对外部环境联系的效能和有利的作用。从系统结构构成的层次看，一个大的系统是由若干个小的系统组成的，这些小的系统常称为子系统。子系统又是由它所属的更小的子系统组成，大的系统本身也是其他的更大系统的组成部分。

由此看来，任何机械都是由若干装置、部件和零件组成的一个特定的系统，是由确定的质量、刚度和阻尼的物体所组成并能完成特定功能的一个系统。机械零件是组成机械系统的基本要素，部件、装置是组成机械系统的子系统。从系统结构的不同层次看，零件、部件、装置都可被看作是构筑机械系统的要素，它们按一定的结构形式相互联系和作用，以完成系统特定的功能。从高一个层次看，机械本身又是人—机—环境这个更大系统的组成部分。为了研究的方便，机械系统设计时，把机械本身构成的系统称为内部系统，而把人和环境构成的系统称为外部系统。内部系统与外部系统之间存在着一定的联系，即相互间有作用和影响，如图1-1a所示。外部系统对内部系统的作用和影响，对外部系统来说是输出，而对内部系统来说则是输入；反之，内部系统对外部系统的作用和影响，对内部系统来说是输出，而对外部系统来说则是输入，见图1-1b所示。

系统有下述一些特性：

(1) **整体性** 整体性是系统所具有的最重要和最基本的特性。系统是由若干个要素构成的统一体，虽然各要素具有各自不同的性能，但它们在结合时必须服从整体功能的要求，相互间须协调和适应。一个系统整体功能的实现，并不是某个要素单独作用的结果，或者说每一个要素对于系统整体都有影响，且影响有大有小，但都不具有独立的影响。一个系统的好坏，最终体现在其整体性能上。

因此，必须从整体着眼，即从全局出发确定各要素的性能和它们之间的联系，并不要求所有要素都具有完美的性能，对系统整体性能影响大、作用强的重要要素，应尽力提高其关键性能及保持其与相关要素的良好协调；对系统整体性能影响较小、作用较弱的次要要素，

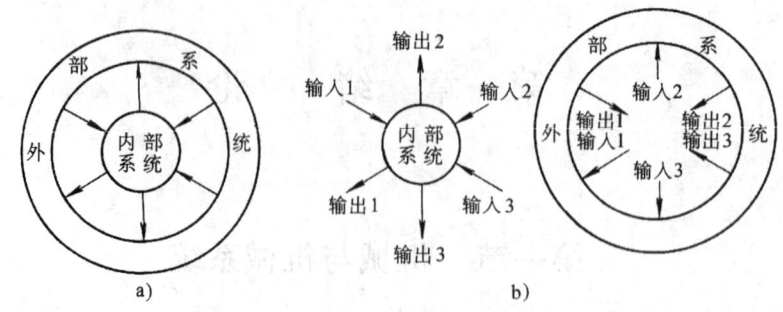

图 1-1 内部系统与外部系统
a) 内部系统与外部系统的联系　b) 系统的输入与输出

则不必追求其完善的性能，只要其与相关要素能保持必要的统一协调即可。

系统的整体性还反映在组成系统的各要素之间的有机联系上，正是这种联系，才使各要素组成一个整体，若失去了这种联系也就不存在整个系统。要素的随意组合不能构成系统。同样，在系统中不存在与其他要素不发生联系的独立要素。因此，系统是不能分割的，不能把一个系统分割成相互独立的子系统。

由于实际系统往往是很复杂的，为了研究的方便，可以根据需要把一个系统分解成若干个子系统，这与分割系统是完全不同的，因为在分解系统时始终没有忘记各子系统之间的联系，分解后的子系统都不是独立无关的，它们之间的联系分别由相应子系统的输入与输出表示。

（2）相关性　系统内部各要素（或子系统）之间是有机联系的，即相关的，它们之间相互作用、相互影响而形成特定的结构关系，包括各要素间的输入与输出关系、各要素间的层次联系、各要素的排列组合形式等。当某一要素的功能或性能改变时，通过系统特定的结构关系影响相关要素，进而对整个系统产生影响。组成系统的各要素虽然相同，但结构关系改变时，它们之间的作用和影响也随之改变，因而也将影响整个系统的功能，尤其是关键要素的联系方式和作用秩序改变时，对系统功能将有很大影响。

（3）目的性　系统的价值体现在其功能上，完成特定的功能是系统存在的目的。因此，系统的目的性是很明确的，即实现要求的功能，排除或减小有害的干扰。组成系统的要素和结构都对系统的功能有影响，但要素和（或）结构都不同的系统，也可有相同的功能，即功能有多解性。

（4）环境适应性　任何一个系统都存在于一定的物质环境中，外部环境的变化，会使系统的输入发生变化，甚至产生干扰，引起系统功能的变化。外部环境总是不断变化的，系统也总是处于动态过程中，稳态过程只是相对的、暂时的。因此，为了使系统运行良好，具有确定的特定功能，必须使系统对外部环境的各种变化和干扰有良好的适应性。

二、机械系统的组成

现代机械种类繁多，结构也愈来愈复杂，但从实现系统功能的角度看主要包括下列一些子系统：动力系统、传动系统、执行系统、操纵和控制系统等，如图 1-2 所示。每个子系统又可根据需要继续分解为更小

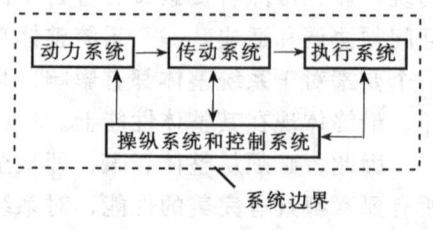

图 1-2 机械系统的组成

的子系统。

（一）动力系统

动力系统包括动力机及其配套装置，是机械系统工作的动力源。按能量转换性质的不同，动力机可分为一次动力机和二次动力机。一次动力机是把自然界的能源（一次能源）转变为机械能的机械，如内燃机、汽轮机、燃气轮机等，其中内燃机广泛用于各种车辆、船舶、农业机械、工程机械等移动作业机械，汽轮机、燃气轮机多用于大功率高速驱动的机械。二次动力机是把二次能源（如电能、液能、气能）转变成机械能的机械，如电动机、液压马达、气压马达等，它们在各类机械中都有广泛应用，其中尤以电动机应用更为普遍。由于经济上的原因，动力机输出的运动通常为转动，而且转速较高。

选择动力机时，应全面考虑现场的能源条件，执行系统的机械特性和工作制度，机械系统的使用环境、工况、操作和维修，机械系统对起动、过载、调速及运行平稳性等要求，并应有良好的经济性和可靠性。

（二）执行系统

执行系统包括机械的执行机构和执行构件，是利用机械能改变作业对象的性质、状态、形状或位置，或对作业对象进行检测、度量等，以进行生产或达到其他预定要求的装置。

执行系统通常处在机械系统的末端，直接与作业对象接触，其输出是机械系统的主要输出，其功能是机械系统的主要功能。因此，执行系统有时也被称为机械系统的工作机。执行系统功能及性能，直接影响和决定机械系统的整体功能及性能。功能有多解性，为实现机械系统的特定功能，可有多种执行系统方案，但各方案的其他功能及性能指标，如可靠性、经济性、动力学特性等往往不尽相同。因此，对执行系统尤应进行多方案的技术、经济分析比较，以便择优选用。

（三）传动系统

传动系统是把动力机的动力和运动传递给执行系统的中间装置。传动系统有下列主要功能：

(1) 减速或增速　把动力机的速度降低或增高，以适应执行系统工作的需要。

(2) 变速　当用动力机进行变速不经济、不可能或不能满足要求时，通过传动系统实行变速（有级或无级），以满足执行系统多种速度的要求。

(3) 改变运动规律或形式　把动力机输出的均匀连续旋转运动转变为按某种规律变化的旋转或非旋转、连续或间歇的运动，或改变运动方向，以满足执行系统的运动要求。

(4) 传递动力　把动力机输出的动力传递给执行系统，供给执行系统完成预定任务所需的功率、转矩或力。

传动系统在满足执行系统上述要求的同时，应能适应动力机的机械特性，尽量简单。如果动力机的工作性能完全符合执行系统工作的要求，传动系统也可省略，而将动力机与执行系统直接连接。

（四）操纵系统和控制系统

操纵系统和控制系统都是为了使动力系统、传动系统、执行系统彼此协调运行，并准确可靠地完成整机功能的装置，二者的主要区别是：操纵系统多指通过人工操作以实现上述要求的装置，通常包括起动、离合、制动、变速、换向等装置；控制系统是指通过人工操作或测量元件获得的控制信号，经由控制器，使控制对象改变其工作参数或运行状态而实现上述要求的装置，如伺服机构、自动控制装置等。良好的控制系统可以使机械处于最佳运行状态，提高其运行稳定性和可靠性，改善操作条件，并有较好的经济性。

此外，根据机械系统的功能要求，还可有润滑、计数、行走、转向等系统。

三、现代机械的功能要求

现代机械的功能要求非常广泛，不同机械因其工作要求、追求目标和使用环境的不同，其具体功能的要求也有很大差异。

例如，起重机械是一种有间歇运动的机械，主要用于物料的装卸。其作业过程一般是：从取物地点由起升机构把物料提起，由运行机构、回转机构或变幅机构把物料移位，到指定地点后下降以卸下物料，然后反向运动回到原位或移动到一个新的作业地点，进行下一次作业。在两次作业之间，一般有短暂的停歇。所以，起重机械工作时，各机构和构件经常处于起动、制动和正向、反向等相互交替的有停歇的运动状态中。因此，起重机械的基本功能要求是起升重量、起升高度、起升速度、运行速度、生产率、作业范围及经济性，以及工作过程的安全性、可靠性、稳定性、操纵性、对周围环境的适应性等。对于汽车起重机还要求有良好的机动性，对于大跨度龙门起重机则还要求大车运行时两侧门腿移动的同步性等。

又如，塑料注射成型是一种将塑料熔体以高速高压注入到模具型腔内，经冷却定型，得到成型塑料制品的加工方法。其主要作业过程是：将粒状原料塑化熔融，成型模闭合，将熔料注射入模，保持成型模闭合适当时间，待制品冷却固化成型后，开模取出制品。因此，塑料注射成型机的基本功能是：计量原料并使之塑化熔融，将熔料以所需速度和压力射出，成型模具的开、合、锁紧与保压，工艺参数（压力、速度、温度、时间等）须根据不同制品和原料进行调整和控制。此外还应保证制品的尺寸精度和稳定性，提高塑化能力、冷却速度与生产率，以及工作过程的安全性、可靠性及热稳定性等。

各种机械的功能要求大体可归纳为：

（1）运动要求　如速度、加速度、转速、调速范围、行程、运动轨迹以及运动的精确性等。

（2）动力要求　包括传递的功率、转矩、力、压力等。

（3）可靠性和寿命要求　包括机械和零部件执行功能的可靠性、零部件的耐磨性和使用寿命等。

（4）安全性要求　包括强度、刚度、热力学性能、摩擦学特性、振动稳定性、系统工作的安全性及操作人员的安全性等。

（5）体积和重量要求　如尺寸、重量、功率质量比等。

（6）经济性要求　包括设计和制造的经济性、使用和维修的经济性等。

（7）环境保护要求　如噪声、振动、防尘、防毒、"三废"（废气、废水、废渣）的排放和治理、周围人员和设备的安全保护等。

（8）产品造型要求　如外观、色彩、装饰、形体及比例、人—机—环境的协调性和宜人性等。

（9）其他要求　不同机械还可有一些特殊要求，如精密机械要求能长期保持其精度并有良好的防振性；经常搬运的机械要求安装、拆卸、运输方便；户外型机械要求良好的防护、防腐和密封；食品和药品加工机械要求不污染被加工产品等。

第二节 机械系统设计的任务

机械系统设计的最终目的是为市场提供优质高效、价廉物美的机械产品，在市场竞争中取得优势、赢得用户，并取得好的经济效益。

产品质量和经济效益取决于设计、制造和管理的综合水平，而产品设计则是关键。没有高质量的设计，就不可能有高质量的产品。没有经济观点的设计人员，绝不可能设计出经济性好的产品。据统计，产品质量事故，约有50%是设计不当造成的；产品的成本，60%～70%取决于设计。因此，机械系统设计时，特别强调和重视从系统的观点出发，合理确定系统功能，提高可靠性，提高经济性，保证安全性。

一、从系统的观点出发

从系统的观点出发是指机械系统设计时，采用内部系统设计与外部系统设计相结合的方法，既要重视内部系统设计，也要重视内、外系统的联系。

传统的设计方法多偏重内部系统设计，且以改善零部件的特性为重点，至于各零部件之间、外部环境与内部系统之间的相互作用和影响考虑较少。因此，虽然对零部件的设计考虑得很仔细，但设计的系统仍然不够理想。零部件的设计固然应该给予足够的重视，但全部用好的零部件未必能组成好的系统，其技术性能和经济效益未必能实现良好的统一。

因此，不应只考虑各零部件的工作状态和性能，不能追求局部的最好，而应该在满足系统整体工作状态和性能最好的前提下，确定各零部件的基本要求及它们之间的协调和统一。

同时，应在调查研究的基础上，搞清外部环境对该机械的作用和影响，如市场对该机械的要求（包括功能、价格、销售量、尺寸、质量、工期、外观等）和约束条件（包括资金、材料、设备、技术、人员培训、信息、使用环境、后勤供应、检修、售后服务、基础和地基、法律与政策等），这些都对内部系统设计有直接影响，不仅影响机械系统的总体方案、经济性、可靠性和使用寿命等指标，也影响具体零部件的性能参数、结构和技术要求，甚至可导致设计失败。

此外，也不能忽略机械系统对外部环境的作用和影响，包括该产品投入市场后对市场形势、竞争对手的影响，该产品运行中对环境、操作人员及周围其他人员的影响等。

内部系统设计与外部系统设计相结合是系统设计的特点，它可以使设计尽量做到周密、合理、少走弯路，避免不必要的返工和浪费，以尽可能少的投资获取尽可能大的效益，其技术、经济、社会效果，往往随系统复杂程度的增加而越趋明显。

二、合理确定系统功能

一项产品的推出总是以社会需求为前提，或为满足社会生产活动的需要，或为满足人们生活的需要。没有需求就没有市场，也就失去了产品存在的价值和依据。而社会的需求是变化的，不同时期、不同地点、不同的社会环境就会有不同的市场行情和要求。产品应不断地更新改进，适应市场的变化，否则就会滞销积压，造成浪费，影响企业的经济效益，严重时甚至导致企业倒闭。所以，设计师必须确立市场观念，以社会需求和为用户服务作为最基本出发点。

所谓需求，就是对功能的需求。用户购买产品实际就是购买产品的功能。

按功能的性质可分为基本功能和辅助功能。基本功能是用户直接要求的功能，体现了产品存在的基本价值。辅助功能是为了实现基本功能而附加在产品上的功能，是实现基本功能的手段。根据功能的多解性原理，为实现同一基本功能可采用不同的辅助功能，辅助功能不同则技术方案也不同，甚至有根本性差别，例如，为了实现执行构件的直线移动功能（这是产品要求的基本功能），可以采用曲柄滑块机构、齿轮齿条机构、螺旋机构、气压缸、液压缸、近似直线机构或直线移动电动机等不同的技术方案，各方案所需的辅助功能有很大差别。

辅助功能往往不是一个而是一群，如上述用曲柄滑块机构实现直线运动的方案中，需要在产品中附加上曲柄的转动功能（为此还要有曲柄轴的回转支承、回转运动的输入、曲柄存在条件的满足等次级功能）、滑块直线运动的导向功能（为此还要解决导向方式、导向构件、导向精度、导向件间隙调整等次级功能），以及曲柄与滑块的连接功能（为此还要解决连杆与曲柄的连接、连杆与滑块的连接、连接处间隙调整、连杆平衡等次级功能）。

在辅助功能群中包含有很多辅助功能及大量的次级功能，它们应该都是必要功能，但设计考虑不周时常会含有一些多余功能，如强度过剩、精度过高、寿命过长、多余约束等。

按功能满足用户要求的性质可分为使用功能和外观功能。使用功能是指能够满足用户使用要求的功能，是体现产品实际使用价值的功能，当然属必要功能。外观功能是指在使用功能基础上，对产品起美化、装饰作用的功能，可以起到增加产品竞争力和吸引顾客的作用。外观功能应服从使用功能，要在保证产品性能好、质量高的基础上，讲究造型、色彩、装饰等功能，为此适当多花费一些成本是必要的，尤其是投向国际市场的产品，更应对外观功能下足够的功夫。对外观功能无要求的产品，如地下管道、海底电缆等，则在外观上的任何费用支出都是多余的。

无论实现哪种功能都须成本投入。价值工程中常用价值来评价功能与成本的统一程度，即产品的价廉物美程度。价值可表示为

$$V = \frac{F}{C} \tag{1-1}$$

式中　V——评价对象或产品的价值；
　　　F——评价对象或产品的功能；
　　　C——评价对象或产品的成本。

为了提高产品的价值，一般可以采取下述五种措施：①增加功能，成本不变；②功能不变，降低成本；③增加一些成本以换取更多的功能；④降低一些功能以使成本更多的降低；⑤增加功能，降低成本。显然，最后一种是最理想的，但也是最困难的。

在进行价值分析时，常利用式（1-1）进行定量分析，此时需将功能 F 量化为货币量，即把功能 F 表示成实现功能的最低费用，称为功能评价值；取 C 为功能现实成本，即实现该功能所花的实际成本。比值 V 称为功能价值。

功能评价值 F 的大小与实现该功能的难易程度有关。较难实现的功能，其功能评价值较高；较易实现的功能，其功能评价值较低。由于生产同类产品的各家企业的设备条件、技术水平、生产经营管理状况不同，各家实现相同功能的所花费用也不同。因此，功能评价值应是在可比范围内（一般指全国范围内或生产同种产品的行业范围内）实现相同功能的最低费用。功能评价值也可按用户所能接受的价格按式（1-2）确定

$$F = D - (I_i + B_p) \tag{1-2}$$

式中 D——用户在现有条件下认可的价格,可通过市场预测估计获得;

I_i——产品的预期利润和税金;

B_p——单位产品销售费用。

价值分析时,如 $V=1$,说明实现功能的现实成本 C 与实现功能的最低费用 F 相等,这是比较理想的状况;如 $V<1$,说明实现功能的现实成本 C 高于其最低费用 F,应设法降低现实成本 C,以提高功能价值 V;如 $V>1$,应查证现实成本 C 与最低费用 F,若确实无误,应将最低费用 F 提高为现实成本 C,即将功能价值 V 调整到等于1。

因此,确定系统功能时,应遵循保证基本功能、满足使用功能、剔除多余功能、增添新颖功能、恰到好处地利用外观功能的原则,降低现实成本,提高功能价值,力求使产品达到尽善尽美的境地。

三、提高可靠性

可靠性是指产品在规定的条件下和规定的时间内完成规定功能的能力。可靠性是衡量产品质量的一个重要指标。

所谓"产品"是泛指单独进行研究和试验考核的对象,可以是零件、部件、装置,也可以是整机系统。"规定条件"是指对产品进行可靠性考核时所规定的使用条件和环境条件,包括载荷状况、工作制度、应力水平、温度、湿度、尘砂、腐蚀等,也包括操作规程、操作技术、维修方法等,凡是影响产品功能的使用条件和环境条件均需明确规定。"规定时间"是指对产品可靠性考核时所规定的时间,包括运行时间、应力循环次数、汽车行驶里程等,因为可靠性是时间的函数。"规定功能"是指对产品考核的具体功能,产品规定功能的丧失称为失效,对丧失的规定功能可修复的产品其失效也称故障。

可靠性技术是研究产品发生故障或失效的原因及预防措施的一门技术。目前,可靠性技术已开始用于机械系统设计。

(一)衡量可靠性的指标。

能度量产品可靠性程度的数值量都可以作为可靠性的指标,它们都是带有统计性质的概率,常用的有下述几种:

(1) 可靠度 $R(t)$ 可靠度是指产品在规定的条件下和规定的时间内完成规定功能时不发生故障或失效的概率。可靠度 $R(t)$ 也称可靠度函数,$0 \leqslant R(t) \leqslant 1$。

(2) 失效概率 $F(t)$ 失效概率是指产品在规定的条件下和规定的时间内完成规定功能时发生故障或失效的概率。失效概率 $F(t)$ 也称不可靠度,$0 \leqslant F(t) \leqslant 1$。因为失效与不失效是对立事件,所以 $F(t) = 1 - R(t)$。

(3) 失效率 $\lambda(t)$ 失效率是指产品工作到某一时刻后,在单位时间内发生失效或故障的概率。失效率 $\lambda(t)$ 也称故障率,常用单位为 $1\%/(10^3 h)$ 或 $1\%/(10^6 h)$。对于可靠性很高、失效率很小的产品,则用 Fit(Failure Unit)作为单位,$1 Fit = 1\%/(10^9 h)$。

(4) 平均无故障工作时间 MTBF MTBF(Mean Time Between Failures)是指产品在使用寿命期内的某段观察期间累积工作时间与故障次数之比,是用于衡量可修复产品的可靠性指标。

(5) 失效前平均工作时间 MTTF MTTF(Mean Time To Failure)是指发生故障后不能修复的产品从开始使用直至失效的平均工作时间。

(6) 维修度 $M(t)$ 维修度是指在规定条件下使用的产品,在规定时间内按照规定的程序和方法进行维修时，保持或恢复到能完成规定功能状态的概率。

(7) 有效度 $A(t)$　　有效度是可修复产品在规定的使用、维修条件下，在规定时间内，维持其功能处于正常状态的概率。有效度 $A(t)$ 也称可用率，可用观察期间内产品能工作时间对能工作与不能工作时间和之比来衡量。

此外，还有一些衡量可靠性的指标。不管哪一种可靠性指标，都只是衡量和评价产品可靠性的某一方面特征的尺度。对于不同产品应根据其不同的特点或习惯采用合适的可靠性指标。机械类产品常用的可靠性指标有可靠度 $R(t)$、失效率 $\lambda(t)$、有效度 $A(t)$ 及平均无故障工作时间 MTBF（汽车、车辆则用行驶里程数）。

(二) 提高机械系统可靠性的措施

提高系统可靠性的最有效方法是进行可靠性设计。进行可靠性设计时必须掌握影响可靠性的各种设计变量的分布特性和数据，还要建立从研究、设计、制造、试验直至管理、使用和维修以及评审的一整套可靠性计划。当缺乏这些必要的数据和统计变量时，了解影响机械系统可靠性的因素，采取下述一些措施，对提高机械系统可靠性也是有益的。

1. 分析失效，查找原因

机械系统工作时，由于各种原因难免发生故障或失效。如果能在研究和设计阶段对可能发生的故障或失效进行预测和分析，掌握其原因，并采取相应的预防措施，则系统的失效率将会减小，可靠性也随之提高。为了使失效分析做得比较全面和切合实际，应对现有系统或同类系统进行质量调查和用户访问，收集失效实例，分析失效原因，对重要的系统应建立失效档案，特别是对典型的重大失效案例应召开失效分析会，请有关专家和人员进行详尽分析，以此积累经验和资料，作为指导和改进设计的根据。

2. 把可靠性设计到零部件中去

机械系统的可靠性是由零部件的可靠性保证的，只有零部件的可靠性高，才能使系统的可靠性高。但是，并不意味着全部零部件都要有高的可靠性。对系统可靠性有关键影响的零部件通常是系统的重要环节，这些零部件必须保证其必要的可靠性。而有些零部件对系统功能的影响较弱，在系统中的重要度较低，其可靠性的要求相对可低些。对于那些价值较低、整机可靠性要求不高的系统，其零部件的可靠性要求也相应较低。

总之，机械系统设计时应从整体的、系统的观点详细分析其输入、输出，把握功能结构要求，尽量减小不稳定因素的干扰。对于可靠性要求很高的零部件，应进行可靠性分析和设计，消除薄弱环节，必要时可采用减额使用的办法，使其工作负荷低于额定值，减少超负荷工作的几率；或采用冗余技术，即加大可靠性的贮备，如用并联系统代替串联系统、采取载荷分流和均载等技术措施。采用冗余技术对提高系统可靠性是最有效的，但会相应地增加系统的复杂性，增加制造成本和维修费用。

3. 提高维修性

维修是保持或恢复功能的技术措施。维修性是指在规定的条件下和规定的时间内按规定的程序和方法进行维修时，保持或恢复产品功能的能力。因此，维修性也可看作是维护产品可靠性的能力。

任何机械系统在使用过程中都会因各种原因而发生故障，随着服役时间的增加，故障率一般也会变化。机械系统典型的故障率曲线如图 1-3 所示，因其形状象浴盆，故常称浴盆曲线。根据故障率的变化趋势，通常将故障分为初期故障、偶发故障和耗损故障。

初期故障通常是由系统中某些可靠性较差的零部件引起的，也可由设计中的不当或制造装配中的缺陷引起，也会在系统进行大修理或改造后重新投入使用的初期出现。初期故障的特点是故障率高，但故障率下降很快。当系统中的薄弱环节和缺陷得到改进或在一定条件下通过适当的试运行、调整、跑合，初期故障率可以减小。

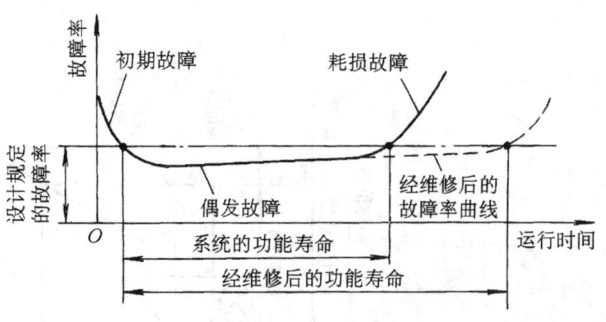

图 1-3　机械系统典型的故障率曲线

当初期故障阶段结束后，系统进入正常运行时期，其故障率小而稳定。此时的系统故障主要是由一些偶发的因素引起的，如操作不当、运行条件的突然变化和过载、零部件的偶然性缺陷等，所以这时的故障常称为偶发故障。偶发故障所对应的运行时间是系统能有效工作的时间，称为系统的功能寿命或有效寿命。

随着使用时间的增加，系统中的零部件因磨损、疲劳、老化等原因，故障率又显著上升，这时的故障常称为耗损故障。一般说来，进入耗损故障期后，系统的效率降低、生产率下降，意味着该系统正常使用寿命的终结。

在正常运行时期，如能进行良好的维修，及时更换磨损、疲劳和老化的零部件，则系统的故障率显著下降，功能寿命得以延长，如图 1-3 中虚线所示。

维修应在设计阶段就要进行考虑，使系统具有良好的维修性，易于检查、发现和排除故障，便于维修，如把系统的薄弱环节，易损件尽量做成独立部件或采用标准件、通用件，并设计成容易拆卸和更换的结构等。

4．简化结构，提高标准化程度

结构简单的零部件往往工艺性好，制造和装配的质量容易得到保证，故障的潜在因素容易得到控制。

标准化也是提高可靠性的一项重要措施。一般，标准件的结构工艺性好、可靠性高，设计时应尽量提高产品标准化程度。

产品标准化程度一般用标准化因数和重复因数表示。

标准化因数是产品所用标准件、通用件和外购件总数占全部零件数的百分比。

重复因数是指产品全部零件数与零件品种数之比。

四、提高经济性

（一）以寿命周期成本最低为目标

所谓寿命周期成本 LCC（Life Cycle Cost）是指产品从计划、设计、制造和使用直至报废的整个寿命周期内所花费用的总和。寿命周期成本既包含设计和制造厂方的支出费用，也包含用户使用该产品过程中的支出费用，前者称为生产成本，后者称为使用成本。机械产品寿命周期成本的构成见图 1-4。

生产成本由直接成本和间接成本两部分构成。其中直接成本主要包括研究与设计、材料及采购、加工和装配等与生产直接有关的各项成本；间接成本主要包括管理、销售和佣工、广告、租赁、公用事业、保险、福利和奖励、研究和发展、专利、支付利息等各非直接生产环节的支出分摊到该产品的成本。

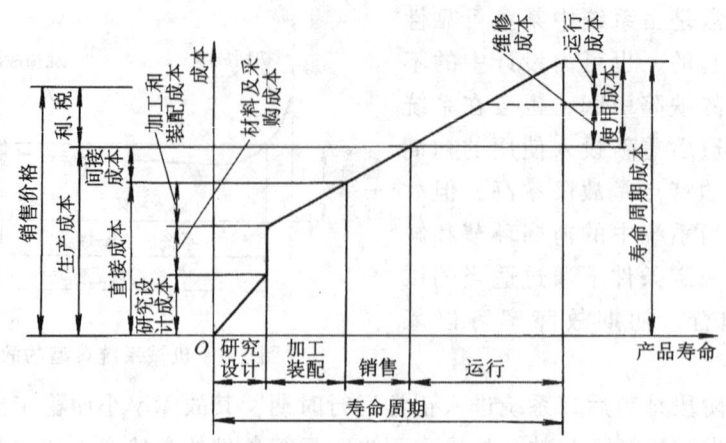

图 1-4 机械产品寿命周期成本的构成

生产成本加上利润、税金则为销售价格。

使用成本包括运行成本和维修成本。其中运行成本包括使用该设备的动力消耗费、消耗性材料费、工资及工资附加费等。由于大多数机械产品是生产资料设备，其使用成本是用户再生产时构成生产成本的一部分，用户购买设备仅需一次性集中支出购置费用，但使用设备却需经常性的、不断的支出费用，其累积额可能相当可观。机械产品通常是寿命周期较长的耐用消费品，其使用费用常可超出购置费用。

因此，提高经济性必须以寿命周期成本最低为目标，既考虑设计和制造厂方的经济性，又考虑用户的经济性，这既是增加产品市场竞争力、赢得用户的需要，也是节约社会劳动、提高社会经济效益的需要。

（二）提高设计和制造的经济性

提高设计和制造的经济性就是使产品生产成本低、物质消耗少、生产周期短，以提高制造厂方的经济效益。

降低产品成本是提高经济效益的关键，设计师应该了解影响产品成本的设计因素和制造因素，懂得如何在设计阶段把握提高产品经济性的手段，在保证产品功能要求的前提下，努力降低产品成本。

提高设计和制造的经济性，从设计角度来说主要有以下几个方面。

1．合理确定可靠性要求和安全系数

可靠性要求应根据系统的重要程度、工作要求、维修难易和经济性要求等多方面的因素综合考虑确定。在进行可靠性设计时，需把各设计参数作为随机变量处理，当缺乏这些必要的数据和资料时，仍可把设计参数作为确定值，并用安全因数作为判据。虽然可靠性指标和安全系数都是描述系统工作可靠程度的指标，但它们的含义和应用不尽相同。

采用可靠性设计时，可以使系统设计得更合理、更经济、系统越复杂，其优越性也越明显，经济性和可靠性越可趋于统一。而采用安全系数作为判据时，把本来属于统计变量的离散的载荷、材料强度等都看作是确定的量值，用其分布数据的均值进行计算，因此，当安全系数大于 1 时，并不排除出现失效的可能。为了防止失效，设计人员常采用加大安全系数的办法，其结果是加大了零部件的尺寸和质量，降低了经济性，往往还不一定能完全避免失效。

所以，在尚无条件进行可靠性设计时，应尽可能精确估计或测试载荷和强度的数值及分布，并采用精确的计算方法。选取完全系数值时，考虑可靠性的要求，当可靠性要求高时，安全系数值可相应取大些，反之取小些。当设计数据分布的离散程度较大时，安全系数值应取大些，反之取小些。

由于安全系数与经济性密切相关，如有可能，安全系数的具体数值应由设计部门与用户共同商定。

2．贯彻标准化

标准化是组织现代化大生产的重要手段，也是实施科学管理的重要基础之一。标准化可以使生产技术活动获得必要的统一协调和最好的经济效果。实施标准化是国家的一项重要技术法规。

标准化通常包括产品标准化、系列化和通用化。

机械工业的技术标准有以下三大类：

（1）物品标准　物品标准又称产品标准。它是以产品及其生产过程中使用的物质器材为对象制订的标准，如机械设备、仪器仪表、工装、包装容器、原材料等标准。

（2）方法标准　方法标准是以生产技术活动中的重要程序、规划、方法为对象制订的标准，如设计计算、工艺、测试、检验等标准。

（3）基础标准　基础标准是以机械工业各领域的标准化工作中具有共性的一些基本要求或前提条件为对象制订的标准，如计量单位、优先数系、极限与配合、图形符号、名词术语等标准。

我国标准分国家标准、专业标准和企业标准三级。国家标准和专业标准的适用面虽然有所不同，但都是全国性的。根据标准性质，国家标准和专业标准中涉及人体健康、人身和财产安全的标准为强制性标准，余皆为非强制性的推荐性标准。

鉴于目前我国标准化工作的现状和需要，积极采用国际标准和国外先进标准也是一项重要的技术经济政策。国际标准主要是指国际标准化组织 ISO 和国际电工委员会 IEC 两个国际性的标准化机构公布的标准。我国是 ISO 和 IEC 的成员国。

标准化创造的经济效益体现在很多方面，如加快了产品开发速度，缩短了生产技术准备时间，节约了原材料，提高了产品质量、可靠性和劳动生产率，改善了维修性等。因此，在设计中贯彻标准化，提高标准化程度和水平，将直接提高产品的质量和经济性。

3．采用新技术

随着科学技术的发展，各种新技术（包括新工艺、新结构和新材料等）不断问世，在设计中采用新技术可以使产品具有更好的性能和经济性，因而具有更强的市场竞争力。设计师要善于学习和掌握各种新技术，不断充实和改进产品。

4．改善零部件结构工艺性

零部件结构工艺性包括铸造工艺性、锻造工艺性、冲压工艺性、焊接工艺性、热处理工艺性、切削加工工艺性和装配工艺性等，良好的工艺性是减少加工工时、提高生产率、缩短生产周期、降低材料消耗和制造成本的前提，也是实现设计目标、减少差错、提高产品质量的基本保证。

影响结构工艺性的因素很多，如生产批量、设备和工艺条件、原材料的供应、经济性要求等。往往同一零件可以用几种不同的方法制造，在某厂用一种方法制造最有利且有良好的经济性，但在另一厂则未必如此。即使同一制造厂，当生产条件改变时，制造方法也不一样。制造方法不同，则零件的具体结构往往也应随之改变。因此，结构工艺性既有原则性和规律性，又有一定的灵活性和相对性，设计时应根据具体情况进行具体分析。

改善零部件结构工艺性的具体措施、原则和规范，可参阅有关设计手册和资料[75][76][77]。

5．采用经济的技术要求

零部件和产品设计中的技术要求，如精度等级及公差、表面粗糙度、材料力学性能等，都是用以控制和判定质量及性能合格与否的指标。在保证质量和性能要求的前提下，应尽量降低技术要求，使之容易制造，减少不合格品数量，降低成本，提高经济性。任何情况下，都不可随意提高技术要求。

任何零件都可以用多种材料制造。选用材料时应全面分析零件的载荷及应力状况、工作条件和性能要求，根据零件的强度、刚度、寿命、耐磨性、防腐等项要求中的主要要求，选用经济、合适的材料及热处理要求，慎用贵重材料，并考虑供应方便及可代用材料，以降低生产成本。

（三）提高使用和维修的经济性

提高使用和维修的经济性就是考虑使用者的经济效益，主要可从下述几个方面考虑。

1．提高产品的效率

用户总是希望购买的产品效率高，能源消耗低，省电、省油、省煤等。机械设备的效率主要取决于传动系统和执行系统的效率，传动系统的效率通常与传动的结构形式、运动副的工作表面性态、摩擦润滑状况、润滑剂种类、润滑方式及工作条件等有关，执行系统的效率主要取决于执行机构的效率，它与机构类型、机构参数等有关。设计人员应在方案设计和结构设计时充分考虑提高效率的措施。

对属于生产资料的机械设备，提高其生产率，提高原材料的利用率，降低物耗，也是提高其效率的重要途径。

2．合理确定经济寿命

一般说来，希望产品有长的使用寿命，但在设计中单纯追求长寿命是不恰当的。

由图1-3故障率曲线可知，系统正常运行的寿命是可以延长的，但必须以相应的维修为代价。使用寿命愈长，系统的性能下降愈多，效率愈低，相应的使用费用（包括运行、维修保养、操作、材料及能源消耗等费用）愈多，使用经济性愈低，此时应考虑设备更新。

实际上，机械设备性能下降，维修的经济性愈来愈差，仅是需要更新的原因之一。由于科学技术的进步，不断有一些技术更先进、性能价格比更高的新设备出现，或是由于企业生产规模的发展、产品品种的扩大或改变等，都是要求更新设备的原因。

设备从开始使用至其主要功能丧失而报废所经历的时间称为功能寿命（或物资寿命）；设备从开始使用至因技术落后而被淘汰所经历的时间称为技术寿命；设备从开始使用至继续使用其经济效益变差所经历的时间称为经济寿命。搞好维修工作能延长设备的功能寿命，对设备进行适时的技术改造可延长其技术寿命，对设备进行适时的技术改造和良好的维修可延长其经济寿命。在科技高速发展的时代，设备的技术寿命、经济寿命常大大短于功能寿命。按成本最低的观点，设备更新的最佳时间应由其经济寿命确定。

经济寿命有多种计算方法，其中设备低劣化法是一种最简单的近似计算方法。所谓设备低劣化是指设备由于使用、磨损,其维修费、燃料动力费与停工损失费等逐渐增加,因而使用成本逐年上升的现象。

假定设备的原始价值为 K_0,每年的低劣化数值按 λ 线性增加,则使用到第 T 年的低劣化数值为 λT,T 年内年平均低劣化数值为

$$\frac{\lambda + 2\lambda + \cdots + T\lambda}{T} = \frac{T+1}{2}\lambda$$

若 T 年后设备的残值为零,则年平均总费用 y 为

$$y = \frac{T+1}{2}\lambda + \frac{K_0}{T}$$

由 $\dfrac{\mathrm{d}y}{\mathrm{d}T}=0$,可求得最小年平均总费用的相应使用时间即经济寿命 T_r 为

$$T_r = \sqrt{\frac{2K_0}{\lambda}} \tag{1-3}$$

3. 提高维修的经济性

维修能延长设备的使用寿命,是保持设备良好技术状况及正常运行的技术措施,但必须付出一定的维修费用为代价。以尽可能少的维修费用换取尽可能多的使用经济效益,是机械设备进行维修的原则。

目前在机械设备中,应用较多的是定期维修方式,即按照规定的维修程序,每隔一定时间进行一次维修,把设备中某些易损件及时进行更换或修复。维修周期主要根据使用经验和统计资料确定。这种维修方式的优点是能尽量安排在非生产时间进行维修,可以使因停机停产造成的损失减少,而且便于维修前的准备工作,有利于缩短维修时间,保证维修质量。缺点是因无法准确估计影响故障的因素及故障发生的时间,因而难免出现设备失修或维修次数过多,有的零部件未到维修期就已失效,而有的虽然并未失效但也不得不提前替换。因此,定期维修方式的总维修费用较高。

随着故障诊断技术和可靠性技术的发展,维修技术也得到了相应的发展。如按需维修方式,就是采用故障诊断技术,不断地对系统中主要零部件进行特性值的测定,当发现某种故障征兆时就进行更换或修理。这种维修方式既能提高系统有效运行时间,充分利用零部件的功能潜力,又能减少维修次数,尤其是可以减少盲目维修。因此,其总的经济效益较高,但需配备可靠性高的监控和测试装置,所以只在重要的和价格昂贵的机械系统中采用。

对于不太重要的或总价值不太高的产品,有时也可以设计成免修型产品,在使用期间内不必维修,到功能寿命终止时即行报废。

五、保证安全性

机械系统的安全性包括机械系统执行预期功能的安全性和人—机—环境系统的安全性。

(一)机械系统执行预期功能的安全性

机械系统执行预期功能的安全性是指机械运行时系统本身的安全性,如满足必要的强度、刚度、稳定性、耐磨性等要求。为此,应根据机械的工作载荷特性及机械本身的要求,按有关规范和标准进行设计和计算。为了避免机械系统由于意外原因造成故障或失效,常需配置过载保护、安全互锁等装置。

如为保证传动系统在过载时不致损坏,常在传动链中设置安全离合器或安全销。

为保证机械系统安全运行,离合器与制动器须设计成连锁结构,即离合器与制动器不能

同时接合，只有在离合器完全脱开后才能接合制动器，只有在制动器完全脱开后才能接合离合器。图1-5所示为一液压控制摩擦离合器、制动器联锁的液压系统图。当液压泵2起动时，压力油经滤油器1进入换向阀3，改变换向阀3的位置可使压力油进入摩擦离合器4或制动器5。当压力油进入摩擦离合器4时，制动器5接通回油路；当压力油进入制动器5时，摩擦离合器4接通回油路。溢油阀7溢出的多余油经通路6流入摩擦离合器4及制动器5作内部润滑用，调节节流阀8可控制其供油量。

（二）人—机—环境系统的安全性

机械是为人类服务的，同时它又在一定的环境中工作，人、机、环境三者构成了一个特定的系统。机械工作时，不仅机械本身应有良好的安全性，而且对使用机械的人员及周围环境也应有良好的安全性。人机工程学就是研究人—机—环境系统安全性与协调性的一门新兴学科。

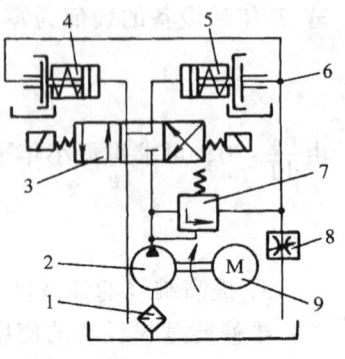

图1-5 摩擦离合器—制动器联锁的液压系统图

1—滤油器 2—液压泵 3—换向阀 4—摩擦离合器 5—制动器 6—通路 7—溢流阀 8—可调节流阀 9—电动机

人机工程学研究的着眼点是人、机、环境之间的"接口"，把人作为系统的一个组成部分，以人为主体，使机械能更好地适宜于人体的各种体能特点和要求，获得人、机、环境之间的统一和协调，便于操作和使用，既安全可靠又舒适宜人，消除对人身构成伤害的各种危险因素，并使人类的生存环境能得到良好的保护和改善。

人—机—环境系统安全性包括劳动安全和环境保护两方面内容。

1. 劳动安全

改善劳动条件，防止环境污染，保护劳动者在生产活动中的安全和健康，是社会主义工业技术发展的重要法规，也是企业管理的基本原则之一。国家制定了有关劳动安全和工业卫生的一系列规章、制度、标准和规范，任何企业和部门都应认真贯彻执行，而且应把改善劳动条件、保障操作人员的安全生产和保护环境作为重要的设计内容。

为了保障操作人员的安全，应在产品的醒目位置标明有关安全方面的警告，尤其是对机械系统运行时可能对人体造成伤害的危险部位和危险区，实行切实有效的防护。例如，设置防护罩、防护盖、安全挡板或隔离板等，把危险部位和危险区与人体隔离开。对人体易误入的危险区，必须设置可靠的保护装置或报警装置。图1-6为常用的光电式自动安全保护装置

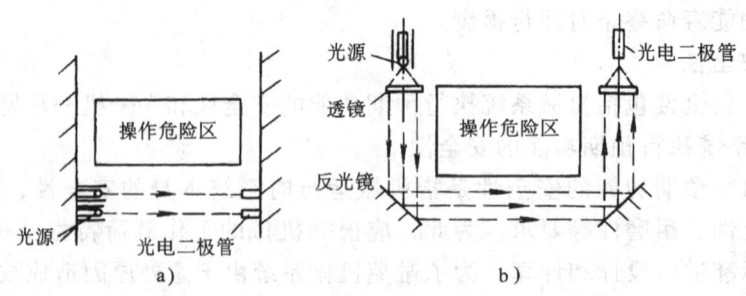

图1-6 光电式自动安全保护装置示意图
a) 单侧保护 b) 多侧保护

的示意图。当人体或其他物体误入操作危险区时，光束受阻，发出电信号，经放大后由控制线路使机械停止运转或发出报警信号，实现自动安全保护。

图 1-7 所示为一种机电连锁的自动安全保护装置原理图。为了防止触碰有危险的运动件 3，用一带偏心轮的安全盖 2 罩住，只有在安全盖完全盖好的情况下，偏心轮控制的开关接通中间继电器 1，才能起动电动机。当电动机起动后，因无电流通过锁紧装置的电磁铁 6，锁紧插销 4 在弹簧 5 作用下插入销孔，因而安全盖不可能打开。当电动机停止转动后，电磁铁 6 通电，拔出插销 4，才可能打开安全盖。安全盖打开后，偏心轮迫使开关断开，继电器 1 无电流通过，使电动机无法起动，消除了危险。电动机停机后，运动件将因惯性仍会延续转动一段时间，如立即打开安全盖仍是有危险的，断电延时的时间继电器 7 保证了只有当机械完全停止转动后，插销 4 才退出销孔，安全盖才能打开。

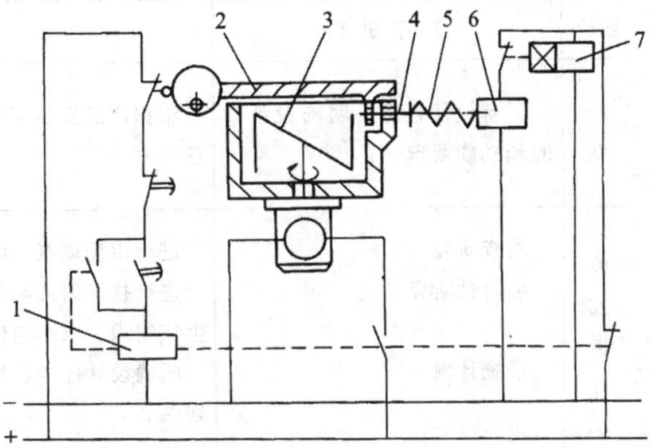

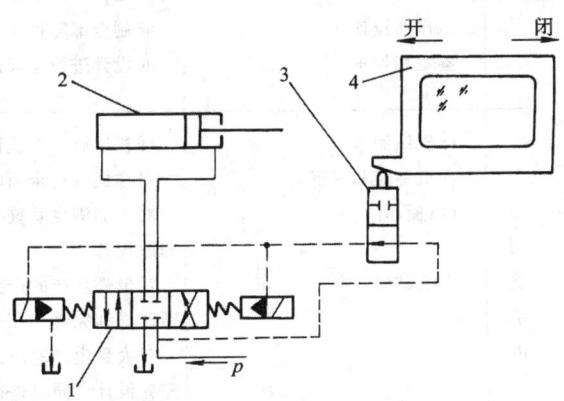

图 1-7 机电联锁的自动安全保护装置原理图
1—中间继电器 2—安全盖 3—有危险的运动件
4—锁紧插销 5—压缩弹簧 6—电磁铁 7—时间继电器

图 1-8 所示为一种电液联锁安全保护门装置原理图。当安全保护门 4 打开时，门上的凸轮压下换向阀 3，合模换向阀 1 处于中间停止位置，合模液压缸 2 不能动作而无法合模，起到安全保护作用。此时，即使合模换向阀 1 的电器保护失灵，合模液压缸 2 也不能动作。只有当安全保护门闭合后，合模换向阀才能控制合模油缸动作。

图 1-8 电液联锁安全保护门装置原理图
1—合模换向阀 2—合模液压缸
3—凸轮换向阀 4—安全保护门

为保证安全生产，对高速机械、重要及容易出事故的设备，设计时还应考虑在可能发生事故时必须能方便、迅速而无危险地实施紧急制动或脱开与动力装置的联接。为此，必须配置足够数量的紧急事故开关，布置在各操作点，其形状应有别于其他开关，颜色为红色，使操作者最易看到和触及。

2. 环境保护

环境保护的内容很广泛，如"三废"治理、除尘、防爆、防毒、防暑降温、采光采暖与通风、放射防护、噪声和振动控制等，具体防治要求和措施可参阅有关标准、法规和资料。

第三节 机械系统设计方法概述

一、机械系统设计过程

机械系统设计的一般过程包括计划、外部系统设计（简称外部设计）、内部系统设计

（简称内部设计）和制造销售四个阶段，各阶段的工作进程和工作内容见表1-1。

表 1-1 机械系统设计的一般过程

阶段	工作进程	工作内容
计划	了解设计任务，明确设计目的和功能要求	根据产品发展规划和市场需要提出设计任务书，或由上级主管部门下达计划任务书
外部设计	调查研究	进行市场调查，收集技术情报和资料，掌握外部环境条件，预测市场趋势
	可行性研究	进行技术研究和费用预测，对市场前景、投资环境、生产条件、生产规模、生产组织、成本与效益等进行全面的分析研究，提出可行性研究报告
	系统计划	明确设计任务、目的和要求，搞清外部环境的作用和影响，制订系统开发计划书
内部设计	初步设计（方案设计或概略设计）	选择工作原理、设计总体方案，对可行的各候选方案进行分析比较，进行总体布置设计，必要时进行试验研究（前期试验）
	系统分解	将总体系统分解成子系统，画出系统图，以便于分析和设计
	系统分析	分析和确定系统目的与要求，进行模型化、优化与评价，确定最佳系统方案
	技术设计（草图设计或详细设计）	进行子系统的技术设计和总体系统的技术设计，计算和确定主要尺寸，绘制部件装配图和总图，必要时进行试验研究（中期试验）
	工作图设计	绘制全部零件工作图，编写各种技术文件和说明书
	鉴定和评审	对设计进行全面的技术、经济评价，分析内部系统对周围环境的作用和影响
制造销售	样机试制	样机试制，样机试验（后期试验）
	样机鉴定和评审	对样机进行全面的鉴定和评审
	改进设计	对不能满足系统要求的技术、经济指标进行分析，根据样机鉴定和评审意见修改设计
	小批试制	对单件生产的产品，经修改、试验、调整后，投入运行考核，并在运行中不断改进和完善
		对大量生产的产品，通过小批试制进一步考核设计的工艺性，并不断修改和完善设计，同时进行工艺装备的准备工作
	定型设计 销售	完善全部工作图、技术文件和工艺文件

二、机械系统设计的特点

机械系统设计时，特别强调系统的观点，就是必须考虑整个系统的运行，而不是只关心各组成部分的工作状态和性能。传统的设计方法注重内部系统的设计，且以改善零部件的特性为重点，至于各零部件之间、外部环境与内部系统之间的相互作用和影响考虑较少，因此，虽然对零部件的设计考虑得很仔细，但设计的系统仍然不够理想。零部件的设计固然应该给予足够的重视，但全部用最好的零部件未必能组成好的系统，其技术和经济未必实现良好的统一。

机械系统设计时，应在调查研究的基础上，搞清外部环境对该机械的作用和影响，如市场对该机械的要求（功能、价格、销售量、尺寸、重量、工期、外观等）和约束条件（资金、材料、设备、技术、信息、使用环境、地基和基础、法律与政策等），这些都对内部系统有直接影响，不仅影响机械系统的方案，影响其经济性、可靠性、使用寿命、技术性能等指标，甚至也可导致设计失败。因此，内部设计必须考虑外部环境的上述要求。

同时，也不能忽略内部系统对外部环境的作用和影响，包括该系统运行后或该产品投入市场后，对周围环境的影响，竞争对手及潜在竞争对手的反映，市场竞争格局的变化等。

内部设计与外部设计相结合是系统设计的特点，它可以使设计尽量做到周密、合理、以获得总体最优化；它可以使设计少走弯路，避免不必要的返工和浪费，以尽可能少的投资获取尽可能大的效益，其技术经济效果往往随系统复杂程度的增加而越趋明显。

三、系统分解

把复杂的系统分解为若干个相联系的、相对比较简单的子系统，可使设计和分析比较简便。根据需要各子系统还可再分解为更小的子系统，依次逐级分解，直至能进行适宜的设计和分析为止。与传统设计时把机械分成若干部件的做法颇为相似，不同之处在于系统分解时更需谨慎地、突出地关注系统的整体性和相关性，并把容易综合以获得最优的整体方案作为首要条件。

系统分解可以是平面分解，也可以是分级分解，或是兼有二者的组合分解，如图1-9所示。

系统分解时应注意下述各点：

（1）分解数和层次应适宜 分解数太少，子系统仍很复杂，不便于子系统的模型化和优化等设计工作；分解数和层次太多，又会给总体系统的综合设计造成困难。

（2）避免过于复杂的分界面 对那些联系紧密的要素不宜分解开，即分解的界面应尽可能选择在要素间结合枝数（联系数）较少和作用较弱的地方。

（3）保持能量流、物料流和信息流的合理流动途径 通常机械系统工作时都存在着能量、物料和信息三种转换，它们在从系统输入到系统输出的过程中，按一定的方向和途径流动，既不可中断阻塞，也不能造成干涉或紊流，即便分解成各个子系统，它们的流动途径仍应明确和畅通。

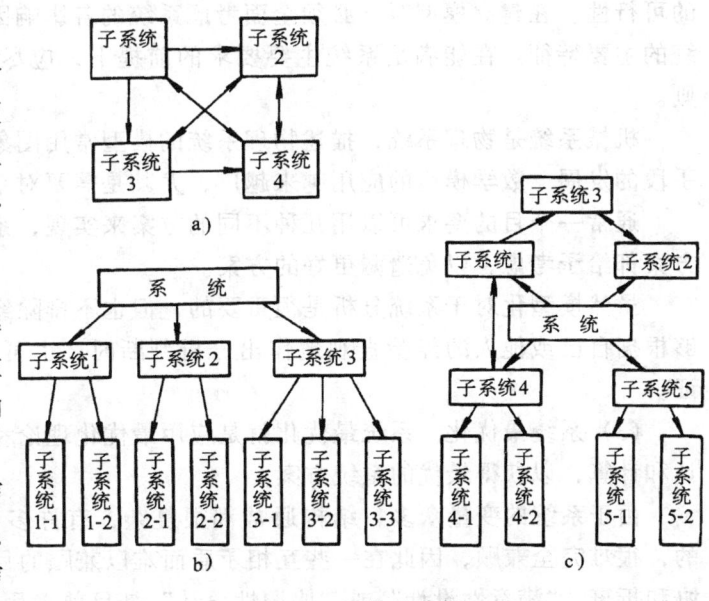

图1-9 系统的分解
a) 平面分解 b) 分级分解 c) 组合分解

（4）了解系统分解与功能分解的关联及不同 系统分解时，每个子系统仍是一个系统，它把具有比较紧密结合关系的要素集合在一起，其结构组成虽稍为简单，但其功能往往还有多项。而功能分解时，是按功能体系进行逐级分解，直至不能再分解的单元功能为止。

四、系统分析

系统分析是系统设计中的一项重要工作。系统分析不同于一般的技术经济分析，它是从系统的整体优化出发，采用各种工具和方法，对系统进行定性和定量分析的过程。系统分析时，不仅要分析系统本身技术经济方面的有关问题，还要分析内、外系统之间及系统内部各子系统之间的联系因素，并且作出评价，为决策者选择最优系统方案提供主要依据。因此，系统分析是一种科学的决策方法。

由于系统中存在着许多矛盾和不确定的因素，使系统具有多解性，且不同系统的目的、要求和系统结构也不同，所以没有一个通用的系统分析方法，随分析对象和目的的不同，所用分析方法也不同。

系统分析的一般步骤如下：

（1）分析与确定系统的目的和要求　为了正确获得选择最优系统方案所需的各种有关信息，首先应充分了解建立系统的目的和要求，这是建立系统的依据，也是系统分析的出发点和进行评价、决策的主要依据。如果对系统的目的和要求不能全面正确地理解和把握，或目的不明确，或要求过高、过低，或系统边界提得过宽、过窄等，都会导致系统分析不完善或失误，引起决策的错误。

（2）模型化　模型是描述实体系统的映像，包括各种数学模型、实物模型、计算机模拟及各种图表等。无论是已有的系统还是尚无建立的系统，要想对其进行定性和定量的分析，都需要将其模型化。实际分析时究竟采用什么样的模型，取决于分析对象的需要和分析手段的可行性。在建立模型时，必须全面考虑系统的各影响因素，分清主次，尽可能如实描述系统的主要特征。在能满足系统主要要求的前提下，应尽量简化，以需要、简明、易解为原则。

机械系统是物理系统，描述物理系统的模型常用图象模型和数学模型。由于计算技术和手段的发展，数学模型的应用越来越广，尤其是需要对系统进行精确定量分析的场合。

通常一个目的要求可以用几种不同的方案来实现，系统分析时应尽可能对各可行的候选方案都给予考虑，以免遗漏更好的方案。

虽然模型化对于系统分析是很重要的，但也不排除经验分析和类比判断。当设计人员能够根据自己或他人的经验直观地作出分析判断时，也可不必建立模型，但应提出可靠的例证。

（3）系统最优化　系统最优化就是应用最优化理论和方法，对各候选方案进行最优化设计和计算，以获得最优的系统方案。

由于系统的变量众多，结构通常都很复杂，有许多目的和要求，其中有些可能是矛盾的，很难完全兼顾，因此在一些互相矛盾而难以兼顾的目的要求间不得不采取某些合理的妥协和折衷。"满意性设计"或"协调性设计"是目前采用的解决多目标优化设计中存在上述矛盾的方法，即不一定追求系统的真正最优，而是寻求一个综合考虑功能、技术、经济、使用等因素后的满意的系统。在这个系统中，不一定每项性能指标都达到最优，有些是次优，有些甚至离最优较远，虽然从局部看不都是最优，但从整体看则是相对最优，整个系统具有良好的协调性。

（4）系统评价　优化后的系统方案可能是一个，也可能是几个，为了进行决策，必须对各优化方案进行评价。

系统评价是一项很困难的工作，至今仍无通用的方法。系统评价时应考虑的因素很多，如各项功能的实现程度、可靠性、安全性、成本、寿命、使用性、维修性、工期及人机工程学等。有些因素可以定量化后进行评价，而有些则难以定量化，给评价带来困难。而且，虽然系统的价值是客观存在的,但在评价时,评价对象的价值与评价人员的经验及其评价的角度有关,也就是与评价人员的主观因素有关,因此又不存在绝对的价值。系统评价的方法很多,但都不是十分完善全面的。究竟用何种方法,应视评价对象的特点和企业的具体条件进行选择,一般采用较多的评价方法有价值分析和投资分析,对系统总投资费用和总收益进行分析和评价,以选择技术上先进、经济上合理的最优系统方案[2][12][13][76]。

思 考 题

1. 什么是系统?系统有何特性?
2. 设计机械系统时,为什么特别强调和重视从系统的观点出发?
3. 什么是产品的价值?如何提高产品的价值?
4. 什么是产品的功能评价值?如何确定?
5. 什么是产品的基本功能、辅助功能、使用功能、外观功能?如何合理确定产品的功能?
6. 什么是可靠性?常用的衡量可靠性的指标有哪些?
7. 试述提高机械产品可靠性的途径。
8. 什么是产品的寿命周期成本?产品寿命周期成本中主要包含哪些成本?
9. 如何提高机械产品的经济性?
10. 什么是设备的功能寿命、技术寿命和经济寿命?如何确定设备的经济寿命?
11. 机械系统的安全性通常包括哪些内容?
12. 简述机械系统设计的一般过程。

第二章 机械系统的方案设计与总体设计

第一节 机械系统的方案设计

方案设计是机械系统设计的核心环节，是保证设计水平和质量的重要阶段。

方案设计过程是创造性思维过程，其主要工作内容一般包括：研究给定的设计任务，构思实现功能的原理和方法，选择工艺原理，确定技术过程，引进技术系统，分析结构布局，拟定设计方案并进行设计方案评价，确定能实现预定设计目标的最佳方案。

一、研究给定的设计任务

方案设计是在外部设计的基础上进行的。通过外部设计，已对设计项目进行了可行性研究，明确了设计的任务、目的和要求，搞清了外部环境的作用和影响，并制订了系统开发计划书。在开发计划书中载明了设计的各项要求，但是这些要求是尚未实现的，或许有不确切的、过高或过低的要求，甚至还可能有矛盾的要求，例如强度与轻量化、精度与经济性、技术性能指标与已有技术水平及条件等都可能有相互矛盾的要求。因此，在着手方案设计前，设计人员必须仔细研究给定的设计任务，对各项要求进行逐个分析，明确设计任务的核心要求及相应的约束条件，必要时可提出修改、补充和完善设计要求的建议，对相互矛盾的要求提出解决或折衷的办法。

二、设计任务抽象化

任何一个设计目标的实现都可有多种方案。有经验的设计人员可以根据设计任务立即构思出某些设计方案，但也往往会受到其经验或所见到的同类产品及所掌握资料的局限，使设计方案缺乏创新性。设计任务抽象化是一种思维方式和工作方法，通过分析设计任务的最基本功能要求，把设计任务抽象为只表述其核心任务的简单模式，而不涉及具体的解决方案和途径，这样做的目的是使设计人员的视野更为宽广，思维不易受到某些框框的束缚，有利于创造新的方案。

用"黑箱"来表达设计任务，是设计任务抽象化的一种方法。所谓黑箱是指仅知输入量和输出量而不知其内部结构的表述设计任务的一种模式，黑箱明确表示了设计任务的基本功能要求和主要约束条件。设计过程就是逐步打开黑箱，确定其内部结构，实现由输入量转化为输出量的过程。图 2-1 所示为一般的黑箱示意图。方框内部为待设计的

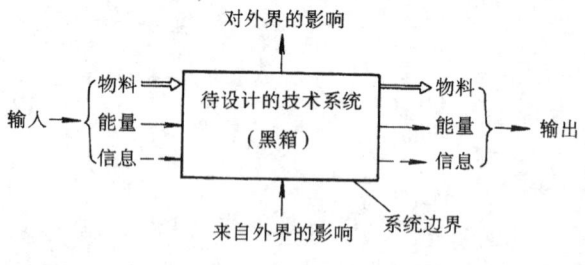

图 2-1 黑箱示意图

技术系统，方框即为系统边界，方框外部标明系统的输入量和输出量（要求系统实现的转化）、系统与外界环境的相互影响。

系统的输入量和输出量一般有物料（毛坯、半成品、成品、废料、颗粒、液体等各种物

料)、能量(机械能、热能、电能、化学能、光能、核能等)和信息(数据、测量值、指示值、控制信号、波形等)。

图 2-2 所示为自走式谷物联合收获机的黑箱示意图。图 2-2 左边为输入量,右边为输出量,都有物料、能量和信息三种形式。图 2-2 下方表示了外部环境对收获机工作性能影响的各种因素。图 2-2 上方表示收获机工作时对外部环境的影响。

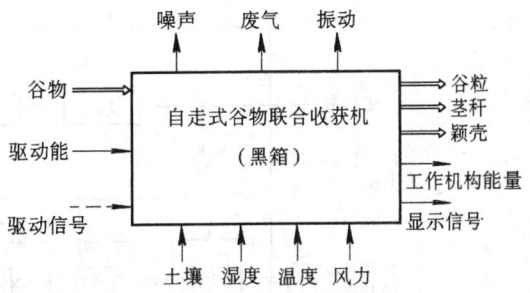

图 2-2 自走式谷物联合收获机黑箱

三、确定工艺原理

为了打开黑箱,实现黑箱要求的作业对象由输入至输出的转化,必须确定实现转化的工艺原理。

所谓工艺原理是指各种物理效应(包括物理学、化学、生物学等自然科学中的定理、定律、原理及效应)的具体应用。同一物理效应往往可以实现多种转化,而一种转化又常可由多种物理效应实现。如杠杆原理可以用于实现力参量、位移参量、能量参量及信号等的转化,摩擦学原理也可用于这些转化;实现力的放大和传递这种转化既可采用利用杠杆原理的齿轮传动,也可采用基于摩擦学原理的摩擦传动等。其中的齿轮传动及摩擦传动就是实现力的放大和传递的工艺原理。例如,图 2-2 所示的自走式谷物联合收获机黑箱要求的转化,可以通过下述的工艺原理实现:①用切刀将作物茎秆切断;②将切下的作物通过冲击、搓擦和挤压作用使谷粒与谷穗分离;③利用振动、重力、气流将谷粒、茎秆、颖壳和杂物等分离,清选出谷粒。以上工艺原理也可用简图描述。

对于作业对象简单的转化可能只采用一种工艺原理就能实现,但对于作业对象复杂的转化,往往需要采用多种工艺原理进行多次转化才能完成,此时应注意不同工艺原理组合与连接的适宜性和相容性,应尽可能使之简单、便利。

四、确定技术过程

所谓确定技术过程就是按照选定的工艺原理确定作业对象转化所需的流程,流程中规定了每一转化程序的相应功能要求。

作业对象本身的转化流程为主流程,为实现主流程通常需要其他辅助流程的补充和支持,例如作业对象的支承、定位和夹紧,驱动能量的转换、输入和传递,各种信息量的检测、操纵、调整和控制,各转化程序之间的连接和支承等。可见,技术过程是若干分过程和工序组合而成的复合过程。

一般,技术过程常用方框图表示。图 2-3 所示为技术过程的一般模式。为方便方案设计工作的进展,对复杂系统也常单独画出主流程及各辅助流程的方框图,图 2-4 所示为自走式谷物联合收获机技术过程主流程的方框图。

五、引进技术系统并确定系统边界

技术系统是实现技术过程各项转化的人为系统。有的转化靠机械系统实现,有的转化靠人的参与完成,良好的技术系统应是合理的机械系统与人的完美结合。由于不同设计对象的目标要求不同,以及各设计者的着眼点不同,技术系统的组成、相应的功能结构和边界的划分往往可能有很大差别。

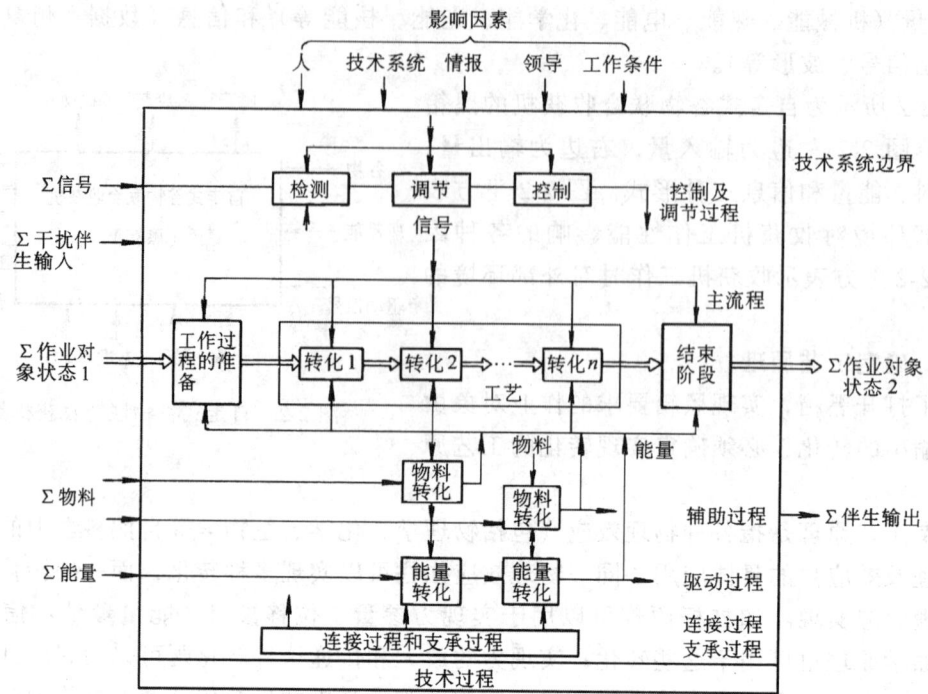

图 2-3 技术过程的一般模式

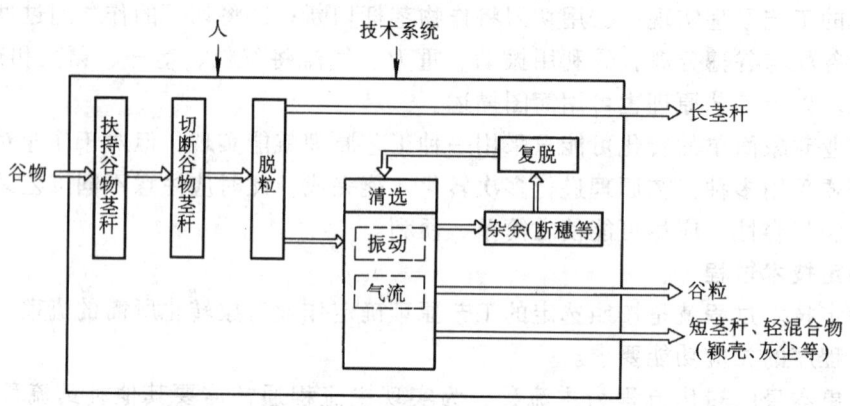

图 2-4 自走式谷物联合收获机技术过程主流程的方框图

（一）引进技术系统

引进技术系统就是根据技术过程的要求确定系统的功能结构。

1. 确定功能结构

功能是系统的属性，它表明系统的效能及可实现的物料、能量、信息传递和转换的能力。系统的功能往往很多，为便于分析和研究，常需进行功能分解。功能分解是在系统分解的基础上，将各个子系统的功能逐项逐级分解，直至分解到不宜再分解的功能元。所谓功能元是指组成总功能或分功能的具有确切功能的基本单元。

功能元的复杂程度是相对的，但都有确定的实现相应功能的实体结构——功能载体，例如一对齿轮可以是实现动力和运动传递的功能元，齿轮是其功能载体；一个齿轮箱部件也可以实现动力和运动的传递，只要适宜，该齿轮箱部件就可以作为一个功能元，整个部件即为其功能载体；在产品的系列化、模块化设计中，通用的独立的部件或模块都可作为一个功能元，此时该部件或模块即为其功能载体。因此，所谓功能分解到不宜再分解是指已经可以找到满意的功能元及其相应的功能载体了。

同级分功能组合起来应能满足上一级分功能的要求，最后组合成的整体应能满足总功能的要求，这种功能的分解和组合关系称为功能结构。功能结构常用功能结构图表示，图 2-5 所示为某材料试验机的功能结构图。图 2-5a 为材料试验机的总功能（黑箱）。图 2-5b 为该试验机的四个主要分功能，即输入能量转换为力和位移、试件加载、测力、测变形，初步建立了功能结构的雏型。然后进一步考虑在实现各分功能时还需要满足哪些要求，如输入能量大小需调节，各测量值需放大，试件加载需装卡，在调节和测量时还需要和标准值进行比较等，经过不断深化最后得到完善的功能结构图，如图 2-5c 所示。

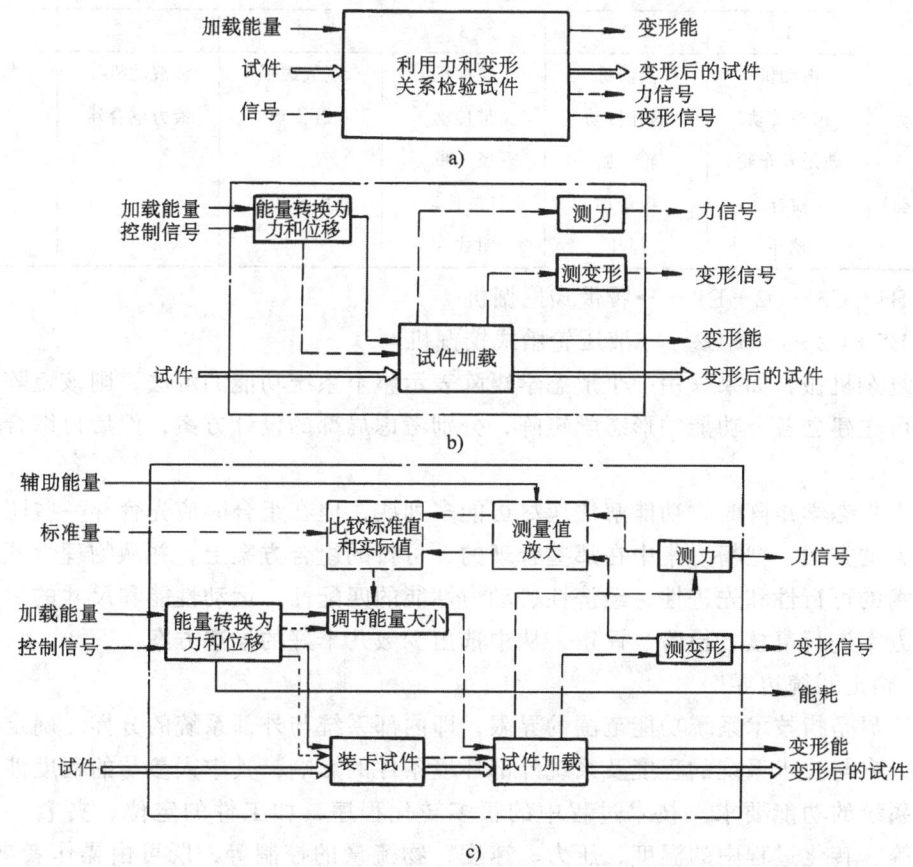

图 2-5　某材料试验机的功能结构图
a) 总功能（黑箱）　b) 主要分功能　c) 完善的功能结构图

对于如自走式谷物联合收获机这类复杂的机械系统，其本身由许多子系统组成，如收割系统、脱粒系统、清粮系统、行走系统、传动系统、输送系统、支承系统等，如果将这些子系统的功能结构都详细地表示在一张图上，则不仅绘制困难，而且显得杂乱，因此可将各子系统分别单独绘制其功能结构图。在绘制过程中，还应与功能相当的一系列机械如收割机、脱粒机、拖拉机、卡车等的子系统进行比较，使复杂问题得以简化。

2. 功能载体的组合

实现一项功能往往可以采用多种不同的功能载体。为了获得满意的总体方案，应寻找能实现功能结构中的每一项分功能或功能元的合适的功能载体。功能载体的不同组合将得到不同的总体方案。利用形态学方法建立形态学矩阵，对于开拓思路、探求科学的创新方案是有效的。

形态学矩阵中将系统的各个分功能或功能元作为目标标记，分功能或功能元的各种解法列为目标特征。以挖掘机为例，其主要功能有：取物（包括传动、取物）和运物（包括传动、移位），可建立其形态学矩阵如表2-1所示，可能的组合方案数为 $N = 6 \times 5 \times 4 \times 4 \times 3 = 1440$，不同的组合可得不同的方案，如：

表 2-1 挖掘机的形态学矩阵

分功能	解 法					
	1	2	3	4	5	6
A（动力源）	电动机	汽油机	柴油机	蒸气透平	液动机	气动马达
B（移位传动）	齿轮传动	蜗杆传动	带传动	链传动	液力耦合器	
C（移位）	轨道及车轮	轮胎	履带	气垫		
D（取物传动）	拉杆	绳传动	气缸传动	液压缸传动		
E（取物）	挖斗	抓斗	钳式斗			

A3 + B4 + C3 + D2 + E1 ⟶ 履带式挖掘机
A5 + B5 + C2 + D4 + E2 ⟶ 液压轮胎式挖掘机

对于复杂机械，如果采用一个形态学矩阵表示整个系统功能的解法，则该矩阵将过于庞大，此时可先建立各分功能的形态学矩阵，分别考虑局部的设计方案，然后再综合为整体方案。

在建立形态学矩阵时，功能解法应尽可能多列些，但在组合时应先舍弃一些明显不合理或意义不大的方案，把精力集中在那些合理的、可行的组合方案上，并从物理学原理上的相容性、技术的可行性和先进性、经济性、动力性能的匹配性、运动性能和尺寸的适宜性等方面对这些方案进行复核、检验、评审，从中选出少数几个好的候选方案。

（二）确定系统边界

系统边界是指技术系统功能范围的界限，即内部系统与外部系统的分界。确定系统边界时要考虑人参与技术系统的程度及系统外部环境条件的影响，其中人参与的程度涉及操纵系统和控制系统的功能要求。技术过程中的很多转化程序，如工件的定位、夹紧、移位、调整、测量等，转化过程中的温度、压力、速度、物流量的控制等，既可由操作者参与完成，也可由系统本身完成，人、机的不同分工体现了系统机械化和自动化程度的不同，机械系统的复杂程度和成本也将不同。数控技术的应用，使人参与技术系统转化的程度大为减少，系统的机械化、自动化程度大为提高，对于简化系统结构、提高系统性能、保证系统运行的质量和可靠性、提高生产率、降低运行成本等都有显著效果。

技术系统在实现技术过程转化时，必然会受到外部环境条件的影响和干扰，例如温度、湿度、尘埃、振动、噪声及外部能量的稳定性等都会影响和干扰技术过程的转化。同样，技术过程转化时也会影响外部环境。要不要对这些影响和干扰进行控制及如何进行有效的控制都涉及系统边界。

六、确定基本结构布局

功能载体的组合仅表示功能性的组合关系，并未确定各结构元件的空间相互位置关系。同样的功能载体组合可以采用不同的结构布局，从而有不同的总体设计方案，系统的外形、总体布置和技术性能也将不同。例如，图2-6所示为自走式谷物联合收获机的发动机、驾驶台和粮箱的三种典型布局方案。图2-6a、c所示方案的发动机A配置在脱粒机顶盖D的后部，驾驶员的工作条件较好，保养空间较大，但粮箱容积受空间限制，适合布置形体较大的发动机。图2-6c所示方案中因有粮箱C的隔

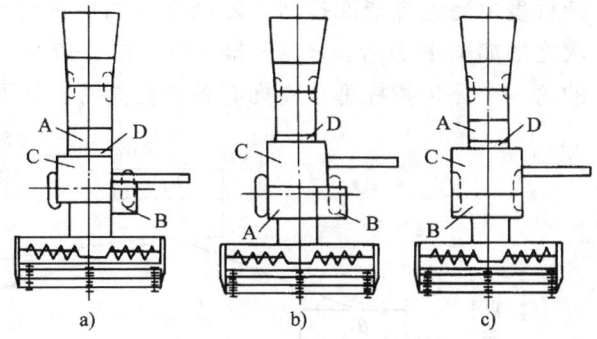

图2-6　自走式谷物收获机的三种典型布局方案
a）发动机后置，驾驶台侧置　b）发动机靠近驾驶台　c）发动机后置，驾驶台前置
A—发动机　B—驾驶台　C—粮箱　D—脱粒机顶盖

离作用，发动机的振动、噪声和温度对驾驶员的影响较小，但在检查和保养发动机时，需从侧面或尾部爬上脱粒机顶盖，很不方便。图2-6b所示方案中，由于粮箱C配置在发动机A的后部，粮箱容积可加大，但发动机靠近驾驶台，虽便于驾驶员检查和保养发动机，但保养空间较小，不仅要求发动机形体较小，而且需解决其振动、噪声和温度对驾驶员的影响。

结构布局虽然不考虑各部分的具体布置和尺寸参数，但它是总体布置设计的前提，其方案将在总体设计阶段验证和落实。因此，结构布局时应考虑总体布置的要求。

七、方案评价

（一）方案评价的目的和内容

方案评价的目的是通过对可行的候选方案进行技术、经济、外部环境等方面的评定，提出方案的评价意见，为决策者最后确定设计方案提供信息和依据。

技术评价是对所设计的方案能否实现系统预定的功能要求，以及实现预定功能的优劣程度进行的评价。因此，技术评价时应对各候选方案在技术上的可行性、适用性、先进性、可靠性、完善性等方面进行比较、分析和评价。

经济评价是对所设计方案的经济性进行评价。经济评价时，应对各候选方案的投入产出比、性能价格比、成本与利润、资金占用等方面进行比较、分析和评价。

外部环境评价是对所设计方案可能产生的社会效益和环境影响进行评价。外部环境评价的主要内容包括设计方案是否符合国家有关政策、法令、法规，对经济发展、市场前景、生态环境等的影响，以及对生产的安全性、环境变化的适应性、资源及能源的利用状况等方面进行比较、分析和评价。

上述三方面的评价结论往往会有矛盾，P_1方案的某些技术指标的评价值优于P_2方案，但某些经济性指标的评价值不如P_2方案好，或外部环境指标的评价值互有差异，使得仅从单方面评价很难判断方案的优劣。因此，还常需对技术、经济及外部环境进行综合评价。

（二）方案评价的指标体系、评价原则和权重分配

1．方案评价的指标体系

方案评价时所涉及的技术、经济、外部环境等方面的评价指标构成一个体系，其层次结

构举例如图 2-7 所示。图 2-7 中各评价指标应根据系统整体目的要求设定。按评价指标的复杂程度由高到低依次排列,复杂度较高的评价指标如图中 B_{11}、B_{12}…排在上一层,复杂度次之的如图中 B_{111}、B_{112}…排在下一层,依次类推,构成层次清晰的评价指标体系。上一层的每一个评价指标都独立拥有各自独立的、互不相关的下层评价指标。

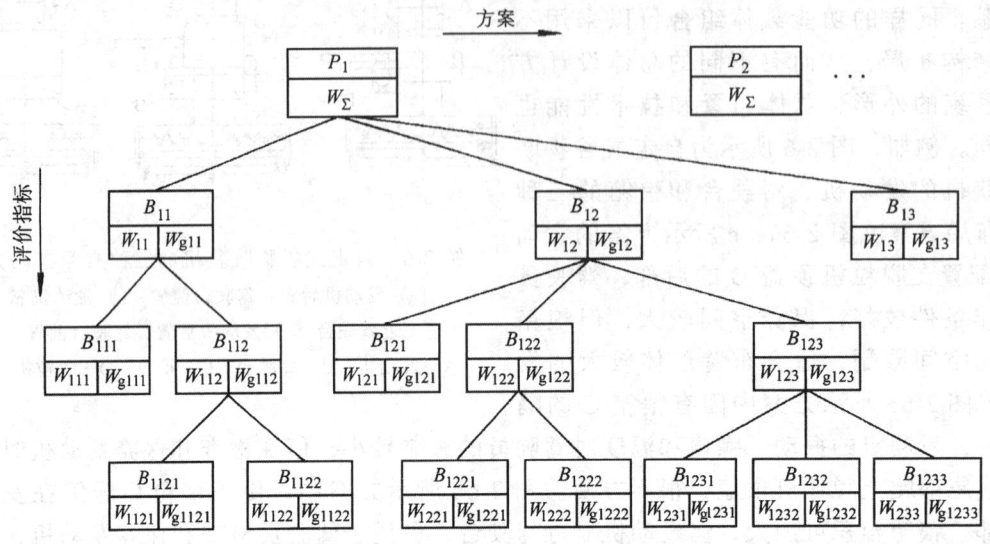

图 2-7 评价指标体系的层次结构举例

确定评价指标体系时必须尽可能做到:

1) 评价指标应完备,对方案决策有重大影响的重要评价指标不可遗漏;

2) 各评价指标必须保持相互独立,不允许一个评价指标包容或隐含另一评价指标,即任两个评价指标的评价结果均互不影响;

3) 各评价指标所需的资料和信息易于获得。

2．方案评价原则

评价过程是人为过程,评价指标、评价尺度、评价方法等都是由人制定的,评价结果难免受到评价人员的知识、经验、掌握和熟悉资料的先进程度与完整程度,对系统目标的理解程度,以及评价角度和个人倾向等人为因素的影响。因此,方案的绝对精确评价是不可能的。为使评价尽可能减少偏差和避免失误,必须遵循以下原则:

(1) 客观性原则　客观性原则是进行正确评价的首要原则。客观性包括参与评价人员的客观性和评价资料的客观性。评价人员应站在公允的立场上,实事求是地进行资料收集,全面把握系统的总体功能要求,熟悉和掌握评价方法,统一评价尺度,对评价结果作客观的解释。评价时不带倾向性、不抱偏见、不随意评价。评价资料应真实可靠,尽可能完整,避免片面性。

(2) 可比性原则　为了比较各候选方案的优劣,必须要求各方案的基本功能、基本属性具有可比性,能够建立起共同的评价指标体系。为提高可比程度和可操作程度,凡能用分析、比较、计算等方法进行量化的评价指标应予量化;对无法量化的定性评价指标,则可通过适当手段赋以能明确区分程度差别的文字说明,如最好、好、较好、一般、差等,对文字说明的理解应取得共识,为与定量的评价指标进行综合比较,也常将定性指标用适当的分值来表示,如把评语最好、好、较好、一般、差分别赋以标准分 1.0、0.8、0.6、0.4、0,或用十分制、百分制等表述。但若影响定性指标的不确定因素对评价结果影响大而又难以估定影响程度，则赋分值时应特别慎重，或者不如不赋分值。

(3) 合理性原则　为了得到可信的评价结果，所确定的评价指标体系和评价尺度应合乎逻辑，能正确反映预定的评价目的，能根据评价指标对各方案进行比较、排序，合理地得出评价结果。

(4) 整体性原则　整体性是指系统的评价指标应尽量全面而有代表性，能综合反映系统的整体目标在技术、经济、外部环境等各方面的要求。同时，应注意区分各项评价指标对整体性能影响的重要程度，评价前应按重要度大小对各评价指标赋以合理的重要度因数值——权重。

3．权重分配原则

权重 W 一般可用 $0\sim1$（或 $0\sim100$）的正实数表示，评价指标的重要度愈大，则其分配的权重 W 也愈大。总权重 $W_\Sigma \equiv 1$（或 100）。

各项评价指标的权重应在评价指标体系中表示，如图 2-7 所示，每项评价指标的框图下方都标有两个权重，左边的是设计时分配给该指标的权重 W_i，右边的是该指标在整个系统总权重中所占的比权重 W_{gi}。上层指标的权重按其所属下层指标的重要度进行分配，分配原则是：

1) 隶属于同一上级指标的下级诸子指标之权重和等于 1，图 2-7 中

$$\sum W_{1i} = W_{11} + W_{12} + W_{13} = 1$$
$$\sum W_{12i} = W_{121} + W_{122} + W_{123} = 1$$
$$\vdots$$

2) 每项下级指标的比权重，应为该指标的权重与其归属的上级指标的比权重之积，图 2-7 中

$$W_{g111} = W_{111} W_{g11}$$
$$W_{g1121} = W_{1121} W_{g112}$$
$$\vdots$$

3) 同级各子指标的比权重之和等于 1，图 2-7 中

$$\sum W_{g1i} = W_{g111} + W_{g1121} + W_{g1122} + W_{g121} +$$
$$W_{g1221} + W_{g1222} + W_{g1231} + W_{g1232} + W_{g1233} + W_{g13} = 1$$

由于权重分配对评价结果有很大影响，所以权重分配应慎重。在方案阶段，各评价指标的权重不可能精确确定，主要依靠知识和经验进行估计。因此，若无法估计各指标相对重要度的差别，或差别不大时，宁可不设定权重，也不可贸然随便估计权重。对整体性能（或价值）影响很小的指标，应予摈弃，不列作评价指标。

(三) 方案评价方法

方案评价方法很多，但目前所用的各种评价方法都有一定的局限性，现介绍常用的两种评价方法。

1．评分法

评分法是一种简单易行的方法，尤其是当评价指标体系较简单，层数只有一层时，评分法更显得简便。

评分法是以具有各种专业知识的专家学者组成评价组，根据确定的评价指标体系，对各候选方案的各项指标进行评分，再通过其他技术方法对各项指标的评分进行处理，作出各方案总的评价。其基本方法如下：

设在某个评价指标 B_i 下需确定 m 个不同方案的得分。首先对任意两个方案 P_k、P_j 的 B_i 指标进行比较，并以得分 $S_{kj}^{(i)}$ 代表比较的结果，其比较结果的表达式为

$$S_{kj}^{(i)} = \begin{cases} 1, & \text{当方案 } P_k \text{ 优于方案 } P_j \\ 0.5, & \text{当方案 } P_k \text{ 与方案 } P_j \text{ 相当} \\ 0, & \text{当方案 } P_k \text{ 不如方案 } P_j，\text{或 } k=j \end{cases} \tag{2-1}$$

为避免某个方案的得分为零，可增设一个虚拟的最差方案 P_{m+1}，即有

$$\begin{cases} S_{k,m+1}^{(i)} = 1 \\ S_{m+1,k}^{(i)} = 0 \end{cases} \quad k = 1, 2, \cdots, m \tag{2-2}$$

于是，方案 P_k 对于方案 P_j 的关于评价指标 B_i 的总得分为

$$\begin{cases} S_k^{(i)} = \sum_{j=1}^{m} S_{kj}^{(i)}, k = 1, 2, \cdots, m \\ S_{m+1}^{(i)} = 0 \end{cases} \tag{2-3}$$

为方便于比较，对 $S_k^{(i)}$ 作归一化处理，转化为得分率（或价值比）$V_k^{(i)}$，

$$V_k^{(i)} = \frac{S_k^{(i)}}{\sum S_k^{(i)}}, k = 1, 2, \cdots, m \tag{2-4}$$

$V_k^{(i)}$ 值最大的方案，表明由评价指标 B_i 作评分评价时该方案最优。

例如，有 4 个候选方案，按某评价指标采用评分法进行评价，两两方案评价得分结果示于表 2-2，由 $V_k^{(i)}$ 值知：方案 P_1 的得分率最高，故为最优方案。

表 2-2 某评价指标下 4 个方案的评价得分表

$S_{kj}^{(i)}$	P_1	P_2	P_3	P_4	P_5	$S_k^{(i)}$	$V_k^{(i)}$
P_1	0	1	0.5	0.5	1	3	0.3
P_2	0	0	1	0	1	2	0.2
P_3	0.5	0	0	1	1	2.5	0.25
P_4	0.5	1	0	0	1	2.5	0.25
P_5	0	0	0	0	0	0	0

当方案的优劣可以定量的性能指标比较时，采用下述记分法可使评价工作更简便：

将各候选方案从上到下进行排列，按评价指标 B_i 对相邻方案进行两两比较，获得相对优劣度，并记为

$$\bar{S}_k = \begin{cases} 1 & \text{当 } k=1 \\ a_k & \text{当 } k=2, 3, \cdots, m \end{cases} \tag{2-5}$$

式中 a_k——方案 P_k 的性能指标数值与方案 P_{k-1} 的性能指标数值之比。

计算各方案对方案 P_1 关于评价指标 B_i 的得分

$$S_k^{(i)} = \begin{cases} 1, & \text{当 } k=1 \\ \bar{S}_1 \bar{S}_2 \cdots \bar{S}_k, & k=2, 3, \cdots, m \end{cases} \tag{2-6}$$

计算各方案关于评价指标 B_i 的得分率

$$V_k^{(i)} = \frac{S_k^{(i)}}{\sum_{k=1}^{m} S_k^{(i)}}, k = 1, 2, \cdots, m \tag{2-7}$$

$V_k^{(i)}$ 最大者为最优方案。

例如，有5个候选方案 $P_1 \sim P_5$，按某评价指标 B_i 可定量地比较各方案的优劣，相对优劣度及得分情况见表 2-3 所示，由 $V_k^{(i)}$ 值知方案 P_5 的得分率最高，故为最优方案。

表 2-3 某评价指标 B_i 下各方案优劣度及得分表

方案	优劣度 $\bar{S}_k$	得分 $S_k^{(i)}$	得分率 $V_k^{(i)}$
P_1	1	1	0.05263
P_2	3	3	0.15789
P_3	0.5	1.5	0.07895
P_4	3	4.5	0.23684
P_5	2	9	0.47368

2. 加权综合评分法

对不同属性的评价指标（如功能、费用、时间、可靠性、外观、环境影响等）进行综合评价时，往往各评价指标在系统中占有的重要度有很大差别，对各评价指标不能等量齐观，此时宜采用加权综合评分法。

加权综合评分法的评分步骤：

(1) 确定（评判）各评价指标在系统中的重要度并分配权重 W_j，分配时应遵循前述原则。

(2) 计算各候选方案 P_i 在各评价指标 B_j 的得分 $\tilde{S}_{ij}$。为了进行综合，要求各项得分必须是同量、同级的量纲，否则就要先将各评价指标的评价值进行规范化。例如，将功能、费用、时间、可靠性、外观、环境影响等各不相同的评价值都转化为标准分，标准分可取 0~1 之间，或 0~100 之间。对文字性的评语也应转化为标准分，并列出一一对应的表格，如表 2-4、表 2-5 所示。

表 2-4 性能评语转化为标准分举例

性能评语	标准分 $\tilde{S}$
优	1.0
良	0.8
中	0.6
可	0.4
劣	0

表 2-5 学术水平评语转化为标准分举例

学术水平评语	标准分 $\tilde{S}$
国际先进	1.0
国内先进	0.8
同行业领先	0.6
省内先进	0.4
市内先进	0

(3) 计算各方案的加权综合评分值 $\tilde{S}_i$

$$\tilde{S}_i = \sum_{j=1}^{n} W_j \tilde{S}_{ij}, i = 1, 2, \cdots, m \tag{2-8}$$

为使评价结果更直观,也常将 $\tilde{S}_i$ 值用矩阵形式表示,如表 2-6 所示。因此,加权综合评分法也称相关矩阵法。$\tilde{S}_i$ 值大的方案为最优方案。

表 2-6 加权综合评分矩阵表

评价指标 B_j		B_1	B_2	…	B_n	加权综合评分值
权重 W_j		W_1	W_2	…	W_n	$\tilde{S}_i$
方案	P_1	$\tilde{S}_{11}$	$\tilde{S}_{12}$	…	$\tilde{S}_{1n}$	$\sum_{j=1}^{n} W_j \tilde{S}_{1j}$
	P_2	$\tilde{S}_{21}$	$\tilde{S}_{22}$	…	$\tilde{S}_{2n}$	$\sum_{j=1}^{n} W_j \tilde{S}_{2j}$
	⋮	⋮	⋮	⋮	⋮	⋮
	P_m	$\tilde{S}_{m1}$	$\tilde{S}_{m2}$	…	$\tilde{S}_{mn}$	$\sum_{j=1}^{n} W_j \tilde{S}_{mj}$

第二节　机械系统的总体设计

一、总体设计的内容

总体设计是机械系统内部设计的主要任务之一,也是进行系统技术设计的依据。总体设计对机械的性能、尺寸、外形、质量及生产成本具有重大影响。因此,总体设计时必须在保证实现已定方案的基础上,尽可能充分考虑与人—机—环境、加工装配、运行管理等外部系统的联系,使机械系统与外部系统相协调和适应,以求设计更臻完善。

总体设计的主要内容有:
1) 总体布置设计;
2) 确定总体主要参数;
3) 绘制总体设计图样;
4) 编写总体设计报告书及技术说明书等。

二、总体布置设计

(一) 总体布置的基本要求

总体布置是结构布局的细化,需具体确定各零部件之间的相对位置及联系尺寸、运动和动力的传递方式及主要技术参数,并绘制总体布置图。

总体布置的基本要求如下:

1. 保证工艺过程的连续和流畅

通常机械系统工作的工艺过程包含多项作业工序,例如一台联合收获机从作物切割、脱粒、分离、清选直至获得清洁的谷粒要经过许多工序;包装机械则有供料、充填、裹包、封口、甚至清洗、堆码、盖印、计量等多项工序。

保证工艺过程的连续和流畅是总体布置的最基本要求。对于工作条件恶劣和工况复杂的机械,还应考虑运动零部件惯性力、弹性变形、过载变形及热变形、磨损、制造及装配误差等因素的影响,确保运动零部件必需的安全空间,相互间不发生运动干涉。例如,汽车的货厢与驾驶室后壁之间必需留有足够的间隙，以免当汽车在行驶中紧急制动时引起货厢与驾驶室相互撞击和摩擦。

  2．降低质心高度、减小偏置

  任何机械都应能平衡、稳定地工作，如果机械的质心过高或偏置过大，则可能因扰力矩增大而造成倾倒或加剧振动。所以，在总体布置时应力求降低质心高度，尽量对称布置，减小偏置。整机的质心位置将直接影响行走机械和工程机械如汽车、拖拉机、叉车等的前后轴载荷分配、纵向稳定性、横向稳定性、操纵性及附着性等，对于固定式机械则将影响其基础的稳定性。因此，在总体布置时必须验算各零部和整机的质心位置，控制质心的偏移量。

  有些机械在完成不同作业或工况改变时，整机质心位置可能改变，此时在总体布置时应考虑这种情况，必要时留有放置配重的位置。

  3．保证精度、刚体，提高抗振性及热稳定性

  对于机床、精密机械设备等，为了保证被加工工件的精度及所需的性能指标，总体布置时必须充分考虑精度、刚度、抗振性及热稳定性的要求。

  为此，在总体布置时应使运动和动力的传递尽量简捷，以简化和缩短传动链，提高机械的传动精度。

  对于受力较大及自重较大的零部件，更应注意提高其结构刚度和抗振性，使受力均匀，避免偏载。如柱、梁、底座、床身等大型结构件，宜采用框架式封闭断面结构和双立柱对称布置，必要时增加辅助支承、辅助导轨或采用重锤、液压缸等负荷平衡装置，尽可能减小悬臂长度或不用悬臂布置。

  对于扰力较大的机械应尽量减小扰力的偏心距，提高支承刚度，必要时还应采取隔振措施，如设置隔振装置或采用柔性连结，以减小振动的传递。采用分离驱动的布置，如精密机床、数控机床中把电动机与变速箱、主轴箱分开布置的方案，也可有效地把振源与主要工作部件隔开。

  热传导的不均匀也会降低机械的精度。把热源部件与主要工作部件分开布置，或采用隔热及散热措施，采用结构对称布置等均有利于均匀传热和减小热变形。

  4．充分考虑产品系列化和发展

  设计机械产品时不仅要注意解决当前存在的问题，还应考虑今后进行产品系列化设计的可能性及产品更新换代的适应性。

  机械产品设计时应尽可能提高产品的标准化因数和重复因数，以提高产品的标准化程度。产品系列化通过把产品的主要参数、尺寸、型式、基本结构等作出合理的安排与规划，形成并合理地简化产品的品种规格，实现零部件最大限度的通用化，可以在只增加少数专用零部件的情况下即可发展变型产品或实现产品的更新换代。因此，产品系列化可以有效地提高产品标准化程度。

  产品系列化设计中的重要内容，如主要参数、尺寸和型式、基本结构的标准化、规格化、模块化，都与总体布置密切相关。

  5．结构紧凑，层次分明

  紧凑的结构不仅可节省空间，减少零部件，便于安装调试，往往还会带来良好的造型条件。为使结构紧凑，应注意利用机械的内部空间，如把电动机、传动部件、附件、操纵控制部件等布置在支承大件内部。为使占地面积小，可用立式布置代替卧式布置。

6．操作、维修、调整方便

为改善操作者的劳动条件，减少操作失误，应力求操作方便舒适。在总体布置时应使操作位置、修理位置和信息源的数目尽量减少并适当集中，使操作、观察、调整、维修等尽量方便省力、便于识别，以适应人的生理机能。例如应由人体尺度及体能参数合理确定操纵装置的位置及尺寸，根据人的视觉特征布置信号显示装置、确定信号显示方式等。

7．外形美观

机械产品投入市场后给人们的第一个直觉印象是外观造型和色彩，它是机械的功能、结构、工艺、材料和外观形象的综合表现，是科学性、艺术性与实用性的结合。机械产品应使其外形、色彩和表观特征符合美学原则，并适应销售地区的时尚，使产品受到用户的喜爱。为此，总体布置时应使各零部件的组合匀称协调，型体的比例与尺度具有比率美，前后左右的轻重配置对称和谐，并有稳定感和安全感。外形的轮廓线最好由直线或光滑曲线构成，有整体感。

（二）绘制总体布置图

为确定各部件（子系统）的基本结构、型式及配置，进行构型设计、初步计算和运动分析，应考虑前述基本要求，按比例绘制总体布置图。总体布置图一般难以一次绘就，通常均需先绘制总体布置草图。总体布置时一般总是先布置执行系统，再布置传动系统、操纵系统及支承形式等，通常都是从粗到细，从简到繁，需要反复多次才能确定。

对方案设计阶段确定的各可行候选方案都应绘制其总体布置草图。总体布置草图中不仅确定了整机的布置型式和主要尺寸，也基本确定了各部件的基本型式和特性参数，主要零部件的尺寸、质量、基本加工要求等影响制造成本的数据已可进行计算或估算，因而可进行初步技术经济分析，对各候选方案的评审也可做得比较具体和精细。在分析各候选方案的薄弱环节并加以改进后，并经全面分析比较，可确定最佳总体布置方案。必要时应对方案中的关键技术系统进行试验研究。

图 2-8 所示为自走式谷物联合收获机的总体布置草图。

1．执行系统的布置

布置执行系统时，一般是先根据拟定的工艺要求，将执行机构和执行构件布置在预定的工作位置，然后布置其原动件和中间连接件。布置时应注意以下几点：

1) 减少构件和运动副的数目，减小构件的几何尺寸，以减小其磨损和变形对执行机构运动精度的影响；

2) 使原动件尽量接近执行机构。在布置相互联系型的多个执行机构时，应尽量将各原动件集中在一根或少数几根轴上。对外露的执行机构，最好将原动件隐蔽布置，以提高操作安全性；

3) 由于执行构件往往与作业对象直接接触，所以布置执行构件和中间连接件时应充分考虑作业对象装卡和传送的方便与安全。

2．传动系统的布置

机械产品的传动系统对其制造和维修费用，以及操作和使用性能都有很大影响，为此在布置传动系统时应考虑以下几点：

（1）简化传动链　在保证运动要求的前提下，传动链愈简短，零件数就愈少，材料的消耗和制造费用就愈低，同时也有利于提高传动效率、可靠性和精度。

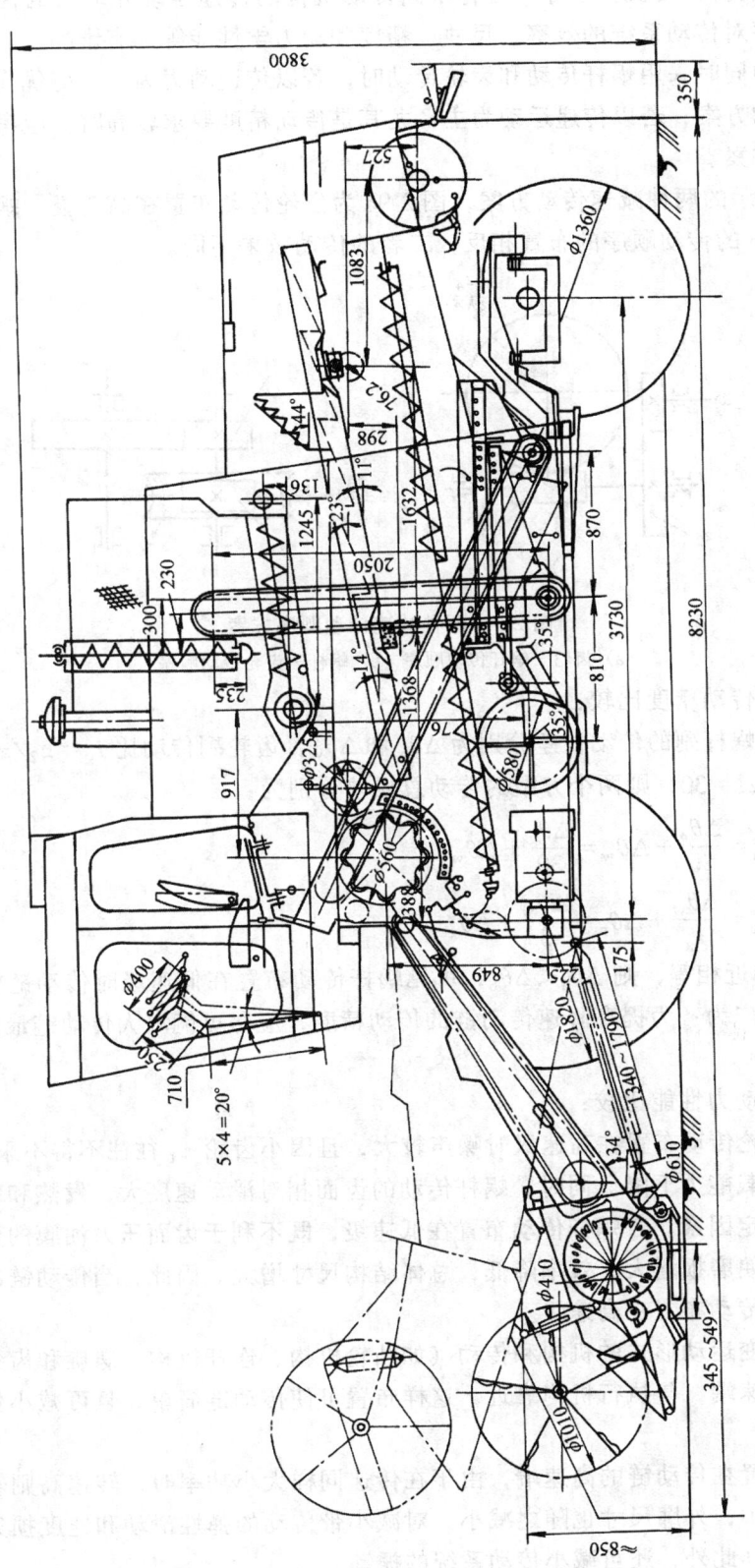

图 2-8 自走式谷物联合收获机总体布置草图（侧视）

（2）合理安排传动机构顺序　各种不同传动机构的传递运动和动力的性能不同，传动机构的安排顺序对传动系统的效率、尺寸、精度和动力学性能等都有影响。

当传动链中同时采用蜗杆传动和齿轮传动时，若以传递动力为主，应优先考虑蜗杆传动布置在高速级的方案；若以传递运动为主，尤其是传动精度要求较高时，应考虑蜗杆传动布置在低速级的方案。

如图2-9所示的两种减速传动方案，图2-9a为齿轮传动布置在高速级，蜗杆传动布置在低速级，图2-9b的传动顺序的布置相反，二者的传动效果不同。

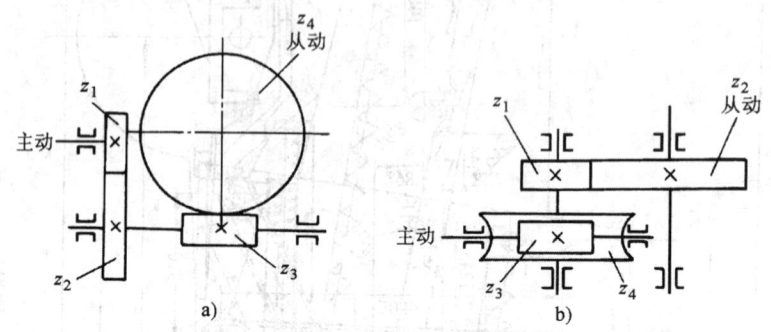

图2-9　两种减速传动顺序方案
a）齿轮—蜗杆传动顺序　b）蜗杆—齿轮传动顺序

①传动链的传动精度比较：

设齿轮副和蜗杆副的传动误差分别为$\Delta\theta_g$和$\Delta\theta_w$，齿轮副传动比$i_g = z_2/z_1 = 3$，蜗杆副传动比$i_w = z_4/z_3 = 30$，则两个方案的传动总误差分别为：

方案a　$\Delta\theta_a = \dfrac{\Delta\theta_g}{i_w} + \Delta\theta_w = \dfrac{\Delta\theta_g}{30} + \Delta\theta_w$

方案b　$\Delta\theta_b = \dfrac{\Delta\theta_w}{i_g} + \Delta\theta_g = \dfrac{\Delta\theta_w}{3} + \Delta\theta_g$

若$\Delta\theta_g$和$\Delta\theta_w$接近相等，则$\Delta\theta_a < \Delta\theta_b$，可见蜗杆传动布置在低速级时传动链的传动精度较高。此结论可推广为：为提高降速传动链的传动精度，应尽可能增大传动链最后一级传动副的传动比。

②传动链的动力性能比较：

方案a中齿轮传动布置在高速级时噪声较大，且因小齿轮z_1往往不得不采用悬臂结构，使传动性能和承载能力下降。同时，蜗杆传动的齿面相对滑动速度大，发热和胶合常为限制其承载能力的决定因素。若蜗杆传动布置在低速级，既不利于齿面压力油膜的建立，又增大了传动的负载，使磨损增大，效率降低，总体结构尺寸增大。因此，当传动链以传递动力为主时，应将蜗杆传动布置在高速级。

一般应把转变运动形式的机构和传动（如凸轮机构、连杆机构、螺旋和齿条传动等）布置在传动链的低速端，与执行机构靠近，这样布置可使传动链简单，且可减小传动系统的惯性冲击。

带传动宜布置在传动链的高速端，由于在传递同样大小功率时，转速高则转矩小，传动带所受的拉力减小，外廓尺寸也随之减小，对减小带传动的弹性滑动和速度损失及提高传动带的寿命均有利，此外，还可减小传动系统的振动。

链传动宜布置在低速级、振动、冲击和噪声可小些。

当传动链中含有机械无级变速传动时，对恒功率传动，应把无级变速传动布置在传动链的高速端，最好与电动机直接连接，但应注意勿使最高转速超过许用值；对恒转矩传动，则无级变速传动的布置位置一般不受限制。

（3）注意传动系统润滑和密封的便利性与可靠性　总体布置设计时应使各级传动都能得到充分有效的润滑，虽然确定适宜的润滑方法和设计润滑系统应在技术设计阶段才能具体进行，但总体布置时应为其创造有利条件。例如，当采用油浴或飞溅润滑时，应考虑油面高度，使各级传动都有合适的浸油深度或能可靠地飞溅到；当采用油雾润滑时，应考虑油雾喷嘴的数量和方便安置，使各级传动都在有效喷雾润滑区内；当采用循环润滑时，应考虑便于供油管的布置和润滑油的选择等。

对于食品、药品、纺织等机械还要求可靠的密封和隔离，防止润滑剂污染产品。

3．操纵件的布置

机械系统的操纵件常有电源开关、旋钮、离合器及变速器的操纵手柄、执行机构的行程和速度的调节手柄等，这些操纵件的布置应便于操纵和观察，保证操作人员和操纵件之间有合适的空间位置，符合方便宜人及与环境协调的要求。

按习惯，被加工的物体应相对于操作人员自左向右运动，或顺时针转动。操纵件的运动方向应与被驱动件的运动方向一致。一般规定调速手轮顺时针转动为增速，为便于调试和避免误操作，应附设指示牌。

操作位置应设置在工序最集中、操纵最频繁、容易出现故障和最便于观察的部位。常用操纵件应尽量布置在操作人员的近旁。对于大型复杂的机械往往需要在几个位置上操作，可采用联动装置，以便在不同位置都可进行操纵，也可采用可移动的集中操纵按钮站。紧急制动按钮应在每个操作位置上都设置，而且要醒目，便于识别。

仪表和仪器等的位置应便于操作人员观察和维护。

（三）总体布置示例

不同机械的总体布置有不同的具体内容和要求，其考虑的侧重点也有所不同，以下各例从不同侧面阐述总体布置中可能碰到的一些特殊问题及其解决办法。

1．手扶拖拉机的总体布置

手扶拖拉机为单轴轮式移动机械，田间作业时驾驶员一般步行扶持驾驶，所以手扶拖拉机的总体布置体现出下列一些特点。

（1）保持总体平衡　如图2-10所示，手扶拖拉机单机不能平衡，必须配带机具（如犁、旋耕机或拖车）才能平衡并稳定行驶。所以在总体布置时，应与挂接的主要作业机具（图中双点划线部分为旋耕机）作为一个机组来设计。由于配带不同机具时机组质心位置不同，因此手扶拖拉机总体布置必须考虑如何保持总体平衡。本例是采用在机架前部和扶手架上安置配重块以保持总体平衡的办法，在相应位置留有安置配重块的空间。

当配带旋耕机、收割机等机具时，总质心将后移，为此，扶手架设计成可以在水平面内回转180°的结构，将机具挂在牵引装置前方，用倒档进行作业。这样也便于进行园艺和在塑料大棚内作业。

由于单机的质心偏在驱动轮之前，为便于平稳停放，在机架前方设置一可收放的支撑架。支撑架收放的操纵件设在扶手架上，以便操作。

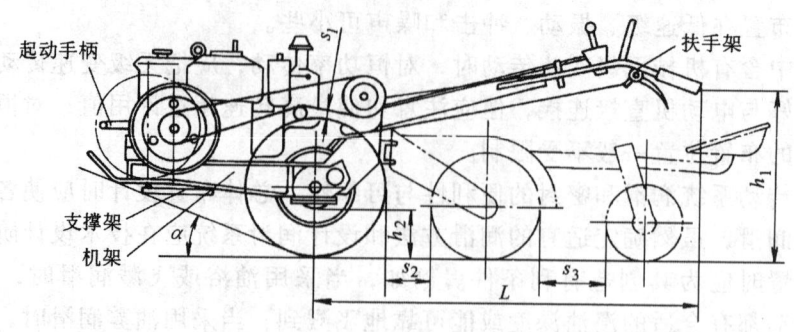

图 2-10 手扶拖拉机总体布置简图

一般手扶拖拉机的接近角 $\alpha = 28° \sim 32°$，离地间隙 $h_2 = 180 \sim 250 \text{mm}$。

(2) 发动机和传动系统横向平行布置　采用单缸卧式发动机作横向布置，其曲轴方向与驱动轮平行。发动机经V带驱动传动箱至驱动轮，传动系统中的所有轴都是平行的，简化了传动系统。发动机横置还便于将发动机作为抽水、脱粒等其他作业的动力，也减小了手扶拖拉机的横向振动，减轻了驾驶者的不舒适感。

离合器多为多片经常结合式，为使结构紧凑，通常将其布置在从动V带轮内部。为避免V带与驱动轮相碰，应使二者之间距 $s_1 > 30 \text{mm}$，或增设V带张紧轮以保持必要的间距。

当配带旋耕机时，由传动箱的动力输出轴经链传动驱动旋耕刀转动。一般旋耕刀与驱动轮之间的间距 $s_2 = 40 \sim 80 \text{mm}$。为防止旋耕刀反向转动而发生事故，应使链传动与传动箱的倒档有联锁机构，使手扶拖拉机倒驶时旋耕刀停止转动。

(3) 操纵机构集中布置　为便于操作，将转向、变速、油门、离合器和制动器等的操纵件集中布置在扶手架上。为适应不同作业和人体高度的操作要求，一般扶手架的左右扶手把之间的距离为 $550 \sim 700 \text{mm}$，扶手把离地高度 $h_1 = 900 \sim 1000 \text{mm}$。扶手把端部到驱动轮轴的距离 $L = 1300 \sim 1500 \text{mm}$。同时，将扶手架设计成在高度和长度方向均可进行调节的结构。

为减轻手扶步行操作的劳动强度，在大型手扶拖拉机上加装乘座装置和尾轮，乘座装置和尾轮通过支架连于扶手架上。尾轮与旋耕刀的间距 $s_3 = 200 \sim 300 \text{mm}$。

考虑到发动机需手摇起动，应在起动手柄四周留出足够的空间，以免摇动手柄时碰伤手。

2．铣床的总体布置

铣刀与工件相对铣削运动可有不同的分配方案，因而铣床有不同的总体布置方案。图2-11所示为铣床的四种不同布置型式，它们各有不同的特点。

图2-11a所示，铣刀只作回转铣削运动，工件的三个方向移动分别由工作台、滑鞍和升降台完成，适用于加工质量及尺寸较小的工件。图2-11b所示，工作台不能升降，只能纵、横方向运动，上下的运动由铣头完成，适用于加工质量和尺寸较大的工件。图2-11c所示，工件随工作台作纵向移动，升降和横向运动由横梁和铣头完成，适用于加工大型的工件。图2-11d所示，工件不动，三个方向的运动均由龙门架和铣头完成，故适用于加工特大型的工件。

可见，工件的质量和尺寸大小是影响机械总体布置的重要因素。

3．连续缠管机的总体布置

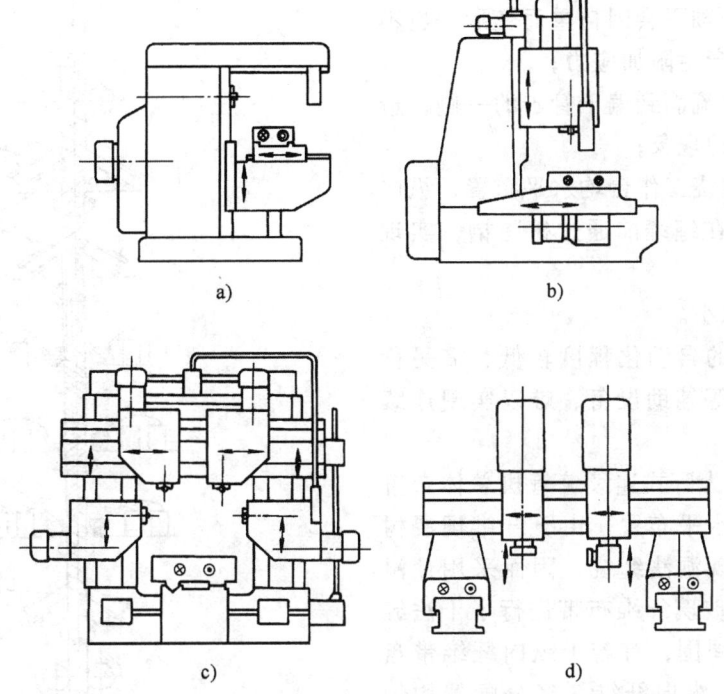

图 2-11 铣床总体布置型式简图
a) 升降台卧式铣床 b) 工作台不升降立式铣床 c) 横梁移动式龙门铣床 d) 地坑式龙门铣床

增强塑料管也叫玻璃钢管，一般是用连续缠绕法生产的，其工艺过程如图 2-12 所示。将浸有树脂的玻璃纤维品（无捻粗纱、无纬带、纤维毡等），按一定的成型规律缠绕在芯轴或其他模具上，经成型、固化、脱模、切割等工序即制成玻璃钢管。连续缠管机一般包括传动系统、成型心轴、纤维（或其他增强材料）供给装置、树脂供给装置、固化炉、切割装置、翻管机构和控制台等部分。连续缠管机有立式和卧式两种布置型式，各有不同特点。

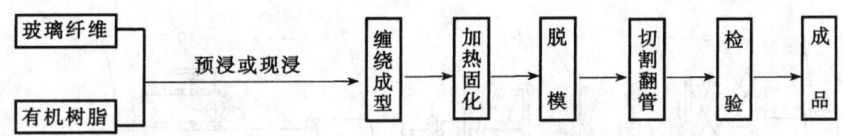

图 2-12 连续缠管工艺过程

图 2-13 所示为立式连续缠管机总体布置示意图。心轴 1 立式布置，工作时由牵引辊 2 驱动作垂直移动，六层工作台沿垂直方向布置，各层工作台的旋转方向如图 2-13 所示。当心轴 1 通过第一层工作台 3 时，将浸渍树脂的玻璃纤维布带 4 螺旋绕在心轴上；当心轴 1 通过第二、三层工作台 5、8 时，玻璃纤维纱 6 在经过树脂浸渍槽 7 后螺旋绕在心轴上，工作台 5、8 的旋转方向相反；第四层工作台 9 不旋转，包纵向纱；第五、六层工作台 10、13 分别以不同螺旋方向缠绕外层玻璃纤维布带 11 和玻璃纸带 14，张力器 12 使玻璃纸带 14 以一定张力缠绕在心轴表面，起表面定型作用。缠满一根心轴后将玻璃钢管切断，经固化炉固化后，再将玻璃钢管从心轴上脱模即可。

立式布置的优点是：

1) 缠绕时心轴不会因自重而变形，也不会在玻璃钢管内产生附加应力；

2) 树脂不易流淌到偏于管子的一侧，造成含树脂量不匀的现象；

3) 因各层缠绕工作台均水平布置，纵向纱和横向纱都可在缠绕前通过树脂槽，实现湿法缠绕；

4) 占地面积小。

但立式布置的自动化程度较低，需另行设置固化及脱模等辅助设备，难以实现连续生产。

图 2-14 所示为卧式连续缠管机总体布置示意图，心轴 4 水平布置，由于纤维现浸树脂困难，不易实现湿法缠绕，因而采用预浸树脂的无纬带或玻璃纤维布带进行半干法缠绕。在心轴 4 的周围，有若干纵向纤维带盘 2 固定在盘架上，纵向纤维 3 经分配器均匀分布在心轴的表面。若干个环向纤维带盘 5 周向分布在环向纤维带盘架上，带盘架绕心轴转动时将玻璃纤维带螺旋状缠绕在心轴上。为使缠绕的相邻各层反向重叠，各相邻带盘架的转向相反。缠绕好的管子由履带牵引机 9 牵引前进，经固化炉 7，尔后进入切割区，将管子切成所要求的长度。

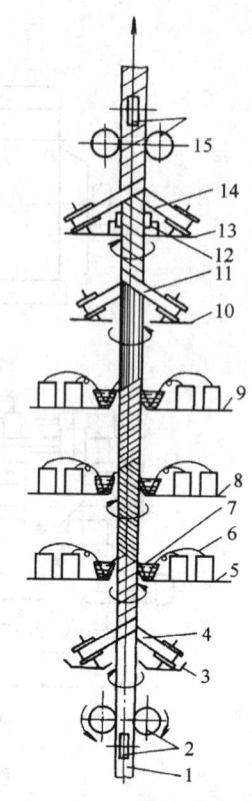

图 2-13 立式连续缠管机总体布置示意图

1—心轴 2—牵引辊 3—第一层工作台 4—玻璃纤维布带 5—第二层工作台 6—玻璃纤维纱 7—树脂浸渍槽 8—第三层工作台 9—第四层工作台 10—第五层工作台 11—玻璃纤维布带 12—第六层工作台的张力器 13—第六层工作台 14—玻璃纸带 15—导辊

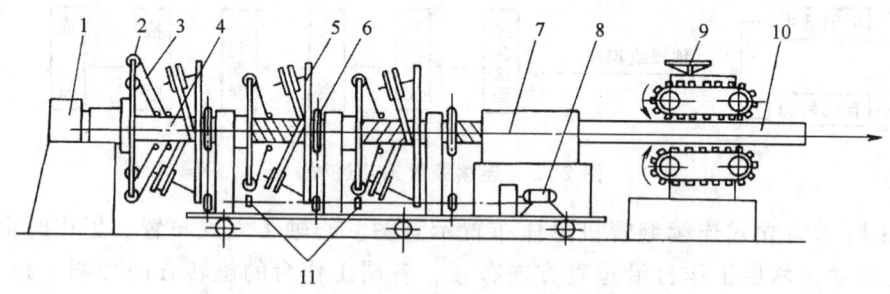

图 2-14 卧式连续缠管机总体布置示意图

1—心轴内加热控制装置 2—纵向纤维带盘 3—纵向纤维 4—心轴 5—环向纤维带盘 6—带盘的传动系统 7—固化炉 8—电机及减速器 9—牵引机 10—玻璃钢管 11—换向机构

可见，卧式连续缠管机可使缠绕、固化、脱模、切割等工序连续进行，心轴固定不动，结构简单，操作方便，但难以进行湿法缠绕，且因用履带牵引机脱模易使管子变形。

三、总体主要参数的确定

总体主要参数包括尺寸参数、运动参数和动力参数。

1. 尺寸参数

总体设计的尺寸参数主要是指影响机械性能的一些重要尺寸，如总体轮廓尺寸（总长、总宽、总高）、特性尺寸（加工范围、中心高度）、主要运动零部件的工作行程，以及表示主要零部件之间位置关系的安装连接尺寸等。尺寸参数常用联系尺寸图示出。

图 2-15 所示为一专用立式镗床的联系尺寸图，图中标明了该镗床的重要尺寸。该镗床专用于加工大小头孔距分别为 220、300 和 420mm 的三种连杆，大小头孔可同时加工。

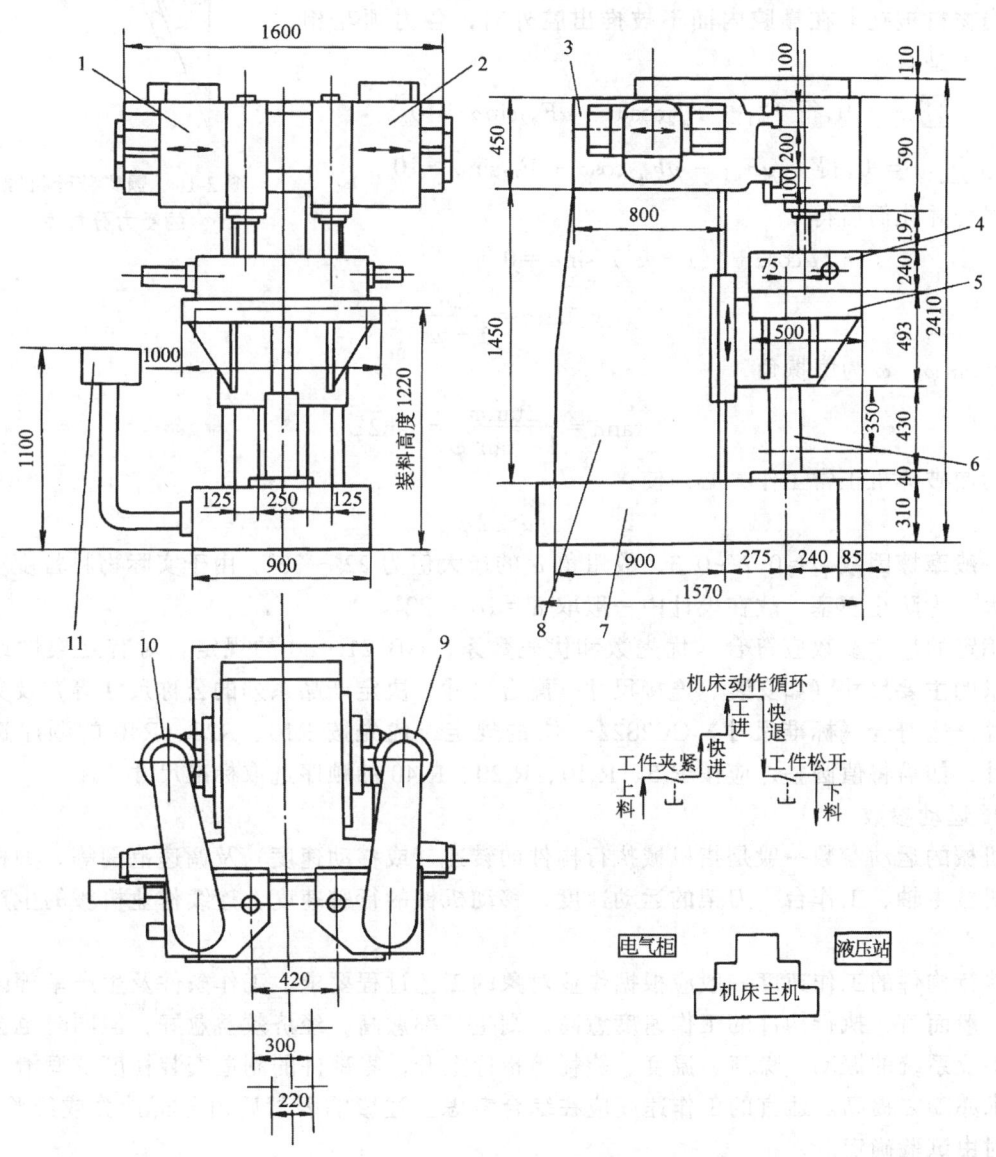

图 2-15 某专用立式镗床的联系尺寸图
1—左主轴箱 2—右主轴箱 3—横梁 4—夹具 5—升降台
6—升降液压缸 7—底座 8—主柱 9、10—电动机 11—操纵台

尺寸参数一般依据设计任务书中的原始数据、方案设计时的总体布局图与同类机械的类比或通过分析计算确定，必要时经试验确定。

例如图 2-16 所示颚式破碎机的钳角 α 是通过力的分析计算确定的。当颚式破碎机工作时夹在颚腔内的物料将受到颚板给它的压力 F_{n1} 和 F_{n2} 的作用，其方向均与颚板垂直。设物料与颚板之间的摩擦因数为 μ，则物料与颚板接触处产生的摩擦力为 $F_1 = \mu F_{n1}$ 及 $F_2 = \mu F_{n2}$，由于物料的重力 W 相对于 F_{n1} 和 F_{n2} 要小得多，故可忽略不计。

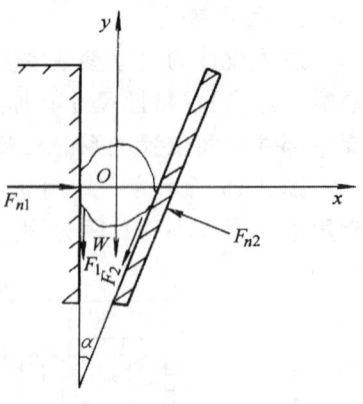

图 2-16 颚式破碎机颚板的受力分析图

当物料被夹牢在颚腔内而不被推出腔外时，各力须互相平衡，于是有

$$\sum x = 0, 得\ F_{n1} - F_{n2}\cos\alpha - \mu F_{n2}\sin\alpha = 0$$

$$\sum y = 0, 得\ -\mu F_{n1} - \mu F_{n2}\cos\alpha + F_{n2}\sin\alpha = 0$$

将两式合并化简后得

$$-2\mu\cos\alpha + (1-\mu^2)\sin\alpha = 0$$

即

$$\tan\alpha = \frac{2\mu}{1-\mu^2}$$

又 $\mu = \tan\varphi$，φ 为摩擦角，

则

$$\tan\alpha = \frac{2\tan\varphi}{1-\tan^2\varphi} = \tan2\varphi$$

为使破碎机正常工作，必须使

$$\alpha \leqslant 2\varphi$$

一般摩擦因数 $\mu = 0.2 \sim 0.3$，故钳角 α 的最大值为 $22°\sim 33°$。由于实际物料粒度可能差别较大，为防止楔塞，故在设计中一般取 $\alpha = 18°\sim 22°$。

确定的尺寸参数应符合《优先数和优先数系》GB321—80 的规定。对有互换性或系列化要求的主要尺寸（如安装、连接尺寸，配合尺寸，决定产品系列的公称尺寸等）及其他结构尺寸，应符合《标准尺寸》GB2822—81 的规定，优先按 R10、R20、R40 的顺序选用标准尺寸，如需将值圆整，应按 R_a5、R_a10、R_a20、R_a40 的顺序选取标准尺寸。

2．运动参数

机械的运动参数一般是指机械执行构件的转速（或移动速度）及调速范围等，如机床等加工机械主轴、工作台、刀架的运动速度，移动机械的行驶速度，连续作业机械的生产节拍等。

执行构件的工作速度一般应根据作业对象的工艺过程要求、工作条件及生产率等因素确定。一般而言，执行构件的工作速度愈高，则生产率愈高，经济效益愈好，但同时也会使工作机构及系统的振动、噪声、温度、能耗等指标上升，零部件的制造安装精度及润滑、密封等要求亦随之提高。适宜的工作速度应在综合考虑上述影响因素后由分析计算或经验确定，必要时由试验确定。

例如起重机的工作速度，包括起升（下降）速度、大车运行速度、小车运行速度、回转速度和变幅速度，主要是根据行业的经验确定的：装卸作业的工作速度较高，安装作业的工作速度宜低；运行距离长的工作速度应较高，反之应较低；起重量小工作速度可高些，反之则宜低些。

又如播种机中常用的型孔轮式排种器，当型孔轮转动时，落入窝眼中的种子被型孔轮带着转到下方而被抛入土中，达到播种的目的，如图2-17所示。显然，排种能力与型孔轮直径、轮宽、型孔数及型孔轮的转速有关。当其他参数取定后则排种能力将取决于型孔轮的转速。型孔轮的最高转速可由种子的充填条件计算确定。

种子是在自重作用下落入型孔轮窝眼的，其充填条件见图2-18所示。

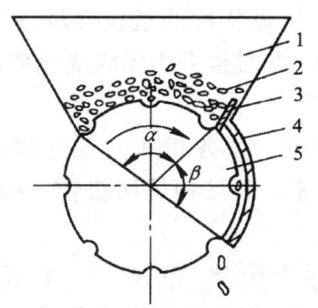
图2-17 型孔轮式排种器排种示意图
1—种子箱 2—种子 3—刮种板 4—护种器 5—型孔轮

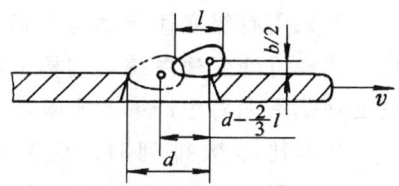
图2-18 种子落入型孔轮窝眼的充填条件示意图

设型孔轮圆周速度为 v，则时间 t 内允许型孔通过的最大距离为

$$v_{\max}t = d - \frac{2}{3}l$$

同时种子必须下落到窝眼内的深度为

$$\frac{b_{\max}}{2} = \frac{gt^2}{2}$$

式中　$v_{\max}$——型孔轮最高圆周速度（m/s）；
　　　d——窝眼直径或槽的长度（m）；
　　　$b_{\max}$——种子的最大宽度（m）；
　　　l——种子长度（m）；
　　　g——重力加速度，$g = 9.81 \text{m/s}^2$。

合并两式消去 t，得

$$v_{\max} = \left(d - \frac{2}{3}l\right)\sqrt{\frac{g}{b_{\max}}}$$

即

$$n_{\max} = \frac{60}{\pi d}v_{\max}$$

式中　$n_{\max}$——型孔轮最高转速（r/min）。

由于实际工作条件比较复杂，一般理论分析计算结果需根据经验作适当调整，或经试验确定。

通常，除少数专用机械只需在某一特定速度下工作外，一般机械往往需多种工作速度。作业范围愈广，通用性愈强，则所需工作速度的变化范围也愈大。

对需变速的机械，应首先根据作业范围和可能出现的各种工况，计算其最高转速 n_{max}、最低转速 n_{min} 及变速范围（也称调速范围）R，

$$R = \frac{n_{max}}{n_{min}} \tag{2-9}$$

变速传动有无级变速传动和有级变速传动两种，它们的设计原则和方法详见第五章。

无级变速不仅可获得最有利的工作速度，而且可在运转中变速，便于实现机械自动化。但由于其变速范围较小，不能保证严格的传动比，机械特性的适应性较差，且传动功率较小，所以在一般机械中仍然广泛应用有级变速传动，有时也采用无级变速传动与有级变速传动相结合的办法，以扩大其传动的适应性。

当采用有级变速传动时，通常采用等比级数排列，使各相邻的各级转速按等比级数变化，这样可使变速系统在结构上易于实现且经济合理，而且相邻两级转速的相对损失相等，在变速范围内对生产率的影响相同。

按等比级数排列时，应采用标准公比 φ。标准公比有：1.06，1.12，1.26，1.41，1.58，1.78，2.0 七个数值。于是，若有 Z 级转速，各级转速有下述关系：

$$n_1 = n_{min}$$
$$n_2 = n_1 \varphi$$
$$n_3 = n_2 \varphi = n_1 \varphi^2$$
$$\vdots$$
$$n_Z = n_{(Z-1)} \varphi = n_1 \varphi^{(Z-1)} = n_{max}$$

$$\frac{n_Z}{n_1} = \varphi^{(Z-1)}$$

由

$$R = \frac{n_{max}}{n_{min}} = \frac{n_Z}{n_1}$$

得

$$R = \varphi^{(Z-1)} \tag{2-10}$$

或

$$\varphi = \sqrt[(Z-1)]{R} \tag{2-11}$$

两边取对数，可写成

$$\lg R = (Z-1) \lg \varphi$$

即

$$Z = \frac{\lg R}{\lg \varphi} + 1 \tag{2-12}$$

当已知 R、φ 及 Z 三个参数中任意两个时，即可用式（2-11）或式（2-12）算出另一个参数。但应注意算出的 φ 值应圆整为标准值，算出的 Z 值应圆整为整数，并按圆整后的 φ 或 Z 值修改 R 值。Z 值最好是由因子 2 和 3 所组成，以便于用双联或三联齿轮变速组组成变速系统，从而使获得相同的转速级数时所用的齿轮对数最少。

3. 动力参数

动力参数一般指机械系统的动力源参数，如电动机、液压马达、内燃机的功率及其机械特性。动力参数是机械中各零部件进行承载能力计算以确定其尺寸参数的依据。动力参数确定恰当与否，既影响机械系统工作性能，也影响其经济性，具体确定方法见第三章。

四、绘制总体设计图及编写设计文件

总体设计图一般是指单个产品的总装配图或成套设备的总体布置详图。总体设计图应对

所设计机械系统的总体布置和结构作完整的描述。总体设计图是零部件技术设计的依据，不仅要严格按比例绘制，而且还要表示出重要零部件的细部结构，机构运动部件的极限位置，操作件的位置，并标注出有关尺寸，必要时应绘出联系尺寸图。此外，根据需要有时还要画出系统图（如传动系统图、液压系统图、润滑系统图等）、原理图（如电气原理图、逻辑原理图、功能原理图等）及电路接线图等。

总体设计的设计文件通常包括技术任务书或技术建议书、产品设计评审报告等，必要时应提交研究试验大纲及研究试验报告。

思 考 题

1. 什么是"黑箱"？黑箱在方案设计中起何作用？
2. 从列出黑箱到形成设计方案通常要经过哪些步骤？
3. 什么是形态学矩阵？有何用处？试举例说明之。
4. 方案评价有哪些主要内容？方案评价有哪些原则？
5. 试述评分法和加权综合评分法的要点。
6. 机械系统总体布置的基本要求有哪些？
7. 布置传动系统时应注意哪些问题？
8. 布置执行系统时应注意哪些问题？
9. 布置操纵件时应注意哪些问题？
10. 当采用有级变速传动时，通常采用等比级数排列，为什么？列出常用标准公比值。
11. 从手扶拖拉机、铣床及连续缠管机总体布置的特点中得到哪些启示？

第三章 机械系统的载荷特性和动力机选择

第一节 工作机械的载荷和工作制

一、载荷类型

所有机械在工作中都会受到多种外力的作用,这些外力工程上称之为载荷。确定机械及其零部件承受的载荷之类型、大小和变化规律是机械系统设计的一个重要内容,这不仅是进行机械零部件的强度、刚度、稳定性、可靠性和寿命等计算的需要,也是进行机械系统动力计算以选择动力机类型和容量的需要。

载荷的种类很多,如自重载荷、风载荷、驱动力、惯性力阻力等。机械设计时根据实际需要,常将载荷表示成不同的形式,如用力、力矩或转矩等形式表示,也可用压力、功率、加速度等形式表示。工作机械的转矩 M 与转速 n 之间的关系称为工作机械的负载特性,常见工作机械的负载特性见表3-1。

表3-1 常见工作机械的负载特性

负载	$n-M$ 曲线	特 性	举 例
恒转矩	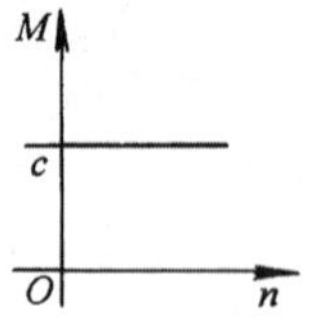	位能性负载,M 为常数	起重机,提升机构,卷扬机
	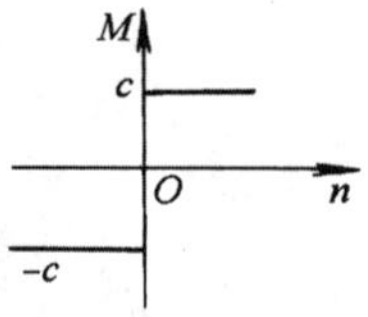	反抗性负载,M 大小相同,方向随 n 的方向发生变化	摩擦负载
恒功率	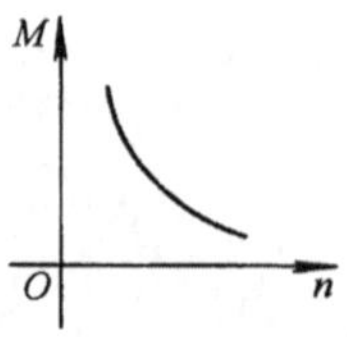	功率为常数,M 增大、n 减小或 M 减小、n 增大	机床切削加工

(续)

负载	n-M 曲线	特性	举例
转矩是转速的函数	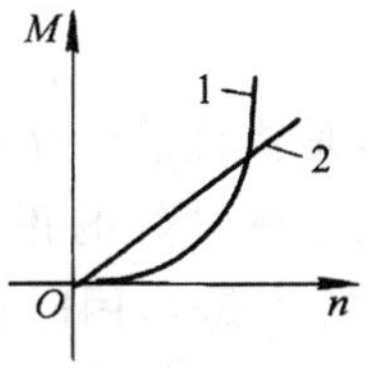	M 与 n 之间有一定的函数关系，M 随 n 增大而增大。如 1 为二次方关系，2 为直线关系	通风机，离心式水泵
恒转速	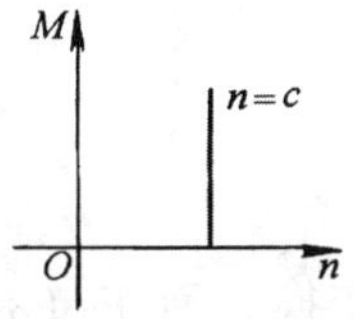	n 为常数，而转矩可从 0 变化到一定的数值	内燃机，驱动发电机，压气机

载荷按是否随时间变化，可分为静载荷与动载荷两大类。静载荷是指大小、方向和位置都不变的载荷（如自重），反之则为动载荷。工程上静载荷的情况极少，但由于其形式简单，故工程实际中有时也将一些动载荷简化处理成静载荷，以简化设计计算。工程中大多数机械所承受的都是动载荷，因此本节主要针对动载荷的处理。

工程上常把载荷随时间的变化称为载荷—时间历程，简称载荷历程。对一般机械承受的动载荷，按其载荷历程的不同，可分为周期载荷、非周期载荷、随机载荷等几种。周期载荷和非周期载荷为确定性载荷，其变化有一定规律并可重复，可用一定的数学公式来表达；而随机载荷是一种无规律的不重复的载荷，对它只能进行统计处理。

（一）周期载荷

以正弦规律变化的载荷是最简单的一种周期载荷，又称简谐载荷。

由高等数学可知，在满足狄里克雷的条件下，任何一个周期为 T 的载荷都可以分解成无限个简谐载荷的叠加（即由许多正弦波组成的傅里叶级数）

$$x(t) = \frac{a_0}{2} + \sum_{n=1}^{\infty}(a_n \cos n\omega_0 t + b_n \sin n\omega_0 t) \quad n = 1,2\cdots \tag{3-1}$$

式中

$$a_0 = \frac{2}{T}\int_{-\frac{T}{2}}^{\frac{T}{2}} x(t)dt \qquad a_n = \frac{2}{T}\int_{-\frac{T}{2}}^{\frac{T}{2}} x(t)\cos n\omega_0 t\, dt$$

$$b_n = \frac{2}{T}\int_{-\frac{T}{2}}^{\frac{T}{2}} x(t)\sin n\omega_0 t\, dt \qquad \omega_0 = \frac{2\pi}{T}$$

式（3-1）也可表示成如下形式

$$x(t) = \frac{a_0}{2} + \sum_{n=1}^{\infty} c_n \cos(n\omega_0 t - \theta_n) \tag{3-2}$$

式中

$$c_n = \sqrt{a_n^2 + b_n^2} \qquad \theta_n = \arctan\left(\frac{b_n}{a_n}\right)$$

从式（3-2）可以看到，周期载荷都可用幅值 c_n、谐波角频率 $n\omega_0$（其中 ω_0 为基频）和相位角 θ_n 三个要素来描述，即将周期载荷表示为均值为 $a_0/2$ 的静态分量与谐波分量的叠加形式。通常根据计算的需要，谐波分量可只取前有限项。

（二）非周期载荷

非周期载荷包括准周期载荷和瞬变载荷两类。准周期载荷是指由若干个频率比是有理数的正弦量合成的载荷，它仍可用周期载荷的处理方法（频率比是有理数的正弦载荷合成后仍是周期载荷）。除准周期载荷之外都是瞬变载荷，这种载荷的特点是作用时间短、幅值变化较大。对瞬变载荷，常采用傅里叶变换建立载荷的时间函数和频率函数之间的一一对应关系

$$x(t) = \frac{1}{2\pi}\int_{-\infty}^{\infty} F(\omega)e^{j\omega t}d\omega \tag{3-3}$$

$$F(\omega) = \int_{-\infty}^{\infty} x(t)e^{-j\omega t}dt \tag{3-4}$$

可以看出 $x(t)$ 为时域函数，它是 $F(\omega)$ 的反傅里叶变换，而 $F(\omega)$ 为频域函数，它是 $x(t)$ 的正傅里叶变换。

（三）随机载荷

随机载荷是时间的函数，但它不可能用确定的数学关系来描述，不可能预测它未来某一时刻的精确值。在工程中有许多机械如汽车、拖拉机、船舶等的工作载荷都是随机载荷。对这种载荷，其每次的观测结果都不一样，对多个可能发生的结果，其最终只能发生多个可能发生结果中的一个。由于其不确定性，因而只能采用统计的方法来获得它们的统计规律。

随机载荷通常由现场实测（即采样）获得，每一次采样可以得到一个样本函数（也称子样）$x(t)$。在相同条件下，进行重复采样，就可得到互不相同的许多样本函数 $x_1(t)$，$x_2(t)$，$x_3(t)$，…，$x_n(t)$，如图3-1所示。n 个样本函数的集合形成了随机过程。一般情况下，任何有限多个样本函数都无法恰当地代表一个随机过程，因此可用随机过程的一些数字特征如均值、方差、自相关函数等来描述其基本统计特征。

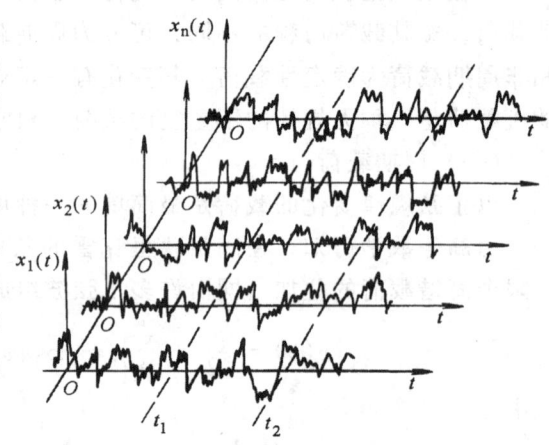

图 3-1 随机载荷子样

(1) 均值 $\overline{X}(t)$　均值 $\overline{X}(t)$ 也称数学期望，表示随机变量概率分布集中程度的尺度。n 个随机变量 $x_i(t)$ 的均值为

$$\overline{X}(t) = \frac{1}{n}\sum_{i=1}^{n} x_i(t) \tag{3-5}$$

(2) 标准偏差 σ　标准偏差 σ 是随机变量 $x_i(t)$ 与均值 $\overline{X}(t)$ 之差的均方根值，n 个随机变量的标准偏差 σ 可表示为

$$\sigma = \left\{\frac{1}{n}\sum_{i=1}^{n}[x_i(t) - \overline{X}(t)]^2\right\}^{1/2} \tag{3-6}$$

(3) 方差 $V(t)$　方差 $V(t)$ 表示随机变量概率分布相对于均值分散程度的尺度，

n 个随机变量 $x_i(t)$ 的方差 $V(t)$ 可表示为

$$V(t) = \frac{1}{n} \sum_{i=1}^{n} [x_i(t) - \overline{X}(t)]^2 \tag{3-7}$$

因此，在数值上方差 $V(t)$ 为标准偏差 σ 的平方，即

$$V(t) = \sigma^2 \tag{3-8}$$

当均值 $\overline{X}(t)$ 为零时，方差 $V(t)$ 等于均方值，即

$$V(t) = \frac{1}{n} \sum_{i=1}^{n} x_i^2(t) \tag{3-9}$$

(4) 自相关函数 $R(t)$　自相关函数 $R(t)$ 表示随机变量在时刻 t 时的值与时刻 $(t+\tau)$ 时的值的乘积的平均值，n 个随机变量 $x_i(t)$ 的自相关函数 $R(t, t+\tau)$ 可表示为

$$R(t, t+\tau) = \frac{1}{n} \sum_{i=1}^{n} x_i(t) x_i(t+\tau) \tag{3-10}$$

(5) 平稳随机过程与各态历经随机过程　若随机过程的统计特性不随时间变化，即其均值 $\overline{X}(t)$、方差 $V(t)$ 及自相关函数 $R(t)$ 均与时刻 t 无关，则该随机过程称为平稳随机过程，简称平稳过程或稳态过程。反之，称为非平稳随机过程。

若平稳随机过程整个母体的概率分布与任何一个样本的概率分布相同，即一个平稳随机过程在任何时刻得到的样本都与在另一时刻得到的另一样本相同，则这种平稳随机过程称为各态历经的随机过程，数学上可表示为

$$x_i(t) = x_j(t - K) \tag{3-11}$$

式中　i、j——1, 2, $\cdots$, $i \neq j$；

K——某一时间延迟步数。

各态历经的随机过程必然是平稳随机过程，但不是所有的平稳随机过程都是各态历经的。由于随机过程的特点，需要多次采样获得足够多的样本函数，理论上应为无穷多个样本才能充分反映随机过程的特征，这在实际采样操作和经济上都有困难。因此，通常都需对测得的有限多个随机载荷样本进行适当的分析和处理，以获得能进行疲劳强度计算和试验的载荷谱。而对各态历经的随机过程则要简单得多，只要获得一个样本即可。

二、载荷的处理方法

(一) 静载荷、周期载荷、非周期载荷的处理

在机械设计中，对静载荷的处理较为简单，它可用静强度判据来设计计算。对周期载荷和非周期载荷，如上所述，可对其进行傅里叶展开和傅里叶变换以获得它们的变化规律，从而利用疲劳强度理论进行设计计算。有时为了简化计算，也采用名义载荷乘以大于 1 的动载因数的办法，将动载荷转化为静载荷进行近似的设计计算。

(二) 随机载荷的处理

1. 载荷谱

进行机械设计时，直接利用随机载荷比较困难，因其具有不可重复性和不可预测性。但在正常的使用条件下，对某一具体机械，它又具有统计规律，因此需将原始记录的载荷—时间历程（称为机械的工作谱或使用谱），用概率统计的方法进行处理后，得到能反映载荷随时间变化的、具有统计特征的载荷—时间历程，即载荷谱。将工作谱处理成载荷谱的过程称为编谱。由于载荷处理的需要，同时也为了简化处理过程，常把这些随机载荷近似看成平稳

或各态历经过程。

对编谱有下述要求：

(1) 选取的载荷子样必须具有典型性和代表性；

(2) 使用编制的载荷谱进行疲劳计算或试验时，所得寿命能尽量接近实际机械的工作寿命；

(3) 整个编谱过程可在计算机上进行，使大量的计算工作由计算机来完成。

2．编制载荷谱的方法

目前，对随机载荷进行统计处理以获得载荷谱的方法主要有两种：功率谱法和循环计数法。

(1) 功率谱法　功率谱法是将一个随机载荷的子样经专用的谱分析仪器，获得功率谱密度函数。它的基本原理是借助于傅里叶变换将随机载荷分解为无限多个具有各种频率的简谐载荷，从幅值和频率两个方面的变化比较全面地反映了随机载荷的统计规律，但它的分析计算比较复杂，需要专门的谱分析仪器，限制了它的广泛应用。

(2) 循环计数法　循环计数法是一种比较简便的随机载荷处理方法，它把载荷—时间历程离散成一系列的峰值和谷值，然后计算载荷的峰值和谷值，运用不同的计数规则，计算峰值或幅值发生的频次和频率，再利用数理统计的方法确定峰值或幅值变化的概率密度函数、概率分布函数等，绘制载荷变化的频率直方图，由此得到进行机械设计（尤其是零部件疲劳强度计算）所需要的载荷谱。由于它比较简单，同时又考虑了造成疲劳损伤的主要因素——载荷幅值的变化，因此应用比较广泛，但它不能给出载荷变化的先后顺序和频率分布，对所进行的疲劳计算结果有一定的影响。

目前，循环计数法有几十种之多，常用的有峰值计数法、穿级计数法、幅程计数法和雨流计数法等。

1) 峰值计数法　峰值计数法是对载荷—时间历程中的峰值和谷值进行计数，以此作为载荷谱的特征量。图 3-2a 给出了一段经离散处理后的载荷历程，即只考虑了峰值和谷值的载荷历程。首先在最大和最小载荷值之间分级（或称为划分区间），例如图示的载荷分成 5 级，然后统计每一级载荷中出现的载荷峰值或谷值频次，图中的第 1 级载荷频次为 3，第 2 级载荷频次为 2，依次类推可以绘出图 3-2a 右边所示的频次直方图。

在峰值计数法中如果只对载荷历程的峰值计数，就称为正峰值计数法；如果只对谷值进行计数，就称为负峰值计数法；如果首先求出整个载荷—时间历程的均值，然后分别对相邻越过均值的载荷中大于均值的峰值或小于均值的谷值进行计数，就称为跨均峰值计数法。

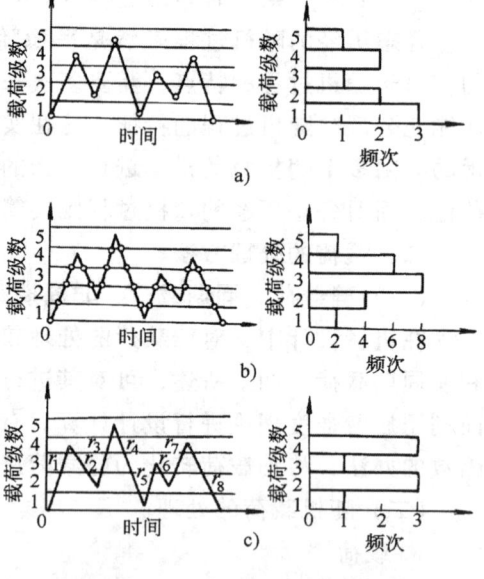

图 3-2　峰值、穿级、幅程计数法
a) 峰值计数法　b) 穿级计数法　c) 幅程计数法

2) 穿级计数法　简单穿级计数法首先也是把载荷分成若干级，然后对实际载荷穿越这些级时就进行计数。同样，可以计算穿越每级载荷的频次，并绘制相应的频次直方图，见图 3-2b。穿级计数法有时也可只计正的或负的斜率的穿级数，这是因为无论按正的还是按负的斜率的穿级计数其概率分布是相同的。

3) 幅程计数法　幅程计数法首先把载荷分成若干级，然后分别计算相邻峰值和谷值之间的差值，或是一次循环中最大载荷和最小载荷的差值，这样可以得到一系列的幅值。对于图 3-2c 所示的载荷历程，使用幅程计数法可以得到各幅程值 $r_1=4$、$r_2=2$、$r_3=3$、$r_4=4$、$r_5=2$、$r_6=1$、$r_7=2$、$r_8=4$。根据在每一级载荷中计得的幅程次数，可以绘制出频次直方图。幅程计数法有时把谷值到峰值的幅程计为正值，把峰值到谷值的幅程计为负值，正、负幅程分别计算频次。

4) 雨流计数法　雨流计数法其计数原理如图 3-3 所示。取垂直向下的纵坐标轴表示时间，横坐标轴表示载荷，这样的载荷历程形同一座宝塔，雨点依次以峰值或谷值为起点向下流动，根据雨点向下流动的轨迹确定出载荷循环，并计算出每个循环的幅值大小。每个载荷循环如果用在疲劳寿命计算时，就是相应于一个应力循环。

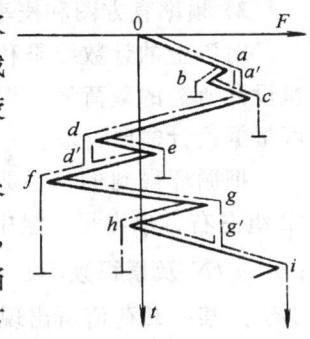

图 3-3　雨流计数法

雨流计数法的计数规则是：①雨流的起点依次从每个峰值或谷值开始，并沿其内侧往下流；②雨流在下一个峰值或谷值处落下，直到对面有一个比开始时的峰值更大或谷值更小的值时停止；③当遇到来自上面的雨点时雨流也停止；④取出所有的全循环，把剩下的载荷峰谷值点连接成新的载荷历程，并按雨流法的第二阶段计数法计出循环数。对于计得的全部循环计算出它们的幅值。

根据上述规则，图 3-3 所示的载荷—时间历程第一个雨点是从 0 点开始流下，经 a、a' 和 c 点落下，最后停止在比谷值 0 点更小的谷值 d 点的对应处；得一个半循环 0—a—a'—c。第二个雨流应从峰值 a 点的内侧流下，经由 b 点落下，停止在比 a 点更大的峰值 c 点的对应处；得半循环 a—b。第三个雨流是从谷值 b 点内侧流下，由于遇到上面落下来的雨流 0—a—a'，故停止在 a' 点；得半循环 b—a'。由 b—a' 和 a—b 两个半循环可以构成一个闭合的全循环 a—b—a'，该循环的幅值为 a 点的载荷值与 b 点的载荷值之差。雨流依次不断地向下流。图 3-4 所示的载荷—时间历程可以取出三个全循环 a—b—a'、d—e—d'、g—h—g'，并分别计算它们的幅值。该载荷历程还计出了三个半循环 0—a—a'—c、c—d—d'—f、f—g—g'—i。

一个载荷—时间历程经一次雨流计数后，取出全部的全循环，将剩下的半循环依次连成一个新的历程，它就属于如图 3-4a 所示的那种发散—收敛谱型，若再按雨流计数规则计数则无法形成完整的全循环，因此需要对这种谱型进行改造。因此，雨流法的第二阶段计数法是把一个发散—收敛谱在最高峰 a_1 或最低谷 b_1 处截开，见图 3-4a，再交换位置，使始点 b_n 和终点 a_n 相连接，构成图 3-4b 所示的收敛—发散谱型。对于这样的谱型使用雨流计数法，可以计出全部的全循环，有 n 个峰值和谷值，就有 n 个全循环。

有时发散—收敛谱的始点和终点坐标不等，就采用增减幅值的方法使其相等，这样改造成收敛—发散谱后就能顺利计数。由于一个载荷—时间历程一般较长，全循环次数较多，因此首尾增减少量幅值所引起的统计误差可以忽略不计。

用上述方法，对任何一个载荷—时间历程都可以进行雨流法计数，并得到全部的载荷循环。若分别计算出全循环的幅值，根据这些幅值同样可以得到不同幅值区间内所具有的频次，并绘制出频次直方图。

由此可见，使用不同的循环计数方法会得到不同的结果。目前，雨流计数法是国内外应用广泛的一种方法，主要是因为它具有充分的力学根据，并且由此进行的疲劳寿命计算比较接近实际，但峰值计数法、穿级计数法和幅程计数法都具有简单方便等优点，若它们有与雨流法相近的结果时，则应优先采用。对于幅程计数法和雨流计数法除了计取幅值变化外，还可同时计取均值的变化，以幅值和均值两个参数来描述载荷—时间历程，这样比单参数的计数法更能反映载荷变化的本质。

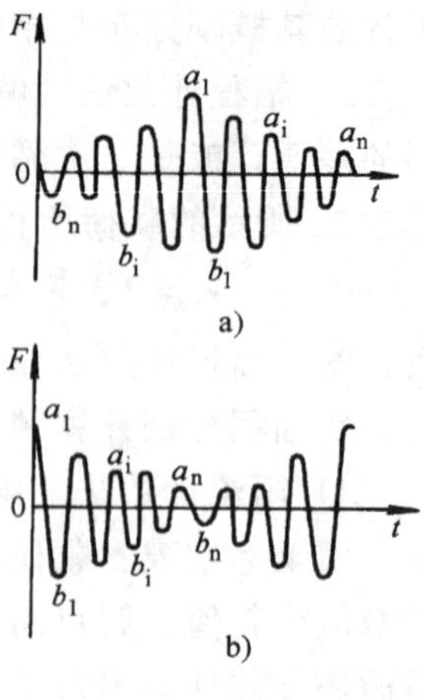

3. 频率直方图和概率密度函数

对以上的计数结果利用数理统计的方法进行处理，可以得到机械设计所需的载荷谱，而频率直方图和概率密度函数被广泛应用，可根据设计需要选取。

图 3-4 载荷历程的变换
a) 标准型发散—收敛谱
b) 标准型收敛—发散谱

把循环得到的一系列峰值或幅值数据分组，一般情况下分成 12 组左右，求出每一组中峰值或幅值出现的频次 m_i，相应的频率 $p = m_i/N$ 及累积频率 $P = n/N$，其中 N 为计数得到的总数据量即 m_i 的和，n 为大于（或小于）某一载荷值所出现的累积频次。表 3-2 所示为某载荷—时间历程的循环计数统计表，表中将载荷均分为 12 组，分别列出频次 m_i、频率 p、累积频次 n 和累积频率 P，其中总次数 $N = 7929$。

表 3-2 载荷循环计数统计表

序 号	载荷 F/kN	频 次 m_i	频 率 p	累积频次 n	累积频率 P
1	0~20	83	0.0105	7929	1.0000
2	20~40	328	0.0414	7846	0.9895
3	40~60	812	0.1024	7518	0.9481
4	60~80	2308	0.2911	6706	0.8457
5	80~100	1447	0.1825	4398	0.5546
6	100~120	1124	0.1417	2951	0.3721
7	120~140	631	0.0795	1827	0.2304
8	140~160	489	0.0617	1196	0.1509
9	160~180	293	0.0370	707	0.0892
10	180~200	249	0.0314	414	0.0522
11	200~220	153	0.0193	165	0.0208
12	220~240	12	0.0015	12	0.0015

以表 3-2 中的频率 p 作为纵坐标，载荷 F 为横坐标，就可以绘制出如图 3-5 所示的频率直方图，该图提供了各载荷值发生的频率（概率）。若用统计理论，以一条光滑的曲线来描述母体的特性，如图 3-5 中双点划线所示曲线，该曲线称为概率密度曲线，其表征的函数称为概率密度函数。

为了使统计结果足够逼近实际情况，应使总数据量 N 尽量大，一般取 $N \geq 10^6$。

三、载荷的确定方法

在机械设计中，都需根据机械完成的具体功能预先确定载荷，这些载荷有的确定后便不再改动,而有的需在设计过程中调整。在确定载荷时,有国家标准的应优先采用国家标准,没有国家标准的,则根据经验或参照其他设计确定。

确定载荷通常有三种方法:类比法、计算法和实测法。对于一些复杂的难以确定的载荷,可以把上述几种方法结合起来使用。

（一）类比法

参照同类或相近的机械,根据经验或简单的计算确定所设计机械的载荷,这种方法称为类比法。它主要应用在载荷较难确定的场合或设计的初步阶段,也可用在不需精确确定载荷的情况。应用类比法需要一定的实际经验,通常采用几何尺寸类比和动力类比等。

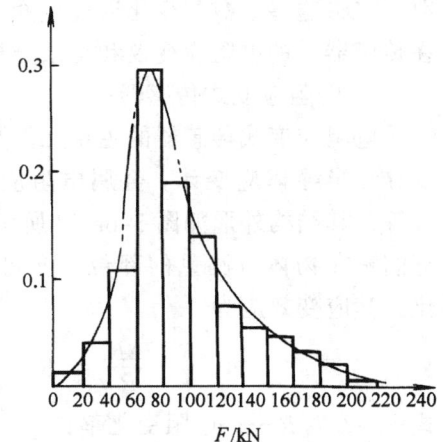

图3-5 频率直方图

几何尺寸类比所用的关系式见式（3-12）,

$$\frac{F_1}{F_2} = \frac{f(L_1)}{f(L_2)} \tag{3-12}$$

式中 F_1、L_1——现设计机械的载荷、尺寸;

F_2、L_2——现有机械的载荷、尺寸;

$f(L)$——该类机械的尺寸L和载荷F间的函数关系。

同理,将式（3-12）中的$f(L)$换成该类机械的尺寸L与动力机额定容量（如额定功率、额定转矩）间的函数关系,即为动力类比关系式。

（二）计算法

计算法是根据机械的功能要求和结构特点,运用静力学、动力学、经验公式或图表等计算确定载荷的方法。例如:重力载荷$W = mg$（m为物体的质量,g为重力加速度）;移动部分的惯性载荷$F = ma$（m为物体的质量,a为物体的加速度）;物体所受的摩擦载荷$F = \mu F_n$（μ为摩擦因数,F_n为正压力）等。

（三）实测法

如果所设计的机械属于创新或研制,无可借鉴和参考,且载荷的确定较重要时,则需通过模型或原型由实测法精确确定。实测法是指用实验分析测定载荷的方法。当表征载荷的参数难以直接测量时,必须将它们转换为其他参数,对转换后的参数进行测量。目前广泛采用的方法是将各种非电量的被测参数转化成电量参数进行测量（常称非电量的电测法）,这种方法具有以下优点:

1）可以将不同的被测参数转换成相同的电量参数,因此可以使用相同的测量和记录仪器;

2）输出的信号可以作远距离传输,有利于远距离操作和自动控制;

3）采用电测法可以对变化中的参数进行动态测量,因而可以测量和记录其瞬时值及变化过程;

4）易于同许多后续的数据处理仪器联用,从而能够对复杂的结果进行计算和处理。

目前的电测法中,电阻应变式传感器常被用来测量力、位移、加速度、转矩、弯矩等参数,它将这些参数的变化通过应变计(习称应变片)的变形转换为电阻的变化,再通过连接在传感器上的电阻应变仪和记录分析仪,得到所需的参数。

1. 电阻应变式传感器

电阻应变式传感器的主要元件是应变计。应变计有多种形式,常用的有两大类:金属应变计和半导体应变计。金属电阻应变计有金属丝式、箔式等,其结构外形如图3-6a、b所示。使用时用粘结剂将它们贴在物体所测量的部位,便可实现应变—电阻的变化,其应变效应为

$$\frac{\Delta R}{R} = K\varepsilon \quad (3\text{-}13)$$

式中 $\Delta R/R$——电阻变化率;
      K——灵敏因数;
      ε——应变值。

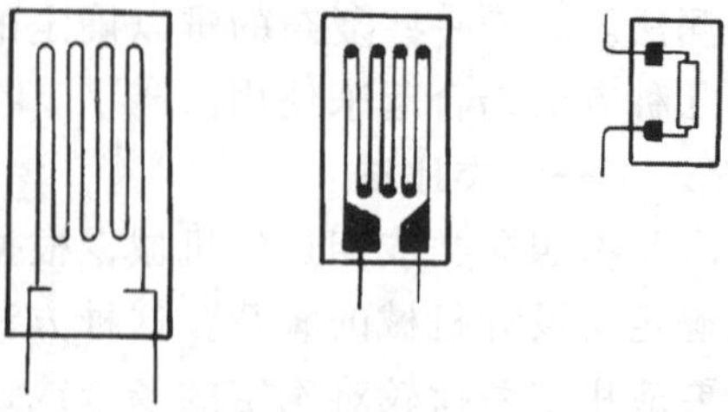

图3-6 电阻应变计的结构外形
a) 金属丝式 b) 箔式 c) 半导体式

金属丝式应变计是用一根金属丝弯成栅状,并将其粘贴在两绝缘衬底之间的电阻应变计。

金属丝一般直径为0.02~0.05mm的康铜或镍铬合金丝。为了使应变计达到一定的电阻值,金属丝必须有一定的长度,而为了测量试件上接近于一点的应变值,又要求应变计尽量短些,于是将金属丝制成栅状。这种应变计具有价格便宜、粘贴方便的特点,但具有横向效应,影响测量精度。所谓横向效应就是由于感受横向应变而使电阻变化率减少从而降低灵敏度的现象。箔式应变计是用光刻技术,将厚度一般为0.003~0.01mm的金属箔片腐蚀成栅状,上下粘有绝缘衬底的电阻应变计,其金属材料一般是康铜或镍铬合金,具有制造工艺性好、灵敏度高、测量数据的重复性好、散热条件好、寿命长等优点。

半导体应变计的外形如图3-6c所示,它由硅、锗等单晶片和胶膜衬底、引线等组成,利用半导体的压阻效应工作,具有灵敏度高、频率响应高、体积小等优点,但其稳定性差,应变—电阻变换的非线性大。

2. 电阻应变仪

由于被测应变量一般在$10 \times 10^{-6} \sim 6000 \times 10^{-6}$之间,所以电阻变化率很小,而且被测应变中有拉应变、压应变、动应变、静应变等多种应变,因此需要一种专门设计的电子仪器来测量,这种仪器就是电阻应变仪。它主要采用交流电桥、载波放大的形式以克服直流放大器的零点漂移问题。

应变仪按所能测量应变的频率可分为:

(1) 静态电阻应变仪 用于测量静态应变,如国产 YJ—5 型、YJB—1 型。

(2) 静动态电阻应变仪 用于静态或频率在200Hz以下的动应变,如国产 YJD—1 型。

(3) 动态电阻应变仪 用于测量5000Hz以下的动应变,如国产 Y6D—2 型、Y6D—3A 型、YD—15 型。

(4) 超动态应变仪 用于测量上限达几十 kHz 的动应变,如国产 Y6C—9 型,多用于爆炸、高速冲击等瞬态应变测量。

(5) 遥测应变仪 该应变仪用于远距离无线测量。

目前电阻应变仪多采用电桥形式,其工作原理可从如图3-7所示的四臂电桥进行分析。

在 A、C 两点加上电压 U_0 时，B、D 两点的电压（即电桥输出电压）为

$$U = U_0 \frac{R_1 R_3 - R_2 R_4}{(R_1 + R_2)(R_3 + R_4)}$$

当电桥平衡时，$U = 0$，即

$$R_1 R_3 = R_2 R_4$$

当零件受载时，R_1、R_2、R_3、R_4 分别产生增量 ΔR_1、ΔR_2、ΔR_3、ΔR_4，此时有

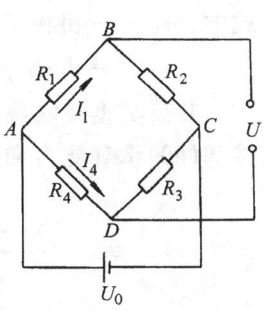

图 3-7 四臂测量电桥

$$U = U_0 \frac{(R_1 + \Delta R_1)(R_3 + \Delta R_3) - (R_2 + \Delta R_2)(R_4 + \Delta R_4)}{(R_1 + \Delta R_1 + R_2 + \Delta R_2)(R_3 + \Delta R_3 + R_4 + \Delta R_4)}$$

略去分母中的 ΔR 项及分子中 ΔR 的高次项，同时考虑到电桥初始平衡条件 $R_1 R_3 = R_2 R_4$，则上式变为

$$U = U_0 \frac{R_1 \Delta R_3 + R_3 \Delta R_1 - R_2 \Delta R_4 - R_4 \Delta R_2}{(R_1 + R_2)(R_3 + R_4)}$$

当 $R_1 = R_2 = R_3 = R_4 = R$ 时（实际测量时为了方便，多采用电阻相等即等臂电桥）

$$U = \frac{U_0}{4}\left(\frac{\Delta R_1}{R} - \frac{\Delta R_2}{R} + \frac{\Delta R_3}{R} - \frac{\Delta R_4}{R}\right) = \frac{U_0}{4} K(\varepsilon_1 - \varepsilon_2 + \varepsilon_3 - \varepsilon_4) \tag{3-14}$$

可见桥臂电阻的变化将通过电压的形式输出，从而达到测量的目的。

3．记录和分析仪器

对反映应变的电压尤其是动态电压，需要专门的仪器进行实时记录，同时对记录的结果需要一些专门的分析仪器，以便准确、快捷、实时地分析测量结果。

常用的记录仪有：

（1）光线振子示波器　它是靠光点使感光记录纸或胶片感光来记录的，一次只能记录一个时间历程。

（2）函数记录仪　直接用笔尖在记录纸上描绘被测信号，可同时记录两个时间历程。

（3）磁带记录仪　用磁带记录测量数据，其储存量大，便于复制。

根据分析数据的特征，分析仪器可分为模拟式、数字式、模拟数字混合式三类：

（1）模拟式分析仪　它在输入、运算和输出的整个过程中都是按一定的数字模型来计算，如功率谱分析仪。

（2）数字分析仪　以小型通用电子计算机为中心，采用快速傅里叶变换，使整个过程数字化，具有分析速度快、精度高的特点。

（3）模拟数字分析仪　它采用时间压缩原理，模拟分析信号，提高分析速度。

四、工作机械的工作制

工作机械的工作制是指机械工作的持续状况，如连续、断续、短时工作等。

不同机械对工作制的表示形式有所不同，有的机械根据工艺需要或工程实践用载荷—时间特性曲线表示；标准减速器、通用机械等用每天工作小时数或每天几班制工作的形式，在使用因数（或工况因数）K_A 中考虑。一般用负载持续率 FC 表示

$$\text{FC} = \frac{t_w}{t_w + t_0} \times 100\% \tag{3-15}$$

式中 t_w——机械工作时间；

t_0——机械停歇时间。

载荷类型反映载荷在数值上随时间变化的特性，工作制反映负载持续状况，二者对机械零部件的承载能力和动力机的选择都有影响。

第二节 动力机的种类、机械特性及其选择

动力机又称原动机，是机械设备中的驱动部分。动力机的输出转矩与转速之间的关系称为动力机的机械特性或输出特性。本节主要介绍机械系统中一些常用的动力机如电动机、内燃机、液压马达、气动马达的种类、机械特性及其选择。

在进行机械系统设计时，选用何种形式的动力机，主要应从如下几个方面加以考虑：

1) 分析工作机械的负载特性，包括其载荷性质、工作制、作业环境、结构布置等；

2) 分析动力机本身的机械特性，以便选择与工作机械相匹配的动力机；

3) 动力机容量计算，通常是指计算动力机功率的大小。动力机功率与其转矩、转速之间的关系为

$$P_N = \frac{M_N n_N}{9549} \tag{3-16}$$

或

$$M_N = 9549 \frac{P_N}{n_N} \tag{3-17}$$

式中 P_N——动力机的额定功率（kW）；

M_N——动力机的额定转矩（N·m）；

n_N——动力机的额定转速（r/min）。

4) 进行经济性分析，包括能源的供应、使用和维修费用、动力机购置费用等；

5) 作业环境的要求，如是户外型还是户内型、环境温度、湿度、粉尘及通风条件、有无隔爆要求、是否需经常移动还是固定不动等。

一、电动机的种类、机械特性及其选择

电动机是机械系统中最常用的动力机，与其他动力机相比，它具有较高的驱动效率，且其种类和型号较多，与工作机械连接方便，具有良好的调速、起动、制动和反向控制性能，易于实现远距离、自动化控制，工作时无环境污染，可满足大多数机械的工作要求。但是选择电动机必须具备相应的电源，对野外工作机械及移动式机械常因没有电源而不能选用。

（一）电动机的种类及其机械特性

按使用电源的不同，可分为交流电动机和直流电动机。交流电动机按电动机的转速和旋转磁场的转速是否相同，可分为同步电动机和异步电动机；直流电动机按励磁方式可分为他励、并励、串励、复励等形式。

电动机的机械特性分为固有机械特性和人为机械特性。电动机的固有机械特性是指在额定电压和额定频率下（直流电动机的频率为0），用规定的接线方法，定子和转子电路不串接任何电阻或阻抗时的机械特性；电动机的人为机械特性是指改变电动机的某些参数时所获得的机械特性。

1. 三相异步电动机的种类及其机械特性

三相异步电动机使用三相交流电源，是机械系统中广泛应用的一种电动机，它的品种很多，主要分类如下：

（1）按转子结构分类　按转子的结构分为笼型电动机和绕线型电动机。笼型电动机比较简单、耐用、易维护、价格低、特性硬，但起动和调速性能差，用于无调速要求的机械。绕线型电动机结构较复杂、维护较麻烦，但起动转矩大，起动时功率因数较高，可进行小范围调速，并且调速控制简单，广泛用于起动次数较多、起动载荷较大或小范围调速的机械。

（2）按外壳结构形式分类　按外壳结构形式可分为开启式、防护式、封闭式和隔爆式。开启式电动机外壳无防护结构，灰尘和杂物等易侵入，但散热性好，适用于洁净的环境；防护式电动机能防止各类杂物从上方落入电动机内；封闭式电动机能防止杂物从任意方向进入电动机内，用于尘物较多的环境；隔爆式电动机不仅能防止杂物进入电动机内，还能防止电动机内部的爆炸气体传到外部，主要用于有可燃性气体或蒸汽与空气形成爆炸性混合物的场所。

（3）按安装方式分类　按安装方式分为立式、卧式两种，此外有机座带底脚或端盖有凸缘或既带底脚又有凸缘等型式，以适应各种不同的安装需要。

三相异步电动机的转速 n 与旋转磁场的同步转速 n_0 是不相一致的，它们的差值称为转差。转差一般用转差率 s 表示，

$$s = \frac{n_0 - n}{n_0} \times 100\% \tag{3-18}$$

转差率 s 是三相异步电动机的一个重要运行性能参数，一般变化不大，空载时 s 在 0.5% 以下，满载时 s 在 5% 以下。

三相异步电动机在铭牌上标有额定功率 P_N、额定电压 U_N、额定电流 I_N、额定频率 f_N（我国为 50Hz）和额定转速 n_N 等，还标有定子相数、绕组接法外壳防护型式及绝缘等级等。定子绕组可接成星形（Y型）或三角形（△型），如对常用的 Y 系列小型三相异步电动机，前者的额定电压为 380V，后者的额定电压为 220V。

图 3-8 所示曲线为三相异步电动机的固有机械特性曲线，曲线上有 4 个特殊点，确定了曲线的基本形状和电动机的运行性能。这 4 个特殊点分别是：

1）起动点 A　该点处 $n = 0$（$s = 1$），$M = M_{st}$。M_{st} 为电动机的起动转矩，此时起动电流较大 $I_{st} = (4 \sim 7) I_N$。通常把固有机械特性曲线上的起动转矩 M_{st} 与额定转矩 M_N 之比 $\lambda_{st} = M_{st}/M_N$ 称为异步电动机的起动转矩倍数，反映电动机的起动能力。对笼型异步电动机，只有 $M_{st} > M_L$ 时电动机才能起动起来，M_L 为负载转矩；在额定负载下，只有当 $\lambda_{st} > 1$ 时才能起动。对绕线型异步电动机，因可在转子电路中串接附加电阻而增大 M_{st}，故其起动能力较大。λ_{st} 的值可在产品目录中查得。

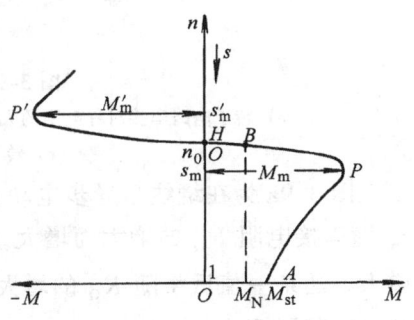

图 3-8　三相异步电动机的固有机械特性

2）空载工作点（也称同步转速点）H　该点处 $n = n_0$（$s = 0$），$M = 0$。此时电动机处于理想空载状态，是电动机状态与回馈制动状态的转折点。

3) 额定工作点 B　该点处 $M=M_N$，$n=n_N$（$s=s_N$），M_N 为额定转矩，s_N 为额定转差率，$s_N=(n_0-n_N)/n_0$。此时 M_N、n_N 符合式（3-16）及式（3-17）关系。

4) 最大转矩点 P 和 P′　P 点为电动机状态的最大转矩点，此时 $M=M_m$，$n=n_m$（$s=s_m$），M_m、n_m 及 s_m 分别为电动机的最大转矩及相应的转速与转差率。通常把最大转矩与额定转矩之比 $\lambda_m=M_m/M_N$ 称为电动机的过载倍数，一般笼型异步电动机的 $\lambda_m=1.6\sim2.2$，冶金起重用绕线型异步电动机 $\lambda_m=2.2\sim2.8$。λ_m 的具体数值可由产品目录查得。λ_m 是异步电动机的重要参数，反映了电动机短时过载能力的大小。P′点为回馈制动状态的最大转矩点，此时 $M=M'_m$，$s=s'_m$，M'_m、s'_m 分别为电动机回馈制动的最大转矩及其相应的转差率，它们均为负值。

由图 3-8 可知，当 $M_L\leqslant M_N$ 时，三相异步电动机的机械特性近似为直线，称为工作部分特性，此时电动机不论带动何种负载均能稳定运行。该线段的斜率反映了电动机的转速随负载增加而下降的程度，斜率小则转速下降少，转差率 s 小，常称电动机的特性硬，反之为特性软。当 $s\geqslant s_m$ 时，机械特性为一曲线，此时电动机在恒转矩负载及恒功率负载时均不能稳定运行，因此也常称为非工作部分特性。

当三相异步电动机的固有机械特性不能满足工作机械要求时，常采用改变电动机某些参数以改变其机械特性的办法，所获机械特性称为三相异步电动机的人为机械特性。图 3-9 所示为几种常用的三相异步电动机的人为机械特性。

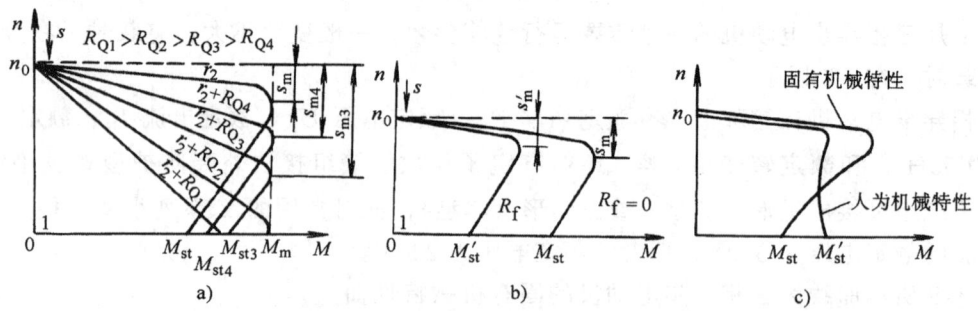

图 3-9　三相异步电动机的人为机械特性
a) 转子电路串接对称电阻的人为机械特性　b) 定子电路串接对称电阻或电抗的人为机械特性
c) 转子电路并联电阻或电抗的人为机械特性

图 3-9a 为在绕线型异步电动机的转子电路内串接对称电阻的人为机械特性，由图可见 s_m 随串接电阻 R_Q 的增大而增大，M_m 值是不变的。起动转矩 M_{st} 开始时可随 R_Q 的增大而增大，达某一值后将随 R_Q 的增大而减小。这种人为机械特性可用于绕线型异步电动机的起动和小范围调速。

图 3-9b 为定子电路串接对称电阻或电抗的人为机械特性，此时 n_0 不变，M_m、M_{st} 及 s_m 将随串接电阻 R_f 或电抗 X_Q 的增大而减小。这种人为机械特性一般用于笼型异步电动机的降压起动，以限制电动机的起动电流。

图 3-9c 为转子电路并联电阻或电抗的人为机械特性，此时起动转矩 M_{st} 增大，而且可得到近于恒转矩的起动特性。起动结束后，可获与固有机械特性一样的硬特性。这种人为特性常用于绕线型异步电动机的起动，可减少起动级数，保证电动机平滑加速，又能限制起动

电流。

此外，异步电动机还有改变定子极对数和改变电流频率的人为机械特性等。

2．其他类型交流电动机的种类及其机械特性

(1) 单相异步电动机　单相异步电动机是由220V单相电流供电的小功率异步电动机，常用的系列有BO2、CO2、DO2、YC等，在家用电器、小型机械、工农业生产工具、医疗器械、仪器仪表等机械设备中广泛使用。这类电动机的特点是：当电动机不转时，因起动转矩$M_{st}=0$而不能起动，因此要借助其他办法才能起动。按起动方法不同分为分相式和罩极式两类，其中电容分相电动机因起动转矩大、起动电流小而采用较广，罩极式电动机则主要用于小台扇、电唱机、录音机中，其容量一般在几十瓦以下。

(2) 同步电动机　同步电动机是一种用交流电流励磁在定子中建立旋转磁场，用直流电流励磁在转子中构成旋转磁极，依靠电磁力的作用旋转磁场牵着旋转磁极同步旋转的电动机。同步电动机的最大优点是能在功率因数$\cos\varphi=1$的状态下运行，不需从电网吸收无功功率。通过改变转子励磁电流大小，可调节无功功率大小，从而改善电网的功率因数。因此，不少长期连续工作而无需变速的大型机械，如大功率离心式水泵和通风机等常采用同步电动机作为动力机。但同步电动机本身不能起动，必须采用某种方法使其起动，常用的是异步起动法，即先使电动机在异步转矩作用下转动起来，当转速接近同步转速时，再给转子励磁绕组通以直流电流以建立旋转磁极，于是定子中的旋转磁场紧紧地牵引着转子作同步旋转。此外，同步电动机的结构较异步电动机复杂，造价较高，其转速不能调节。

(3) 三相交流换向器电动机　它有并磁和串磁两种形式，它可以在$R<3$的调速范围内实现无级调速，能补偿功率因数，在纺织、造纸等行业中应用较多，但其结构复杂、造价较高、换向困难。

(4) 无换向器电动机　它是功率电子学与旋转电机相结合改善电机特性的一种电动机，又称为无整流子调速电动机。它具有交、直流电动机的优点，具有类似于直流电动机的调速性能，调速范围可在$R>3\sim10$之间，结构简单，维修方便，能在条件恶劣的场合工作，在造纸、化纤、印刷、轧钢、国防等部门有广泛应用，在高速化、大型化方面有很大的发展前途。

(5) 直线异步电动机　它是能作直线运动的异步电动机，有扁平型、管型、圆盘型等形式，它在液态金属电磁泵、起重吊车、传送带、门阀、开关自动开闭装置、铁路自动扳道岔的执行器、生产自动线的机械手、高速列车上有广泛应用。

3．直流电动机的种类及其机械特性

使用直流电源的电动机称为直流电动机，它与交流电动机相比，具有调速性能好、调速范围宽、起动转矩大等优点。直流电动机的铭牌上标有额定功率P_N、额定电压U_N、额定电流I_N、额定转速n_N、励磁电压U_f、励磁电流I_f和励磁方式等。直流电动机定子中的主磁极产生气隙磁场，当电枢（转子）绕组通电后，即在磁场力的作用下转动。通常直流电动机的主磁极不用永久磁铁，而是通过励磁绕组通以直流电流来建立磁场，因此直流电动机按励磁方式的不同可分为他励、并励、串励和复励四种形式。它们的主要区别是励磁绕组和电枢绕组的关系不同。他励是励磁绕组接在独立的励磁电源上；并励或串励是励磁绕组并联或串联在电枢绕组上；复励是同时使用并联和串联两套励磁绕组。

图3-10所示为他励直流电动机的机械特性。图3-10a为其固有机械特性，表现为一条

向下倾斜的直线,即转速随转矩的增大而降低。n_0 为理想空载转速,n_N 和 M_N 为额定转速和转矩。一般地讲,电枢无外接电阻时他励电动机的机械特性是比较硬的。图 3-10b、c、d 分别为他励直流电动机改变电枢电压、电枢串接电阻和减弱电动机磁通的人为机械特性。他励和并励两种直流电动机无本质的区别,因而它们的机械特性类同。

图 3-11 所示为串励直流电动机的机械特性,其中图 3-11a 为串励直流电动机的固有机械特性,图 3-11b 分别为励磁绕组并联分路电阻、电枢串联电阻和电枢并联分路电阻的人为机械特性,图 3-11c 为降压时的人为机械特性。复励直流电动机的机械特性见图 3-12,图中:1 为固有机械特性,2 为串联电阻的机械特性,3 为能耗制动的机械特性,4 为发电制动的机械特性。

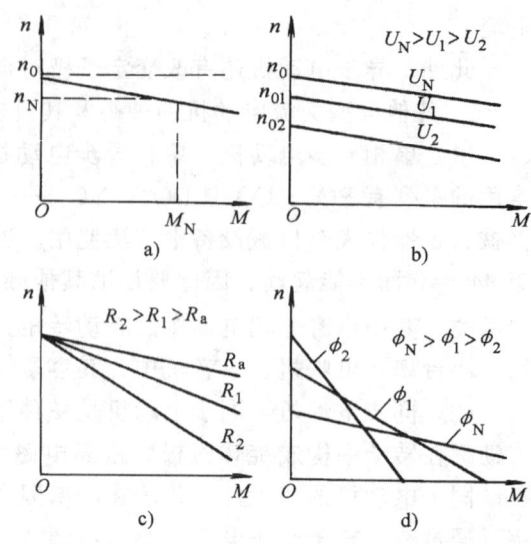

图 3-10 他励直流电动机的机械特性
a) 固有机械特性 b) 改变电枢电压的人为机械特性
c) 电枢串接电阻的人为机械特性
d) 减弱磁通的人为机械特性

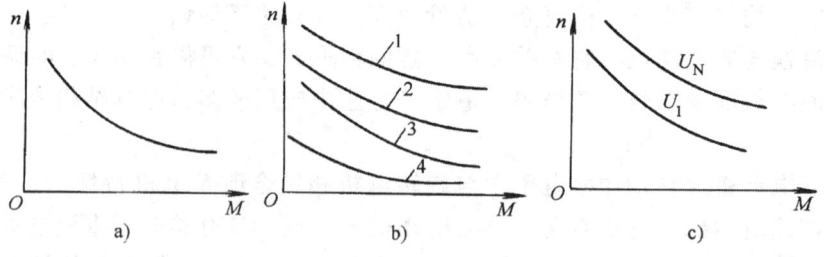

图 3-11 串励直流电动机的机械特性
a) 固有机械特性 b) 几种串、并联电阻的人为机械特性 c) 降压时的人为机械特性
1—励磁绕组并联分路电阻的机械特性 2—固有机械特性 3—电枢串联电阻的机械特性
4—电枢并联分路电阻的机械特性

(二)电动机的选择和计算

电动机的选择包括类型、结构型式、额定电压、额定转速、额定功率的选择,选择过程中要考虑其使用要求及经济性。选择步骤一般是根据电动机的工作方式,按工作机负载图,预选电动机的功率,在绘制电动机负载图的基础上,进行发热、过载能力、起动能力校验。

1. 电动机类型及结构型式的选择

选择电动机的类型及结构型式,应综合考虑工作机械的负载特性、工作制、起动、制动及反向的频繁程度、调速性能、工作环境、安装要求等因素。

(1) 电动机类型的选择 选择电动机类型的一般原则是:在满足使用要求的前提下,交流电动机优选于直流电动机,笼型电动机优选于绕线型电动机,专用电动机优选于通用电动机。

1) 一般情况下,对起动、制动及调速无特殊要求的机械,如机床、水泵、鼓风机、运输机械、农业机械等,应尽量选用如 Y 系列笼型三相交流异步电动机;

2) 对于恒转矩和通风机负载特性的机械，应选用机械特性硬的电动机；对于调速范围很大（$R>3\sim10$）且恒功率负载特性的机械，应选用变速直流电动机或带机械变速的交流异步电动机或无换向器电动机；

3) 对于需调速但调速平滑性无要求、可有级调速的机械，如起重机、低速电梯、某些机床，可选用如 YD 系列变极变速三相交流异步电动机，其变速方便，有双速、三速、四速三种类型，调速时特性较硬，经济性也较好；

4) 对于无调速要求但需高起动转矩，或起动飞轮力矩较大、具有冲击性负载、起动制动及反向次数较多的机械，如剪床、冲床、锻压机械、冶金机械、压缩机及小型起重运输机械等，可选用如 YH 系列高转差率三相交流异步电动机，其起动转矩大、起动电流小、转差率高、机械特性较软。

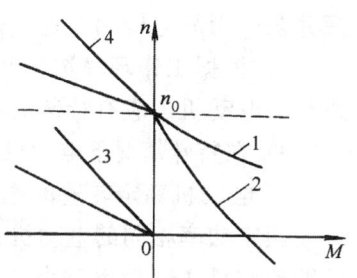

图 3-12　复励直流电动机的机械特性
1—固有机械特性
2—串联电阻的机械特性
3—能耗制动的机械特性
4—发电制动的机械特性

如还需小范围调速（$R<3$）的机械，如起重机、矿井提升机等，可选用如 YR 系列绕线型三相交流异步电动机；

5) 对于断续工作制、频繁起动制动及反向、起动转矩大的机械，如各种型式起重机、冶金辅助设备等，应选用起重及冶金用 YZ 系列笼型或 YZR 系列绕线型三相交流异步电动机；

6) 对于功率较大、负载较平稳、无调速要求且长期运行的机械，如大容量空压机、各类泵、鼓风机等，应选用如 T、TD、TDG 等系列三相交流同步电动机，可提高工厂企业电网的功率因数，经济性好。

对于功率虽然不大但转速较低的长期运行机械，如各种磨机、往复压缩机、轧机等，也可选用如 TM、TK、TZ 等系列三相交流低速同步电动机；

7) 对于调速范围大（$R>3$），且要求调速平滑、需准确进行位置控制的中小功率机械，如高精度数控机床、龙门刨床、可逆轧钢机、造纸机等，可选用直流他励电动机。对还要求起动转矩大的机械，如电车、电气机车、重型起重机等，宜用直流串励电动机。但直流电动机需提供直流电源，价格约为同功率交流电动机的 2~3 倍，在高转速、高电压、大容量等方面远不如交流异步电动机优越。近年来，由于交流异步电动机的可控硅调速、变频调速等技术的发展与完善，在需大调速范围且平滑调速的机械中，应用变速交流电动机具有很大的优越性，如国产长城系列变频调速交流电动机即是其中的一种；

8) 对于工作环境有易爆气体及尘埃较多的机械，不能用直流电动机，应选用如 YB 系列隔爆型三相交流异步电动机或 YA 系列增安型三相交流异步电动机或 YW 系列无火花型三相异步电动机等；

9) 有专用电动机的机械，应用专用电动机，如 YLB 系列电动机是专用于深井水泵的三相交流异步电动机，YQS 系列电动机为专用于潜水泵的三相交流异步电动机等，此外还有船用、纺织用、木工用、电动滚筒用等专用电动机，及激振电动机、低噪声低振动电动机等特殊用途电动机。

(2) 电动机结构型式的选择　选择电动机结构型式包括确定安装方式、外壳防护形式等。

1) 一般情况下多用卧式安装的电动机，只有特殊需要才用立式安装的电动机，如立式深井泵，为简化传动装置立式钻床也用立式安装电动机；

2）根据工作环境选择开启式、防护式、封闭式或隔爆式的外壳防护形式，对湿热地带或船用电动机还应有特殊的防护要求；

3）在特殊情况下电动机可制成两端轴伸，以供安装测速发电机或同时拖动两台工作机械。

2．电动机额定转速的选择

额定功率相同的电动机，其额定转速愈高，则电动机的体积、质量和价格愈低，电动机的转动惯量 J 一般也愈小，因此，电动机在起动制动及反转时的过渡过程愈快，能量损耗愈少。可见就电动机而言选用高速电动机较为经济。

但当机械执行系统的工作速度较低时，选用高速电动机将使传动系统的总传动比加大，传动链增长，增加传动系统的复杂性，影响传动系统性能和机械部分的经济性。

因此，电动机额定转速的选择应兼顾电动机与机械部分的经济性，综合考虑机械的工作制、起动制动及反向的频繁程度、机械对过渡过程的要求等因素。

3．电动机额定电压的选择

电动机额定电压应与电网供电电压一致。一般生产车间电网为380V低电压，因而中小型交流异步电动机可采用 220/380V（△/Y 接法）及 380/660V（△/Y 接法）两种额定电压。大型交流异步电动机可选用 3000V 以上的高压电源。

直流电动机由单独直流发电机供电时，额定电压常为 220V 或 110V，大功率直流电动机可用 600～870V。

4．电动机工作制的选择

国家标准规定三相异步电动机的工作制共分 9 类：S_1（连续工作制）、S_2（短时工作制）、S_3（断续周期工作制）、S_4（包括起动的断续周期工作制）、S_5（包括电制动的断续周期工作制）、S_6（连续周期工作制）、S_7（包括电制动的连续周期工作制）、S_8（包括负载和转矩相应变化的连续周期工作制）、S_9（负载和转速非周期变化的工作制）。不同工作制对电动机使用过程中的发热程度有不同影响，因而影响电动机的实际承载能力。

连续工作制电动机的工作时间较长，温升可达稳定值，其负载功率 P 和温升 T 随时间 t 的变化曲线如图 3-13a 所示；短时工作制电动机的工作时间 t_W 较短，而间歇时间 t_0 相对较长，其负载功率和温升曲线如图 3-13b 所示，我国制造的这类电动机的工作时间规定为 15min、30min、60min 和 90min 四种，对于某一电动机对应不同的工作时间其功率是 $P_{15} > P_{30} > P_{60} > P_{90}$，当电动机的实际工作时间符合上述标准时，可按对应的工作时间和功率选择电动机，其他情况可折算选取；断续周期性工作制是电动机的工作时间和间歇时间轮流交换，且都较短，其负载功率和温升曲线如图 3-13c 所示，这类电动机的工作特点用负载持续率

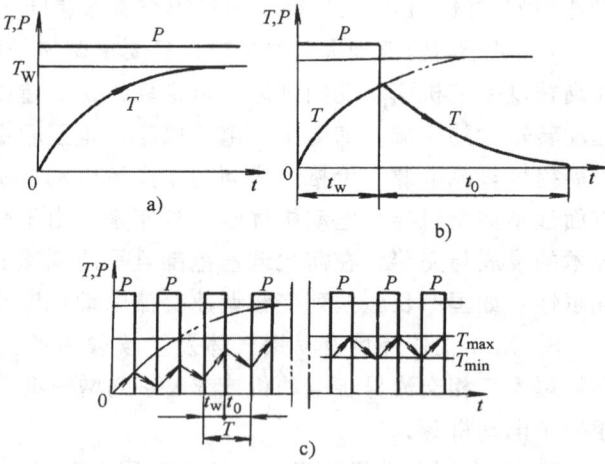

图 3-13 电动机的三种工作制
a）连续工作制 b）短时工作制 c）断续工作制

$FC = t_W / (t_W + t_0) \times 100\%$ 表示,标准负载持续率有 15%、25%、40%、60% 四种,且重复周期为 $t_W + t_0 < 10\text{min}$。同一型号电动机,在不同 FC 值时的额定功率不同,$P_{15} > P_{25} > P_{40} > P_{60}$。

因此,应尽可能选择与工作机械相同或相近工作制的电动机,并通过发热计算。

5. 电动机功率的选择与计算

电动机的功率是决定电力拖动系统能否经济和可靠运行的主要因素,如果功率太小,长期处于高负荷运行,会造成电动机绝缘过早的损坏;如果功率太大,不仅造成设备上的浪费,而且运行效率低,对电能的利用很不经济。

(1) 决定电动机功率的因素 决定电动机功率主要应考虑电动机的发热、允许的过载能力和起动能力三个因素,其中发热问题最为重要。

电动机的发热是指电动机的内部产生损耗并变成热能,使电动机的温度升高。在电动机中耐热最差的是绕组的绝缘材料,其绝缘材料的最高允许温度,是电动机带负载能力的限度,而电动机的额定功率就是这一限度的代表参数。

对于瞬时最大负载需要进行过载能力的校验。各种电动机的瞬时过载能力都是有限的,交流电动机受临界转矩的限制,直流电动机受换向器火花的限制。交流电动机的过载能力以允许转矩的过载倍数 λ_M 来衡量,直流电动机以电流过载倍数 λ_I 来衡量。电动机过载能力的计算公式为:

直流电动机 $\quad\quad\quad\quad\quad\quad\quad I_{L\max} \leqslant K\lambda_I I_N \quad\quad\quad\quad\quad\quad (3\text{-}19)$

异步电动机 $\quad\quad\quad\quad\quad\quad\quad M_{L\max} \leqslant K K_U^2 \lambda_M M_N \quad\quad\quad\quad (3\text{-}20)$

同步电动机 $\quad\quad\quad\quad\quad\quad\quad M_{L\max} \leqslant K \lambda_M M_N \quad\quad\quad\quad\quad (3\text{-}21)$

式中　$I_{L\max}$——瞬时最大负载电流 (A);

$\quad\quad M_{L\max}$——瞬时最大负载转矩 (N·m);

$\quad\quad I_N$——额定电流 (A);

$\quad\quad M_N$——额定转矩 (N·m);

$\quad\quad K_U$——电压波动因数,一般取 $K_U = 0.85$;

$\quad\quad K$——余量因数,交流电动机 $K = 0.9$,直流电动机 $K = 0.9 \sim 0.95$。

λ_I、λ_M 的值可由电动机手册中查到。

笼型异步电动机和同步电动机采用异步起动时,起动过程中的机械特性 $M = f(n)$ 是非线性的,因此平均起动转矩要根据电动机的机械特性来计算。一般情况下,由下列各式进行估计计算:

直流电动机 $\quad\quad\quad\quad\quad M_{sa} = (1.3 \sim 1.4) M_N \quad\quad\quad\quad\quad (3\text{-}22)$

同步电动机

当 $M_{st} \geqslant M_{pi}$ 时 $\quad\quad\quad\quad M_{sa} = 0.5 (M_{st} + M_{pi}) \quad\quad\quad\quad (3\text{-}23)$

当 $M_{st} \leqslant M_{pi}$ 时 $\quad\quad\quad\quad M_{sa} = (1.0 \sim 1.1) M_{st} \quad\quad\quad\quad (3\text{-}24)$

一般笼型电动机 $\quad\quad\quad M_{sa} = (0.45 \sim 0.5)(M_{st} + M_m) \quad\quad (3\text{-}25)$

冶金起重机械 $\quad\quad\quad\quad M_{sa} = 0.9 M_{st} \quad\quad\quad\quad\quad\quad\quad (3\text{-}26)$

冶金起重用绕线型电动机 $\quad M_{sa} = (1.0 \sim 2.0) M_{N,25}$

式中 M_{sa}——平均起动转矩；

M_N——额定转矩；

M_{st}——初始起动转矩（$s=1$ 时）；

M_{pi}——牵入转矩；

M_m——电动机的最大转矩；

$M_{N,25}$——FC=25% 时的额定转矩。

对于快速起动用的电动机，上述各值取最大值。

一般规定，异步电动机的功率低于 7.5kW 时允许直接起动，此时可按下式校验其起动能力

$$k_U^2 k_{\min} M_N \geqslant k_s M_{rs} \tag{3-27}$$

式中 M_N——电动机额定转矩；

M_{rs}——起动时电动机轴上的静阻转矩；

k_U——最小起动电压与额定电压之比，一般取 $k_U=0.85$；

$k_{\min}$——电动机最小起动转矩与额定转矩之比；

k_s——起动加速因数，一般取 $k_s=1.2 \sim 1.5$。

(2) 电动机负载图 电动机负载图是根据工作机的负载变化绘制的电动机转矩、功率或电流与时间的关系曲线，它是校验电动机的容量和过载能力，以及校验电动机发热的依据。图 3-14 是根据起重机起升机构的工作循环图绘制的电动机转矩负载图示例，图中 M_L 为起升机构的负载转矩，M 为电动机的负载转矩。

(3) 电动机的发热计算 电动机的发热计算是针对变负载情况的，最常用的方法是等效法，又称均方根法。该法根据不同的负载状态计算出等效电流 I_{dx}、等效转矩 M_{dx} 或等效功率 P_{dx}。只要它们小于相应的额定值 I_N、M_N 和 P_N，发热就认为是允许的。对于不同负载状态下的各等效值可按下列各式计算。

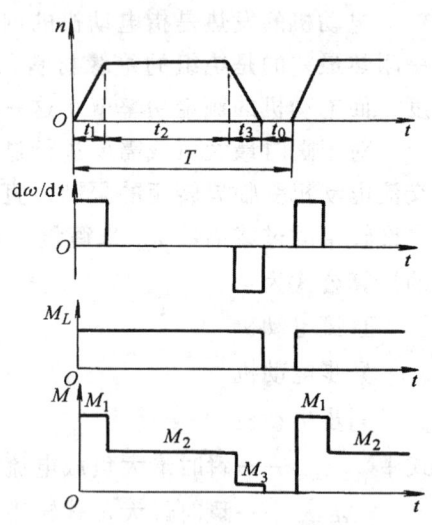

图 3-14 电动机负载图示例

1）周期性变化负载长期运行

等效电流

$$I_{dx} = \sqrt{\frac{I_1^2 t_1 + I_2^2 t_2 + \cdots + I_n^2 t_n}{t_1 + t_2 + \cdots + t_n}} \tag{3-28}$$

等效转矩

$$M_{dx} = \sqrt{\frac{M_1^2 t_1 + M_2^2 t_2 + \cdots + M_n^2 t_n}{t_1 + t_2 + \cdots + t_n}} \tag{3-29}$$

等效功率

$$P_{dx} = \sqrt{\frac{P_1^2 t_1 + P_2^2 t_2 + \cdots + P_n^2 t_n}{t_1 + t_2 + \cdots + t_n}} \tag{3-30}$$

式中 $I_1, I_2, \cdots, I_n$——电动机一个周期负载电流曲线近似直线段的各个分段电流值；

$M_1, M_2, \cdots, M_n$——各分段转矩值；

$P_1, P_2, \cdots, P_n$——各分段功率值；

$t_1, t_2, \cdots, t_n$——各分段持续时间。

等效电流法使用于各类电动机的发热校验；等效转矩法适用于转矩与电流成比例的场合，弱磁情况下需要修正，串励电动机不能应用此法；等效功率法在近于额定电压和额定转速下，功率与电流成正比例时应用。

2) 周期性变化负载断续运行

若采用长期工作制电动机

$$I_{dx} = \sqrt{\frac{\sum I_{st}^2 t_{st} + \sum I_s^2 t_s + \sum I_b^2 t_b}{C_\alpha(\sum t_{st} + \sum t_b) + \sum t_s + C_\beta \sum t_0}} \tag{3-31}$$

$$M_{dx} = \sqrt{\frac{\sum M_{st}^2 t_{st} + \sum M_s^2 t_s + \sum M_b^2 t_b}{C_\alpha(\sum t_{st} + \sum t_b) + \sum t_s + C_\beta \sum t_0}} \tag{3-32}$$

式中 I_{st}、I_s、I_b——一个工作周期中各起动、稳定、制动段电动机的相应电流；

M_{st}、M_s、M_b——一个工作周期中各起动、稳定、制动段电动机的相应转矩；

t_{st}、t_s、t_b、t_0——各起动、稳定、制动、停歇段相应时间；

C_α——起动、制动过程中电动机散热恶化系数；

C_β——停转时电动机散热恶化系数。C_β 的值可在电动机手册中根据电动机类型和冷却方式查到，而 $C_\alpha = (1 + C_\beta)/2$。

若采用断续工作制电动机

$$I_{dx} = \sqrt{\frac{\sum I_{st}^2 t_{st} + \sum I_s^2 t_s + \sum I_b^2 t_b}{C_\alpha(\sum t_{st} + \sum t_b) + \sum t_s}} \tag{3-33}$$

$$M_{dx} = \sqrt{\frac{\sum M_{st}^2 t_{st} + \sum M_s^2 t_s + \sum M_b^2 t_b}{C_\alpha(\sum t_{st} + \sum t_b) + \sum t_s}} \tag{3-34}$$

式中各符号同前。上两式计算结果除必须满足 $I_{dx} \leqslant I_{NFC}$ 或 $M_{dx} \leqslant M_{NFC}$ 外，还要求 $FC_r = FC_N$。I_{NFC} 和 M_{NFC} 分别为电动机在规定的负载持续率 FC 下的额定电流和额定转矩。FC_r 为实际的负载持续率，其值为

$$FC_r = \frac{\sum t_{st} + \sum t_s + \sum t_b}{\sum t_{st} + \sum t_s + \sum t_b + \sum t_0} \tag{3-35}$$

当 FC_r 与 FC_N 不等时，则选择与实际负载持续率相近的电动机，并要求

$$I_{dxN} \leqslant I_{NFC} \text{ 或 } M_{dxN} \leqslant M_{NFC} \tag{3-36}$$

其中

$$I_{dxN} = I_{dx}\sqrt{\frac{FC_r}{FC_N}} \tag{3-37}$$

$$M_{dxN} = M_{dx}\sqrt{\frac{FC_r}{FC_N}} \tag{3-38}$$

式中 I_{dxN}、M_{dxN}——折算到额定负载下的等效电流、等效转矩。

(4) 电动机的选择与计算举例

例 3-1 某离心式水泵其体积流量 $q_V = 90\text{m}^3/\text{h}$，扬程 $H = 25\text{m}$，转速 $n = 2900\text{r/min}$，效率 $\eta = 0.78$，试选择一种直接起动的电动机。

解 由题意，负载为恒值长期运行，应按连续工作制选择电动机的容量，其步骤如下：

1) 计算电动机轴上负载功率 P_L。取水的体积质量 $\rho = 1000\text{kg/m}^3$，传动效率 $\eta_c = 1$，余量因数 $K = 1.1$，则电动机轴上的负载功率为

$$P_L = K\frac{\rho g q_V H}{\eta \eta_c} \times 10^{-3} = 1.10 \times \frac{1000 \times 9.81 \times 90 \times 25}{0.78 \times 1 \times 3600} \times 10^{-3}\text{kW} = 8.65\text{kW}$$

2) 选择电动机额定功率 P_N。选择 $P_N > P_L$，且额定转速 n_N 应为 2900r/min 左右。故选用 Y160M1-2 型异步电动机，$P_N = 11\text{kW}$，$U_N = 380\text{V}$，$n_N = 2930\text{r/min}$。外壳防护等级 IP44（封闭式、防溅水）；

3) 当选用电动机在重载下起动时，应校验起动能力；

4) 如果环境温度离标准值 40℃ 较远时应修正电动机的额定功率。

本例不属于重载起动，且环境温度接近标准值，因此不必进行 3)、4) 项的计算。

例 3-2 某卷扬机，卷筒直径 $D = 4\text{m}$，起重量 $W = 6 \times 10^4\text{N}$，吊具重 $W_1 = 5 \times 10^4\text{N}$，提升速度 $v = 720\text{m/min}$，起动的加速时间 $t_{st} = 10\text{s}$，稳速提升时间 $t_s = 50\text{s}$，制动的减速时间 $t_b = 12\text{s}$，停歇时间 $t_0 = 10\text{s}$。卷扬机的效率 $\eta = 0.96$。试选择电动机。

钢丝绳质量、摩擦阻力、空气阻力不计。设传动系统折算到卷筒上的总转动惯量 $J_{tot} = 1.02 \times 10^5\text{kg}\cdot\text{m}^2$。

解 由于卷扬机工作时电动机的起动负载很大，故选用高压绕线型开启式三相交流异步电动机，既可有大的起动转矩，又利于散热。

1. 计算卷扬机运动参数

起重物的起升加速度

$$a_{st} = \frac{v}{t_{st}} = \frac{720}{60 \times 10}\text{m/s}^2 = 1.2\text{m/s}^2$$

起重物的制动减速度

$$a_b = \frac{v}{t_b} = \frac{720}{60 \times 12}\text{m/s}^2 = 1.0\text{m/s}^2$$

稳速时卷筒角速度

$$\omega = \frac{2v}{D} = \frac{2 \times 720}{60 \times 4}\text{rad/s} = 6\text{rad/s}$$

起动时卷筒的角加速度

$$\alpha_{st} = \frac{2a_{st}}{D} = \frac{2 \times 1.2}{4}\text{rad/s}^2 = 0.6\text{rad/s}^2$$

制动时卷筒的角减速度

$$\alpha_b = \frac{2a_b}{D} = \frac{2 \times 1.0}{4} \text{rad/s}^2 = 0.5 \text{rad/s}^2$$

2．计算卷筒转矩

起动时卷筒加速的惯性转矩

$$M_{ast} = J_{tot}\alpha_{st} = 1.02 \times 10^5 \times 0.6 \text{N} \cdot \text{m} = 6.12 \times 10^4 \text{N} \cdot \text{m}$$

制动时卷筒减速的惯性转矩

$$M_{ab} = J_{tot}\alpha_b = 1.02 \times 10^5 \times 0.5 \text{N} \cdot \text{m} = 5.1 \times 10^4 \text{N} \cdot \text{m}$$

起动加速全载重的卷筒转矩

$$M_{ast} = \frac{W+W_1}{g}a_{st}\frac{D}{2} = \frac{(6+5)\times 10^4}{9.81} \times 1.2 \times \frac{4}{2} \text{N} \cdot \text{m} = 2.7 \times 10^4 \text{N} \cdot \text{m}$$

制动减速全载重的卷筒转矩

$$M_{ab} = \frac{W+W_1}{g}a_b\frac{D}{2} = \frac{(6+5)\times 10^4}{9.81} \times 1 \times \frac{4}{2} \text{N} \cdot \text{m} = 2.24 \times 10^4 \text{N} \cdot \text{m}$$

稳速提升全载重时的卷筒转矩

$$M_s = (W+W_1)\frac{D}{2} = (6+5)\times 10^4 \times \frac{4}{2} \text{N} \cdot \text{m}$$
$$= 22 \times 10^4 \text{N} \cdot \text{m}$$

可得，起动加速过程中卷筒的总转矩

$$M_{st} = M_s + M_{ast} + M_{ast}$$
$$= (22 + 6.12 + 2.7) \times 10^4 \text{N} \cdot \text{m}$$
$$= 3.08 \times 10^5 \text{N} \cdot \text{m}$$

制动减速过程中卷筒的总转矩

$$M_b = M_s - M_{ab} - M_{ab}$$
$$= (22 - 5.1 - 2.24) \times 10^4 \text{N} \cdot \text{m}$$
$$= 1.47 \times 10^5 \text{N} \cdot \text{m}$$

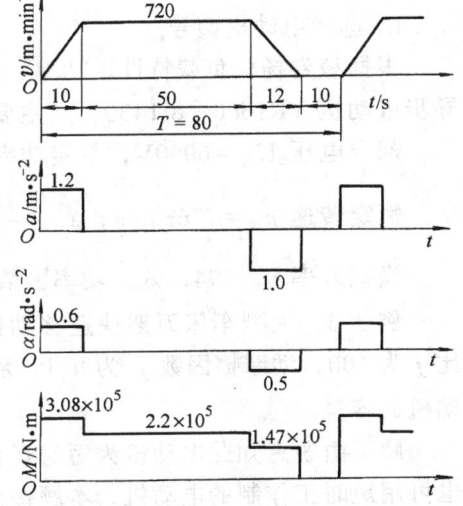

图 3-15　电动机负载图

3．绘制电动机负载图

按计算数据绘制电动机负载图，见图 3-15。

4．计算所需功率

加速过程中所需功率

$$P_{st} = \frac{M_{st}\omega}{1000} = \frac{3.08 \times 10^5 \times 6}{1000} \text{kW} = 1848 \text{kW}$$

稳速过程中所需功率

$$P_s = \frac{M_s\omega}{1000} = \frac{22 \times 10^4 \times 6}{1000} \text{kW} = 1320 \text{kW}$$

减速过程中所需功率

$$P_b = \frac{M_b\omega}{1000} = \frac{1.47 \times 10^5 \times 6}{1000} \text{kW} = 882 \text{kW}$$

周期工作时间

$$T = t_{st} + t_s + t_b + t_0 = (10 + 50 + 12 + 10)\text{s} = 82\text{s}$$

负载持续率

$$FC = \frac{t_{st} + t_s + t_b}{T} \times 100\% = \frac{10 + 50 + 12}{82} \times 100\% = 88\%$$

可见，该卷扬机的负载持续率较高，相对停歇时间较短，可以认为电动机基本上是在额定电压、额定转速下按周期性变化负载长期运行。因而，可采用等效功率法计算电动机功率。

由式（3-30）并计及卷扬机的效率，等效功率为

$$P_{dx} = \frac{1}{\eta} \sqrt{\frac{P_{st}^2 t_{st} + P_s^2 t_s + P_b^2 t_b}{t_{st} + t_s + t_b}} = \frac{1}{0.96} \sqrt{\frac{1848^2 \times 10 + 1320^2 \times 50 + 882^2 \times 12}{10 + 52 + 12}} \text{kW} \approx 1400 \text{kW}$$

5. 电动机额定转速的确定

卷筒转速

$$n_W = \frac{v}{\pi D} = \frac{720}{\pi \times 4} \text{r/min} = 57.3 \text{r/min}$$

选电动机的同步转速 $n_0 = 750 \text{r/min}$，则电动机至卷筒的传动比近似为 $i = \frac{n_0}{n_W} = \frac{750}{57.3} \approx 13$，合适。

6. 选择电动机型号

根据该卷扬机负载特性、功率、转速要求，拟选适用于卷扬机的 YR 系列大型三相绕线异步电动机 YR1600-8/1430，其主要性能如下：

额定电压 $U_N = 6000\text{V}$，额定功率 $P_N = 1600\text{kW}$，

额定转速 $n_N = 736\text{r/min}$，$\lambda_M = \frac{M_{max}}{M_N} = 2.15$，

满载效率 $\eta_N = 94.5\%$，功率因数 $\cos\varphi = 0.86$。

例 3-3 大型车床刀架快速移动机构重量 W 为 5300N，移动速度 v 为 15m/min，传动比 j 为 100，动摩擦因数 μ 为 0.1，静摩擦因数 μ_s 为 0.2，传动效率 η 为 0.1，试选驱动电动机的容量。

解 由题意知此电动机为短时运行。对于短时工作制电动机的选择，可用连续工作制，也可用短时工作制的电动机，本题按前者选择电动机的容量。

（1）计算刀架移动时　电动机的负载功率 P_L

$$P_L = \frac{\mu W v}{60 \times 1000 \times \eta} = \frac{0.1 \times 5300 \times 15}{60 \times 1000 \times 0.1} \text{kW} = 1.33 \text{kW}$$

（2）按允许过载能力选择电动机　取交流异步电动机的过载倍数 $\lambda_m = 2$，电压波动系数 $K_U = 0.9$，余量系数 $K = 0.9$，则有电动机的额定功率为

$$P_N \geq \frac{P_L}{K K_U^2 \lambda_m} = \frac{1.33}{0.9 \times 0.9^2 \times 2} \text{kW} = 0.91 \text{kW}$$

额定转速近似为 $n_N \approx jv \approx 100 \times 15 \text{r/min} \approx 1500 \text{r/min}$

初选电动机为 Y90L-4 笼型异步电动机，其数据为：$P_N = 1.5\text{kW}$，$n_N = 1400\text{r/min}$，$\lambda_{st} = 2.3$。

（3）校验起动能力　由于静摩擦因数为动摩擦因数的两倍，所以有

起动负载功率为　　　　$P_{Lst} = 2P_L = 2 \times 1.33 \text{kW} = 2.66 \text{kW}$

电动机起动功率为　　　$P_{st} = \lambda_{st} P_N = 2.3 \times 1.5 \text{kW} = 3.45 \text{kW}$

因 $P_{st} > P_{Lst}$，故起动能力通过。若 $P_{st} \leq P_{Lst}$，或 P_{st} 仅比 P_{Lst} 稍大一点，则应重选容量再大一些的电动机，以提高起动的可靠性。

对于短时工作制下电动机容量选择的专门方法，这里从略。

二、内燃机的种类、机械特性及其选择

(一) 内燃机的种类

内燃机是指燃料在汽缸内进行燃烧，直接将产生的气体（即工质）所含的热能转变为机械能的装置。内燃机的种类较多，下面介绍目前普遍应用的往复式内燃机的种类。

按燃料种类主要分为柴油机和汽油机；按汽缸数目分为单或多缸内燃机；按一个工作循环的冲程数分为二或四冲程内燃机；按点火方式分为压燃式或点燃式内燃机；按进气方式分为自然吸气式或增压式内燃机。内燃机又分为高速内燃机（转速高于1000r/min 或活塞平均速度高于9m/s）、中速内燃机（转速为 600～1000r/min 或活塞平均速度为 6～9m/s）、低速内燃机（转速低于 600r/min 或活塞平均速度低于 6m/s）。

内燃机是一种结构复杂的机械，它由许多分系统组成。各类内燃机虽然它的组成和结构不尽相同，但从整体结构而言，主要包括机体、曲柄滑块机构、配气机构、燃油供给系统、点火系统、润滑系统、冷却系统及启动装置等。对于柴油机为提高其功率常采用增压器，以提高进入汽缸的空气压力，增加空气密度，使汽缸内可以燃烧较多的柴油。

(二) 内燃机的主要性能

内燃机主要的有效性能指标包括：

(1) 有效功率 P_e 内燃机的实际输出功率称为有效功率（kW），其值为 $P_e = M_e n / 9549$。其中，M_e 为输出转矩（N·m）；n 为曲轴转速（r/min）。

(2) 平均有效压力 p_e 单位汽缸工作容积所做的有效功称为平均有效压力，其值为 $p_e = 30\tau P_e / n i V_h$，MPa。其中 τ 为每一循环的冲程数；i 为汽缸总数；V_h 为汽缸的工作容积（m³）；n 为曲轴的转速（r/min）；P_e 为有效功率（kW）。此式说明，当汽缸的容积一定时，p_e 值愈大，对外输出的功率愈大。

(3) 标定功率 P_{eb} 在内燃机铭牌上规定的功率为标定功率，与其对应的转速为标定转速。国家标准规定的标定功率有：表示内燃机保证持续运行15min、1h、12h 和长期持续运行的 15min 功率、1h 功率、12h 功率和持续功率。

(4) 升功率 P_L 汽缸每升工作容积所发出的有效功率称为升功率（kW/L），其值为 $P_L = P_e / i V_h = p_e n / (30\tau)$。

(5) 有效燃油消耗率 g_e 单位有效功率每小时的耗油量称为有效燃油消耗率，其值为 $g_e = m_f \times 10^3 / P_e$，g/(kW·h)。其中，$m_f$ 为每小时耗油量（kg/h）。

(6) 机械效率 η_m 有效功率与指示功率之比称为机械效率，其中指示功率是指工质在汽缸中发出的功率，数值上等于有效功率加上总的机械损失功率。

(三) 内燃机的机械特性

柴油机是最广泛应用的一种内燃机。柴油机的机械特性通常有三种：负荷特性、速度特性和万有特性（又称为通用特性），它们都可在柴油机试验台上测得。

1. 负荷特性

在转速不变的情况下，其性能参数（每小时的耗油量 m_f、有效燃油消耗率 g_e 和排气温

度 t_r）随有效功率 P_e（或平均有效压力 p_e、输出转矩 M_e）变化的规律称为负荷特性，如图 3-16 所示。当转速一定时，柴油机的每小时耗油量 m_f 随负荷 P_e 的增大而增大。对于有效燃油消耗率 g_e，开始时由于 P_e 增大所需的喷油量也增大；但因过量的空气得到利用，致使 g_e 下降，当达图 3-16 点 1 的位置时 g_e 有最小值。当喷油量随功率继续增大，达到图 3-16 点 2 的位置时，因燃油过多而燃烧不完全，排气中出现黑烟，对应这点的喷油量称为"冒烟界限"。喷油量再增加到图 3-16 点 3 时，功率 P_e 达最大值。但此时不仅冒黑烟，而且会使柴油机过热，容易出现故障。因此，柴油机的经济运行点应在点 1 和点 2 之间。

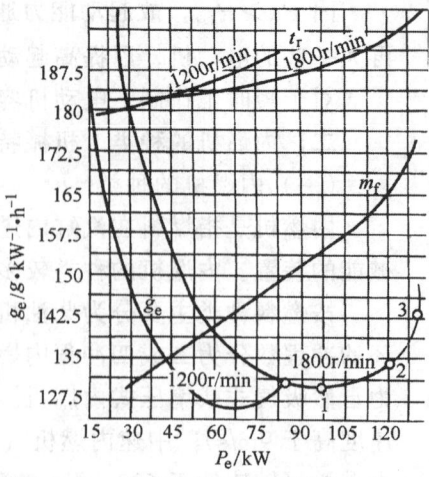

图 3-16 柴油机的负荷特性曲线

2．速度特性

当喷油泵的调节挺杆限定在标定功率循环供油量位置时，柴油机的性能参数随转速变化的规律称为速度特性。最大功率时的速度特性，又称为柴油机的外特性。

柴油机的速度特性如图 3-17 所示，它表示了转速 n 与参数 P_e、M_e、m_f、g_e 和 t_r 之间的关系。对于输出转矩 M_e，在理论上应为一水平直线，但实际上，柴油机在工作时不可避免地有各种损失，且其值随转速变化而不同。低速时每循环所用的时间相对长些，汽缸内的散热损失和漏气损失影响较大，因而实际输出的转矩较低。高速时由于柴油机的摩擦损失及过后燃烧损失严重，也会使转矩减小，所以速度特性中的转矩 M_e 曲线呈现两头低中间高的形状。转矩变化曲线可以表明柴油机在不同转速下克服外界阻力的能力，常以转矩储备系数来评定，其值为 $\mu_M = (M_{emax} - M_e)/M_e \times 100\%$。其中，$M_{emax}$ 为标定工况下速度特性曲线上的最大转矩；M_e 为标定工况下的转矩值。

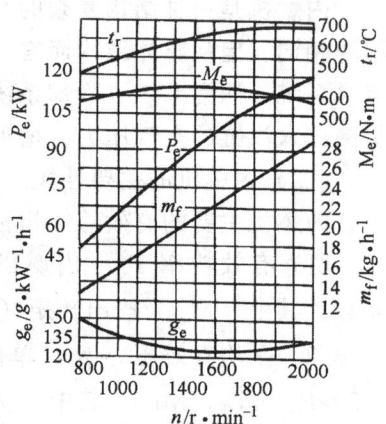

图 3-17 柴油机的速度特性曲线

μ_M 值大说明柴油机克服短期超负荷和适应阻力波动的能力强。对于这一能力还可以用转速储备系数来表示，其值为 $\mu_n = n_{eb}/n_{emax}$。其中，n_{eb} 为标定转速；n_{emax} 为最大转矩时的转速。

对于功率 P_e，因 M_e 的变化不大，P_e 与 n 的关系基本上是线性关系，但 P_e 也有最大值，当超过此值时，转速再增高就会使燃烧过程恶化，发动机冒烟，摩擦损失增大，此时功率会降低。燃油消耗率 g_e 的曲线比较平坦。

3．万有特性

柴油机的上述特性只能表达两个参数之间的关系。通常用负荷特性来判断柴油机在某一转速下运行的经济性，用速度特性来判断柴油机的动力性，但每种特性都不能全面反映柴油机的综合性能。表示柴油机各主要性能参数之间关系的综合特性称为万有特性。

柴油机的万有特性曲线以转速 n 为横坐标，平均有效压力 p_e（或 M_e）为纵坐标作出若干条等燃油消耗率 g_e 和等功率 P_e 的曲线族来表示，如图 3-18 所示。它表示各种转速、各种负荷下的燃油经济性以及最经济的负荷和转速。从图可知，最内层等燃油消耗率曲线所容区域为最经济区域。

柴油机除上述各种特性外，还有调速特性、推进特性等，这里不作介绍。

对于汽油机也有上述各种特性，只是具体的曲线形状有所差别。

（四）内燃机的选择

在选择内燃机时必须了解内燃机的运行工况和特性，使它能很好地与被驱动工作机的负载特性相适应。因用途不同内燃机可有不同工况，主要有固定式工况、螺旋桨工况及车用工况。

1．固定式工况

内燃机的转速由变速器保证而基本不变，功率则随工作机的负载大小可由小变大，如图 3-19 中 1 所示。驱动发电机、压气机、水泵等工作机的内燃机就属于这种工况。

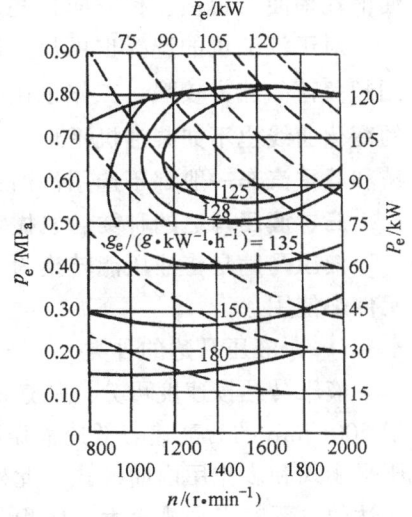

图 3-18 柴油机的万有特性曲线

2．螺旋桨工况

内燃机功率 P_e 与曲轴转速 n 接近呈三次幂的函数，即 $P_e = Kn^3$，其中 K 为比例常数，如图 3-19 中曲线 2 所示。船用驱动螺旋桨的内燃机就属于这种工况。

3．车用工况

如图 3-19 中曲线 3 下的阴影部分所示，内燃机的功率和转速都可独立地在很大范围内变化。曲线 3 为该工况内燃机在各种转速下所输出的最大功率线，两端分别为最低稳定工作转速 n_{min} 和最大许用工作转速 n_{max}。汽车、拖拉机、坦克等用的内燃机就属于这种工况，它们的转速可在最低速和最高速之间变化，而且在同一转速下，功率可以在零和全负荷内变化。

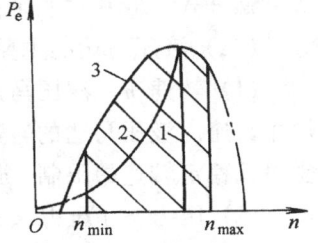

图 3-19 内燃机各种工况的功率曲线
1—固定式工况　2—螺旋桨工况
3—车用工况

根据不同工况选择不同用途的内燃机，使内燃机的特性满足工作机的工况要求。

对于负荷特性来说，一般希望柴油机每循环的标定供油量都能限定在冒烟界限和最低燃油消耗点之间，这是最经济的运行点。但对不同的柴油机还有区别，如车用柴油机经常在部分负荷下运行，只在短时间内需要发出全部功率，其标定的循环供油量一般限制在冒烟界限处；对于工程机械、拖拉机等，因经常接近满负荷工作，为了提高经济性，柴油机的有效燃油消耗率 g_e 曲线随负荷的变化要求比较平坦，即在负荷变化较大的范围内，能保持较好的燃油经济性。

在速度特性中转矩储备系数 μ_M 是一个很重要的参数。工程机械工作时，经常遇到外界阻力突然增大的情况，为了克服短期超负荷，要求转矩随转速下降而增加较大。选择的柴油机 μ_M 值越大，表明柴油机克服短期超负荷能力越强。

根据内燃机的万有特性，可以更全面地评价所选内燃机运行的动力特性和经济性的好坏。从万有特性曲线上很容易找出柴油机最经济的负荷和转速范围。对于车用柴油机，希望最经济区能在万有特性的中间位置上，使常用的中等载荷、转速落在最经济区内，要求等燃油消耗率曲线沿横坐标方向长些,能在中等转速范围较大的工况下获得较好的经济性。

对于汽油机的选择也可从上述特性考虑,汽油机的 μ_M 值比柴油机的大,说明其克服短期超负荷的能力较强,工作也比柴油机稳定,但汽油机的最低燃油消耗率点比柴油机高,g_e 的变化曲线也不如柴油机平坦,在负载变化范围较大时,其经济性比柴油机差,所以工程机械和载重汽车一般都不选用汽油机。

三、液压马达的种类、机械特性及其选择

液压马达是将液压能转换为机械能的能量转换装置。在液压系统中,液压马达作为执行元件来使用。

(一)液压马达的种类

液压马达按速度可分为低速和高速两大类。一般认为转速低于 500r/min 的为低速,高于 500r/min 为高速。低速液压马达的基本型式是径向柱塞式,如单作用曲轴连杆式、静压平衡式和多作用内曲线式。此外,轴向柱塞式、叶片式和齿轮式中也有低速的型式。低速马达的主要特点是排量大、体积大、转速低,可直接与工作机械相连,不需要减速装置,使传动机构大大简化,通常它又被称为低速大转矩液压马达。高速液压马达的基本型式有齿轮式、螺杆式、叶片式和轴向柱塞式等,它又被称为高速小转矩液压马达。

(二)液压马达的主要性能参数

(1) 转速 n 液压马达的额定转速是指输出额定功率(或转矩)的情况下,正常持久的使用转速。液压马达的转速一般是可变的,它取决于输入流量和本身排量的变化,其最小值受最低稳定转速的限制,最高值受机械效率和使用寿命的限制。

(2) 压力 p 压力 p 表示单位体积油液所具有的能量。液压马达的实际工作压力取决于负载的大小,它的额定压力是指输入规定油量和输出规定转速的情况下,运行到规定寿命时所能达到的最高输入压力。

(3) 体积流量 q_V 和排量 q 体积流量 q_V 是指单位时间内输入液压马达的油液体积,理论流量为没有泄漏的情况下的体积流量。实际流量小于理论流量。排量 q 为在没有泄漏的情况下,液压马达每一转输入油液的体积。理论流量等于排量和转速的乘积。

(4) 转矩 M 液压马达输出转矩 M 按式(3-39)计算

$$M = \frac{pq\eta_m}{2\pi} \tag{3-39}$$

式中 M——液压马达的输出转矩(N·m);

  p——液压马达的工作压力(MPa);

  q——液压马达的排量(mL/r);

  η_m——液压马达的机械效率。

(5) 总效率 η 液压马达的总效率 $\eta = \eta_m \eta_V$,其中,η_V 为液压马达的容积效率,η_m 为机械效率。

(6) 功率 P 液压马达的实际功率 P 按式(3-40)计算

$$P = \frac{pq_V\eta}{60} \tag{3-40}$$

式中 P——液压马达的实际功率(kW);

  p——液压马达的工作压力(MPa);

q_V——实际流量（L/min）；

η——总效率。

对于各种液压马达的机械特性是不相同的，详见液压传动有关资料。

（三）液压马达的性能比较和应用范围

齿轮式、叶片式、轴向柱塞式等高速小转矩马达的共同特点是结构尺寸和转动惯量小、换向灵敏度高，适用于转矩小、转速高和换向频繁的场合。根据矿山、工程机械的负载特点和使用要求，目前低速大转矩马达应用较普遍。一般来说，对于低速且稳定性要求不高、外形尺寸不受限制的场合，可以采用结构简单的单作用径向柱塞液压马达。对于要求转速范围较宽、径向尺寸较小、轴向尺寸稍大的场合，可以采用轴向柱塞液压马达。对于要求传递转矩大、低速稳定性好的场合，常采用内曲线多作用径向柱塞液压马达。三种低速大转矩液压马达的主要性能比较见表3-3。

表3-3 三种低速大转矩液压马达的主要性能

性 能	双斜盘轴向柱塞式液压马达	单作用径向柱塞式液压马达	内曲线多作用式径向柱塞液压马达
常用工作压力/MPa	16～32	12～20	16～32
流量/L·min^{-1}	0.25～25	0.1～10	0.25～50
最低转速/r·min^{-1}	2～4	5～10	可达0.5
容积效率	0.90～0.98	0.85～0.95	0.90～0.96
总效率	高	较高	较低
重量与转矩之比	较大	较小	小
起动转矩	较大	曲轴连杆式：较小 静力平衡式：较大	大
滑移量	小	较大	大
转速范围/r·min^{-1}	3～1200	5～600	1～200
外形尺寸	较小	较大	小
工艺性	结构简单、易加工	一般	结构复杂，难加工

四、气动马达的种类、机械特性及其选择

（一）气动马达的种类

气动马达是以压缩空气为动力输出转矩，驱动执行机构作旋转运动的动力装置。气动马达按工作原理分为容积式和透平式两大类。容积式气动马达可分为叶片式、活塞式、齿轮式等，最常用的是叶片式和活塞式。透平式气动马达很少用。

（二）气动马达的特性

1. 叶片式气动马达的特性曲线

叶片式气动马达的特性曲线是在一定压力下获得的，如图3-20所示。当工作压力不变时，其转速n、耗气量q_V、功率P均随负载转矩M_L而变。当$M_L=0$即空转时，转速达最大值n_{max}，此时输出功率也为零。当负载转矩M_L等于最大转矩M_{max}时，转速为零，输出功率也为零。当$M_L=M_{max}/2$时，其转速为$n=n_{max}/2$。此时马达的功率达最大值，通常这就是所要求的气动马达的额定功率。

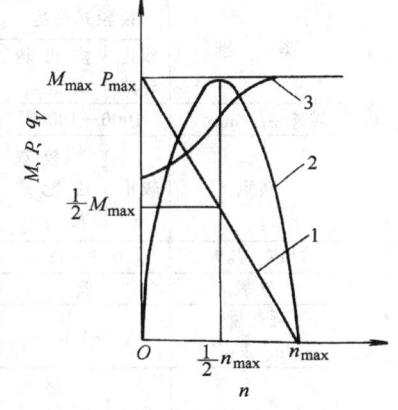

图3-20 叶片式气动马达特性曲线

1—转矩特性曲线 2—功率特性曲线
3—耗气量特性曲线

2. 活塞式气动马达的特性曲线

活塞式气动马达的特性曲线与叶片式马达的类同（见图3-21）。当工作压力 p 增高时，马达的输出功率 P、转矩 M 和转速 n 均有增加。当工作压力不变时，其功率、转矩和转速均随外加负载的变化而变化。

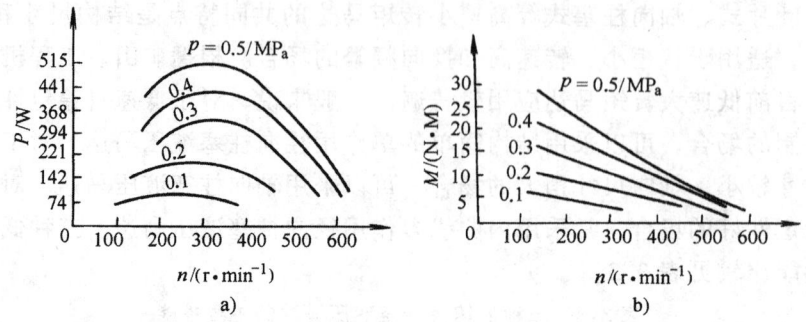

图 3-21 活塞式气动马达特性曲线
a) 功率曲线　b) 转矩曲线

（三）气动马达的选择

选择气动马达要从负载特性考虑。在变负载场合使用时，主要考虑速度范围及满足所需的负载转矩。在稳定负载下使用时，工作速度则是一个重要的因素。叶片式气动马达比活塞式气动马达转速高、结构简单，但起动转矩小，在低速工作时耗气量大。当工作速度低于空载速度的25%时，最好选用活塞式气动马达。

气动马达的选择计算比较简单。首先根据所需的转速和最大转矩计算出所需的最大功率，然后选择相应功率的气动马达。

几种容积式气动马达的主要性能比较见表3-4。

表 3-4 容积式气动马达的主要性能

类别	齿轮式马达		活塞式马达				叶片式马达	
	双齿轮式	多齿轮式	径向活塞式			轴向活塞式	单向回转	双向回转
			有连杆式	无连杆式	滑杆式			双作用双向回转
转速 n/r·min^{-1}	1000~10000		100~1300（最大至6000）			<3000	500~50000	
转矩	较小	较双齿轮式大	大			较径向活塞式大	小	
功率 P/kW	0.7~36		0.7~18			<3.6	0.15~18	
效率	低		较高			高	较低	
耗气量 q_V/m^3·kW^{-1}	>1.6		大型马达约为0.9~1.4 小型马达约为1.9~2.3			1.0左右	大型马达约为1.4 小型马达约为1.7~2.3	
单位功率的机重	较轻	较双齿轮式轻	重			较重	轻	
结构特点	结构简单、噪声大、振动大、人字齿轮式马达换向困难		结构复杂			结构紧凑但很复杂	结构简单，容易维修	

思 考 题

1. 常见工作机械的负载特性有哪几种？试举例说明之。
2. 工程上一般如何描述周期载荷及非周期载荷？
3. 随机载荷有何特征？一般如何描述随机载荷的特征？
4. 什么是载荷谱？编制载荷谱有何要求？
5. 什么是循环计数法？常用的循环计数法有哪几种？
6. 什么是雨流计数法？试述雨流计数法的计数规则。
7. 什么是工作机械的工作制？工作制与载荷类型有何不同？
8. 选择动力机时应考虑哪些问题？
9. 什么是电动机的固有机械特性和人为机械特性？
10. 简述三相异步电动机的固有机械特性及其常用的人为机械特性。
11. 直流电动机有几种励磁方式？简述他励直流电动机的固有机械特性及人为机械特性。
12. 如何合理选择电动机的类型？
13. 选择电动机功率时主要考虑哪些因素？
14. 什么情况下应进行电动机的发热计算？常用什么方法计算？
15. 我国国家标准对三相异步电动机的工作制有何规定？为什么作这些规定？
16. 柴油机的主要有效性能指标有哪些？
17. 柴油机常用的机械特性有哪几种？它们各反映了柴油机的什么性能？

第四章 执行系统设计

第一节 执行系统的组成、功能及分类

一、执行系统的组成

执行系统是直接完成系统预期工作任务的部分,因此,也称工作机或工作装置。

执行系统由执行构件和与之相连的执行机构组成。

执行构件是执行系统中直接完成工作任务的零部件,它或是与作业对象直接接触并携带它完成一定的动作(例如夹持、搬运、转位等),或是在作业对象上完成一定的动作(例如喷涂、洗刷、焊接等)。执行构件也常称工作头。执行构件的运动和动力必须满足机械系统的作业要求。

执行构件往往是执行机构中的一个或几个构件。执行构件为完成系统要求的作业动作,常可采用不同的执行机构来驱动,但实现作业动作的效能可能不同。例如,工业机械手的手指是夹持工件的执行构件,驱动其实现夹持动作的执行机构可以是杆机构、凸轮机构、齿轮齿条机构、螺旋机构等,或是它们的组合机构,但它们将使机械手手指夹持工件时具有不同的运动和动力特性。

二、执行系统的功能

执行机构的作用是传递和变换运动与动力,即把传动系统传递过来的运动与动力进行必要的变换,以满足执行构件的要求。

执行机构变换运动,就其变换形式来说,常见的有转动变换为移动或摆动,或反之。就变换的节拍来看,则可分为将连续运动变换为不同形式的连续运动或间歇运动。

执行系统是在执行构件与执行机构协调工作下完成任务的。虽然工作任务多种多样,但执行系统的功能归纳起来有以下几种。

(一)夹持

在加工或搬运一个工件时,夹持动作是不可少的。通常把直接夹住工件的执行构件称为"手指",图4-1~图4-4为几种常见的夹持器。

图4-1所示的是弹簧杠杆式夹持器,在未抓取工件时,"手指"3在弹簧4作用下闭合,并靠紧在挡块2上。当碰到工件1时,工件对"手指"的作用力 F 使"手指"张开,直到"手指"抓住工件为止。在这种夹持器中,"手指"张开与闭合不需要专门的驱动力,结构简单,但抓取力受弹簧力限制,通常用于抓取小零件,如螺钉、销轴等。

图4-2是斜楔杠杆式夹持器,"手指"4夹紧工件5是靠斜楔3推动带有滚子2的杠杆实现的,依靠弹簧1的恢复力放松工件,斜楔的往复移动可以用相应的执行机构来实现,例如,用凸轮机构或曲柄滑块机构等。

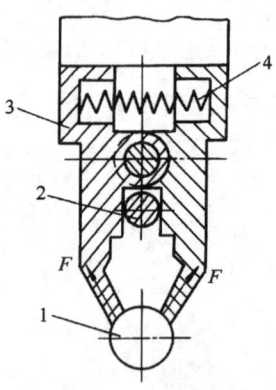

图 4-1 弹簧杠杆式夹持器
1—工件 2—挡块
3—手指 4—弹簧

图 4-3 所示为液压连杆传动夹持器，工作时液压缸 3 进油推动活塞杆 4，通过连杆 5 使"手指" 2 绕固定销轴转动夹紧工件 1。这种夹持器的"手指"内侧呈圆弧形，主要用于夹持圆形工件。

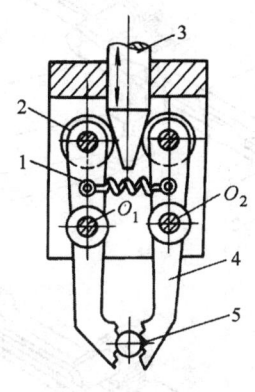

图 4-2 斜楔杠杆式夹持器
1—弹簧 2—滚子 3—斜楔 4—手指 5—工件

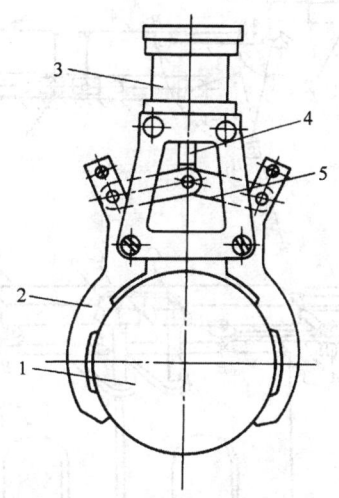

图 4-3 液压连杆传动夹持器
1—工件 2—手指 3—液压缸 4—油塞杆 5—连杆

图 4-4 所示为液压电气控制夹持器，当液压油带动转臂 2 转动时，"手指" 1 开合，由于采用了平行四杆机构，使"手指"作平动，适合于夹持方形或棱形工件，同时，整个夹持器还可绕其主轴线转动。

除此以外也常采用以齿轮齿条或螺旋机构驱动"手指"夹持工件的夹持器。

（二）搬运

搬运是指能把工件从一个位置移送到另一个位置，但并不限定移送路线的动作，常见于生产自动线或自动机中。

图 4-5 所示的是车门启闭装置。图中实线表示车门处于关闭位置，当气缸 1 充气推动活塞 2 右移时，摆杆 3 绕 A 点转动，带动滑块 6 在滑槽 5 中移动，使车门 4 被推到开启位置。

图 4-6 所示是一种简单的搬运装置，适用于搬运扁平工件。图 4-6a 表示工件在搬运前的位置，图 4-6b 表示搬运后的位置，其工作过程如下：当真空吸头 10 吸住工件 11 后，气缸 7 充气，使联接于气缸活塞杆的齿条 5 向前移动，带动小齿轮 6 及与之相固联的曲柄 8 转摆 180°，至图 4-6b 所示

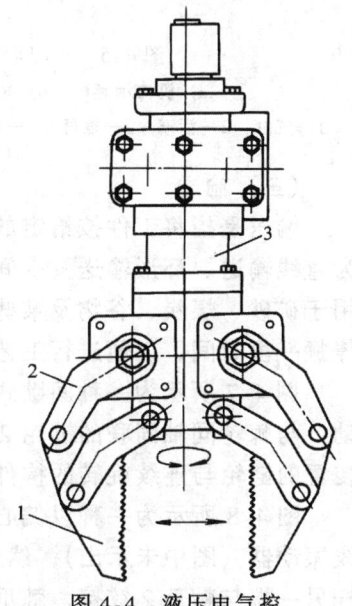

图 4-4 液压电气控制夹持器
1—手指 2—转臂
3—液压油缸

位置，然后真空吸头 10 充气，将工件置放于所需位置。为了防止真空吸头翻转，将搬运头 9 空套在曲柄的销轴上，使它能在销轴上自由转动，而滑块 1 空套在导销 2 上，滑块与搬运头以刚性连杆 3 相连，在曲柄 8 转摆时，搬运头 9 始终保持垂直位置，导销 2 在导板 4 的导槽中滑动。

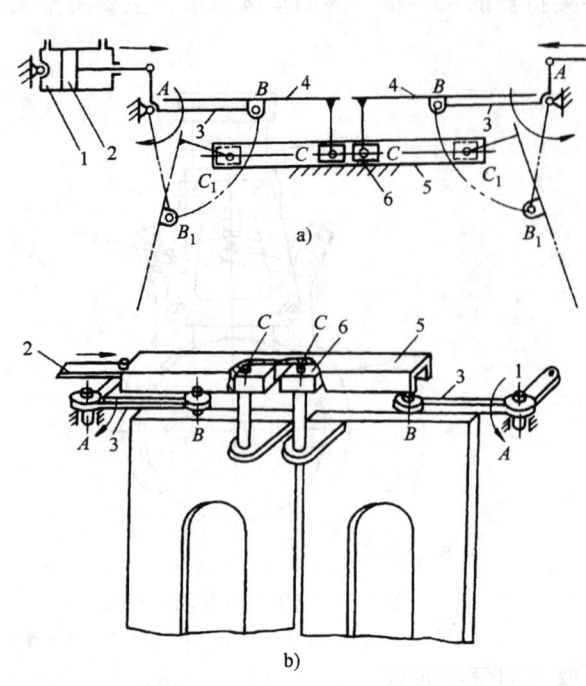
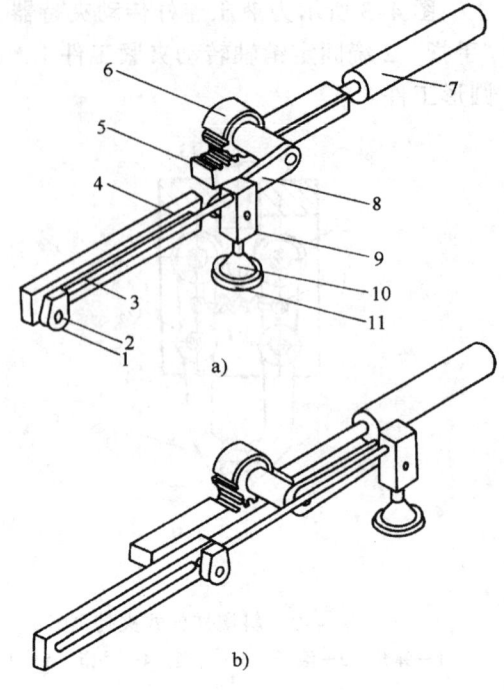

图 4-5 车门启闭装置
a)机构示意图 b)装置结构简图
1—气缸 2—活塞 3—摆杆 4—车门 5—滑槽 6—滑块

图 4-6 扁平工件搬运装置
a)搬运前工件的位置 b)搬运后工件的位置
1—滑块 2—导销 3—刚性连杆 4—导板
5—齿条 6—小齿轮 7—气缸 8—曲柄
9—搬运头 10—真空吸头 11—工件

（三）输送

输送是指将工件按给定的路线，从一个位置运送到下一个位置。按其输送路线不同可分为直线输送、环形输送及空间输送，按输送方式又可分为连续输送和间歇输送。连续输送常用于矿砂、煤炭、谷物及某些物件的输送；间歇输送常用在生产自动线上，使工件在工位上停顿一段时间，以便进行工艺操作。

图 4-7 所示为一种间歇式直线输送装置。气缸 4 推动棘爪 5 前进，棘爪 5 驱动棘轮 3 转动，与棘轮同轴固联的链轮 2 带动特制链条 1，使装配输送带沿直线作间歇位移。如将上述装置的链轮与连续旋转的构件相联，则输送带沿直线连续输送。

图 4-8 所示为一种以偏心轮驱动的直线导轨式输送装置。工件 1 被振动式贮料斗送到直线振动器（图中未示出），然后进入固定导轨 3，在偏心轮 5 的推动下，使摇杆 4 摆动，摇杆另一端与棘爪 2 铰接，棘爪推动工件 1 沿导轨 3 输送到下一工位。

（四）分度与转位

齿轮在加工轮齿时需要进行分度，转塔车床的刀架要能转位换刀，转台式装配机械的工作台也需要转位和分度等，实现分度与转位也是执行系统的主要功能之一。

图 4-9 所示为一由棘轮机构带动的回转工作台，其分度、转位过程如下：

当要分度时，气缸 5 带动定位栓 6 从分度盘 1 的切口退出，气缸 4 推动棘轮转位，使工作台转过一分度角，然后气缸 5 伸出，使定位栓进入分度盘 1 的下一切口实现定位，同时，气缸 4 退回到起始位置。

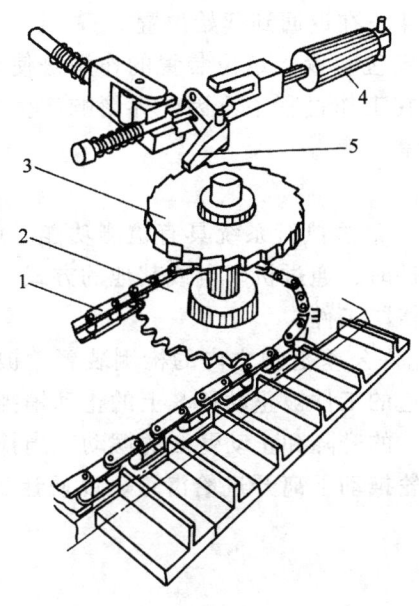

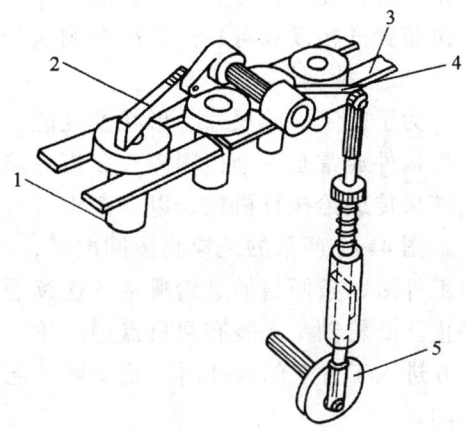

图4-8 直线导轨式输送装置
1—工件 2—棘爪 3—导轨
4—摇杆 5—偏心轮

图4-7 直线输送装置
1—链条 2—链轮 3—棘轮
4—气缸 5—棘爪

图 4-10 所示为由凸轮机构带动的回转工作台。工作时，凸轮机构（图中未画出）带动连杆 5 和驱动板 4 往复摆动，通过驱动销 2 使分度盘 3 回转分度。定位栓 1 则使分度盘 3 定位。图 4-11 表示了该工作台的分度转位过程。

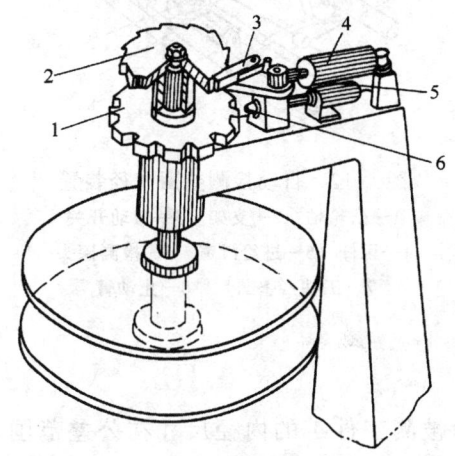

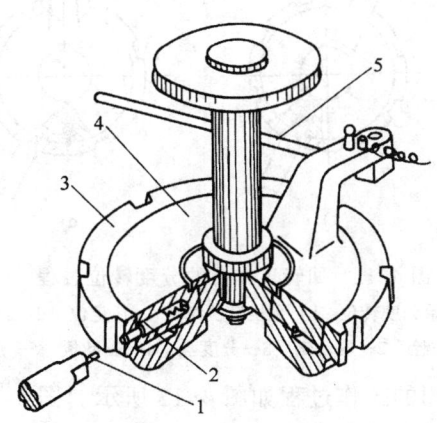

图 4-9 棘轮机构带动的回转工作台
1—分度盘 2—棘轮 3—棘爪
4—分度气缸 5—定位气缸 6—定位栓

图 4-10 凸轮机构带动的回转工作台
1—定位栓 2—驱动销 3—分度盘
4—驱动板 5—连杆

图 4-11a 所示为工作台开始分度转位的起始位置，此时弹簧加压的驱动销 2 插入分度盘 3 的驱动孔中，驱动板 4 带动分度盘 3 分度转位；图 4-11b 所示为分度转位结束位置；图 4-11c 所示为分度盘 3 定位，此时定位栓 1 进入分度盘 3 的定位切口实现定位，同时迫使弹簧

加压的驱动销2退出分度盘孔;图4-11d表示驱动板4正在返回到起始位置。

从上述两个例子可见,分度、转位机构中都附有定位装置。定位装置的作用是使分度、转位构件在完成转位动作后,能停在所需的位置上,在工作过程中不因外界影响产生偏移。定位装置的精度和可靠性直接影响执行系统的工作质量。

(五) 检测

为了对工件的尺寸、形状及性能进行检验和测量,常需执行系统具有检测功能。此时,执行构件通常是一个检测探头,当它接触到被检测工件时,通过机、电或其他的方式,把检测结果传递给执行机构,以分离出"合格"与"不合格"工件。

图4-12所示的是检测垫圈内径,确定其是否在允许公差范围之内的检测装置。被检测的工件沿一条倾斜的进给滑道5连续送进,直到最前边的工件被止动臂8上的止动销挡住而停止。凸轮轴1上装有两只盘形凸轮,分别控制压杆4的升降和止动臂8的摆动。当检测探头6进入工件7的内孔时,止动臂8连同止动销在凸轮推动下离开进给滑道,以便让工件7浮动。

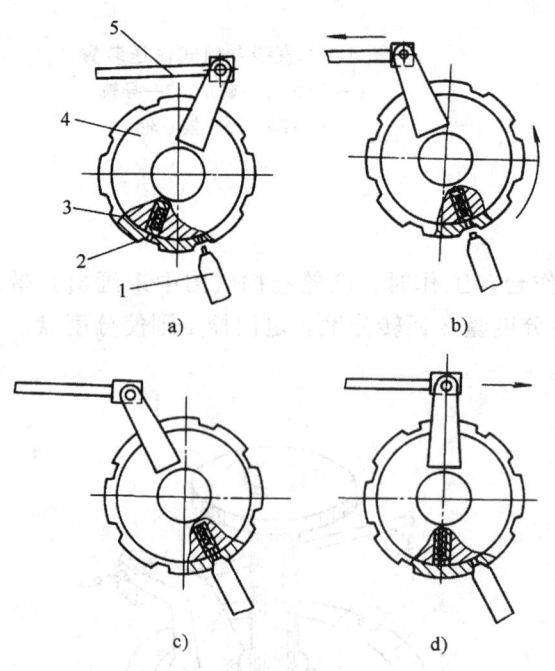

图4-11 回转工作台的分度转位过程
a) 开始分度转位 b) 分度转位结束 c) 定位 d) 返回
1—定位栓 2—驱动销 3—分度盘 4—驱动板 5—连杆

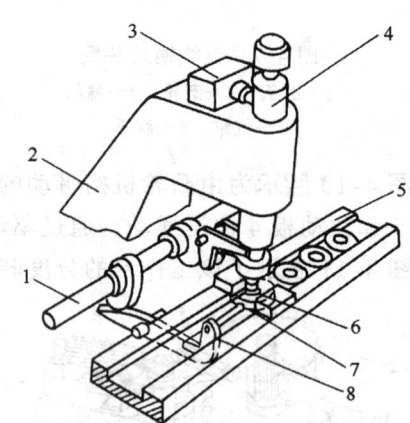

图4-12 自动检测垫圈内径装置
1—凸轮轴 2—支架 3—微动开关
4—压杆 5—进给滑道 6—检测探头
7—工件(垫圈) 8—止动臂

检测的工作过程如图4-13所示。图4-13a所示为被测工件1的内径尺寸在公差范围之内,这时微动开关3的触头进入压杆2的环形槽,微动开关断开,发出信号给控制系统(图中未表示出),在压杆离开工件后,把工件送入合格品槽。图4-13b所示为工件内径尺寸小于合格的最小直径时,压杆的探头进入内孔深度不够,微动开关仍闭合,发出信号给控制系统,使工件进入废品槽。图4-13c所示为工件内径尺寸大于允许的最大直径时的情况,这时微动开关也闭合,控制系统把工件送入另一废品槽。

图4-14所示为一种检测螺钉长度、剔除过长螺钉的装置。被检测螺钉以它的头部为支

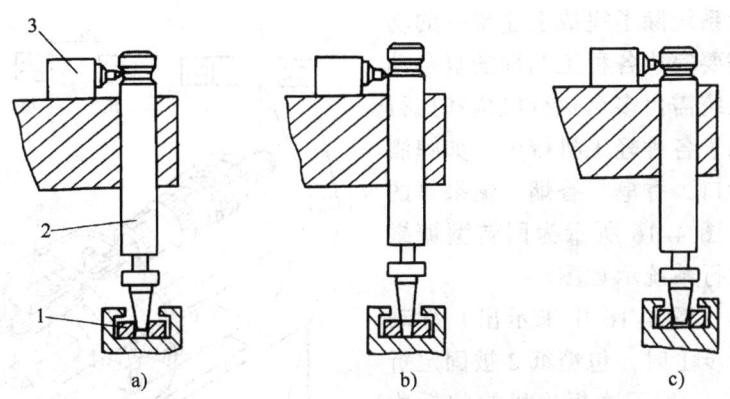

图 4-13 垫圈内径检测工作过程
a) 内径尺寸合格 b) 内径尺寸太小 c) 内径尺寸太大
1—工件 2—带探头的压杆 3—微动开关

承，呈单列形式沿图示支承导轨送进，螺钉的送进是依靠驱动皮带 5 与螺钉头表面间的摩擦实现的。长度过长的螺钉会触及检测杆 2，使微动开关 1 发出指令，气缸 6 推动偏转板 9，将不合格品送入废品槽。

图 4-15 为常用的偏转板分选装置示意图。根据检测指令，偏转板有不同偏转角度，使合格品和不合格品分选出来。如有必要还可把不合格品分选为可返修品和废品。

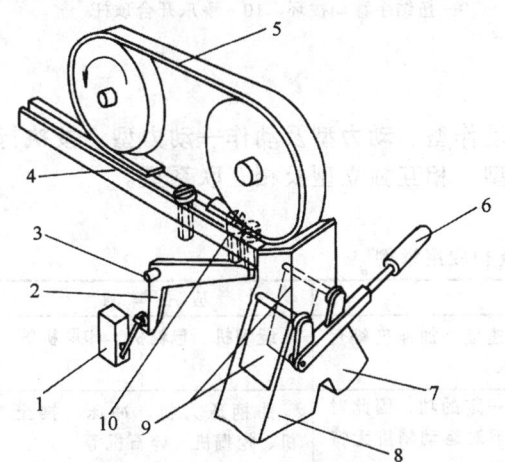

图 4-14 度量螺钉长度的检测装置
1—微动开关 2—检测杆 3—销轴 4—支承导轨 5—驱动皮带 6—气缸 7—废品槽 8—合格品槽 9—偏转板 10—工件

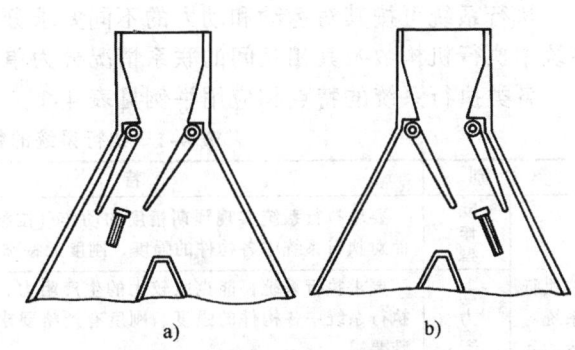

图 4-15 偏转板分选装置示意图
a) 合格品被送入合格品槽
b) 不合格品被送入废品槽

(六) 施力

执行系统的前述功能主要是实现一定的运动或动作。此外，有许多机械要求执行系统对工作对象施加力或力矩以达到完成生产任务的目的。例如材料压力加工与试验、重物起吊与搬运、矿石粉碎等机械都要求其执行系统具有施力功能。

根据机械系统工作要求，往往一个执行系统需具备多种功能要求，例如插齿机中带动插齿刀的执行系统就同时具备分度和施力两种功能。

(七) 完成工艺性复杂动作

机械的执行系统除了完成上述单一的功能外，有时还需要完成各种工艺性的复杂动作。此时执行系统需由多个执行机构和执行构件组成，常见于各种轻工机械中，如啤酒灌装、计量、封口，香皂、香烟、糖果等的包裹、包装等。图 4-16 所示为回转型糖果扭结式包裹机执行系统示意图。

当推料机构（图 4-16 中未示出）推动糖块 1 前进到工步 I 时，包糖纸 2 被固定折边器折成"]"形；侧下边折边机构的折边板 4 向上运动将糖纸侧下边包于糖块上，如工步 II 所示；回转盘带动糖块回转过程中由侧上边固定折边器 3 的折边板将糖纸的侧上边包于糖块上，如工步 III 所示；左右扭结手在移动拨环 9 的推动下靠近糖块，扭结手爪 7 合拢并夹住糖块两端糖纸，扭结手由齿轮 8 驱动回转，将两端糖纸扭结成形，如工步 IV 所示，遂完成包裹糖块作业。手爪开合顶杆 10 控制扭结手爪 7 的开合。

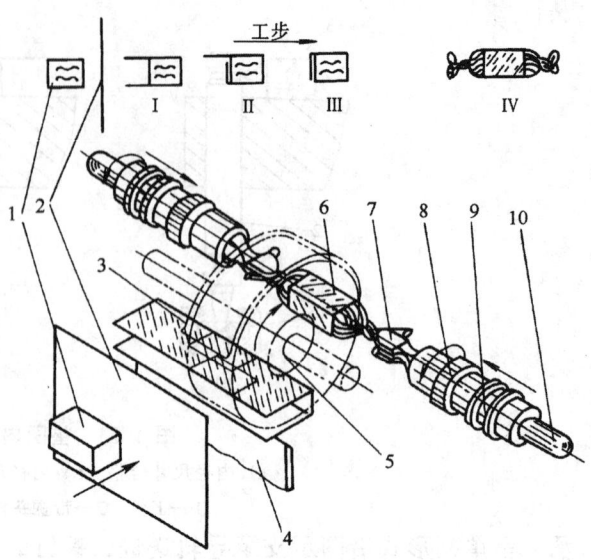

图 4-16 回转型糖果扭结式包裹机执行系统示意图
1—糖块 2—包糖纸 3—侧上边固定折边器
4—侧下边折边机构的折边板 5—回转盘
6—成品糖块 7—扭结爪 8—齿轮
9—扭结手移动拨环 10—手爪开合顶杆

三、执行系统的分类

执行系统可按其对运动和动力的不同要求分为动作型、动力型及动作—动力型。按执行系统中执行机构数及其相互间的联系情况分为单一型、相互独立型及相互联系型。

各类执行系统的特点和应用举例见表 4-1。

表 4-1 执行系统的特点和应用举例

类	别	特 点	应用举例
按执行系统对运动和动力的要求	动作型	要求执行系统实现预期精度的动作（位移、速度、加速度等），而对执行系统中各构件的强度、刚度无特殊要求	缝纫机、包糖机、印刷机等
	动力型	要求执行系统，能克服较大的生产阻力，做一定的功，因此对执行系统中各构件的强度、刚度有严格要求，但对运动精度无特殊要求	曲柄压力机、冲床、推土机、挖掘机、碎石机等
	动作—动力型	要求执行系统既能实现预期精度的动作，又要克服较大的生产阻力，做一定的功	滚齿机、插齿机等
按执行系统中执行机构的相互联系情况	单一型	在执行系统中，只有一个执行机构工作	搅拌机、碎石机、皮带输送机等
	相互独立型	在执行系统中有多个执行机构进行工作，但它们之间相互独立、没有运动的联系和制约	外圆磨床的磨削进给与砂轮转动，起重机的起吊与行走动作等
	相互联系型	在执行系统中，有多个执行机构，且它们之间有运动上的联系和制约	印刷机、包装机、缝纫机、纺织机等

四、执行构件的运动形式

执行构件的运动形式取决于执行系统所要完成的工作任务,由于工作任务的多样性,所以执行构件的运动形式也各种各样,但归纳起来基本运动不外乎是移动和转动两类,而这两类运动又可分为连续和间歇两种,其他复杂的运动都可以看成是上述两类基本运动的组合。表 4-2 列出了执行构件常见运动形式及主要运动参数。

表 4-2 执行构件常见运动形式及主要运动参数

运动形式		主要运动参数
平面运动	旋转运动 — 连续转动	角速度 ω 或转速 n
	旋转运动 — 间歇转动	运动时间 t,停顿时间 t_0,运动周期 $T=t+t_0$,运动系数 $\tau=t/T$,转角 φ,角加速度 a
	旋转运动 — 往复摆动	摆角 φ,角加速度 a,行程速比系数 K
	移动 — 连续移动	速度 v
	移动 — 间歇移动	运动时间 t,停顿时间 t_0,运动周期 $T=t+t_0$,运动系数 $\tau=t/T$,位移 s,加速度 a
	移动 — 往复移动	位移 s,加速度 a,行程速比系数 K
空间运动	一般空间运动	绕三相互垂直轴线的转角 φ_x、φ_y、φ_z,角速度 ω_x、ω_y、ω_z,角加速度 a_x、a_y、a_z
		沿三相互垂直轴线的位移 s_x、s_y、s_z,速度 v_x、v_y、v_z,加速度 a_x、a_y、a_z

由表 4-2 可见,执行构件的运动形式是多种多样的,而机械系统动力机的运动往往比较单一,例如电动机或液压马达通常作等速转动,液压缸的活塞作等速移动等。为了把动力机的运动转变为执行构件所需的运动,需要通过传动系统或执行机构进行各种运动的变换。

第二节 机构选型及常用执行机构的主要性能特点

一、机构选型

怎样根据使用要求和工艺要求制定出一个合理的运动规律,用什么机构去完成所设计的运动规律是执行机构选型时应首要考虑的问题。机构的选型,影响机械系统的总体布局,影响机械系统的工作质量,特别是执行机构是否合用,常成为设计、制造的机械能否有效地用于生产实际的关键。

连杆机构(包括平面连杆机构和空间连杆机构)、凸轮机构、齿轮机构、摩擦机构等都是最简单的基本机构,它们各自具有不同的运动特性(包括运动的轨迹、速度、加速度,构件的位移、角位移、角速度、角加速度,机构的传动精度等)和动力特性。由于机械的工作对象和工作条件千变万化，工艺动作要求亦纷杂各异，单个基本机构往往不能满足这些复杂多样的要求，为此，可将基本机构通过倒置（变换机架）或改变运动副的形状或改变某些零件的结构来得到多种多样的运动特性。也可以根据各基本机构的特点，将它们组合在一起，形成组合机构，以完成预期的复杂运动要求。

同一种运动要求，常可用不同的基本机构来完成，这时应根据机械的其他性能和条件，如机械的外廓尺寸、重量、结构限制、动力特性、传动精度、生产率、制造难易、工作环境和经济性等进行分析、比较，根据实际需要和可能选择比较合理的方案。

二、常用执行机构的主要性能特点

（一）连杆机构

连杆机构属低副机构，各运动副均为面接触，因而压强小、磨损少、易于加工和保证精度以及靠自身的几何形状能保持运动副的封闭等优点。当改变机构的杆件数或运动副类型，变换主动件或输出点位置时，可获得各种不同的运动规律和运动轨迹。尤其是空间连杆机构，由于运动副类型和排列顺序的多样性，使其实现的运动更为复杂多样。因此，连杆机构得到非常广泛的应用。但连杆机构实现任意预期运动规律和运动轨迹的精确性较差，其设计方法也较复杂。此外，由于各构件有尺寸误差和运动副存在间隙，使机构传动的累积误差增加，以及构件在受载时的弹性变形及温升引起的热变形，都会使机构的精度下降。构件的质心在运动中不断变换位置，使机构难以平衡，动载、噪声、振动较大。因此，连杆机构一般不适于高速场合。

连杆机构中以铰链四杆机构为基本型式，其他型式的四杆机构均可看作是在它的基础上通过演化而成。铰链四杆机构也是组成多杆机构的基础。四杆机构的基本型式及其演化见表4-3所示。多杆机构中以六杆机构应用较广，平面六杆机构的基本结构型式及其应用实例见表4-4。

空间连杆机构常以运动副排列的顺序命名，常用运动副代号为：C圆柱副，E平面副，H螺旋副，P移动副，R转动副，S球面副，T万向铰链副。表4-5为部分常用空间四杆机构及其应用实例。

（二）凸轮机构

凸轮机构是主要由凸轮、从动件和机架组成的高副机构。凸轮和从动件之间需通过施力（如弹簧力、重力）或各种形式的封闭几何形状保持接触，前者称为力锁合，后者称为形锁合。凸轮机构的最大优点可以准确地实现任意复杂的运动规律，只要设计出凸轮轮廓曲线，就可以使从动件按拟定的规律运动。凸轮机构的缺点是在高副处难以保证良好的润滑，且比压又较大，因此易磨损，传递动力不能过大，高速运行时动力学特性变差，故凸轮机构不宜在高速重载条件下运行。

凸轮机构设计中应考虑以下问题：

（1）凸轮从动件运动规律　凸轮从动件有四种基本运动规律：等速、等加速等减速、简谐和摆线运动规律。上述单一的运动规律往往不能满足工作要求，如等速运动规律会产生刚性冲击，等加速等减速和简谐运动规律会产生柔性冲击，摆线运动规律虽可避免刚性和柔性冲击，但它的 v_{max} 和 a_{max} 均较大，所以可以采用改进型运动规律，如用正弦运动改进上述三种运动规律，以满足工作要求又可得到较好的综合指标。图4-17所示为用正弦运动改进等速运动规律的运动线图。

表 4-3 四杆机构的基本型式及其演化

运动副种类	结构型式				
	最短杆(1)长度+最长杆长度≤其他两杆长度之和				最短杆长度+最长杆长度>其他两杆长度之和
四个转动副	曲柄摇杆机构 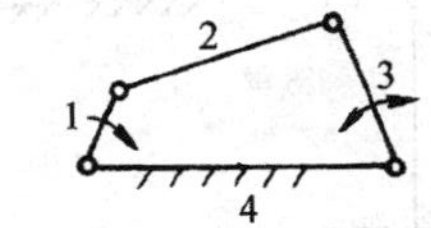	双曲柄机构 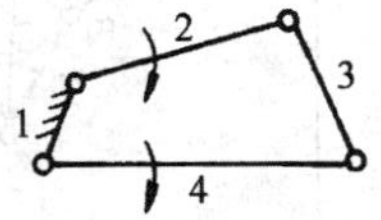	曲柄摇杆机构 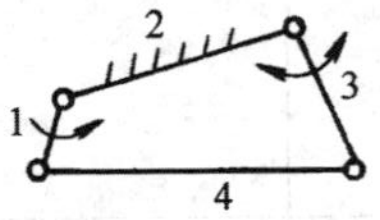	双摇杆机构 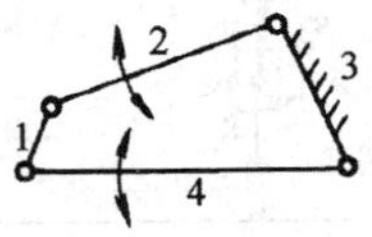	双摇杆机构（任一杆均可做机架）
三个转动副和一个移动副	曲柄滑块机构 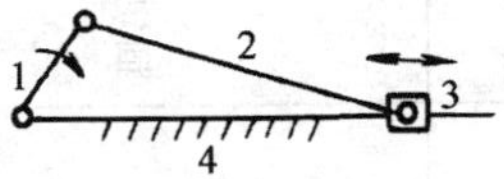	转动导杆机构 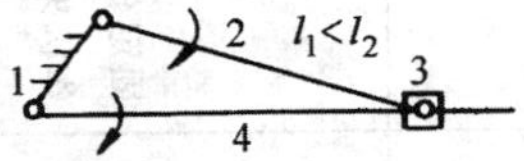 $l_1<l_2$	摆动导杆机构 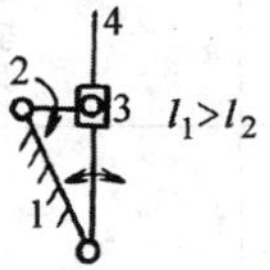 $l_1>l_2$	曲柄摇块机构 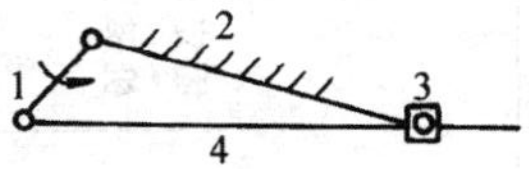	移动导杆机构 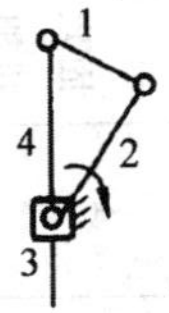
两个转动副和两个移动副	正弦机构 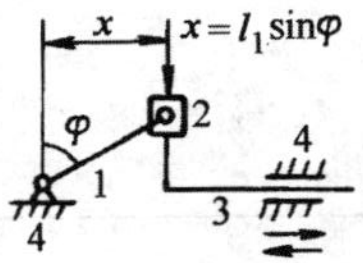 $x=l_1\sin\varphi$	十字滑块联轴器 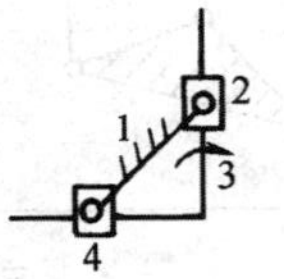	正弦机构 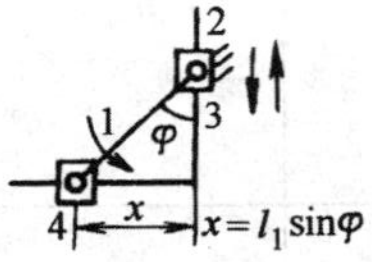 $x=l_1\sin\varphi$	椭圆仪机构 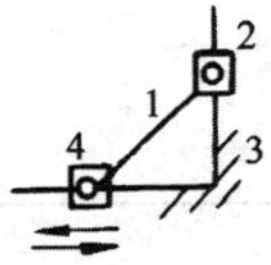	正切机构 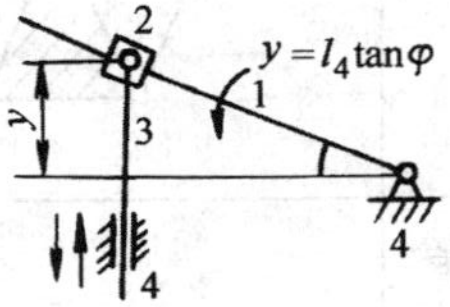 $y=l_4\tan\varphi$

表 4-4　平面六杆机构基本结构型式及其应用实例

名　称	简　图	分　类	特　征	应用实例
瓦特 (Watt) 运动链	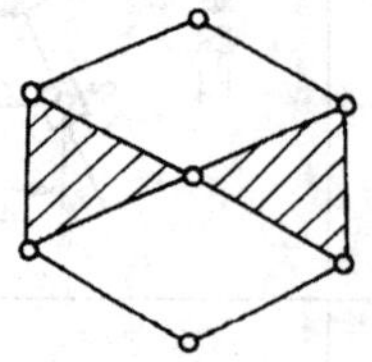	Ⅰ型	固定任一二副杆作机架	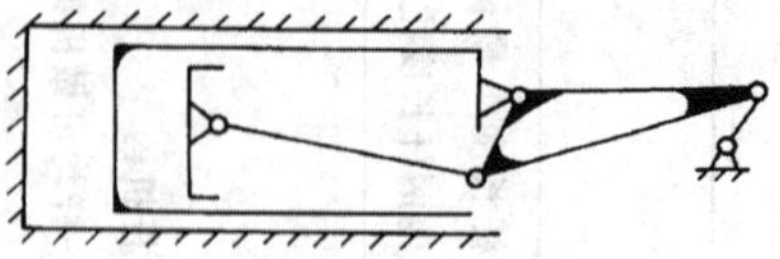 蒸汽机机构
		Ⅱ型	固定任一三副杆作机架	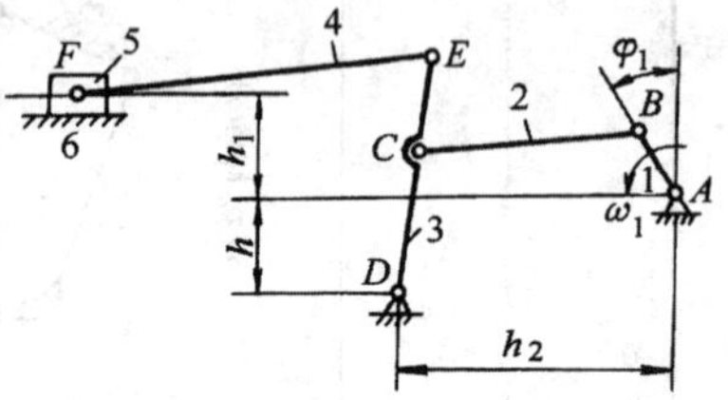 发动机机构
斯蒂芬逊 (Stephenson) 运动链	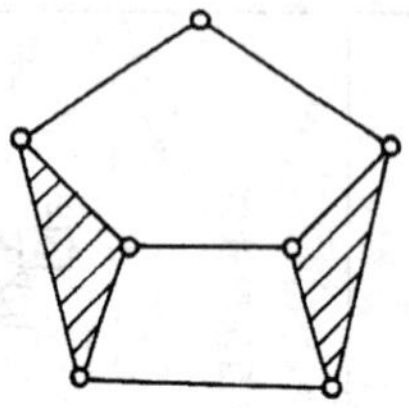	Ⅰ型	固定任一二副杆 A 作机架	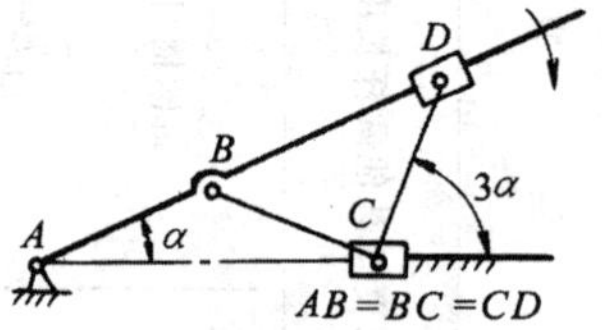 角度三等分机构
		Ⅱ型	固定任一二副杆 B 作机架	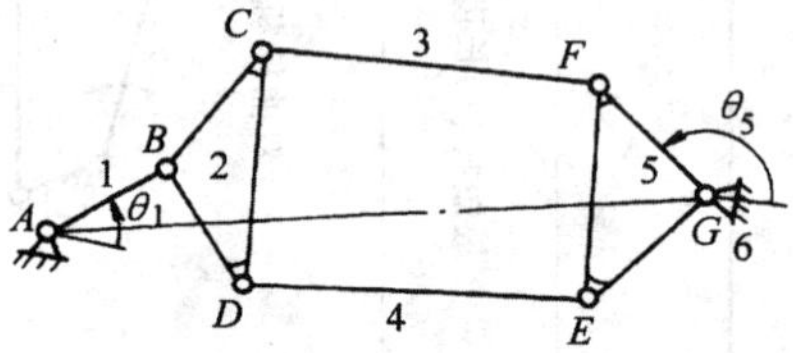 膜片泵连杆二次停歇机构
		Ⅲ型	固定三副杆作机架	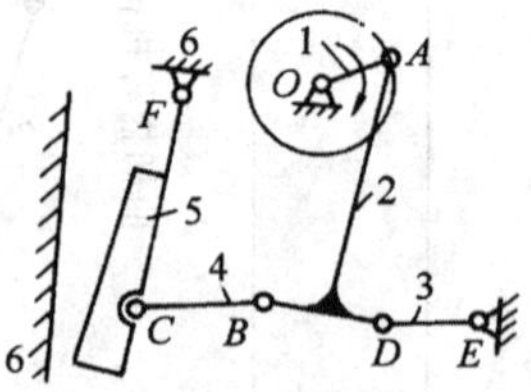 颚式破碎机机构

表 4-5 空间四杆机构基本类型及其应用实例

结构特点	名 称	简 图	应 用 实 例
不含球副	4R	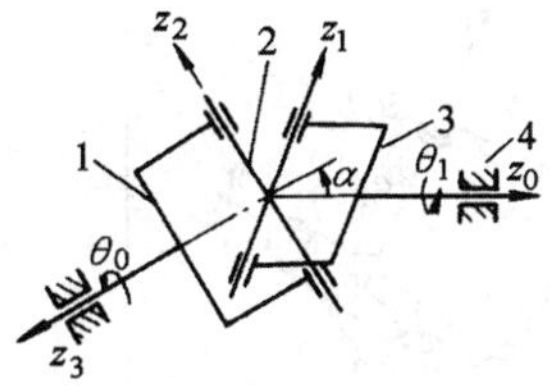	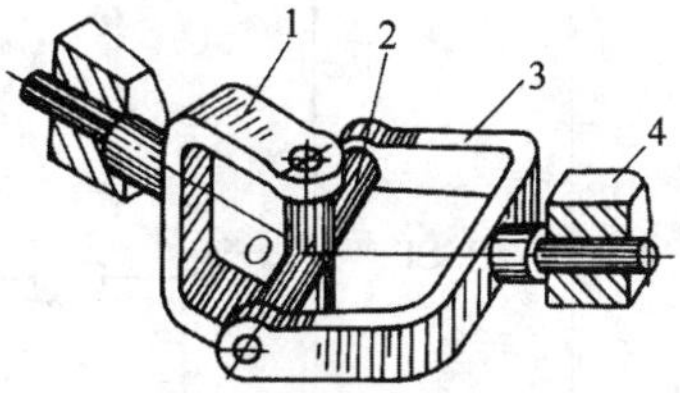 万向联轴器
不含球副	RCCR	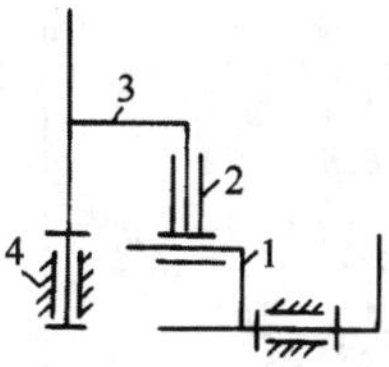	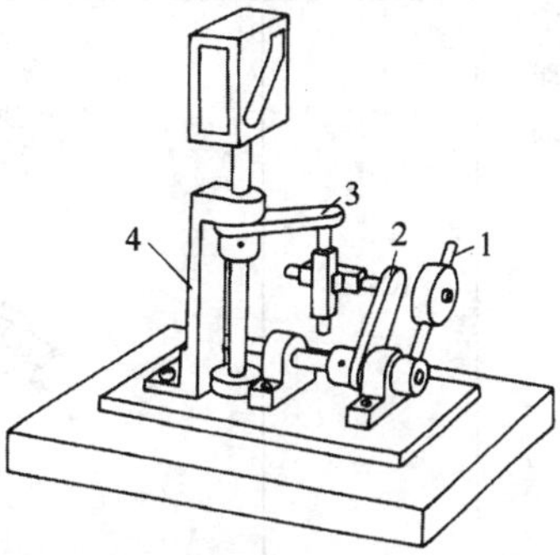 铁路信号灯
含一个球副	RSRC	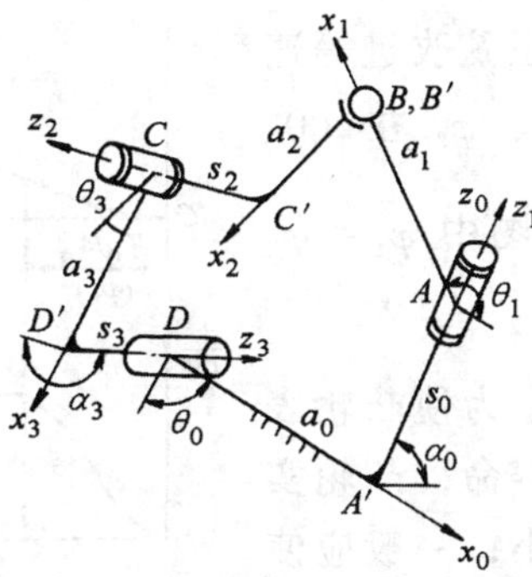	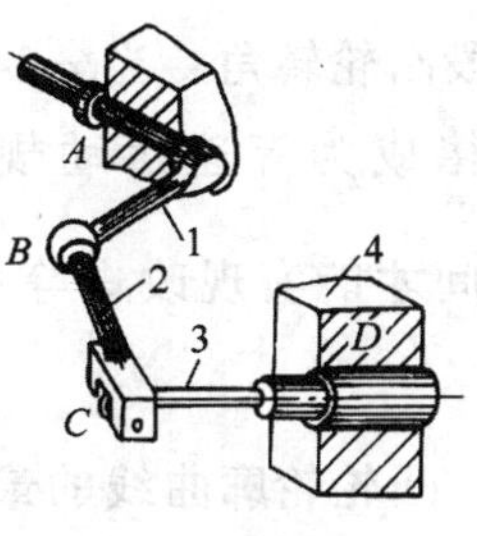 操纵机构
含一个球副	RRSC	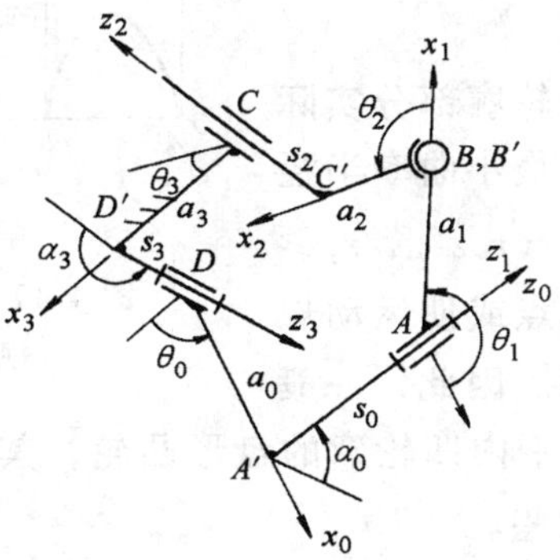	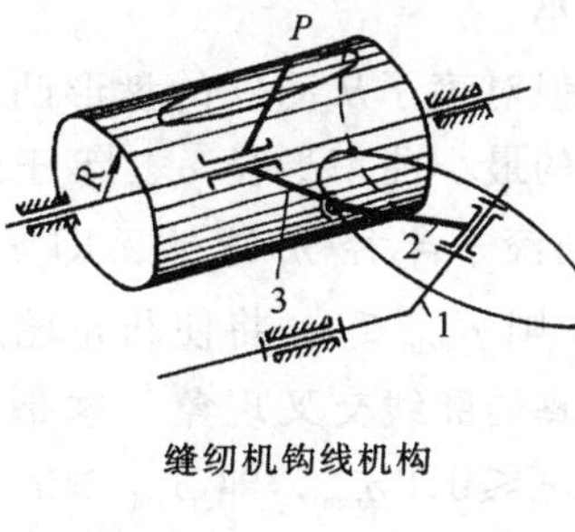 缝纫机钩线机构

结构特点	名称	简 图	应用实例
含两个球副	RSSP		飞机起落架
	RSSR		汽车前轮转向机构

图 4-17 中 φ_0 为推程角，h 为升距，φ_1、φ_2 为正弦加速段凸轮转角；当 $\varphi_1 = \varphi_2 = 0$ 时，正弦改进等速运动规律成为等速运动规律，只有 φ_1、φ_2 在（0、$\dfrac{\varphi_0}{2}$）区间才能实现改进等速运动规律。图中 $\varphi_1 = \varphi_2 = \varphi_0/4$。

（2）凸轮轮廓曲线的最小曲率半径 为使凸轮表面的接触应力不致太大，并提高抗磨损寿命，凸轮实际轮廓曲线的最小曲率半径 ρ_{amin} 不宜过小，一般应使 $\rho_{amin} > 2 \sim 5\mathrm{mm}$。对滚子从动件，其滚子半径 r_r 也不宜过小。

但对滚子从动件的盘形凸轮，外凸轮廓部分实际廓线的最小曲率半径 ρ_{amin} 等于理论廓线最小曲率半径 ρ_{min} 与滚子半径 r_r 之差，即 $\rho_{amin} = \rho_{min} - r_r$。若 $r_r \geqslant \rho_{min}$，则 $\rho_{amin} \leqslant 0$，将使凸轮轮廓出现尖点或使运动规律失真的廓线交叉现象，这是不允许的。因此，一般应使 $r_r \leqslant 0.8 \rho_{min}$，即 $\rho_{amin} \geqslant 0.2 \rho_{min}$。对于内凹轮廓的盘形凸轮，其实际廓线不会出现尖点和交叉现象，故其滚子半径 r_r 可适当大些。

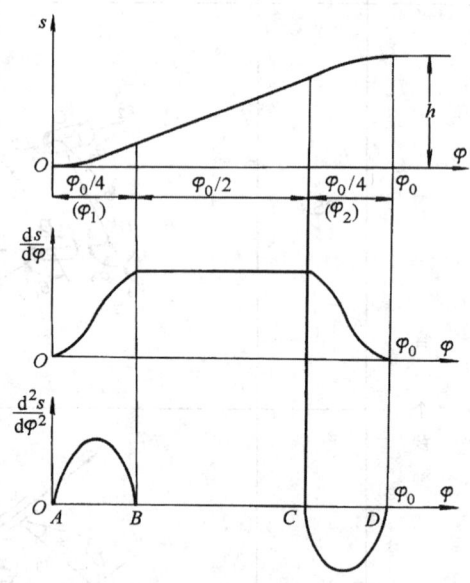

图 4-17 正弦改进等速运动规律的运动线图

（3）压力角与基圆半径 压力角 α 是影响凸轮机构传力性能及凸轮尺寸的重要参数。压力角大则凸轮机构工作时凸轮与从动件之间的作用力大,凸轮和从动件的疲劳寿命降低,磨损加大,传动效率降低。当压力角增大到某一临界值时,机构将发生自锁。但如压力角过小,则将使凸轮基圆半径 R_b 加大,使机构尺寸增大。因此,压力角必须控制在合适的范围内。

滚子从动件凸轮机构压力角 α 及其许用的最大压力角 α_{max} 见表 4-6。

表 4-6　滚子从动件凸轮机构压力角 α 及其许用值 α_{max}

机构类型	机构简图	压力角 α/rad	许用值 α_{max}
移动凸轮 移动从动件	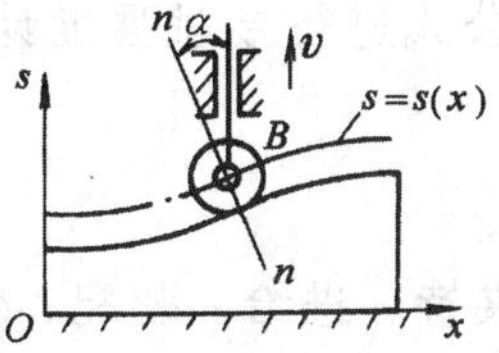	$\tan\alpha = \dfrac{ds}{dx}$	
盘形凸轮 对心移动从动件	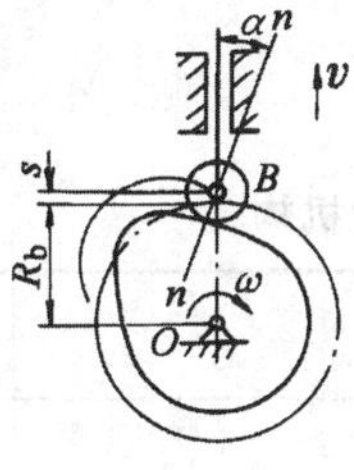	$\tan\alpha = \dfrac{\dfrac{ds}{d\varphi}}{R_b + s}$	推程 $\leqslant 30°$ 回程 力锁合 $\leqslant 70° \sim 80°$ 形锁合　$\leqslant 30°$
盘形凸轮 偏置移动从动件	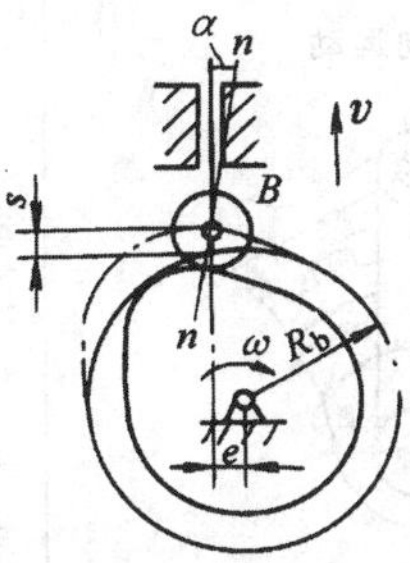	$\tan\alpha = \dfrac{\dfrac{ds}{d\varphi} - e}{s + \sqrt{R_b^2 - e^2}}$ 当凸轮转向及偏距 e 的偏置方向如图所示,或二者均与图示方向相反时,e 取正值;否则 e 取负值	
盘形凸轮 摆动从动件	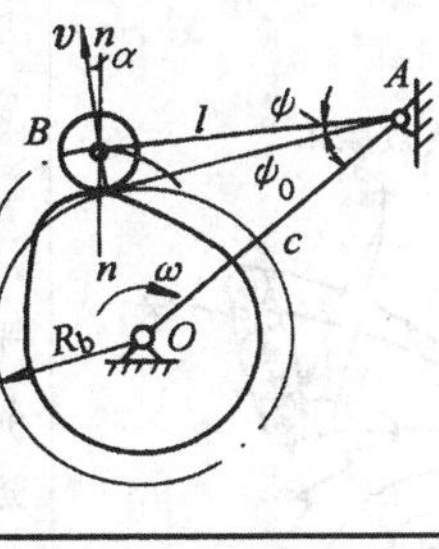	$\tan\alpha = \cot(\psi + \psi_0)$ $- \dfrac{l(1 - \dfrac{d\psi}{d\varphi})}{c\sin(\psi + \psi_0)}$ $\psi_0 = \arccos\dfrac{l^2 + c^2 - R_b^2}{2lc}$	推程 $\leqslant 35° \sim 45°$ 回程 力锁合 $\leqslant 70° \sim 80°$ 形锁合 $\leqslant 35° \sim 45°$

注:1. 对圆柱凸轮,可将凸轮展开成平面后,按移动凸轮计算其压力角;对圆锥凸轮,可将凸轮展开成扇形平面后,按盘形凸轮计算其压力角。

2. 各式中,c 为凸轮转动中心至从动件摆动中心距离(mm);e 为从动件导路对凸轮转动中心的偏距(mm);l 为摆动从动件长度(mm);R_b 为凸轮基圆半径(mm);s 为从动件位移(mm);x 为移动凸轮位移(mm);φ 为凸轮转角(rad);ψ_0 为摆动从动件的初始角(rad);ψ 为摆动从动件摆角(rad)。

(4) 凸轮常用材料及强度计算　凸轮工作表面承受变化的接触应力，往往伴有较大的冲击，因此凸轮材料应有较好的抗疲劳强度、较好的冲击韧性和抗磨损性能。一般低速轻载凸轮可用 45 钢经调质处理或优质灰铸铁制造；对中速中载凸轮可采用 60、65 钢经正火或淬火处理，也常用 40Cr、40B、45MnB、38CrMoAl 等经表面淬火，表面硬度 45～55HRC；要求较高的凸轮用 15Cr、20Cr、12CrNi3、20CrMnMo 等经渗碳淬火，渗碳层深度 0.8～1.5mm，表面硬度 58～62HRC。通常滚子的硬度应比凸轮硬度稍低些，并应注意滚子材料与凸轮材料的组合有良好的抗磨性和抗胶合性。

当受力较大时，需对滚子和凸轮表面按赫芝公式进行接触强度计算，计算时应取 $\rho_1 = r_r$，$\rho_2 = \rho_{amin}$。

(三) 间歇运动机构

很多自动机、半自动机工作时需完成分度、夹持、进给、装配、包装、输送等功能，此时常需执行机构作间歇运动，以使系统在实现某一功能时其他功能停止执行。间歇运动分两种情况：一为执行构件在一定动程的往复运动过程中有间歇停顿；二为执行构件作单方向的时停时续的运动，这种间歇运动常称步进运动。

常用间歇运动机构见表 4-7。

表 4-7　常用间歇运动机构

机构名称	简　图	特　点
棘轮机构	外接齿式 单向运动 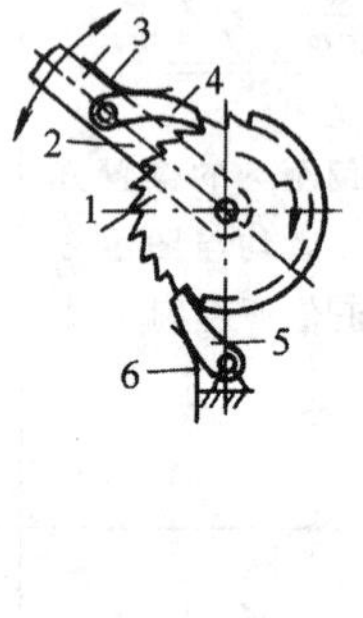　　双向运动 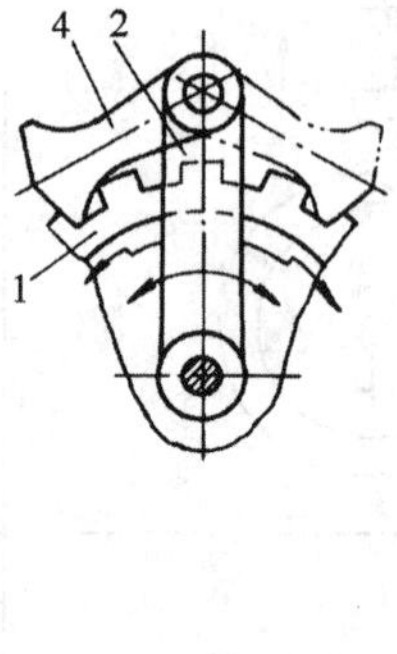 钩头双棘爪 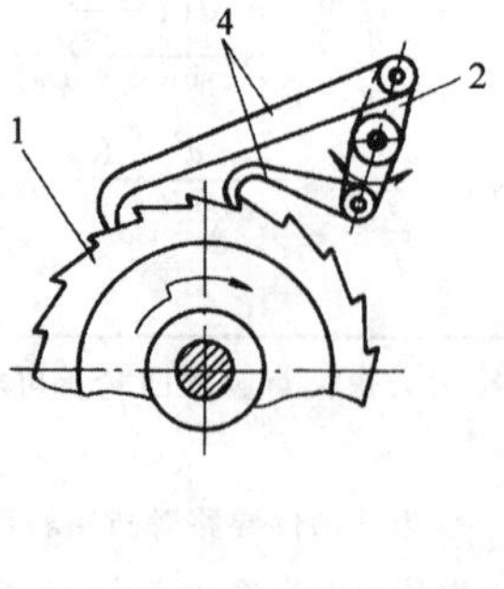　　直头双棘爪 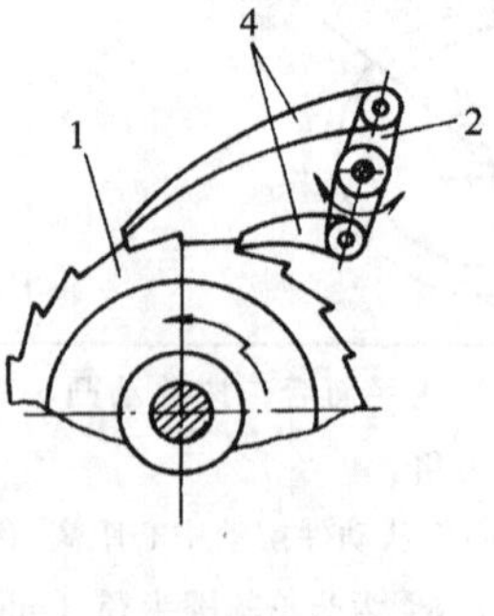	棘轮机构能将摇杆 2 的摆动运动转换为棘轮 1 的间歇运动。改变摇杆摆角或采用棘轮罩可调节棘轮的转角。采用可翻转棘爪可使棘轮实现两个方向的间歇转动 　齿式棘轮机构的噪声及棘爪齿尖磨损较大，工作时有空行程和冲击，棘轮转角只能作有级调节 　摩擦式棘轮机构工作时较平稳，冲击及噪声较小，棘轮转角可通过改变摇杆摆角进行无级调节，但运动准确性较差

机构名称	简图	特点
棘轮机构	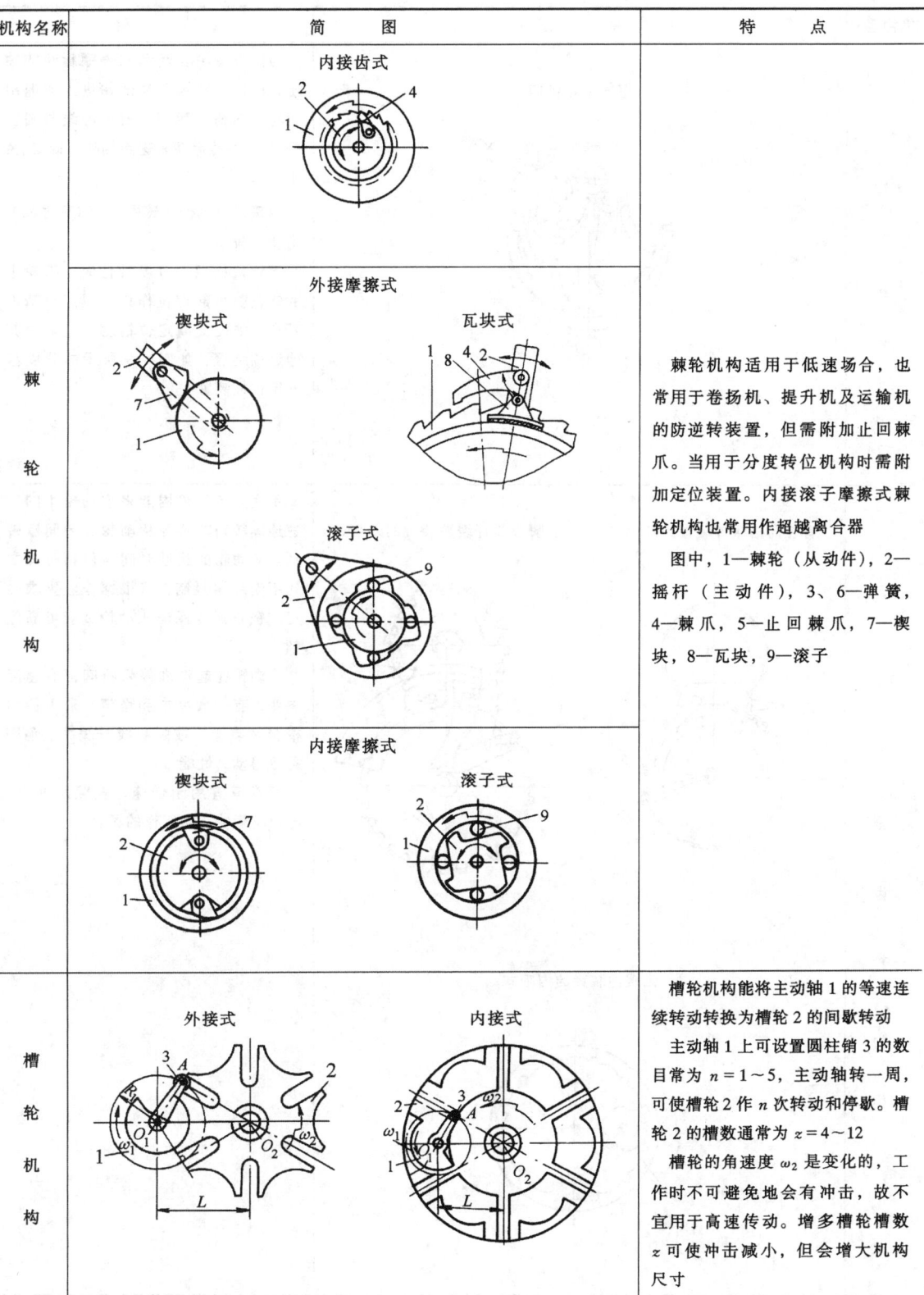	棘轮机构适用于低速场合，也常用于卷扬机、提升机及运输机的防逆转装置，但需附加止回棘爪。当用于分度转位机构时需附加定位装置。内接滚子摩擦式棘轮机构也常用作超越离合器 图中，1—棘轮（从动件），2—摇杆（主动件），3、6—弹簧，4—棘爪，5—止回棘爪，7—楔块，8—瓦块，9—滚子
槽轮机构		槽轮机构能将主动轴1的等速连续转动转换为槽轮2的间歇转动 主动轴1上可设置圆柱销3的数目常为 $n=1\sim5$，主动轴转一周，可使槽轮2作 n 次转动和停歇。槽轮2的槽数通常为 $z=4\sim12$ 槽轮的角速度 ω_2 是变化的，工作时不可避免地会有冲击，故不宜用于高速传动。增多槽轮槽数 z 可使冲击减小，但会增大机构尺寸

(续)

机构名称	简 图	特 点
槽轮机构	空间槽轮机构 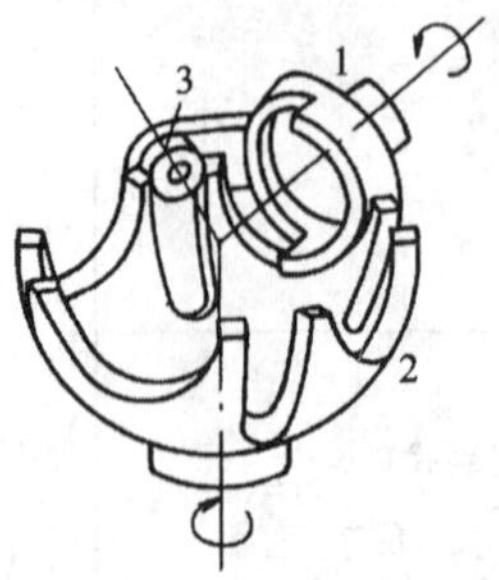	为减小槽轮在起动和停顿瞬间的冲击,应使圆柱销3在开始进入或退出槽轮径向槽的瞬间,槽中心线与圆柱销中心 A 的运动轨迹圆相切,即 $O_1A \perp O_2A$ 内接槽轮机构角速度 ω_2 的变化及冲击相对较小 槽轮机构用于分度转位时,槽轮上的锁止弧可起定位作用,但定位精度不高,如需提高定位精度,应采用其他定位装置,如图4-9所示的分度盘—定位栓装置
不完全齿轮机构	有径向槽缓冲装置的外啮式 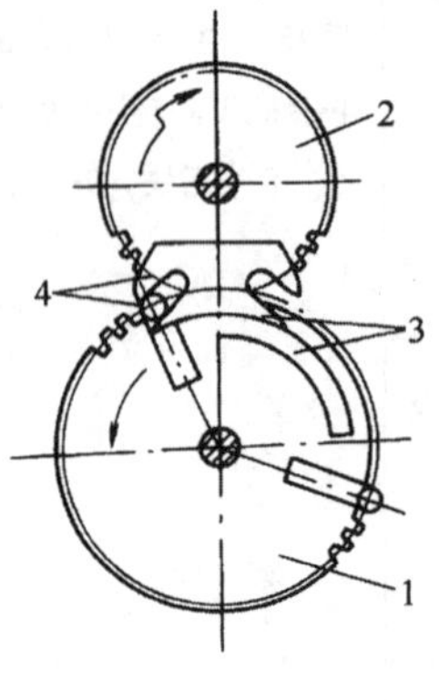　　有瞬心线杆缓冲装置的外啮式 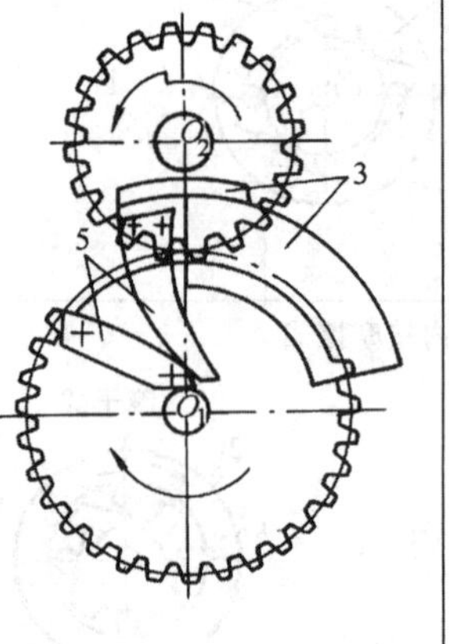 无缓冲装置的内啮式 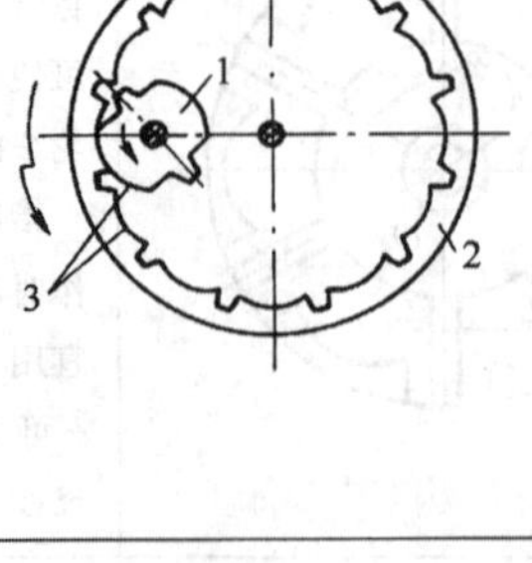	不完全齿轮机构能将主动轮1的等速连续转动转换为从动轮2的间歇转动。从动轮的运动时间与停顿时间之比不受结构限制,可根据作业要求确定。锁止弧3保证从动轮2能可靠停顿 从动轮在起动和停顿瞬间都有速度突变,有较大冲击和噪声。采用径向槽缓冲装置4或瞬心线杆缓冲装置5可改善动力性能 通常只宜用于低速、轻载及冲击、噪声不影响正常工作的场合

机构名称	简 图	特 点
凸轮间歇运动机构	圆柱凸轮 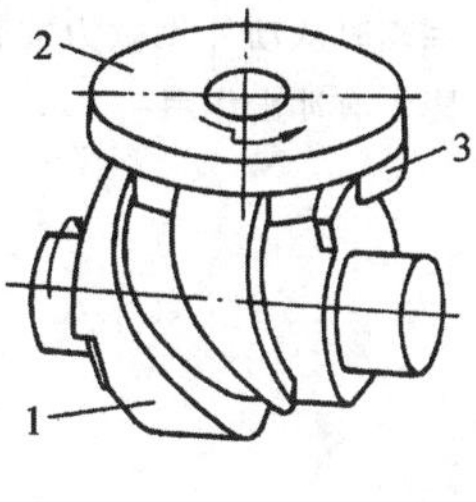　蜗杆凸轮 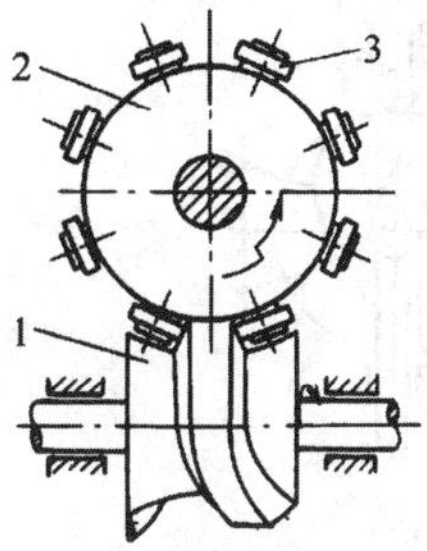	凸轮间歇运动机构用于交错轴之间的间歇传动，主动轮1的凸轮螺旋面常做成单头，从动轮2上的圆柱销3一般不少于6个。圆柱销3也常用滚动轴承代替 凸轮螺旋面与圆柱销为渐进啮合，传动平稳、噪声小，可传递较大动力。蜗杆式凸轮间歇运动机构易实现圆柱销与凸轮的预紧而消除间隙、提高刚度，传动精度和动力性能更好，常用作高速传动的分度机构

（四）直线运动机构

直线运动机构能将主动件的旋转或摆动运动转换为从动件的直线运动。实现直线运动的机构很多，各类基本机构均可做成直线运动机构，此外也有一些特殊结构的直线运动机构，常用直线运动机构见表4-8。

表4-8　常用直线运动机构

机构名称		简 图	特 点
从动件作连续往复运动	曲柄滑块机构	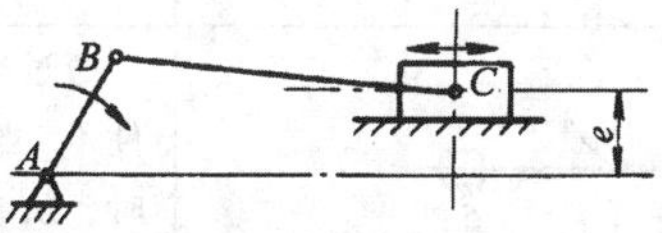	对心布置时，$e=0$，从动件的往复运动时间及平均速度相等 偏置布置时，$e \neq 0$，从动件往复运动具有急回特性 从动件作换向运动瞬间有大的冲击
	等宽三角凸轮机构	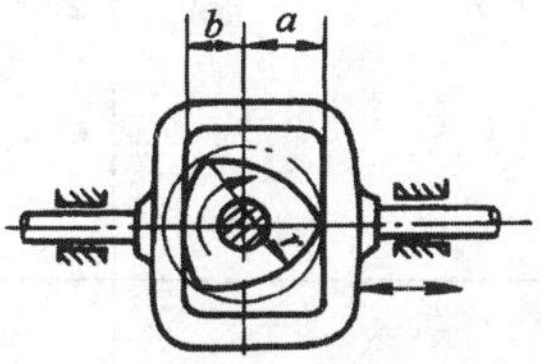	采用平底从动件。凸轮棱边半径为r，$r=a+b$，从动件行程为$a-b$。凸轮回转一周，从动件作三次往复运动，推程与回程的运动规律相同。从动件换向运动瞬间有冲击
	偏心圆凸轮机构	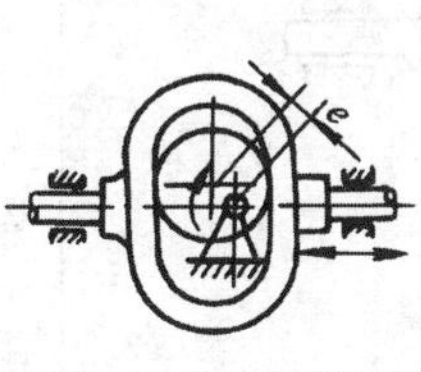	采用平底从动件。从动件作往复简谐运动。凸轮回转一周，从动件往复运动一次，推程与回程运动规律相同，行程为偏心距的两倍。凸轮形状简单，易加工，仅用于低速或手动场合
	等径凸轮机构	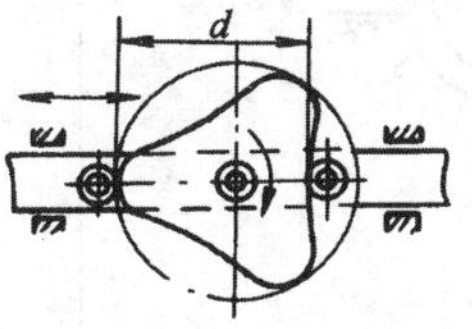	采用滚子从动件。凸轮对径长等于两滚子间距离d，并保持不变。推程与回程运动规律相同。可设计成凸轮回转一周，从动件作一次、三次、五次或更多次往复运动

(续)

机构名称	简 图	特 点
从动件作连续往复运动 — 抛物线凸轮机构	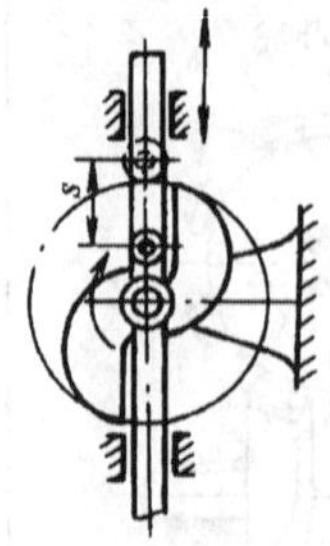	采用平底或滚子从动件。凸轮轮廓为抛物线，推程时从动件加速度大，回程时从动件靠重力或弹簧力快速下降，有冲击作用
从动件作连续往复运动 — 往复螺旋槽圆柱凸轮机构	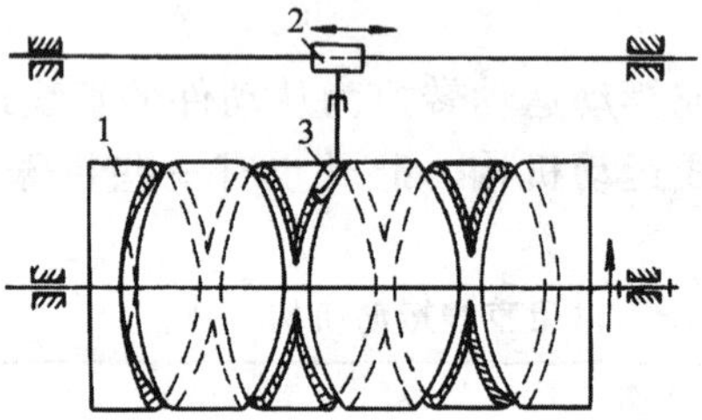	往复运动的两条螺旋槽具有相同的导程。凸轮1连续旋转，从动件2作往复直线等速移动，移动距离为螺旋线总导程。3为螺旋导向块
从动件作连续往复运动 — 带挠性构件的往复运动机构	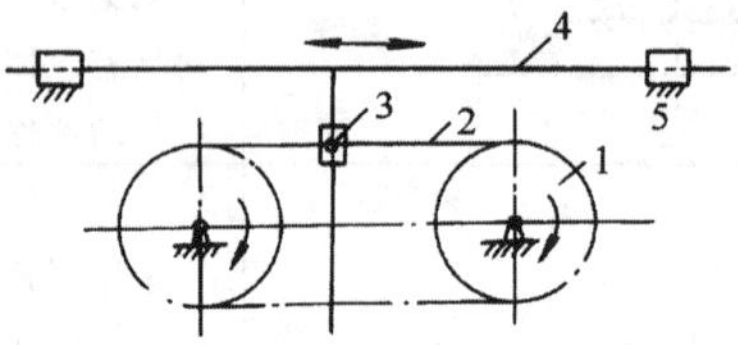	通过滑块3将链条运动传递给从动件4，当滑块在链条2的直线段运动时，从动件4作等速直线运动，当滑块在链条的圆弧段运动时，从动件移动按简谐运动规律运动
从动件作有停歇往复运动 — 不完全齿轮传动的往复移动机构	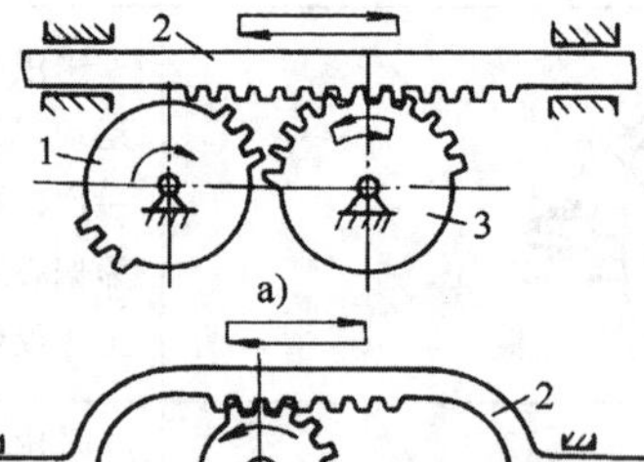 a) 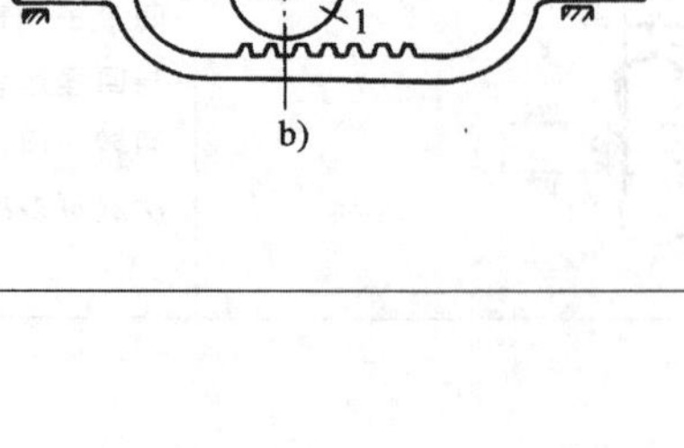 b)	图a中主动轮1每转一周从动件2作两次有停歇的往复运动 图b中主动轮1转一周从动件2作一次有停歇的往复运动 改变齿轮1的齿数可使从动件2的运动时间之比改变

(续)

机构名称		简图	特点
从动件作有停歇往复运动	棘条机构	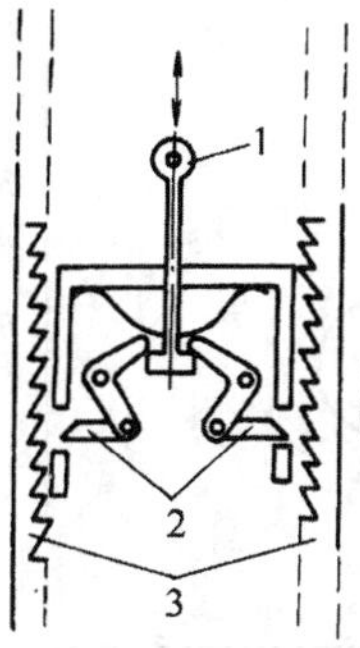	主动提拉杆 1 往复运动时通过棘爪 2 使棘条 3 作单向间歇移动。棘条移动运动规律取决于提拉杆 1 的运动
	槽条机构	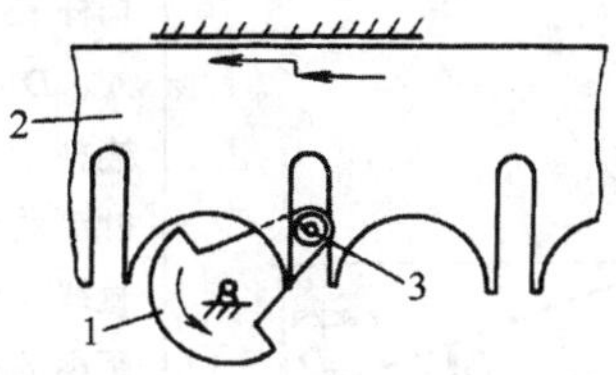	主动件 1 旋转时通过柱销 3 使槽条 2 作单向有停歇的符合简谐运动规律的移动
精确直线运动机构	曲柄滑块的连杆直线运动机构	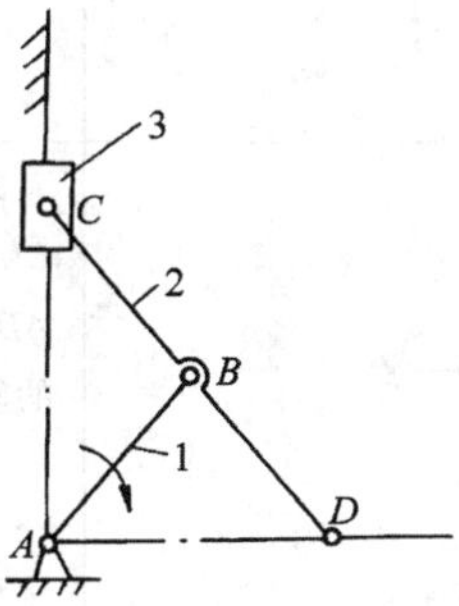	取 $AB = BC = BD$，当曲柄 1 转动时，滑块 3 沿直线导轨 AC 运动，连杆 2 上的 D 点沿垂直于 AC 方向作直线运动
	八杆直线运动机构	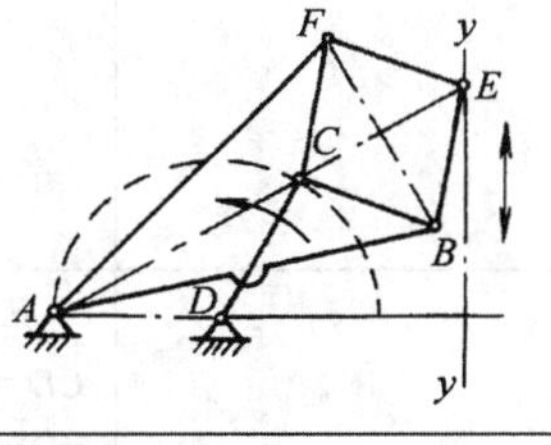	取 $BC = CF = FE = EB$，$AB = AF$，$AD = DC$，当曲柄 CD 转动时，E 点作直线运动，其运动轨迹 yy 垂直于 AD
	卡登圆行星齿轮直线运动机构	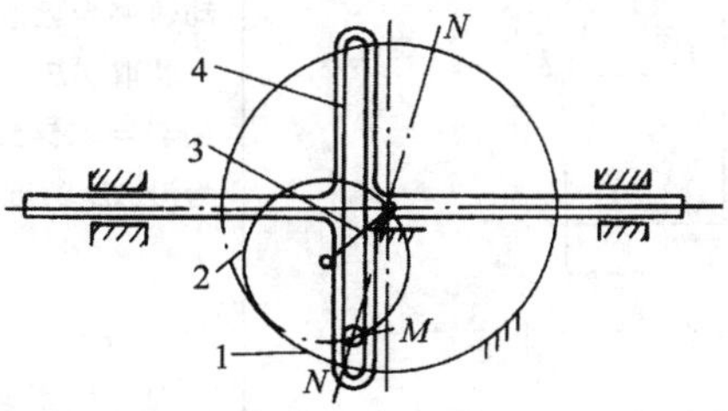	固定内齿轮 1 与行星齿轮 2 啮合，且 $r_1 = d_2$。当系杆 3 带动行星轮 2 转动时，轮 2 节圆上 M 点的运动轨迹为通过轮 1 中心的直线 NN。在 M 点加设圆销与十字滑杆 4 的直槽配合，由圆销带动滑杆 4 作直线往复运动

(续)

机构名称		简图	特点
精确直线运动机构	行星齿轮摆杆直线运动机构	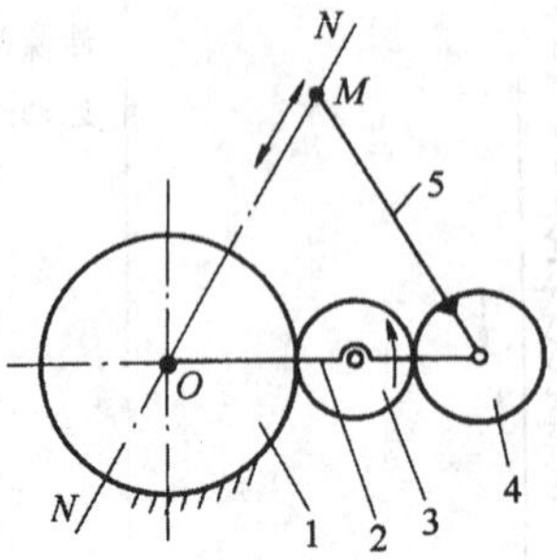	齿轮1为固定不动的中心轮,轮3、4为行星轮,$r_1 = d_4$。摆杆5与轮4固联,$l_5 = l_2$。当系杆2带动行星轮3、4绕轮1中心O转动时,摆杆5的端点M的运动轨迹为过轮1中心O的直线NN
近似直线运动机构	瓦特双叶曲线型近似直线运动机构	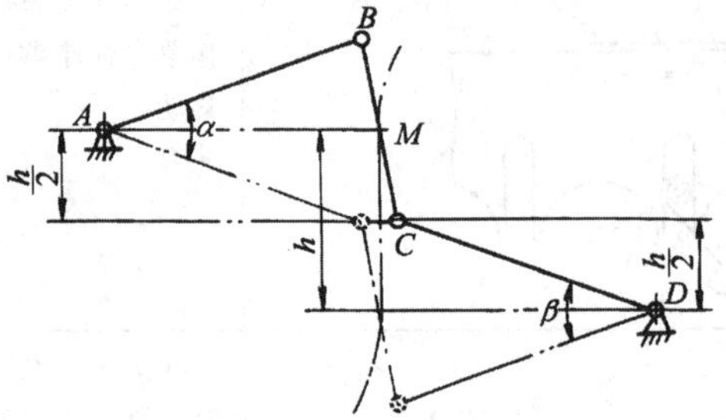	双摇杆机构中,取连杆长$BC = h$,摇杆长$AB = CD = 1.5h$,机架铰链A、D的竖向距离为h。机构运动时,连杆BC中点M的运动轨迹为瓦特双叶型曲线,其中有一段h范围为近似直线,该范围对称于机架A、D垂直距离的中垂线,相应的摇杆摆角$\alpha = \beta \approx 40°$
	契贝雪夫近似直线运动机构	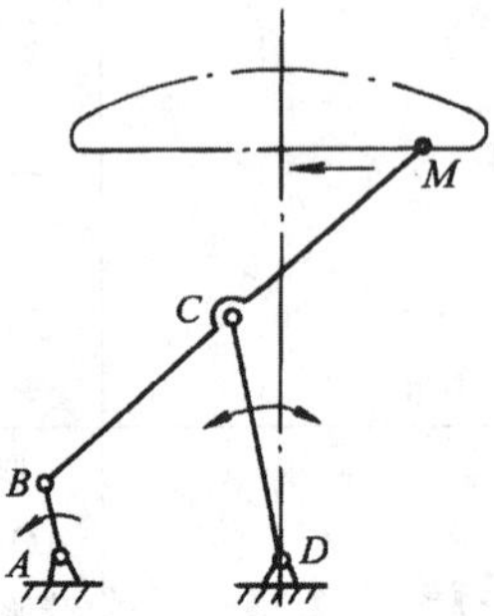	曲柄摇杆机构中,取$BC = CD = CM = 2.5AB$,$AD = 2AB$,当曲柄AB在左半圆周转动时,连杆上M点的轨迹为近似水平直线
	罗伯特近似直线运动机构	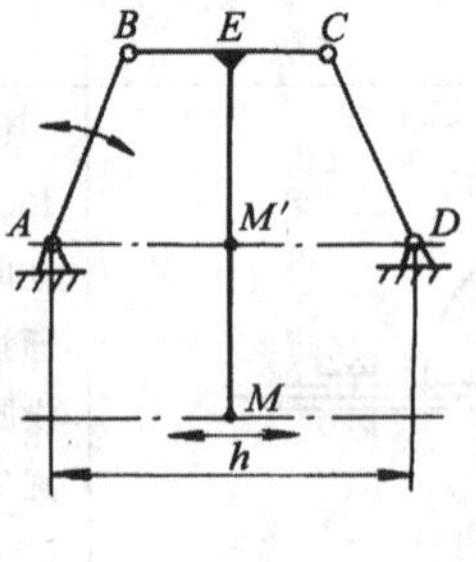	双摇杆机构中,取$AD = h$,$AB = CD = 0.584h$,$BC = 0.592h$,BC的中垂线上取$EM = 1.112h$,M点的运动轨迹为近似直线 若取$AB = CD = 0.6h$,$BC = 0.5h$,$EM' = 0.545h$,则M'点的运动轨迹为沿AD的近似直线

机构名称		简　图	特　点
近似直线运动机构	起重机近似直线运动机构	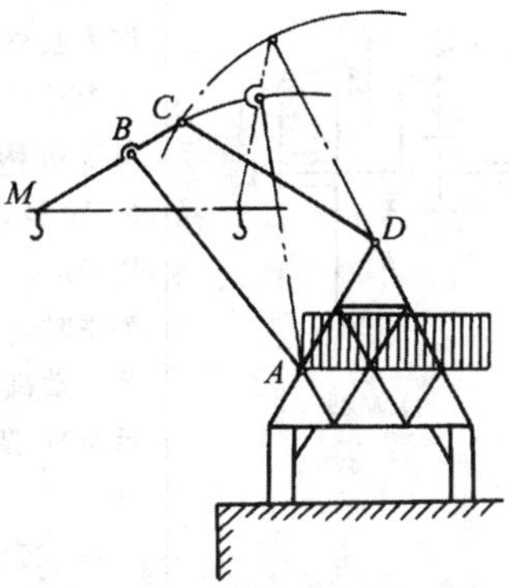	双摇杆机构中，连杆 CB 延长线上点 M 的运动轨迹为近似直线

（五）差动机构

差动机构可将两个运动合成一个运动，或将一个运动分解为两个运动，以实现微调、增力、均衡或补偿等目的。常用差动机构见表 4-9。此外，二自由度的连杆机构也可作为差动机构。

表 4-9　常用差动机构

机构名称	简　图	特　点
差动螺旋机构	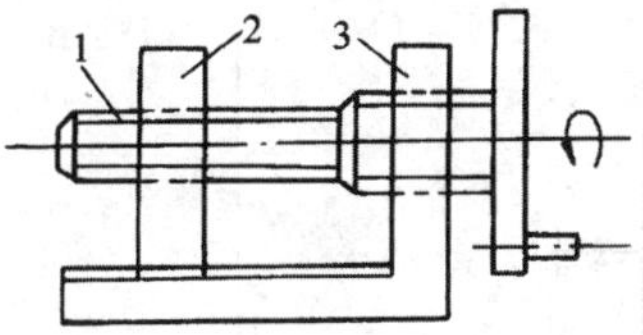	主动螺杆 1 上有两段导程分别为 l_2、l_3 的螺纹，当螺杆 1 转动时，螺母 2、3 的位移将不同。若螺母 3 与机架固连，则螺母 2 的位移 s_2 为 $$s_2 = (l_2 \mp l_3)\frac{\varphi}{360}$$ 其中 φ 为螺杆 1 的转角（°）；当两螺纹旋向相同时取"-"号，用于微调 s_2，旋向相反时取"+"号，用于扩大位移 差动螺旋机构常用于测微计、夹紧器、微调及误差补偿等机构中
锥齿轮差动机构	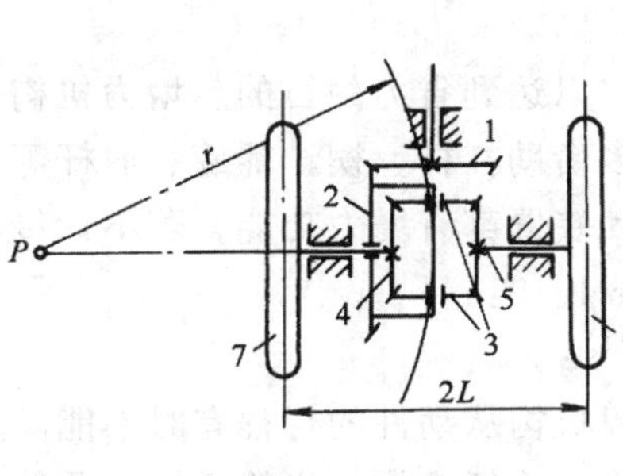	汽车及拖拉机等行走机械的驱动桥中常采用这种差动机构。主动锥齿轮 1 通过从动锥齿轮 2 及 2 上的系杆带动行星锥齿轮 3，经左右半轴锥齿轮 4、5 带动左右驱动车轮 7、6。汽车转弯时，差动机构使左右驱动车轮 7、6 具有不同的转速而均在地面上作纯滚动，两轮转速分别为 $$n_6 = n_2(r+L)/r$$ $$n_7 = n_2(r-L)/r$$ 其中 r 为转弯半径，$2L$ 为轮距 汽车直驶时，$n_2 = n_6 = n_7$，差动机构内部各轮间无相对运动

(续)

机构名称	简图	特点
行星齿轮差动机构	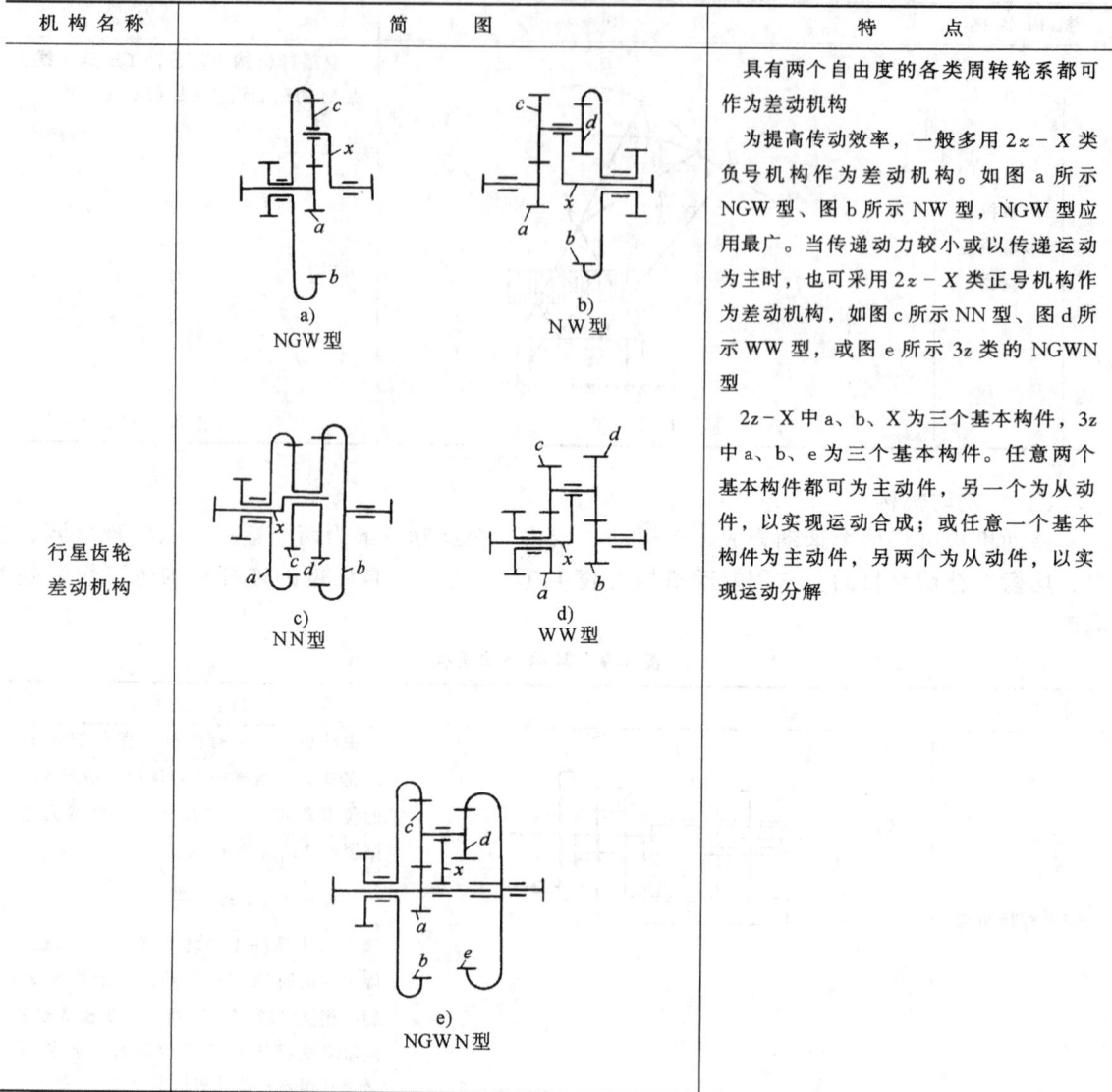	具有两个自由度的各类周转轮系都可作为差动机构 为提高传动效率，一般多用 $2z-X$ 类负号机构作为差动机构。如图 a 所示 NGW 型、图 b 所示 NW 型，NGW 型应用最广。当传递动力较小或以传递运动为主时，也可采用 $2z-X$ 类正号机构作为差动机构，如图 c 所示 NN 型、图 d 所示 WW 型，或图 e 所示 3z 类的 NGWN 型 $2z-X$ 中 a、b、X 为三个基本构件，3z 中 a、b、e 为三个基本构件。任意两个基本构件都可为主动件，另一个为从动件，以实现运动合成；或任意一个基本构件为主动件，另两个为从动件，以实现运动分解

（六）增力机构

增力机构能使传递的力或力矩增大，以达到省力的目的。增力机构也常用于物件夹紧或夹持机构中。增力机构的形式很多，大多借助杠杆、楔、螺旋、肘杆等实现增力。各种减速传动装置，如齿轮、蜗杆、带、链等传动装置都有增力功能，若不计传动效率，传动转矩增力比 λ 等于传动比 i。常用增力机构见表 4-10。

（七）行程增大机构

由于受机构尺寸和结构的限制，一般机构从动件的行程有时不能满足生产的要求，为使从动件具有大的行程，往往采用组合机构。连杆机构、齿轮机构、凸轮机构等常用来构成组合机构，组合机构的形态和结构多种多样，其特性及行程增大倍数也不同，典型的行程增大机构见表 4-11。

表 4-10 常用增力机构

机构名称	简图	特点
斜面杠杆式夹紧机构	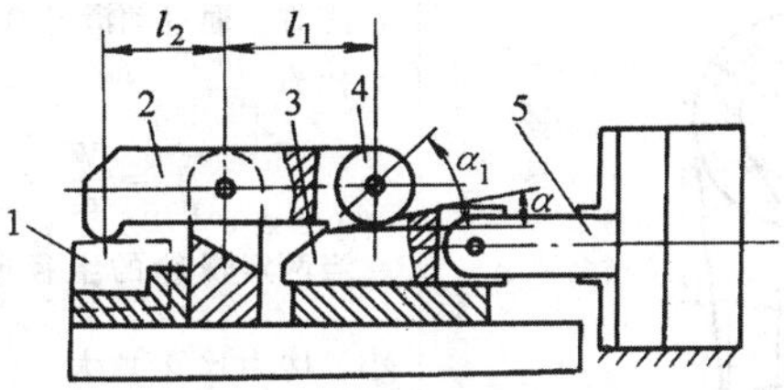	当气缸或液压缸通入压缩空气或压力油时,活塞5推动楔块3移动,经滚子4推动杠杆2压紧工件1。通常楔块3上制有两个不同升角的斜面,大升角 α_1 用以使杠杆2快速接近工件,小升角 α 用以使杠杆2压紧工件,并能自锁而保持压紧力。一般 $\alpha \leqslant 6°$ 若忽略滚子摩擦力影响,则机构增力比为 $$\lambda = \lambda_1 \cdot \lambda_2$$ $$\lambda_1 \approx 1/(\tan\alpha + \tan\varphi)$$ $$\lambda_2 = l_1/l_2$$ 其中 λ_1 为楔块增力比,λ_2 为杠杆增力比,l_1 为杠杆主动力臂长,l_2 为杠杆从动力臂长,φ 为楔块摩擦角
铰链杠杆式夹紧机构	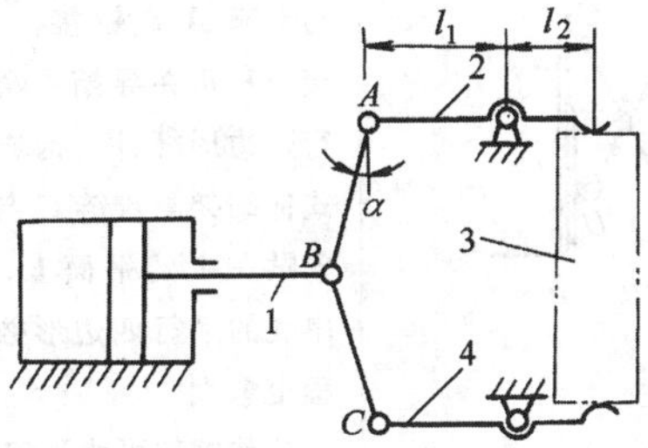	当活塞1右移时,通过对称连杆 AB 及 BC 推动杠杆2、4夹紧工件3。当被夹紧工件的尺寸改变时,夹紧力也会有所改变。一般取 $\alpha = 10° \sim 25°$ 机构增力比为 $$\lambda = \lambda_1 \cdot \lambda_2$$ $$\lambda_1 \approx \cot\alpha$$ $$\lambda_2 = l_1/l_2$$ 其中 λ_1 为铰链机构增力比,λ_2 为杠杆增力比,l_1 为杠杆主动力臂长,l_2 为杠杆从动力臂长
肘杆式增力机构	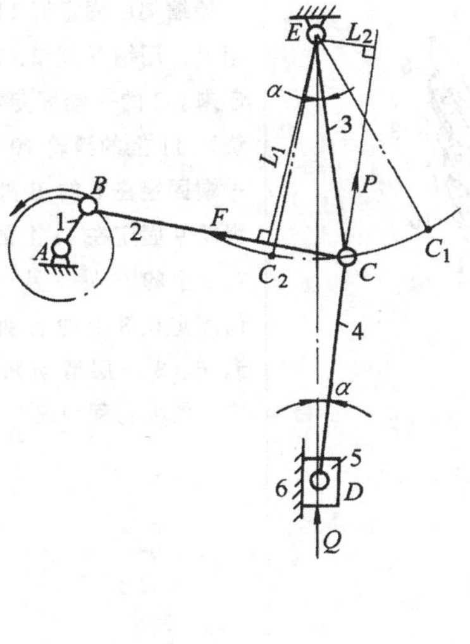	肘杆机构是利用机构接近止点位置时具有增力特性的一种机构。图为六杆曲柄肘杆机构,在曲柄1转动通过连杆2将两根对称肘杆3、4驱动到趋近共线位置的过程中,α 角逐渐减小(当3、4不等时,两侧 α 角不等),当 α 角很小时,虽然作用在连杆2上的驱动力 F 不大,但可使滑块5产生很大的作用力 Q,以达到增力的目的 该机构的增力比为 $$\lambda = \frac{Q}{F} = \frac{l_1}{l_2}\cos\alpha$$ λ 是 α 的函数,随 α 的减小,λ 不断增大,当肘杆3、4趋于共线时,α 及 l_2 均趋于零,λ 将很大 肘杆式增力机构常在冲压机械及注塑机、压铸机的合模装置中应用

(续)

机构名称	简 图	特 点
差动增力滑轮	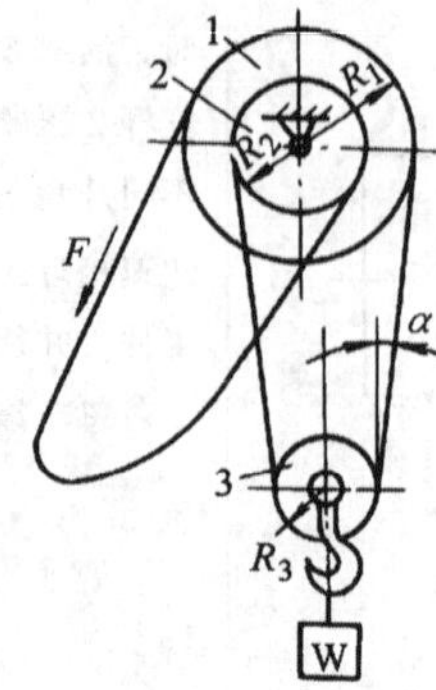	绕双联定滑轮 1、2 的链条或绳受拉力 F 作用时，通过动滑轮 3 吊起重物 W，其增力比为 $$\lambda = \frac{W}{F} = \frac{2R_1\cos\alpha}{R_1 - R_2}$$ 当两定滑轮的半径差 $(R_1 - R_2)$ 值愈小，增力比 λ 愈大。若使 $R_3 = \frac{R_1 + R_2}{2}$，即 $\alpha = 0$，或增加动滑轮与定滑轮中心距使 α 减小，也可提高增力效果

表 4-11　典型的行程增大机构

机构名称	简 图	特 点
剪式伸缩架	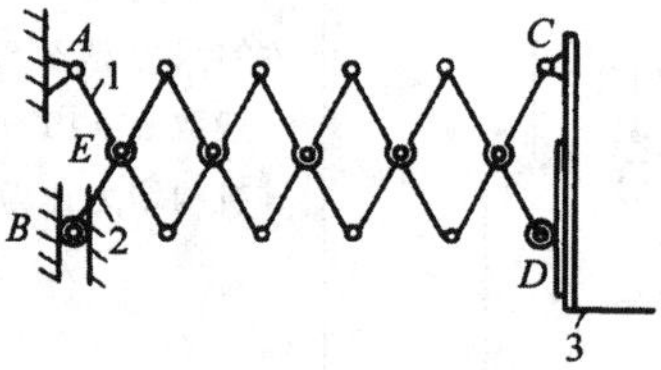	将等长的杆 1、2 中点 E 铰接，杆 1 上端与支座 A 点铰接，杆 2 下端与滚子 B 铰接，B 可在导槽中滑动，再串联若干个平行四边形杆件，构成了伸缩行程较大的剪式伸缩架。铰链 C 与托叉 3 连接，滚子 D 紧贴在 3 的平面上，并可沿此平面滚动。串联的平行四边形数愈多，则可伸缩的行程也愈大。该伸缩架可水平安装获得大的伸缩行程，也可垂直安装获得大的升降行程。常用液压缸或气缸驱动滚子 B 的移动以调节伸缩行程
钢丝联动伸缩架	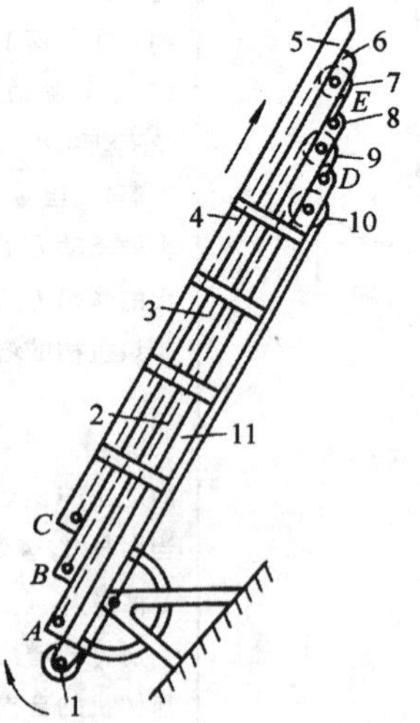	伸缩架由固定架 11 及滑架 5、6、8 四层组成，用钢丝绳 2、3、4 将它们依次联动起来。2 的一端固定在 8 的 A 处，另一端绕过 11 上的滑轮 10 而缠在滑轮 1 上；3 的一端固定在 6 的 B 处，另一端绕过 8 上的滑轮 9 固定在 11 上的 D 处；4 的一端固定在 5 上的 C 处，另一端绕过 6 上的滑轮 7 而固定在 8 上的 E 处。转动滑轮 1 即可使 5、6、8 三层滑动架同时伸或缩，从而获得 5 的大行程伸缩

(续)

机构名称	简 图	特 点
叉车门架提升机构	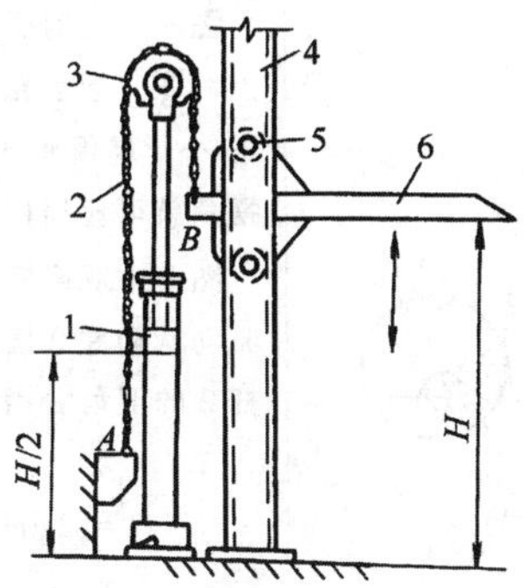	活塞杆1上装有链轮3,链条2的一端固定在机架的A处,另一端绕过链轮3后与货叉6相连于B处。6上装有滚轮5,可沿导槽4移动。欲使6的移动行程为H,仅需1的移动行程为H/2,利于缩短液压缸长度和增大货叉行程 可用钢丝绳、滑轮代替链条、链轮
齿条行程增大机构	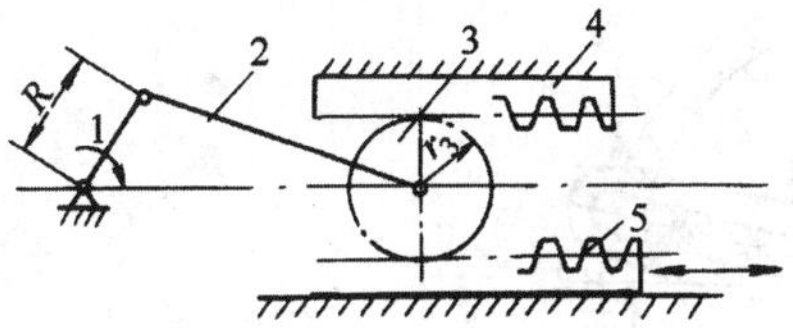 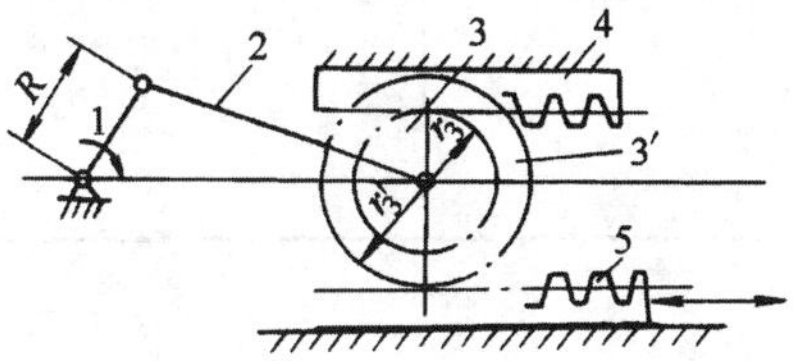	半径为R的曲柄1转动时,通过连杆2带动齿轮3移动,因齿条4固定,故齿条5的移动行程为$H=4R$,如图a所示 若采用双联齿轮3、3′,如图b所示,3与固定齿条4啮合,3′与移动齿条5啮合,则曲柄1转动时,5的移动行程为$$H = 2\left(1+\frac{r'_3}{r_3}\right)R$$当$r'_3 > r_3$时,可使H更大
滑块行程增大机构	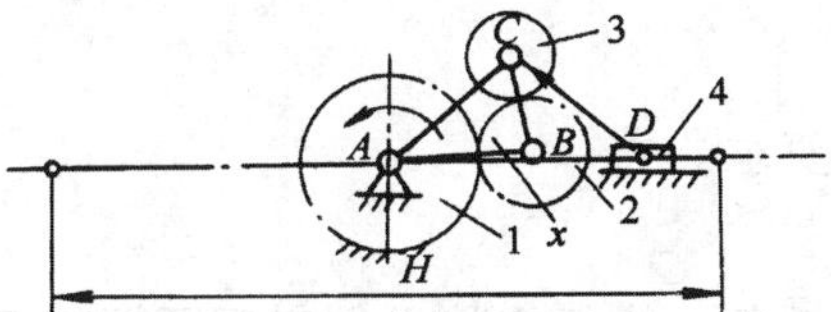 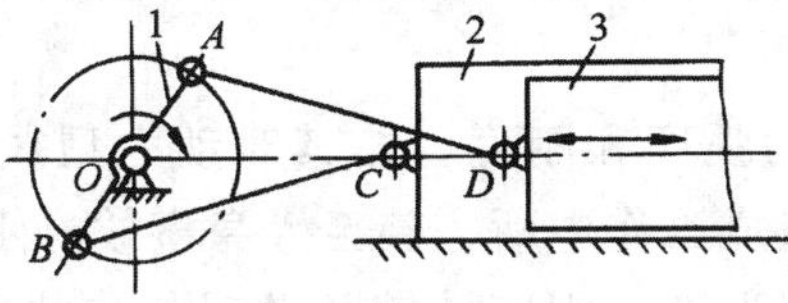	图a为行星轮系,△ABC为系杆X,中心轮1固定不转,行星轮3与连杆CD固连,$l_{AC}=l_{CD}=l$。当系杆转动时,滑块4沿导路的最大行程为$H=4l$ 图b为对称双滑块压缩机机构。曲柄1转动时,通过对称铰链A、B及连杆AD、BC分别驱动活塞3及气缸体2作相反方向移动,相对最大行程为$H=4R$,R为曲柄1半径长

机构名称	简 图	特 点
摇杆摆角增大机构	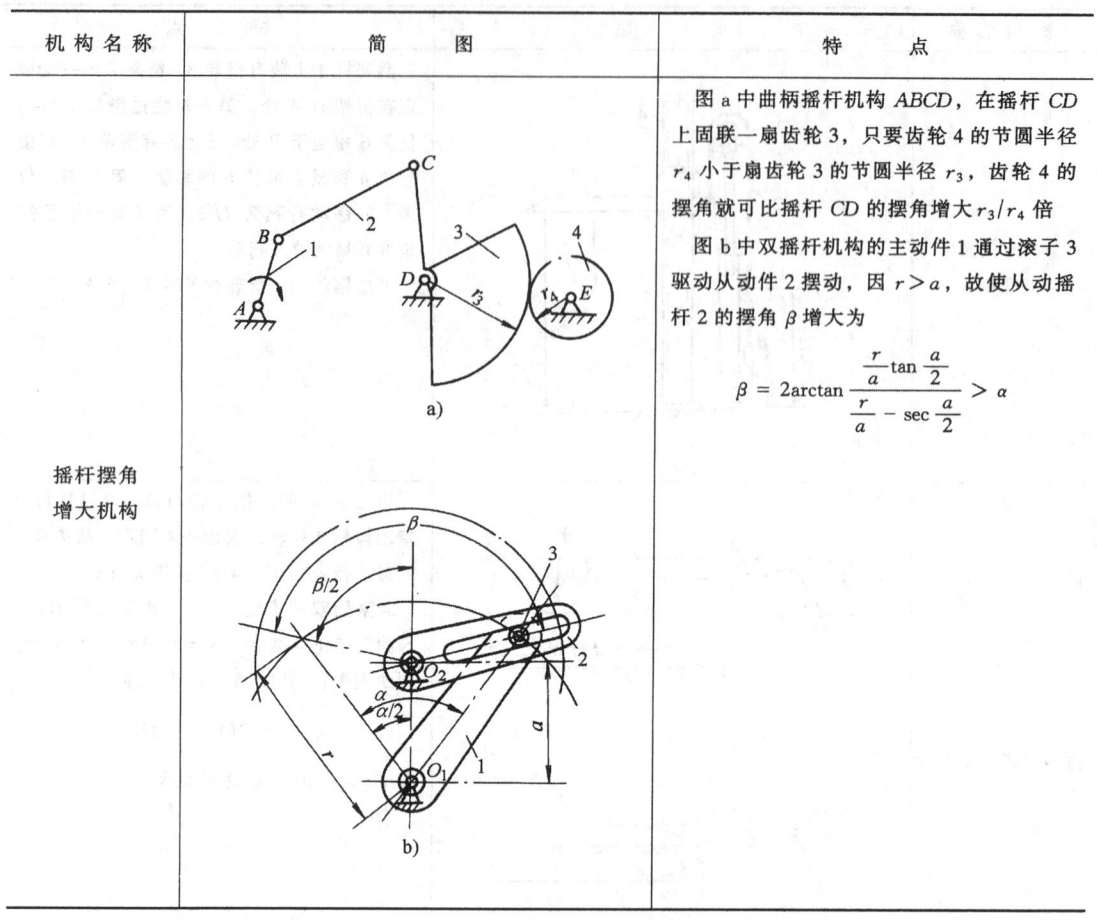	图 a 中曲柄摇杆机构 ABCD，在摇杆 CD 上固联一扇齿轮 3，只要齿轮 4 的节圆半径 r_4 小于扇齿轮 3 的节圆半径 r_3，齿轮 4 的摆角就可比摇杆 CD 的摆角增大 r_3/r_4 倍 图 b 中双摇杆机构的主动件 1 通过滚子 3 驱动从动件 2 摆动，因 $r>a$，故使从动摇杆 2 的摆角 β 增大为 $$\beta = 2\arctan\frac{\dfrac{r}{a}\tan\dfrac{a}{2}}{\dfrac{r}{a}-\sec\dfrac{a}{2}} > \alpha$$

第三节　执行系统设计

一、执行系统的设计要求

设计执行系统时，通常要满足下列要求。

（一）实现预期精度的运动或动作

如前所述，执行系统为了完成工作任务，执行构件必须实现预期精度的运动或动作，即不仅要满足运动或动作形式的要求，而且要确保一定的精度。盲目提高运动精度，无疑会导致成本提高，增加制造和安装调整的难度，所以设计时应根据实际需要，定出适当的精度。

（二）有足够的强度、刚度

系统中每一个零、部件都应有足够的强度和刚度，尤其对动力型执行系统更是不能忽视。因为强度不够会导致零部件损坏，造成工作中断，甚至人身事故。刚度不够所产生的过大弹性变形，也会使系统不能正常工作。强度、刚度计算并非对任何执行系统都是必要的，例如某些动作型执行系统（如包糖机），主要功能是实现预期的动作，而受力很小，在这种场合，零部件尺寸通常由工作和结构的需要确定。

(三)各执行机构间动作要协调配合

当设计相互联系型执行系统时,要确保各执行机构间的运动协调与配合,以防止由于运动不协调而造成机件相互碰撞、干涉或工序倒置等事故。为此,设计时需绘制工作循环图,将各个执行机构中执行构件运动的先后次序、起迄时间和运动范围等都画在工作循环图上,以保证其运动的协调与配合。

(四)结构合理、造型美观、便于制造与安装

设计时应充分注意零部件的结构工艺性,使它们既满足精度、强度、刚度等要求,又便于制造和安装。这就要从材料选择、确定制造过程和方法着手,以期达到能以最少的加工费用制造出合格的产品。与此同时,也不应忽视设计造型的美观。

(五)工作安全可靠,有足够的使用寿命

工作安全可靠是指在一定的使用期限内和预定环境下,能正常地进行工作,不出故障,使用安全,又便于维护、管理。足够的使用寿命是指在给定的使用期限内能正常地工作。执行系统的使用寿命与组成系统的零部件的寿命有关,通常可以最主要、最关键零部件的使用寿命来确定系统的寿命,因为次要零部件的失效,可以进行更换而不致使系统失去工作能力。

除上述要求外,根据执行系统工作环境不同,还可能有防锈、防腐、耐高温等要求。由于执行机构通常都是外露的,往往是机械系统工作的危险区,因此常需设置必要的安全防护装置。

二、执行系统的设计步骤

进行执行系统设计时,不存在固定的设计步骤,因为它和设计内容多少、难易程度及设计者的经验有关,但通常要经过以下一些步骤。

(一)拟定运动方案

根据执行系统的工作任务拟定实现该任务的运动方案,即确定实现工作任务的工艺原理、需要几个执行构件及其运动形式。实现同一工作任务,可以采用不同的工艺原理和选择不同的运动方案。例如,加工齿轮,可以采用仿形法和范成法两种不同的切齿原理。又如实现上料任务,上料节拍有连续和间歇之分,上料的数量有单件和多件之分,上料的路线又可分为水平、垂直、倾斜上料等。采用不同的工艺原理,执行系统的结构、执行机构的类型及执行构件的形状与运动形式等都将不同。所以,拟定运动方案是设计的首要任务,设计者可先提出几个初步方案,进行充分分析比较,听取各方面意见,进行反复修改,然后确定最合适的方案。

(二)合理选择执行机构类型,拟定机构组合方案

运动方案确定以后,接着是合理选择执行机构的类型及其组合。已如前述,执行机构的作用是传递和变换运动,实现某种运动的变换,可选择的机构并非唯一的,因而需要进行分析比较与合理选择。在选择机构时,首先要根据执行构件的运动或动作、受力大小、速度快慢等条件,并结合机构的工作特点进行综合分析,一般的选择原则是在满足运动要求的前提下,尽可能缩短运动链、使机构和零部件数减少,从而提高机械效率,降低成本。同时,应优先选用结构简单、工作可靠、便于制造和效率高的机构。例如为了把旋转运动变换成移动,可供选择的机构有连杆、凸轮、齿轮齿条及螺旋等几类,但这几类机构又各具特点,凸轮机构的结构简单,变换运动灵活,但从动件位移量不能太大,不宜承受大的载荷;螺旋机

构传动平稳及出力较大，而且有反行程自锁性能，但效率低；连杆机构与凸轮机构相比，承载能力较大，但变换运动规律的灵活性较差；齿轮齿条承载能力大，效率高，但要实现往复移动需在齿轮上附加反转装置。

当执行系统中要求使用几个执行机构时，要注意把效率高的机构安排在传递功率大的地方，以便减少能量损失；如果执行机构间要求动作配合协调，则它们之间的连接应用传动比准确的机构；某些场合还要注意安装互锁安全装置。总之，在拟定机构组合方案时，不能期望有一套现成的方式照抄照搬，设计者应广泛收集国内外资料，进行分析比较，以期获得最优的选择。

必须指出：执行机构的选择和组合与机械系统中的其他部分，特别是与传动系统密切相关，故应结合有关部分的设计进行通盘考虑。

（三）绘制工作循环图

在设计有多个需协同工作的执行机构时，首先需要按机械预定的功能和选定的工艺过程，把各机构的动作次序及时间用图形表示出来。这种表示各机构动作次序及时间的图形称为工作循环图。

绘制工作循环图前，首先要搞清楚各执行构件在完成工作任务时的作用和动作过程，运动或动作的先后次序、起迄时间和运动范围，有必要时还要给出它们的位移、速度和加速度，再根据上述的运动数据绘制工作循环图。

绘制工作循环图时，应选择一个定标构件，通常以选择机械主轴或分配轴作为定标构件，因为这些轴的整周转数对应于机械的工作循环。现以一卧式冷镦铆钉机为例，讨论机构选型及工作循环图的绘制。

1. 根据生产任务拟定工艺过程及相应的运动方案

该冷镦机是把成卷的线材通过校直、进料、切断、转送、镦压、脱模等工序，直接制成铆钉的高效率机器。为了完成上述工序，必须有相应的执行机构如进料机构、切断机构、送料机构、镦压机构和脱模机构等，其中镦压机构为主运动机构。由于各执行机构的运动必须准确地协调配合，故采用集中驱动方式，原动机为电动机，通过一套减速、变速装置，带动曲轴回转，再由曲轴经各个传动链带动各执行机构运动。图 4-18 所示为该冷镦铆钉机的机构运动简图。

2. 确定执行机构的运动参数

冷镦机的运动参数主要是镦压机构的运动参数，如主滑块行程的大小，滑块每分钟的往复次数，生产阻力的大小（冷镦材料时材料的变形抗力），以及切断和送料、进料机构行程的大小及其调节等，具体参数的确定和计算从略。

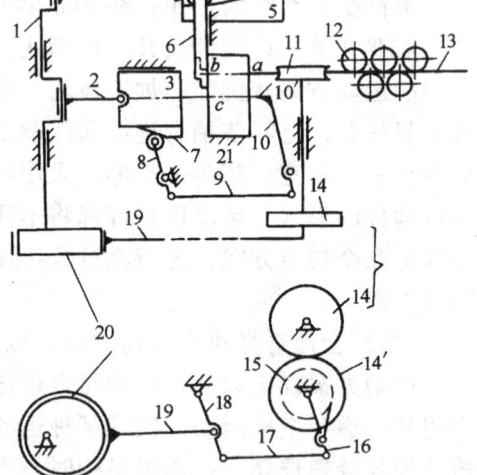

图 4-18　冷镦铆钉机的机构运动简图

3. 合理选择机构的类型，绘制冷镦机的运动简图

现仅分析镦压机构、进料机构、切断和送料机构及脱模机构的选型。

（1）镦压机构　镦压机构是冷镦机的主运动机构，其任务是将铆钉冷镦成形。它的执行构件一般作往复运动,由装在执行构件上的模具使铆钉镦压成形。由于冷镦成形材料的抗力很大,故该机构要承受很大的载荷,所以主运动机构采用了曲柄滑块机构(图中构件1、2、3及21)。曲柄滑块机构在行程接近终点时,能获得很大的机械效益,这正好是冷镦工作需要的。

(2) 进料机构 工艺上要求将盘料13经校直后间歇地穿过进料口a和切断口b,并伸出一定的料长。为了实现间歇进料,采用棘轮机构。由于进料对传动平稳性要求不高,同时为适应不同规格的铆钉,进料长度应是可调的,故采用棘轮机构是恰当的。进料时间必须与主运动的镦压机构协调配合,为此,棘轮15的运动也来自曲轴1,通过偏心摇杆机构(构件20、19、18)及四杆机构(构件18、17、16)驱动棘轮15,15与齿轮14′固连,经齿轮14及与齿轮14同轴固连的进料辊11,11和另一自由回转的进料辊(图中未画出)一直夹持着线材13,靠摩擦力将线材送进。在进料辊之前设置了5个校直滚轮12,以将盘料线材校直。

(3) 断料和送料机构 当料进到预定位置后,用切断刀6切断,并送到成形工位c处。考虑到切断刀的行程不大,且在行程的始末有停歇的要求及在运动过程(断料进刀过程)应等速运动等工艺要求,故采用一移动凸轮机构5、6来完成。凸轮的运动来自曲轴1,通过曲柄滑块机构(构件1、4、5)推动移动凸轮5,凸轮上的凹槽d迫使切断刀6按预期规律运动,从而实现材料的切断,并把切断后的材料送到冷镦工位。

(4) 脱模机构 工件成形后必须从模具中退出。脱模工作应在冷镦完成之后,主滑块退出一定距离时才开始,并在新材料送至冷镦工位前完成把已镦好的铆钉推出模具。为了协调配合的方便,也为了简化机构,移动凸轮7直接固定在滑块3上,通过摆动从动件8、连杆9、摇杆10及顶出杆10′,在适当的时候将工件从模具中推出。

由上述分析可知,各执行构件的动作都与曲轴1或滑块3的运动有关,故以曲轴1为定标件,于是曲轴转一周为一工作循环,据此可绘制工作循环图。工作循环图的形状可按具体情况绘成如图4-19a所示的矩形,或如图4-19b所示的圆形。

工作循环图是确定各执行机构运动参数及运动起迄时间的依据。绘制工作循环图时,必须考虑各执行机构能按作业要求进行协调配合,不发生运动的失调。例如,进料尚未到位,切断刀6不得进入切断位置;主滑块3尚未后退,顶出杆10′不得前行推工件等。为减小执行机构起停时的加速度及冲击,可采取前一动作尚未完全结束,后一动作即提前缓慢起动的办法,但必须保证运动不失调及运动构件不发生干涉或碰撞。采用提前缓慢起动的办法,对减小凸轮推程压力角、减缓起始加速度和冲击尤为有利。

(四) 运动分析

运动分析的目的是求出执行系统中各构件指定点的位置、速度和加速度,必要时还应确定执行构件上指定点的轨迹,运动分析也是机械动力学分析及系统工艺质量分析的基础。常用的分析方法有图解法和解析法,其中图解法具有简单、形象、直观和便于掌握的优点,但分析的精确度不高,对于结构复杂的系统,作图求解过程往往比较繁琐,工作量大,工效低。因此,图解法多用于精度要求不高、结构相对较简单的机构运动分析,有时也用作高精度机构的初步分析。

解析法是利用向量运算、复数运算等手段对机构参数进行数值分析的方法,随着计算机应用技术的不断发展,各类机构分析的标准电算软件日趋完善,解析法的应用日渐广泛。解析法不仅求解运算快捷、精确，能求得机构各运动参数、机构尺寸间的解析关系及获得任意点的轨迹，而且还便于作动力学分析、优化设计及动态演示。

对精确度要求较高的执行系统作运动分析时，应考虑机构误差的影响，即进行机构精确度分析与计算。影响机构精确度的主要因素有：机构的原理误差、构件的制造和装配误差、构件因受力（包括外力与惯性力）变形及热变形引起的构件尺度变化、因磨损引起运动副间隙增大或构件工作面轮廓失真而导致机构运动的不确定及精确度下降等。因此，设计时应尽量选用精确机构，慎用原理误差较大的近似机构；适度提高构件制造和装配精度，减小构件尺度误差，合理控制运动副最大间隙；合理选择摩擦副材料组合和热处理硬度，正确选择润滑方式和润滑剂，以尽量减小运动副的磨损。

有关机构运动分析的方法，详见《机械原理》、《机构设计》等教材及文献［35］、［38］、［76］。

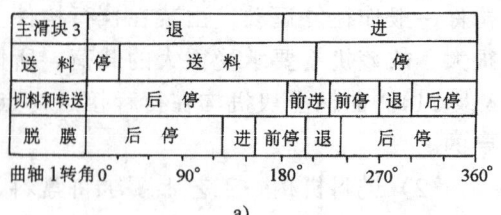
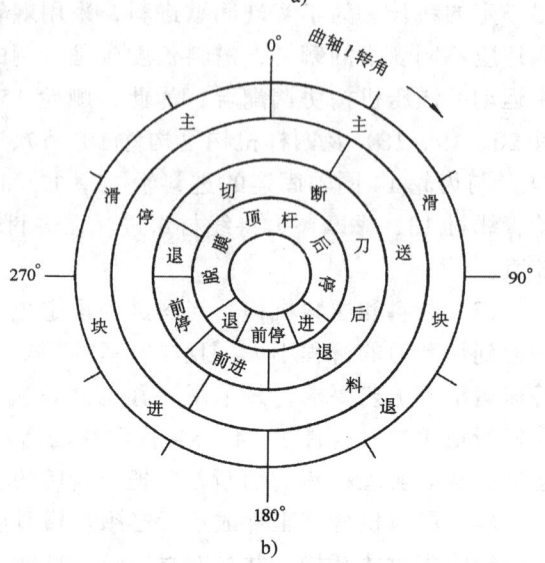

图 4-19 铆钉冷镦机工作循环图
a) 矩形工作循环图　b) 圆形工作循环图

（五）动力学分析及承载能力计算

为保证执行系统工作时安全、可靠和准确实现规定的功能及性能指标，应对执行系统中的构件进行动力学分析及承载能力计算，包括强度、刚度、耐磨性、振动稳定性等，在高温下工作时，还应考虑材料的热疲劳和蠕变强度。对于主要用于传递运动或实现一定动作的受力较小的执行系统，通常不作承载能力计算。

在作承载能力计算时，需仔细进行受力分析，求得各构件所受的外力、惯性力及惯性力偶矩、运动副的支反力和应加于原动件（或从动件）上的平衡力或平衡力矩，然后在分析其失效形式的基础上建立相应的强度条件。

如果执行系统工作速度较高，或其惯性参量较大，构件除受外载外还将受到较大的惯性载荷。为了减小惯性载荷，往往设计时为减小质量而将构件的尺寸减小，从而使构件的刚度也减小，致使构件在工作时产生较大的弹性变形，引起机构动态误差，降低系统精度，甚至产生弹性振动而影响系统工作的稳定性。

运动副间隙不仅会降低执行系统的精确度，还会使构件运动时产生冲击和噪声，引起动载荷和振动，降低效率。

因此，对高速运行的执行系统进行动力学分析时，需考虑构件弹性变形及运动副间隙的影响。

有关机构动力学分析的方法详见文献［35］、［36］、［37］、［38］、［76］等。

思 考 题

1. 执行机构常有哪些功能？
2. 简述连杆机构的主要性能、特点及设计中应注意的问题。
3. 简述凸轮机构的主要性能、特点及设计中应注意的问题。
4. 简述间歇运动机构的主要性能、特点及设计中应注意的问题。
5. 简述直线运动机构的主要性能、特点及设计中应注意的问题。
6. 简述差动机构的主要性能、特点及设计中应注意的问题。
7. 简述增力机构的主要性能、特点及设计中应注意的问题。
8. 简述行程增大机构的主要性能、特点及设计中应注意的问题。
9. 执行系统设计应满足哪些基本要求？
10. 什么是工作循环图？绘制工作循环图时应注意哪些问题？

第五章 传动系统设计

第一节 传动系统的功能和要求

传动系统是将动力机的运动和动力传递给执行机构或执行构件的中间装置。组成传动联系的一系列传动件称为传动链,所有传动链及它们之间的相互联系组成传动系统。

一、传动系统的功能

动力机的性能一般不能直接满足执行机构的要求如:

1) 动力机的输出轴一般只作等速回转运动,而执行机构往往需要多种多样的运动形式,如等速或变速、旋转或非旋转、连续或间歇等;

2) 执行机构所要求的速度、转矩或力,通常与动力机不一致,用调节动力机的速度和动力来满足执行机构的要求往往是不经济的,甚至是不可能的;

3) 一个动力机有时要带动若干个运动形式和速度都不同的执行机构。

因此,传动系统通常是机械系统的重要组成部分,其功能是连接动力机与执行机构,并把动力机的运动和动力经适当变换,以满足执行机构的作业要求。如果动力机的工作性能完全符合执行机构的作业要求,传动系统可省略,将动力机与执行机构直接连接。

二、传动系统的要求

传动系统设计时应考虑下列要求:

1) 考虑动力机与执行机构的匹配,使它们的机械特性相适应,并使二者的工作点接近各自的最佳工况点且工作点稳定;

2) 满足执行机构在起动、制动、调速、反向和空载等方面的要求;

3) 传动链应尽量简短。力求采用构件数目和运动副数目最少的机构,以简化结构,减小整机重量,降低制造费用,提高效率,同时也利于提高传动精度和系统刚度;

4) 布置紧凑,尽可能减小传动系统尺寸,减小所占空间。机械的尺寸和重量随所选的传动类型有很大的差别,如当减速比较大时,选用行星传动以及摆线针轮式谐波传动等比普通多级齿轮传动在尺寸和重量方面显著减小;

5) 当载荷变化频繁,且可能出现过载时,应考虑过载保护装置;

6) 要有安全防护措施。

第二节 传动系统的类型及其选择

传动类型可按传动比变化情况、工作原理、输出速度变化情况、能量流动路线等分类。也可根据功率大小、速度高低、轴线相对位置及传动用途等进行分类。

一、按传动比变化情况分类

(一) 固定传动比的传动系统

对于执行机构或执行构件在某一确定的转速或速度下工作的机械，为了解决动力机与执行机构或执行构件之间转速不一致，常需增速或减速，其传动系统只需固定传动比即可。如图5-1所示起重机的传动系统，电动机3通过减速器1带动卷筒4转动，将钢丝绳5卷绕在卷筒4上，使吊钩6上升以提升物料。当电动机反转时，钢丝绳5从卷筒4上放下使物料下降。制动器2用来控制电动机在改变转向前尽快停止转动，或使起吊物料可靠地停止在所需的高度。

（二）可调传动比的传动系统

很多机械需要根据工作条件选择一最经济的工作速度。例如机床在切削金属时，需要根据工件材料、硬度、刀具性能等选择适当的切削速度；又如在驾驶汽车时，需要根据道路情况、坡度大小等选择适当的行驶速度。能调节速度常是通用机械的特征之一。

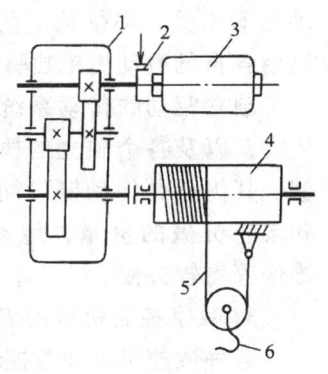

图 5-1 起重机传动
系统简图
1—减速器 2—制动器
3—电动机 4—卷筒
5—钢丝绳 6—吊钩

变传动比传动可分为下列三种情况：

(1) 有级变速传动 有级变速传动只能在一定转速范围内输出有限的几种转速。当变速级数较少或变速不频繁时，可采用交换带轮或交换齿轮传动；当变速级数较多或变速频繁时，常采用多级变速齿轮传动，如汽车常有五档变速速度。

(2) 无级变速传动 当执行机构或执行构件的转速需要在一定范围内连续变化时，可采用无级变速传动，如采用各种机械无级变速器、液力耦合器与变矩器等。

(3) 周期性变速传动 有些机械的工作速度需按周期性规律变化，其输出角速度是输入角速度的周期性函数，用来实现函数传动及改善机构的运动或动力特性，这在轻工自动机械、仪表和解算装置中应用较多，常用非圆齿轮、凸轮、连杆机构或组合机构等实现周期性变速传动。如在纺织机械中用非圆齿轮周期地改变经纱和纬纱的密度而获得具有一定花纹的纺织品；在滚筒式平板印刷机的自动送纸机构中采用非圆齿轮调节送纸速度；将非圆齿轮与连杆机构、槽轮机构组合以改善运动特性及减小冲击等。

二、按驱动形式分类

（一）独立驱动的传动系统

在下列情况下，常采用由一个动力机单独驱动一个执行机构的方案。

1．只有一个执行机构的传动系统

如图5-2所示的曲柄压力机只有一个执行机构，即曲柄滑块机构。由电动机9通过一对齿轮8、7及离合器6带动曲轴4旋转，再通过连杆3使滑块2在机身10的导轨中作往复运动。操纵杠杆1使离合器接合或脱开，即可控制曲柄滑块机构运动或停止。制动器5与离合器6的动作要协调配合，工作前，制动器先放松，离合器后接合；停车时，离合器先脱开，制动器后接合。

2．有运动不相关的多个执行机构的传动系统

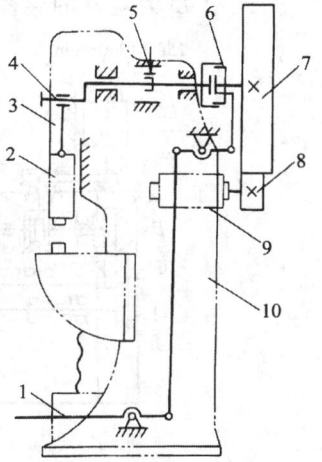

图 5-2 曲柄压力机传动
系统简图
1—杠杆 2—滑块 3—连杆
4—曲轴 5—制动器
6—离合器 7、8—齿轮
9—电动机 10—机身

如图 5-3 所示龙门起重机有三个主要运动：大车行走、小车行走和物料升降，这三个运动互不相关，都是独立的，因此，它们的执行机构分别由各自的电动机单独驱动。

独立驱动的传动系统适用于结构尺寸和传递动力较大，以及各个独立的执行机构使用都比较频繁的机械。其优点是传动链可简化，有利于减少传动件数目和减轻机械的重量，传动装置的布局、安装、调装、维修等均较方便。

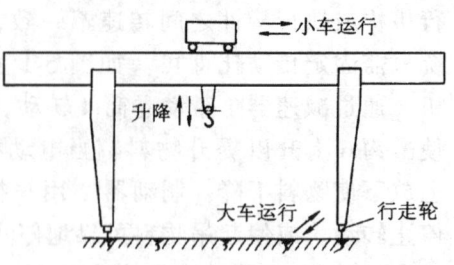

图 5-3 龙门起重机的主要运动简图

3. 数字控制机械的传动系统

各种数控机械如数控缠绕机、数控冲剪机以及各种数控机床等，一般都有多个执行机构。在实现复杂的运动组合或加工复杂的型面时，各个执行机构的运动必须保证严格的动作顺序和协调。由于采用数字指令进行自动控制，故每个执行机构都是由各自的动力机单独驱动。

（二）集中驱动的传动系统

在下列情况下，常采用由一个动力机集中驱动多个执行机构的传动方案。

1．执行机构或执行构件之间有一定的传动比要求。

图 5-4 所示为 SG8630 高精度丝杠车床的传动系统图。加工高精度螺纹时，要求主轴与刀具的相对运动保持十分准确的传动比关系，即主轴每转一转，刀架的移动距离为工件的螺旋导程 L_w，这是由进给传动链保证的，进给传动链的关系式为

$$1 \times \frac{z_A}{z_B} \frac{z_C}{z_D} L = L_w$$

式中 L 为丝杠的导程。当工件导程 L_w 改变时，需调整交换挂轮。

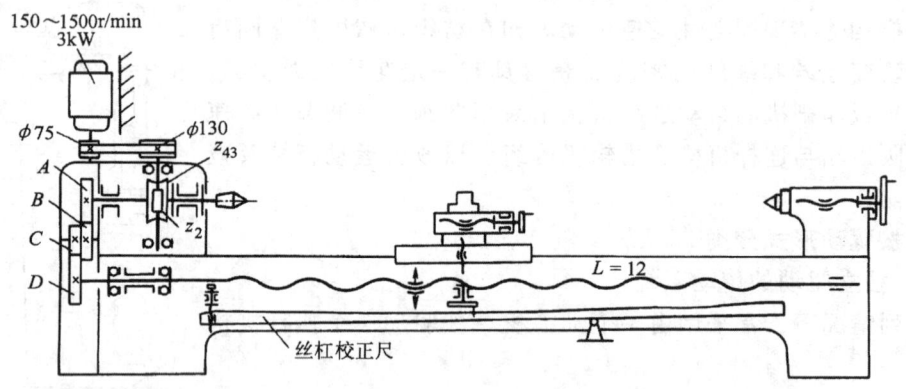

图 5-4 SG8630 高精度丝杠车床传动系统图

机床主轴和刀架由一个无级变速电动机集中驱动。电动机经带传动和蜗杆传动驱动主轴。主轴经交换挂轮 A、B、C、D 及丝杠螺母驱动刀架。

为了保证加工螺纹的精度，进给传动链中不允许采用传动比不稳定的传动（如带传动、摩擦离合器等）。

2．执行机构或执行构件之间有动作顺序要求

在机械控制的自动机上，各个执行机构或执行构件的动作之间都有严格的时间和空间联

系。通常用安装在分配轴上的凸轮来操纵和控制各个执行机构或执行构件的运动，分配轴每转一转完成一个作业循环，各个执行机构或执行构件的动作顺序均由各自的凸轮曲线保证。因此，自动机的执行机构虽然较多，但常采用一个动力机集中驱动。

图 5-5 所示为电阻压帽自动机的传动系统图。该机为单工位自动机，其作业过程如下：电动机 1 经带式无级变速机构 2 及蜗杆 11 驱动分配轴 3，使凸轮机构 4、5、6 及 9 一起运动，其中凸轮 5 将电阻坯件 8 送到作业工位，6 将电阻坯件 8 夹紧，凸轮 4 及 9 分别将两端电阻帽 7 压在电阻坯件 8 上。然后各凸轮机构先后进入返回行程，将压好电阻帽的电阻卸下，并换上新的电阻坯料和电阻帽，再进入下一个作业循环。调节手轮 12 可使分配轴 3 的转速在一定范围内连续改变，以获得最佳的生产节拍。

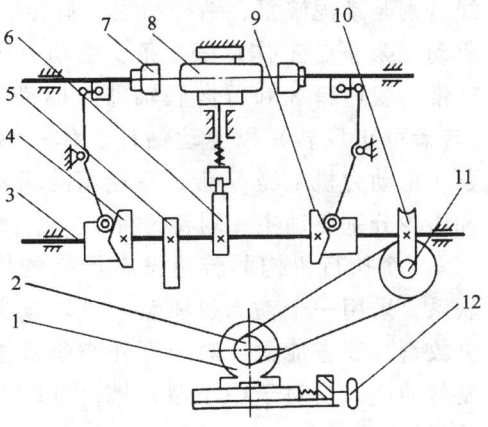

图 5-5 电阻压帽自动机传动系统图
1—电动机 2—带式无级变速机构 3—分配轴
4、9—压帽机构凸轮 5—电阻送料机构凸轮
6—夹紧机构凸轮 7—电阻帽 8—电阻坯件
10—蜗轮 11—蜗杆 12—调速手轮

3．各执行机构或执行构件的运动相互独立

图 5-6 所示为 SPJ—300 地质钻机的传动系统图，这种钻机常用于建筑工地的钻孔作业。它的工作原理是利用旋转工作装置如钻杆、钻头切下土壤，随之通过泥浆泵 2 将水自钻杆、钻头注入孔底，与孔内钻渣混为泥浆后顺孔壁漂浮起来直达孔口而溢出。主卷扬机 4 主要用于控制钻杆钻进压力和升降钻具，副卷扬机 5 主要用于拖拉钻具、机架和其他辅助吊装工作。

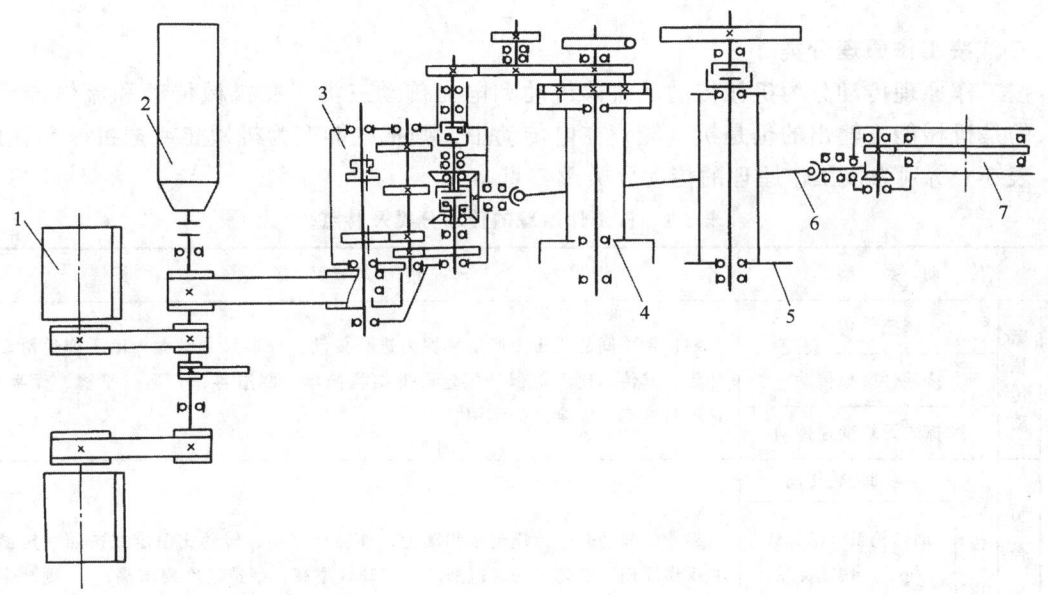

图 5-6 SPJ—300 钻机传动系统图
1—柴油机（或电动机） 2—泥浆泵 3—变速箱 4—主卷扬机 5—副卷扬机 6—万向联轴器 7—转盘

该机共有4个执行机构,由一个动力机(柴油机或电动机)集中驱动,通过4条传动路线分别驱动泥浆泵,钻杆和主、副卷扬机,其传动路线如下:第1条,由动力机1经V带驱动泥浆泵2工作;第2条,由动力机1经V带、变速箱3和万向联轴器6驱动转盘7(转盘可正反转)以驱动钻杆工作;第3、4条,由动力机1经V带、变速箱的箱外齿轮和惰轮分别驱动主、副卷扬机4、5工作。

4个执行机构的转速没有严格的传动比联系,采用一个动力机驱动,可以减少动力机数量,节省能源,对于野外作业机械具有显著的优点。对于中小型机械,可以简化传动系统。

(三)联合驱动的传动系统

由两个或多个动力机经各自的传动链联合驱动一个执行机构的传动系统,主要用于低速、重载、大功率、执行机构少而惯性大的机械。如图5-7所示双输入轴圆弧齿轮减速器为用于功率大于1000kW的矿井提升机的主减速器,系由两个电动机联合驱动。

联合驱动的优点是可以使机械的工作负载由多台动力机分担,每台动力机的负载减小,因而使传动件的尺寸减小,整机的重量减轻。

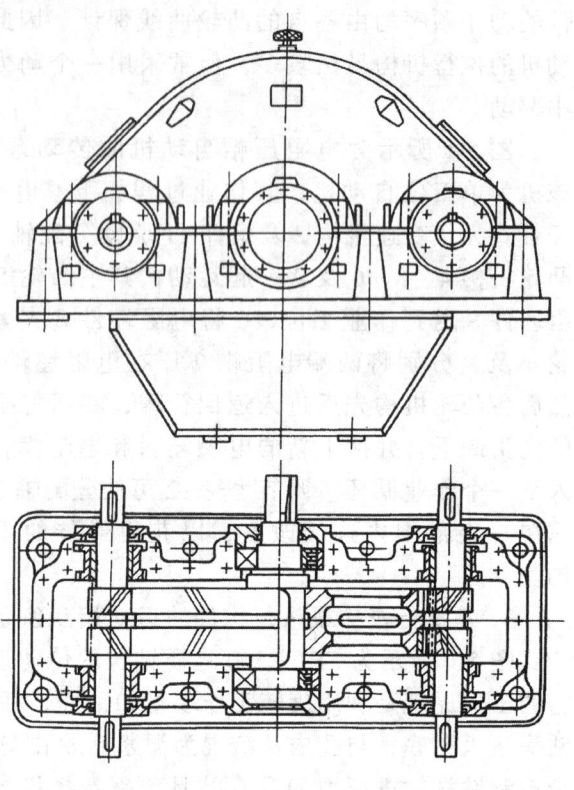

图 5-7 双输入轴圆弧齿轮减速器结构图

三、按工作原理分类

按工作原理传动分为机械传动、流体传动和电力传动三类。在机械传动和流体传动中,输入的是机械能,输出的仍是机械能,在电传动中,则把电能变为机械能或把机械能变成电能。表5-1所列为按工作原理的传动分类及特点。

表 5-1 按工作原理的传动分类及特点

传 动 类 型			传 动 特 点
机械传动	摩擦传动	摩擦轮传动	靠接触面间的正压力产生摩擦力进行传动,外廓尺寸较大,由于弹性滑动的原因,其传动比不能保持恒定。但结构简单,制造容易,运行平稳,无噪声,借助打滑能起安全保护作用
		挠性件摩擦传动	
		摩擦式无级变速传动	
	啮合传动	齿轮传动	定轴齿轮传动	靠轮齿的啮合来传递运动和动力,外廓尺寸小,传动比恒定或按照一定函数关系作周期性变化,功率范围广,传动效率高,制造精度要求高,否则冲击和噪声大
			动轴轮系(渐开线轮系、摆线针轮传动、谐波传动)	
			非圆齿轮传动	

(续)

传动类型			传动特点
机械传动	啮合传动	蜗杆传动: 圆柱蜗杆传动 / 环面蜗杆传动 / 锥蜗杆传动	传递交错轴间运动,工作平稳,噪声小,传动比大,但传动效率低,单头蜗杆传动可以实现自锁
		挠性啮合传动（链传动、同步齿形带传动）	具有啮合传动的一些特点,可实现远距离传动
		螺旋传动（滑动螺旋传动、滚动螺旋传动、静压螺旋传动）	主要用于变回转运动为直线运动,同时传递能量和力,单头螺旋传动效率低,可自锁
流体传动		气压传动	速度、转矩均可无级调节,具有隔振、减振和过载保护措施,操纵简单,易实现自动控制,效率较低,需要一些辅助设备,如过滤装置。密封要求高,维护要求高
		液压传动	
		液力传动 液体粘性传动	
电力传动		交流电力传动	可以实现远距离传动,易控制。在大功率、低速、大转矩的场合使用有一定困难
		直流电力传动	

四、传动类型的选择

传动类型很多,在选择时,应综合考虑下列因素:
1) 工作机或执行机构的工况;
2) 动力机的机械特性和调速性能;
3) 对传动的尺寸、质量和布置方面的要求;
4) 工作环境条件,如在工作温度较高、潮湿、多粉尘、易燃、易爆的场合,宜采用链传动、闭式齿轮传动、蜗杆传动,不能采用摩擦传动。
5) 经济性,如工作寿命,传动效率,初始费用、运转费用和维修费用等;
6) 操作和控制方式;
7) 其他要求,如现场的技术条件（能源、制造能力等）、标准件的选用及环境保护等。

第三节 传动系统的组成

机械的种类繁多,用途也各不相同,因此,各种机械的传动系统千变万化,但是它们通常包括下列几个组成部分:变速装置,起停和换向装置,制动装置及安全保护装置等。确定传动系统的组成及其结构是传动系统设计的重要任务。

一、变速装置

变速装置是传动系统中十分重要的组成部分,其作用是改变动力机的输出转速和转矩以适应执行机构的需要。

若执行机构不需要变速时，可采用具有固定传动比的传动系统或采用标准的减速器、增速器实现降速传动或增速传动。

有许多机械要求执行机构的运动速度能够改变。对变速装置的基本要求是：能传递足够的功率和转矩，并具有较高的传动效率；满足变速范围和变速级数的要求，且体积小，质量小；噪声在允许范围内；结构简单，制造、装配和维修的工艺性好；润滑和密封良好，防止出现三漏（漏油、漏气、漏水）现象。

传动件所传递的转矩是决定其尺寸的重要因素。当传动功率一定时，传动件的转速越高，其传递的转矩越小，传动件的结构尺寸就可越小些。因此，变速装置应位于传动链的高速部位。如果执行机构的转速较低，则应使变速装置在前（接近动力机处），降速机构在后（接近执行机构处）。但是变速装置的转速也不宜过高，以免噪声增大。

常用的变速装置有以下几种。

（一）交换齿轮变速机构

图 5-8 所示为采用交换齿轮变速机构的变速箱结构图。电动机安装在变速箱体上，通过一对定传动比的齿轮 z_{22}、z_{44} 传动至轴Ⅱ，在轴Ⅱ和轴Ⅲ的外伸端上安装一对交换齿轮 A、B，改变齿轮 A、B 的齿数，轴Ⅲ可得到不同的转速，再经两对定传动比齿轮 z_{23}、z_{36} 及 z_{20}、z_{65} 传动至空心轴Ⅴ；空心轴Ⅴ的内孔是花键孔，可以和输出轴连接，将运动传给执行机构。

交换齿轮变速机构的特点是：结构简单，不需要变速操纵机构；轴向尺寸小，变速箱的结构紧凑；与滑移齿轮变速相比，实现同样的变速级数所用的齿轮数量少。但是，更换齿轮时费时费力，交换齿轮通常悬臂安装且侧隙较大，刚性和润滑条件较差需专门保管。因此只适用于不需要经常变速的机械，如各种自动和半自动机械。

（二）滑移齿轮变速机构

图 5-9 所示为 6 级变速的变速箱结构图。有凸缘端盖的电动机安装在变速箱体上，通过一对定传动比齿轮 z_1、z_2 传动至轴Ⅰ，轴Ⅰ和轴Ⅲ上各装有一个组合式三联和双联滑移齿轮，通过改变滑移齿轮的啮合位置，轴Ⅲ可得到 6 级转速。

滑移齿轮变速机构的特点是：能传递较大的转矩和较高的转速，变速较方便，串联几个变速组可实现较多的变速级数，没有常啮合的空转齿轮，因而空载功率损失较小。但滑移齿轮不能在运转中变速，为便于滑移啮合，多用直齿齿轮传动，因而传动不够平稳，轴向尺寸比较大。

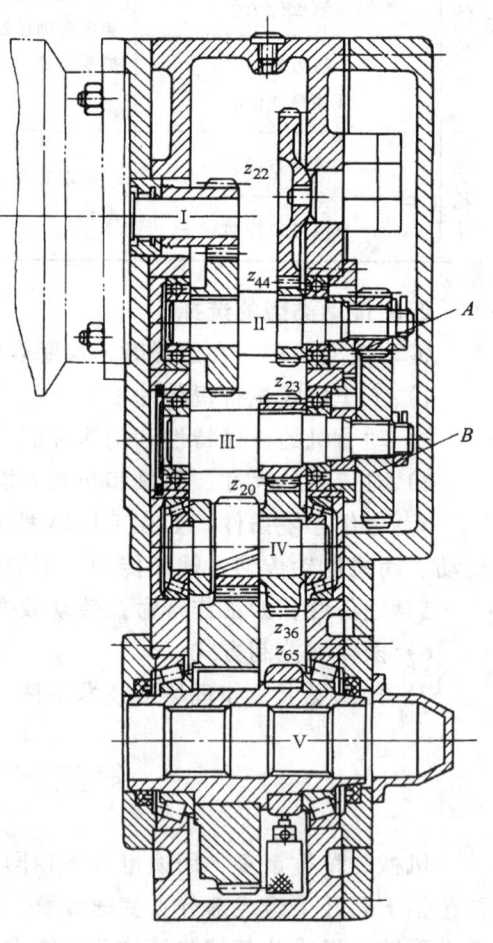

图 5-8 交换齿轮变速箱结构图

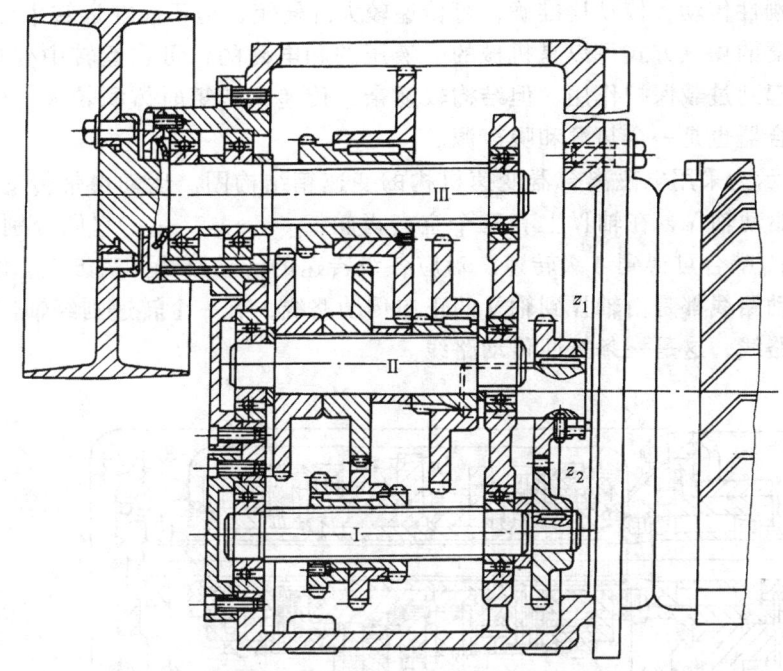

图 5-9　6 级变速的变速箱结构图

滑移齿轮的结构有整体式和组合式两类，如图 5-10 所示，高于 7 级精度的淬火齿轮，一般需经剃齿、珩齿或磨齿加工才能达到精度。整体式多联齿轮在插齿、剃齿、珩齿时，两个齿轮间应留有足够宽的空刀槽，磨齿时则要更大些，这将导致齿轮的轴向尺寸加大。若采用组合式结构，轴向尺寸就较为紧凑，但增加了齿轮的切削加工量。

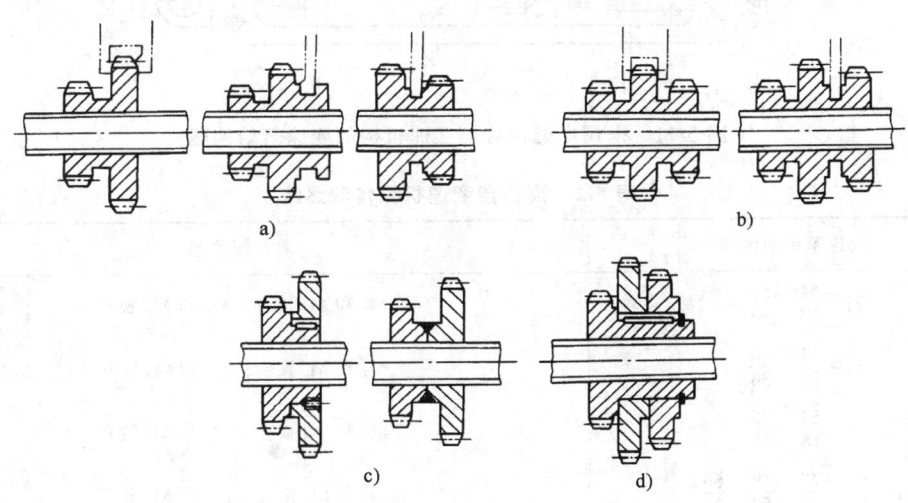

图 5-10　滑移齿轮的结构图
a) 整体式双联滑移齿轮　b) 整体式三联滑移齿轮
c) 组合式双联滑移齿轮　d) 组合式三联滑移齿轮

（三）离合器变速机构

离合器变速机构有牙嵌式离合器、齿式离合器以及摩擦片式离合器。牙嵌式离合器和齿式离合器属于刚性传动，传动比准确，可传递较大的转矩，但不能在运转中变速。

摩擦离合器的操纵方式可以是机械的、液压的和电磁的，可在运转中变速，结合平稳，无冲击，并可起到过载保护作用。但结构较复杂，传递大转矩时体积较大，传动比不准确，此外，摩擦离合器也是一个热源和噪声源。

图 5-11 所示为采用电磁离合器变速机构的变速箱结构图。运动由带传动输入，经一对齿轮 z_{18}、z_{54} 驱动轴 Ⅳ，在轴 Ⅳ 上有三个空套齿轮 z_{25}、z_{48}、z_{34}，它们分别与轴 Ⅴ 上的齿轮 z_{75}、z_{52}、z_{66} 啮合可得到 4 级转速。对应各级转速的传动路线见表 5-2。由表 5-2 知：有三个转速的传动路线都是由轴 Ⅳ 到轴 Ⅴ 的正向传动路线，有一个转速则经轴 Ⅳ→轴 Ⅴ→轴 Ⅳ→轴 Ⅴ 的传动路线，这是一条折回传动路线。

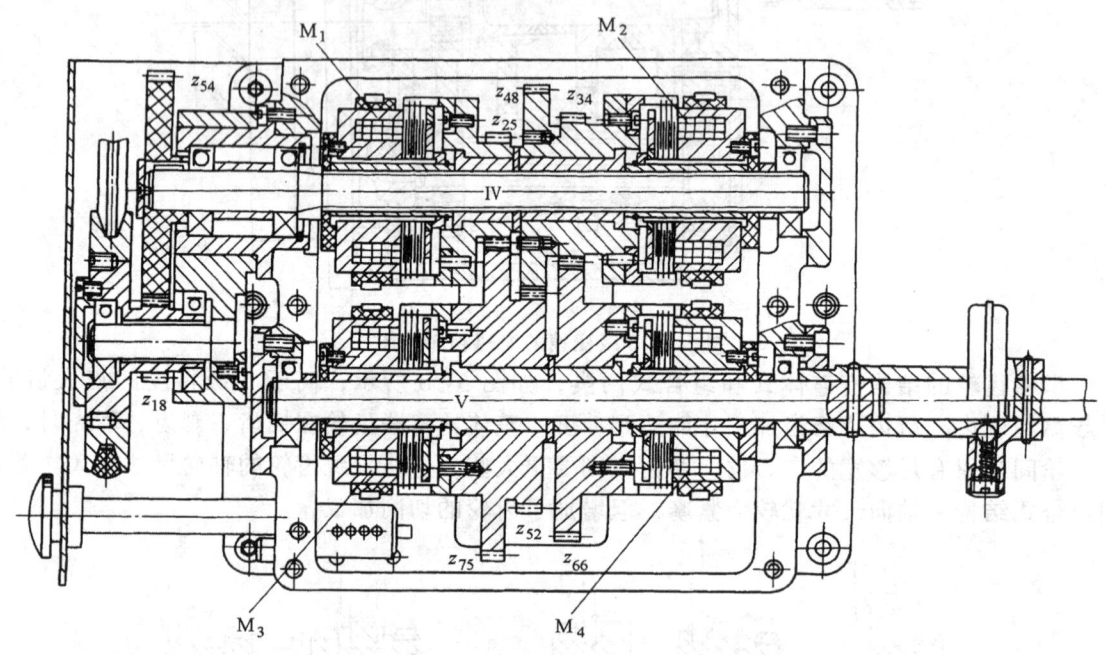

图 5-11　采用电磁离合器变速机构的变速箱结构图

表 5-2　离合器变速机构传动路线

变速箱传动比	离合器状态
$i_1 = \dfrac{54}{18} \cdot \dfrac{52}{48}$	M_2 和 M_3 接合，M_1 和 M_4 脱开
$i_2 = \dfrac{54}{18} \cdot \dfrac{66}{34}$	M_2 和 M_4 接合，M_1 和 M_3 脱开
$i_3 = \dfrac{54}{18} \cdot \dfrac{75}{25}$	M_1 和 M_3 接合，M_2 和 M_4 脱开
$i_4 = \dfrac{54}{18} \cdot \dfrac{75}{25} \cdot \dfrac{48}{52} \cdot \dfrac{66}{34}$	M_1 和 M_4 接合，M_2 和 M_3 脱开

摩擦离合器变速机构多用于自动或半自动机械中。变速时齿轮不必移动，可采用斜齿或人字齿传动，使传动平稳，但各对齿轮始终处于啮合状态，磨损较大，有空转损失，传动效率较低。

（四）啮合器变速机构

1. 啮合器工作原理及结构

啮合器分普通啮合器和同步啮合器两种，广泛用于汽车、拖拉机、叉车、挖掘机等行走机械的变速箱中。这些机械要求运转平稳，多采用常啮合斜齿传动，又要求在运转中变速和传递较大转矩，啮合器变速机构能满足上述要求。

普通啮合器的工作原理如图5-12所示。齿轮2、4均空套在传动轴1上，齿环3、5分别与齿轮2、4固联，中间齿轮6与传动轴1固联，中间齿轮6与齿环3、5的几何尺寸均相同。啮合套7是一个有内齿轮的滑移套，其内齿轮的几何尺寸与中间齿轮6、齿环3及5相同。啮合套7处在中间位置时，如图5-12a所示，轴1与齿轮2及4不接合，齿轮2及4均在轴1上空转，二者不传递运动和动力；当啮合套7向左滑移时，如图5-12b所示，通过啮合套7将中间齿轮6与齿环3接合，使齿轮2与轴1相连接而传递运动和动力。当啮合套7向右滑移时，可使齿轮4与轴1相连接而传递运动和动力，从而达到变速的目的。

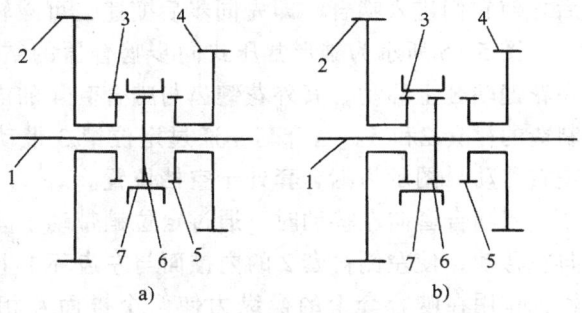

由于变速时啮合套的转速与齿环的转速不同，啮合套的整圈轮齿不易嵌入齿环的齿槽。为了改善啮合过程中的顶齿现象，可以在结构上采取一些措施，如图5-13所示，将两侧齿环1的齿都间隔地缩短一个长度

图5-12 普通啮合器的工作原理图
a) 啮合套未接合 b) 啮合套向左接合
1—传动轴 2、4—空套齿轮 3、5—齿环
6—中间齿轮 7—啮合套

a，这样就便于轮齿插入齿槽，当啮合套与齿环2的转速一致后，整个齿长便推入齿槽。通常a值为2mm左右。

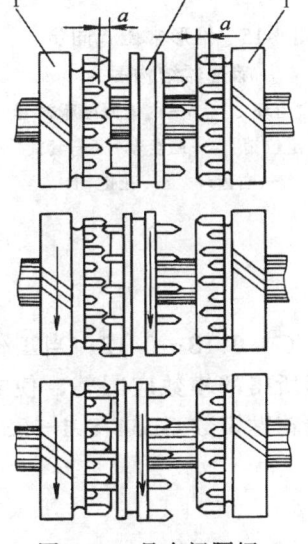

为防止啮合套因振动和非操纵轴向力作用下自动脱档，可采用加宽式结构，如图5-14a所示。加宽式就是把啮合套的齿宽加大，使其在变速结束后，啮合套的齿端超出齿环2~3mm，由于载荷集中于啮合套中部，减小了轮齿的扭转变形和非操纵轴向分力，有利于防止自动脱档，但这种结构措施不十分可靠。

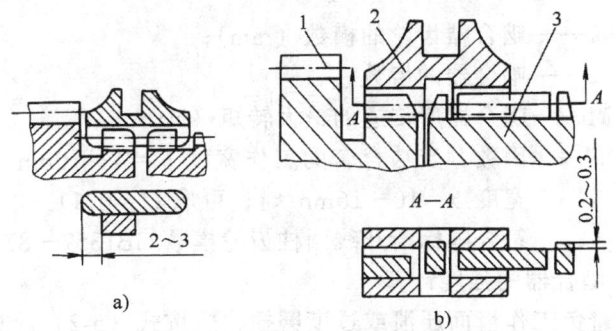

图5-13 具有间隔短齿的啮合器结构
1—齿环 2—啮合套

图5-14 防止啮合套自动脱档的结构措施
a) 加宽式 b) 切槽式
1—齿环 2—啮合套 3—中间齿轮

另一种是切槽式结构，如图 5-14b 所示。在啮合套 2 的齿环中部切一环槽，在中间齿轮 3 的齿环上切两条槽，轮齿在轴向就分成三段，中间段的齿厚比两边齿厚一般减薄 0.4～0.6mm，变速结束后使厚齿段位于啮合套 2 的环槽位置。这样就使啮合套在工作过程中厚齿段形成每边 0.2～0.3mm 的挡肩，可有效地防止啮合套自动脱档。

普通啮合器的结构简单，但轴向尺寸稍大，变速过程中顶齿现象不可避免，故换档不轻便，且噪声较大。为改善变速性能，目前在中小型汽车和许多变速较频繁的机械中多采用同步啮合器变速。

同步啮合器的工作原理是变速过程中先使将要进入啮合的一对齿轮的圆周速度相等，然后才使它们进入啮合，即先同步后变速，可减轻轮齿在变速时产生冲击，使变速过程平稳。

图 5-15 所示为锥形常压式同步啮合器的结构，套筒 6 具有内花键孔和外花键齿，它可在花键轴 8 上移动，其外花键齿与啮合套 4 的内花键啮合，套筒 6 的左右侧各镶有减摩材料制造的衬套 2 和 5。啮合套 4 通过定位销 3 带动套筒 6 一起左右移动。图示为啮合套处于空档位置。

当啮合套向左移动时，通过定位销带动中间套筒 6 一起向左移动，使左侧衬套 2 的内锥面与左齿环 1 上的外锥面接触，作用在啮合套上的操纵力使两个锥面互相压紧，由此产生的摩擦力使空套的左齿环 1 与套筒 6、啮合套 4 同步旋转。适当加大操纵力，使啮合套 4 克服弹簧力将定位销 3 压下后继续向左移动，使啮合套 4 与空套的左齿环 1 相啮合，变速过程结束。啮合套向右移动时，变速过程与上述相同。

啮合器的齿轮一般采用渐开线齿形，其齿形参数可根据渐开线花键国家标准选定。因为啮合套使用频繁，轮齿经常冲击，齿端和齿工作侧面易磨损，因此齿厚不宜太薄。为减小轴向尺寸，啮合器的工作宽度一般均较小。

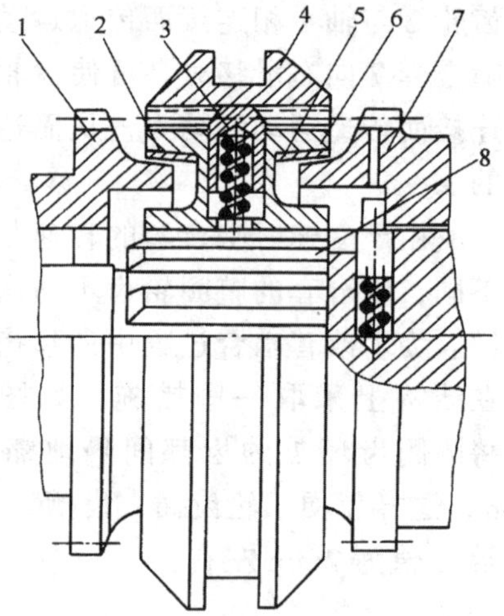

图 5-15 锥形常压式同步啮合器结构图
1—左齿环　2、5—内锥面减摩衬套
3—定位销　4—啮合套　6—套筒
7—右齿环　8—花键轴

2. 啮合器齿轮模数的确定

啮合器齿轮的模数 m 可按式（5-1）初步确定，

$$m = \frac{C}{z}\sqrt{M} \tag{5-1}$$

式中　m——啮合器齿轮的模数（mm）；

　　　z——啮合器的齿数；

　　　M——啮合器所传递的最大转矩（N·mm）；

　　　C——因数，当啮合套的工作宽度 $b = 4～10$mm 时，可取 $C = 0.18～0.12$；当工作宽度 $b = 10～16$mm 时，可取 $C = 0.11～0.06$。计算所得的模数应圆整，使之符合国标渐开线圆柱齿轮模数 GB1357—87 及渐开线花键模数 GB3478.1—83。

3. 啮合器的强度计算

为避免工作齿面压溃或过度磨损，应按式（5-2）计算其压强 p

$$p = \frac{2M}{Kd_{av}Az} \leqslant p_P \tag{5-2}$$

$$A = \frac{d_{a1} - d_{a2}}{2}b; \quad d_{av} = \frac{d_{a1} + d_{a2}}{2}$$

式中 p——啮合器工作齿面的压强（MPa）；
M——啮合器传递的最大转矩（N·m）；
K——负荷分配不均匀因数，可取 $K=0.75$；
z——啮合器齿数；
A——一个齿的承压面积（mm²）；
d_{av}——工作齿面的平均直径（mm）；
d_{a1}——齿环齿顶圆直径（mm）；
d_{a2}——啮合套内齿圈齿顶圆直径（mm）；
b——工作齿宽（mm）；
p_P——许用压强（MPa）。齿面未经硬化处理时，可取 $p_P=20\sim30$ MPa；齿面经硬化处理时，可取 $p_P=30\sim60$ MPa。

图 5-16 所示为 T180 履带推土机的传动系统图，变速箱采用啮合器变速机构，输出轴可实现前进五档、倒退四档的变速。发动机 6 的动力经主离合器 5 和联轴器 4 传给变速箱 3，再经锥齿轮 z_{17}、z_{18}，转向离合器 2，定比传动齿轮 z_{19}、z_{20}、z_{21}、z_{22} 传给驱动链轮 z_{23}，从而带动履带使推土机行驶。

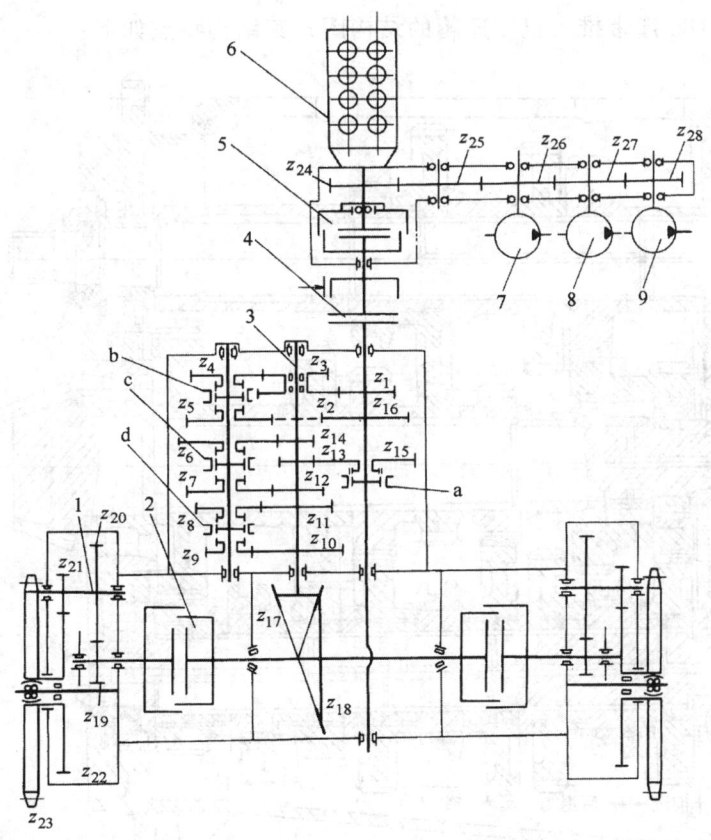

图 5-16 T180 履带推土机传动系统图

1—轮边减速器 2—转向离合器 3—变速箱 4—联轴器 5—主离合器 6—发动机 7—转向油泵 8—主离合器助力液压泵 9—工作装置液压泵 a、b、c、d—啮合套

变速箱中采用常啮合斜齿轮结构，啮合器变速机构变速，各档转速的传动路线见表 5-3 所示。

表 5-3 T180 履带推土机变速箱各档转速传动路线

方　向	档　位	传　动　路　线	
前进	1 档（a 空档、b 上移、d 下移）	$z_1-z_2-z_3-z_4$	z_9-z_{10}
	2 档（a 空档、b 上移、d 上移）		z_8-z_{11}
	3 档（a 空档、b 上移、c 下移）		z_7-z_{12}
	4 档（a 空档、b 上移、c 上移）		z_6-z_{14}
	5 档（a 上移，b、c、d 空档）	$z_{15}-z_{13}$	
倒退	1 档（a 空档、b 下移、d 下移）	$z_{16}-z_5$	z_9-z_{10}
	2 档（a 空档、b 下移、d 上移）		z_8-z_{11}
	3 档（a 空档、b 下移、c 下移）		z_7-z_{12}
	4 档（a 空档、b 下移、c 上移）		z_6-z_{14}

转向油泵 7、主离合器的助力液压泵 8 和工作装置液压泵 9 的动力，均直接由发动机出轴齿轮 z_{24}（兼作飞轮）处接出，因此，这些液压泵的工作不受变速箱换档和松开主离合器 5 的影响。

图 5-17 为 T180 履带推土机变速箱的结构图，其结构特点如下：

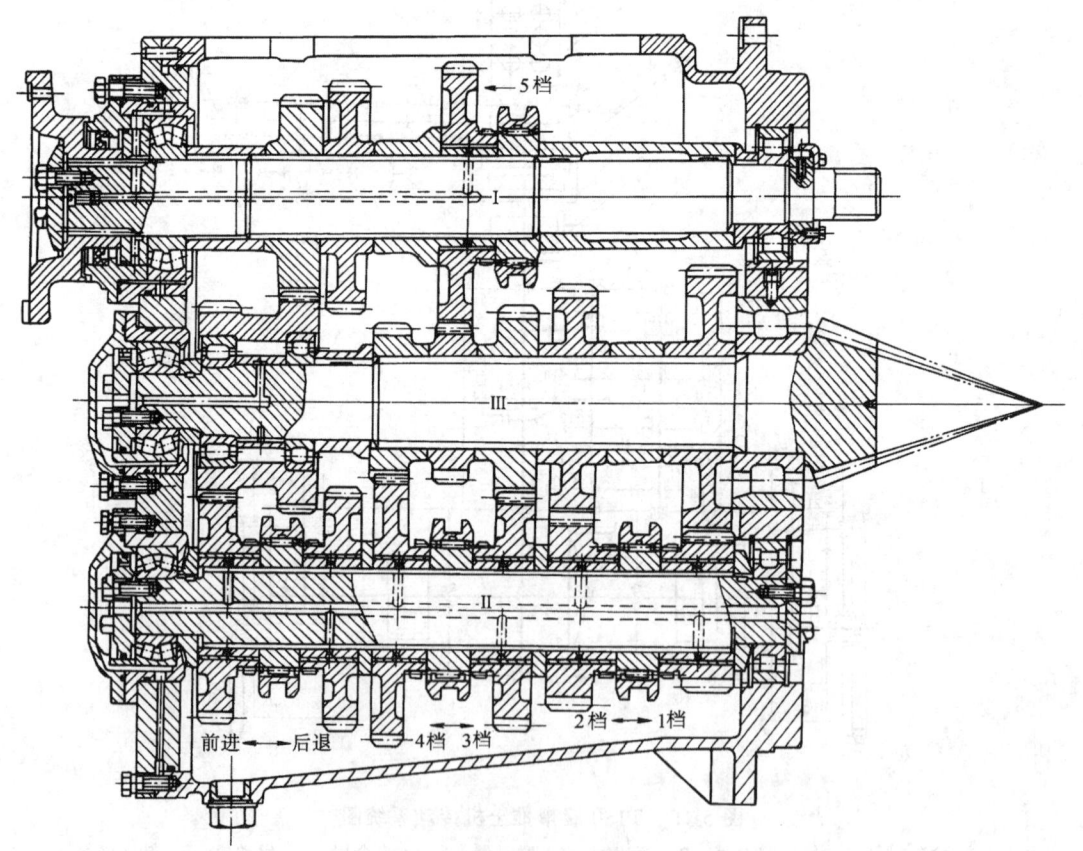

图 5-17 T180 履带推土机变速箱结构图

1）采用常啮合斜齿轮传动，啮合器变速。因此，工作较平稳，噪声小，轴向尺寸紧凑，换档轻便，冲击小，无须停车换档；

2）各轴的轴向定位均采用一端定位，以消除热膨胀引起的附加应力。各轴的前支承均为双列向心球面滚子轴承，承载能力大，支承刚性高，且能承受由斜齿轮引起的轴向力。各轴的后支承均为单列向心短圆柱滚子轴承，可以轴向游动。输入轴Ⅰ及中间轴Ⅱ的圆柱滚子轴承外环用弹性挡圈定位，输出轴Ⅲ的圆柱滚子轴承外环用圆柱销定位。各轴均采用渐开线花键轴，联接强度高，工艺性及对中性好；

3）空套齿轮的内孔均压配一个双金属滑动轴承，并采用强制润滑。润滑油从油泵输出后经滤油器、冷却器后，从变速箱前端盖进入各轴中心孔，流到各轴承进行循环润滑；

4）各轴的前轴端采用多个O型橡胶密封圈和油封密封，密封性能好；

5）输出轴Ⅲ的轴向位置用钢垫片进行调整，以保证锥齿轮的正确啮合位置。

二、起停和换向装置

起停和换向装置用来控制执行机构的起动、停车以及改变运动方向。对起停和换向装置的基本要求是起停和换向方便省力，操作安全可靠，结构简单，并能传递足够的动力。各种机械对起停和换向的要求不同，通常有以下几种情况：

（1）不需要换向且起停不频繁　许多自动机属于这种工况，如图5-5所示的电阻压帽自动机，分配轴不需要反向旋转，机器经调整试车合格后，就可投入正常工作，通常机器一经起动，连续运行很长时间不需停车。

（2）需要换向但不频繁　如图5-6所示钻机的钻杆在工作时需作直线往复运动。图5-3所示的龙门起重机上各个执行件都要作正反两个方向的运动，因为工作行程的时间较长，故换向不频繁。若两个方向都是工作行程，则正、反两个方向的速度一般应相同；若反方向为非工作行程，则为了减少空行程时间，提高机械的工作效率，反向速度应大于正向速度。

（3）换向和起停频繁　如普通车床上车削螺纹时，主轴和刀架频繁地正、反向运行。主轴正转、刀架前进是切削行程，主轴反转、刀架后退是空行程。

（一）起停和换向装置方案选择

常用的起停和换向装置有两类：一类是通过按钮或操纵杆直接控制动力机实现起停和换向，另一类是用离合器实现起停和换向。选择方案时应考虑执行机构所要求的起停和换向的频繁程度、动力机的类型与功率大小。

1．动力机为电动机

电动机允许在负载下起动，可以正反运转，但电动机的起动电流远大于其额定电流，故在功率大，起停和换向频繁的情况下，将因发热大而烧坏线圈，甚至因起动电流过大而影响车间电网的正常供电。

（1）用电动机起停和换向　换向不频繁或换向虽频繁但电动机功率较小时，可直接由电动机起停和换向。这种方式的优点是操作方便，可简化机械结构，因此得到广泛应用。电动机和传动系统输入轴可通过刚性或弹性联轴器连接，以避免起停时因冲击过大而损坏传动零件。

（2）用离合器起停和换向　中等以上功率且起停和换向频繁时，常采用离合器起停和换向。执行机构的转速较高时采用摩擦离合器，执行机构转速较低时可采用牙嵌离合器等刚性的啮合式离合器。

2. 动力机为内燃机

由于内燃机不能在负载下起动，故必须用摩擦离合器式液力耦合器来实现起停。内燃机不能反转运行，执行机构需要反向时，应在传动链中设置反向机构。

用离合器实现起停时，为了减小摩擦离合器的结构尺寸，应将它放置在转速较高的传动轴上。由于靠近动力机，故当离合器脱开啮合时，传动链中大部分运动件停止运动，可以减少空转功率损失。

换向机构放在靠近动力机的转速较高的传动轴上，也可使结构紧凑，但会引起换向的传动件较多，能量损失较大；同时由于传动链中存在间隙，换向时冲击也较大。因此，对于传动件少、惯性小的传动链，宜将换向机构放在前面即靠近动力机处，反之，宜放在传动链的后面，即靠近执行机构处，以提高运动的平稳性和效率。

(二) 起停和换向装置的结构

1. 齿轮-摩擦离合器换向机构

图 5-18 所示为齿轮-摩擦离合器换向机构的传动原理图，齿轮 z_1 和 z_3 均空套在轴Ⅰ上，摩擦离合器向左接合时，通过 z_2 传动至轴Ⅱ；摩擦离合器向右接合时，通过 z_0、z_4 传动轴Ⅱ实现反转；摩擦离合器处于中间位置时，轴Ⅱ不转。这样就可实现轴Ⅱ的起停和换向。

起停用的摩擦离合器可以是机械的、液压的和电磁的。图 5-19 所示为钢球压紧式摩擦离合器的结构图。内摩擦片 12 通过花键与轴 7 相连，外摩擦片 11 与齿轮 14 相连，锥面套筒 3 通过销 8 与轴 7 相连。移动操纵套 9，通过钢球 4、锥面套筒 3、压紧套 2 或 5 及螺母 1 或 6 使左右两边摩擦离合器接合或脱开。调节螺母 1 或 6 可以分别调整两边摩擦片的间隙，调整后用锁紧销 10 锁紧以防止螺母松动。

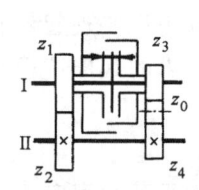

图 5-18 齿轮-摩擦离合器换向机构传动原理图

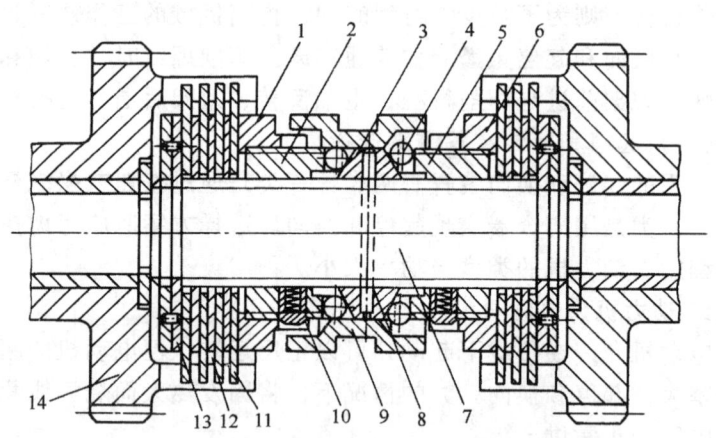

图 5-19 钢球压紧式摩擦离合器结构图
1—左螺母 2—左压紧套 3—锥面套筒 4—钢球 5—右压紧套
6—右螺母 7—花键轴 8—销 9—操纵套 10—锁紧销
11—外摩擦片 12—内摩擦片 13—止动片 14—齿轮

当操纵套 9 移到接合位置后应具有自锁作用，即当操纵力去掉后，压紧摩擦片的压紧力仍不能消失。如图示在压紧位置上使操纵套 9 的圆柱部分压紧钢球，此时钢球的作用力与操纵套 9 的运动方向垂直，就能保证可靠地自锁。

在结构上应使操纵离合器的压紧力成为一个封闭的平衡力系,使传动轴和轴承免受很大的轴向载荷。向左的压紧力通过左压紧套 2、螺母 1、摩擦片 11 和 12、止动环 13 作用在花键轴 7 上。同时,左压紧套 2 通过钢球传给锥面套筒 3 的反作用力,与压紧力大小相等、方向相反,此力通过销 8 也作用在花键轴 7 上。构成一个封闭的平衡力系。

离合器传递的转矩与摩擦片的直径、数量、轴向压紧力等有关,可按以下方法确定:

(1) 摩擦片尺寸 外摩擦片的外花键尺寸由齿轮的结构尺寸确定,内摩擦片的内花键尺寸由安装轴的结构尺寸确定。目前摩擦片的尺寸尚未制定出系列标准,但可参考有关厂家已生产的通用摩擦片系列尺寸。

(2) 摩擦片材料 摩擦片材料应具有耐磨性好、摩擦因数大、耐高温、抗胶合性好等特性。常用低碳钢 10 或 15 冲压钢片,进行表面渗碳处理,渗碳层深度为 0.3~0.5mm,淬火后硬度达 56~62HRC。粉末冶金材料制的摩擦片有较高摩擦因数,导热性好,耐高温(许用工作温度可达 680℃),耐磨,许用压强高(一般可达 2.8~4MPa),有良好的热稳定性和磨合性,因此广泛用于重载工作机械。粉末冶金材料有铜基和铁基两类,铜基多用于湿式,铁基多用于干式。常用摩擦片的材料及其许用压强见表 5-4。

表 5-4 摩擦因数 μ、基本许用压强 p_{P0}

工作条件	摩擦面材料	摩擦因数 μ	基本许用压强 p_{P0}/MPa
油润滑	淬火钢—淬火钢	0.05~0.1	0.6~1.0
	淬火钢—青铜	0.06~0.12	0.6~1.0
	铸铁—铸铁或淬火钢	0.05~0.1	0.6~1.0
	铜基粉末冶金	0.08~0.10	1.5~2.5
	铁基粉末冶金	0.1~0.12	2.0~3.0
干式	压制石棉—钢或铸铁	0.25~0.35	0.2~0.3
	铜基粉末冶金	0.25~0.35	1.0~2.0
	铁基粉末冶金	0.3~0.4	1.5~2.5

(3) 摩擦面对数 所需摩擦面对数可按式 (5-3) 计算,

$$Z \geqslant \frac{2KM}{\pi \mu D_{av}^2 p_P b} \tag{5-3}$$

$$D_{av} = \frac{D_2 + d_1}{2}, \quad b = \frac{D_2 - d_1}{2}$$

$$p_P = k_1 k_2 k_3 p_{P0}$$

式中 M——摩擦离合器所传递的转矩 (N·mm);

K——载荷储备因数,见表 5-5;

μ——摩擦片间的摩擦因数,见表 5-4;

D_{av}——摩擦片的平均摩擦直径 (mm);

D_2——内摩擦片的外径 (mm);

d_1——外摩擦片的内径 (mm);

b——内、外摩擦片的接触宽度 (mm);

p_P——许用压强 (MPa);

p_{P0}——基本许用压强（MPa），与材料、工作条件有关，见表 5-4；

k_1、k_2、k_3——考虑速度、主动摩擦片数及每小时接合次数影响的因数，见表 5-6。

表 5-5 离合器载荷储备因数 K 的概略值

机械类别	K	机械类别	K
金属切削机床	1.3~1.5	曲柄式压力机	1.1~1.3
汽车	1.2~3	船舶	1.3~2.5
拖拉机	1.5~3.5	轻纺机械	1.2~2
起重运输机械	1.2~1.5	农业机械	2~3.5
挖掘机械	1.2~2.5	活塞泵、通风机	1.3~1.7
钻探机械	2~4	冶金矿山机械	1.8~3.2

表 5-6 因数 k_1、k_2、k_3 值

平均圆周速度/m·s^{-1}	1	2	2.5	3	4	6	8	10	15
k_1	1.35	1.08	1.0	0.94	0.86	0.75	0.68	0.63	0.55
主动摩擦片数/片	≤3	4	5	6	7	8	9	10	11
k_2	1.0	0.97	0.94	0.91	0.88	0.85	0.82	0.79	0.76
每小时结合次数	≤100		120	180	240	300	≥360		
k_3	1.0		0.95	0.80	0.70	0.60	0.50		

一般应取 Z 为偶数，摩擦片总数为 $(Z+1)$ 片，至于是内片多一片还是外片多一片，则由具体结构而定。摩擦面对数过多，将使工作时各摩擦面间压紧的不均匀性增加，不易散热，也会降低操作灵敏性，所以，摩擦面对数不宜过多。对于湿式离合器，建议 Z 值不大于 16；对于干式离合器，一般 Z 值不大于 6。如计算出的摩擦面对数 Z 不合适时，应重新选择摩擦片的外形尺寸，再算 Z 值。

（4）压紧力 摩擦面之间所需施加的压紧力 F_n 可按式（5-4）计算

$$F_n = \frac{2KM}{\mu D_{av} Z} \tag{5-4}$$

式中各参数含义同式（5-3）。

2．齿轮换向机构

改变齿轮机构中外啮合齿轮的对数，可以改变从动轮的转向。图 5-20 为车床上的三星齿轮机构，齿轮 1 与主轴固连，齿轮 6 通过进给箱与走刀光杠或丝杠相连。在图示实线位置时，运动传递路线为齿轮 1→2→3→4→5→6，其传动比为 $i_{16} = \frac{n_1}{n_6} = (-1)^4 \frac{z_2 z_3 z_4 z_6}{z_1 z_2 z_3 z_5} = \frac{z_4 z_6}{z_1 z_5}$ 由于传动比为正，说明齿轮 6 与主动轮 1（主轴）同向转动。图示虚线位置为操纵手柄 a 反时针转 $-\alpha$ 角度后的齿轮啮合情况，此时中间轮 2 脱离啮合，而轮 3 同时与轮 1 和轮 4 相啮合，运动传递路线为 1→3→4→5→6，其传动比为 $i_{16} = \frac{n_1}{n_6} = (-1)^3 \frac{z_3 z_4 z_6}{z_1 z_3 z_5} = -\frac{z_4 z_6}{z_1 z_5}$ 式中 $(-1)^3$ 表示 3 次外啮合，传动比为负，齿轮 6 与主轴 1 转向相反。

图 5-20 中，齿轮 2、3 对传动比大小没有影响，只改变外啮合的次数，这种齿轮称为惰轮。

换向机构的惰轮轴应尽量采用两端支承，如采用悬臂结构，则刚度较差，啮合不良，是变速箱的主要噪声源之一。在布置的时候应注意其受力情况，如图 5-21 所示，图 5-21a 所示的方案为外侧布置、惰轮轴 O_3 所受载荷 F 较大，而图 5-21b 所示方案为内侧布置，惰轮轴 O_3 上的载荷 F 较小。

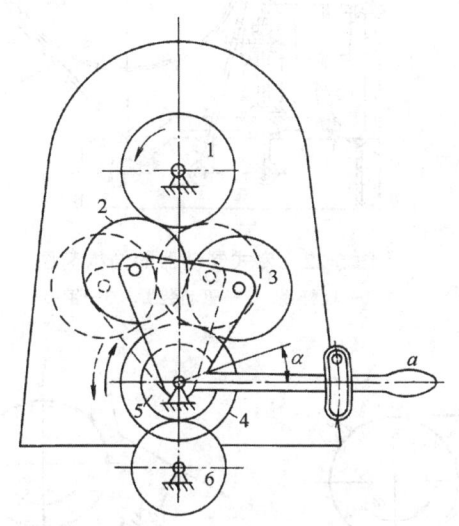

图 5-20 三星齿轮换向机构

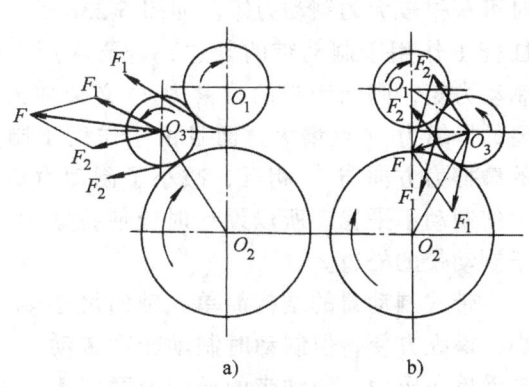

图 5-21 惰轮轴的布置方案
a) 外侧布置　b) 内侧布置

三、制动装置

由于运动构件具有惯性，当起停装置断开后，运动构件不能立即停止，而是逐渐减速后才能停止运动。停车前的转速越高、运动构件的惯性越大及摩擦阻力越小，停车的时间就越长。为了节省辅助时间，对于起停频繁或运动构件惯性大、运动速度高的传动系统，应安装制动装置。执行机构或执行构件需频繁换向时，必须先制动停车后换向。制动装置还可用于机械一旦发生事故时紧急停车，或使运动构件可靠地停在某个位置上。

对制动装置的基本要求是：工作可靠，操纵方便，制动平稳且时间短，结构简单，尺寸小，磨损小，散热良好。

用电动机起停和换向时，常采用电动机反接制动，它具有操作方便、制动时间短等优点，但反接制动时制动电流较大，传动系统所受的惯性冲击力较大，故只适用于制动不频繁、传动系统惯性小或电动机功率较小的传动系统。

用离合器起停和换向时，必须在传动链中安装制动装置。制动器和离合器的操纵机构必须互锁，即当离合器脱开时，制动器应制动；接通离合器前，制动器须可靠地放松，以免损坏传动件或造成过大的功率损失。

（一）常用制动器的类型及特点

常用制动器分摩擦式和非摩擦式两大类，摩擦式制动器又分外抱块式、内张蹄式、带式和盘式等；非摩擦式分磁粉式、磁涡流式和水涡流式等。

1. 带式制动器

图 5-22 所示为带式制动器的结构图。它由驱动装置 2、传动杠杆系 1 和有摩擦内衬的制动钢带 3 组成。钢带出端的调节螺母用来调整制动带的松紧。

设计带式制动器时，应分析制动轮的转动方向及制动带的受力状态。如图 5-23a 所示，操纵力作用在制动带的松边，操纵力 F 所产生的制动带拉紧力为 F'，制动轮作用于制动带上的摩擦力方向与 F' 一致，有助于制动，所以在同样大小的 F' 时可获得较大的制动力矩。而图 5-23b 所示的操纵杠杆 1 作用于制动带的紧边，若要求产生相同的制动力矩，则制动带的拉紧力 F' 必须加大，所需要的操纵力 F 也增大，而且由于作用于制动带上的摩擦力方向与 F' 相反，减小了制动力矩，同时也使制动不平稳。所以设计时应使拉紧力 F' 作用于制动带的松边。

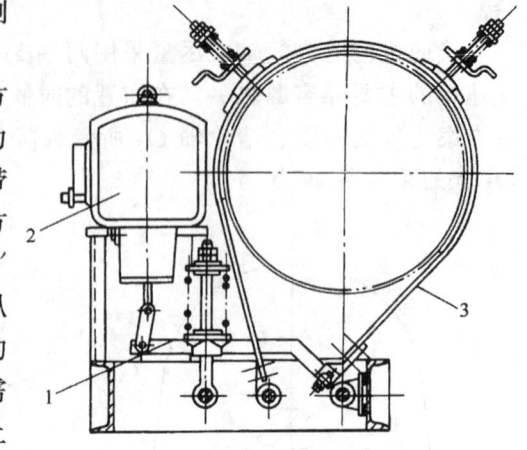

图 5-22 带式制动器的结构简图
1—杠杆系　2—驱动装置　3—钢带

带式制动器的结构简单，轴向尺寸小，操纵方便，但制动时制动轮和传动轴受单向压力，制动带的压强及磨损不均匀，制动力矩受摩擦因数变化的影响大，散热性差，因此只适用于中小型机械的制动。

2. 外抱块式制动器

图 5-24 所示为短行程直流电磁铁外抱块式制动器，驱动装置在上部，弹簧 3 使制动器处于紧闸状态。电磁铁通电

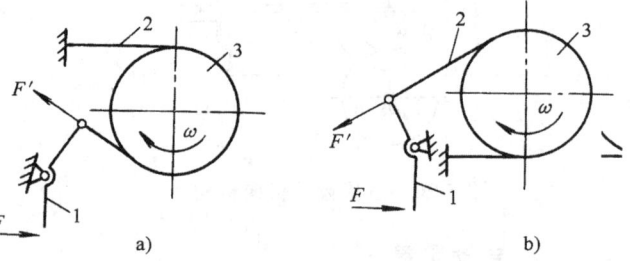

图 5-23 带式制动器工作原理图
a) 制动带拉紧力作用在松边　b) 制动带拉紧力作用在紧边
1—杠杆　2—制动带　3—制动轮

后，动铁心 5 下降，推动直角杠杆 1 和调整螺钉 2 使弹簧 3 压缩而松闸。4 为备用松闸手柄，压下手柄 4，也可使动铁心 5 下降而松闸。这种制动器的宽度小，动作灵敏，可频繁操作，散热性好，驱动装置连同主弹簧可一起装拆，组装性能好，维修方便，适用于工作频繁及空间较大的场合，如电梯升降设备及起重运输设备的制动，且多为常闭式。

3. 内张蹄式制动器

图 5-25 所示为内张蹄式制动器，两个制动蹄 1 和 3 的下端分别通过两个支承销 4 与机架制动底板铰接。在制动轮的内圆柱表面上装有摩擦材料。当压力油进入制动液压缸 2 后，即推动左右两个活塞，活塞的推力 F_p 使制动蹄向外摆动，压紧制动轮内圆柱面，从而闸住制动轮。油路卸压后，弹簧使两个制动蹄与制动轮分离，使制动器处于松闸状态。

内张蹄式制动器的结构紧凑，外形尺寸小，散热性好，容易密封，广泛应用于各种车辆车轮的制动及结构尺寸受到限制的机械上。

4. 盘式制动器

盘式制动器的制动轮为盘状，其摩擦面可制成圆盘形或圆锥形，结构型式与盘式离合器相似，工作时利用轴向力（如弹簧力、液压或气压力、手动力等）使制动盘的摩擦表面压紧

而实现制动。圆盘形制动盘可为单盘或多盘，多盘式的制动力矩大，轴向尺寸也稍大。

由于制动轴向力均匀分布在制动盘圆周表面，制动轮轴不承受弯曲作用力，因此结构紧凑，制动平稳，摩擦表面的磨损均匀，且制动力矩的大小与旋转方向无关。但散热性较差，摩擦表面温度较高。盘式制动器可制成封闭式，利于防尘防潮及加注润滑油而成湿式制动器，使制动性能更稳定，延长使用寿命。

盘式制动器应用较广，适用于要求结构紧凑的场合，如车辆的车轮及电动葫芦的制动，也常用于带有制动的电动机中。

5．磁粉制动器

磁粉制动器的工作原理如下：在固定件和旋转件之间的工作间隙中充填磁粉，当电流通过激磁线圈时，产生垂直于间隙的磁通，使磁粉聚集而形成磁粉链，利用磁粉磁化时所产生的剪力实现制动。

磁粉链的抗剪力与磁粉的磁化程度成正比，即制动力矩的大小与绕组中激磁电流的大小成正比，此外磁粉的装满程度也影响制动力矩的特性。

图 5-26 所示为磁粉制动器的结构图，其固定部分由外壳 2 和心体 5 组成，在外壳 2 的环槽中安装激磁绕组线圈 3，为了防止磁通短路，特装一个非磁性圆盘 4。转动部分由薄壁圆筒 7 和非磁性铸铁套筒 1 铆接成一体，在固定部分和转动部分之间充填了磁粉 6，风扇 8 用来强迫通风冷却。

磁粉制动器的体积小，质量小，制动平稳，激磁功率小，制动力矩与转动件的转速无关，适用于自动控制及各种机械驱动系统的制动。

（二）制动器设计要点

制动器设计时应根据机械使用要求和工作条件，合理选择和确定制动器的类型、安装位置及性能要求，其要点如下：

（1）合理确定制动器的工作状态　制动器的工作状态有常闭式和常开式两种。

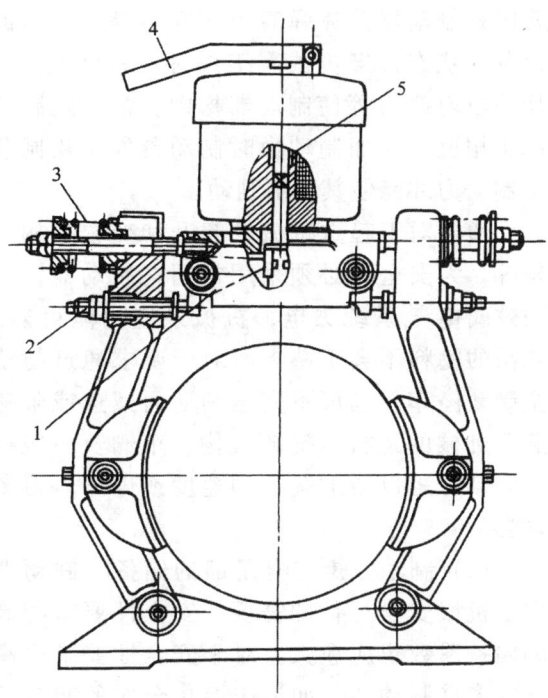

图 5-24　短行程直流电磁铁外抱块式制动器
1—直角杠杆　2—调整螺钉
3—弹簧　4—手柄　5—动铁心

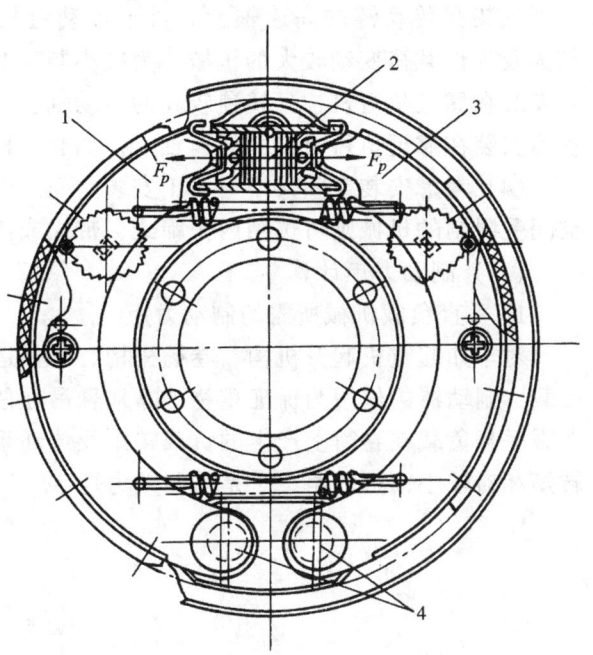

图 5-25　内张蹄式制动器
1—左制动蹄　2—制动液压缸
3—右制动蹄　4—支承销

常闭式制动器系靠弹簧力或重力等制动力的作用处于紧闸制动状态,当机械需工作时,利用人力、液压力、气压力或电磁力等使制动器松闸。常开式制动器的工作状态正相反,未加制动力时制动器处于松闸状态,只有加上制动力才能使其紧闸制动。

通常对于起重机械的起升和变幅机构、电梯提升机构等,为安全计必须采用常闭式制动器,一旦施力机构失效或电气系统失电,机械系统仍能可靠地安全制动,悬吊的物料不会下坠。而对于要求通过制动器不仅可完全制动停车,也可不完全制动而减速或限速的机械,如起重机械的运行、旋转机构、车辆及一般机械,为了控制制动力矩以便准确控制速度或停车,则多用常开式制动器。

(2) 制动力矩应有足够的储备　制动力矩的储备是保证机械安全运行的需要,安全性要求越高,制动力矩的储备系数也应愈大。对于安全性要求很高的机械,需设置多重制动器,如运送熔化金属的起升机构,规定必须设置两个制动器。

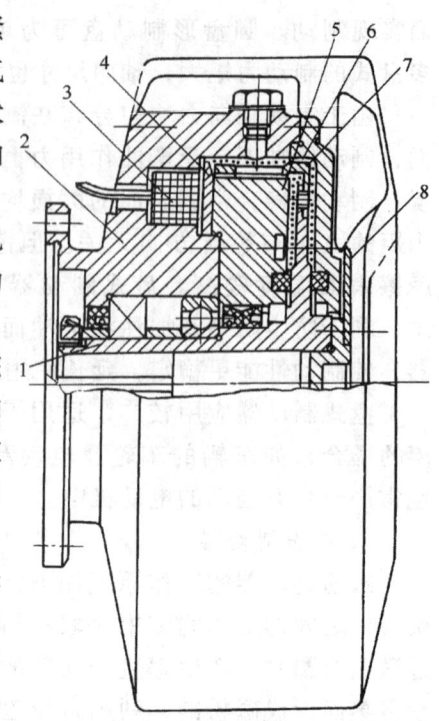

图 5-26　磁粉制动器结构图
1—非磁性铸铁套筒　2—外壳
3—激磁绕组　4—非磁性圆盘
5—心体　6—磁粉
7—薄壁圆筒　8—风扇

(3) 合理选择制动器的安装位置　为了减小制动力矩,减小制动器的尺寸,提高制动的平稳性,通常将制动器安装在传动链的高速轴上。对于传动链较长、惯性较大及工作载荷变动较大的机械,为减小制动时的冲击力,并兼顾制动的平稳性,可将制动器安装在靠近执行机构且转速较高的传动轴上。对于大型设备或重要的安全制动器则应将制动器安装在靠近执行机构的低速轴上,如起重机起升机构的制动器应直接安装在卷筒上。

(4) 考虑安装空间大小　对于安装空间足够大的机械可选用外抱块式制动器,对于安装空间受限制的机械则可选用内张蹄式、带式或盘式等制动器。

(三) 制动力矩计算

1. 垂直负载机械所需的制动力矩

对于如起重机起升机构、卷扬机构、电梯运行机构等传动系统,有悬吊物料引起的垂直负载,制动器的作用为保证重物可靠地悬吊在任意高度不坠落或匀速下降,因此制动力矩应克服垂直负载在卷筒上产生的负载转矩及传动系统的惯性转矩。一般情况下传动系统的惯性转矩相对较小而可忽略,于是其制动力矩 M_b 为

$$M_b = \frac{M_W}{i} K_b \eta \tag{5-5}$$

$$M_W = \frac{mgD_0}{2a} \tag{5-6}$$

式中　M_b——制动器所需制动力矩 (N·m);

M_W——垂直负载 $W = mg$ 对卷筒的转矩 (N·m);

m——重物连同吊具的质量 (kg);

g——重力加速度，$g = 9.81 \text{m/s}^2$；

D_0——卷筒计算直径（m）；

a——滑轮组倍率；

i——制动轴到卷筒的传动比，当制动器安装在卷筒上时，$i = 1$；

η——从制动轴到卷筒的机械效率，当制动器安装在卷筒上时，可取 $\eta \approx 1$；

K_b——保证物料可靠悬吊的制动力矩储备因数，一般 $K_b = 1.25 \sim 2.5$。当制动器失效会引起重大事故时，K_b 还应加大，如矿井提升机取 $K_b = 3$。起重机的 K_b 值应按起重机设计规范选取。

2. 无垂直负载机械所需的制动力矩

无垂直负载的一般机械，制动力矩主要是克服被制动系统的惯性转矩，而系统中各运动副的摩擦阻力矩则有助于制动。制动是一消耗能量的过程，从开始制动到制动终了，历经的制动时间为 t_b，制动轴的角速度由 ω_0 降到 ω_e，若为完全制动则 $\omega_e = 0$，制动轴的力矩平衡关系为

$$M_b + M_\mu + J_{eq}\frac{d\omega}{dt} = 0 \tag{5-7}$$

若按完全制动，将上式积分后得

$$\int_0^{t_b} M_b dt = -\int_{\omega_0}^0 J_{eq} d\omega - \int_0^{t_b} M_\mu dt$$
$$= J_{eq}\omega_0 - M_\mu t_b \tag{5-8}$$

式中 M_b——制动器轴上的制动力矩（N·m），随制动时间 t_b 而变；

M_μ——折算到制动轴上的当量摩擦阻力矩（N·m），见式 (5-12)；

J_{eq}——被制动的传动链中各运动件换算到制动轴上的当量转动惯量（kg·m²），见式 (5-13)；

$\dfrac{d\omega}{dt}$——制动器轴在制动过程中的瞬时角加速度（rad/s²）；

t_b——要求的制动时间（s）。一般取 $t_b = 0.3 \sim 5\text{s}$，多数在 $1 \sim 3\text{s}$。具体数值应按机械的工作要求确定，t_b 愈小，则制动愈迅速，但引起的制动冲击力也愈大，故 t_b 不可太小；

ω_0——制动器轴在制动开始时的角速度（rad/s）。

因制动力矩 M_b 随 t_b 而变，所以在整个制动过程中的平均制动力矩 M_{bm} 为

$$M_{bm} = \frac{1}{t_b}\int_0^{t_b} M_b dt \tag{5-9}$$

将式 (5-8) 代入式 (5-9)，得

$$M_{bm} = \frac{1}{t_b}(J_{eq}\omega_0 - M_\mu t_b) = kM_{b\,max} \tag{5-10}$$

所以，制动器轴上的最大制动力矩 $M_{b\,max}$ 为

$$M_{b\,max} = \frac{1}{k}\left(\frac{J_{eq}\omega_0}{t_b} - M_\mu\right) \tag{5-11}$$

式中 k——制动器结合时间因数,其值由制动器结构而定。制动器如能在制动面之间及操纵机构的间隙消除后立即完全接合而达到最大制动力矩,取 $k=1$;如制动器达到完全接合的时间等于制动时间 t_b,则取 $k=0.5$。通常 $0.5<k<1$。

系统摩擦阻力矩的大小与摩擦因数值及结构有关。精确计算是很困难的,所以一般可根据传动系统的机械传动效率按式(5-12)计算其当量摩擦阻力矩

$$M_\mu = \left(\frac{1}{\eta_\Sigma} - 1\right)M \tag{5-12}$$

式中 M_μ——折算到制动轴上的当量摩擦阻力矩(N·m);
  M——制动器轴传递的转矩(N·m);
  η_Σ——被制动传动系统的总传动效率。

由于被制动的传动系统中有回转运动的构件,也可能有直线运动的构件,计算转动惯量时,必须把这两部分的惯量都考虑进去,并且都换算到制动器轴上。因此,制动器轴的当量转动惯量为

$$J_{eq} = \sum J_j \left(\frac{\omega_j}{\omega_0}\right)^2 + \sum m_i \left(\frac{v_i}{\omega_0}\right)^2 \tag{5-13}$$

式中 J_{eq}——折算到制动器轴上的传动系统运动构件的当量转动惯量(kg·m^2);
  J_j——各回转构件的转动惯量(kg·m^2);
  ω_j——各回转构件的角速度(rad/s);
  ω_0——制动器轴在制动开始时的角速度(rad/s);
  m_i——各直线运动构件的质量(kg);
  v_i——各直线运动构件的移动速度(m/s)。

(四)制动器的设计

制动器的主要设计步骤如下:

1)根据机械运转情况、工作条件及传动系统结构,选择制动器类型,布置制动器位置,计算所需制动力矩。应使制动器轴上的制动力矩有一定的安全储备,一般可取 $M_b = (1.25 \sim 1.5) M_{b\,max}$,有设计规范的应遵照设计规范确定;

2)按制动器类型进行结构设计,选择摩擦副材料,计算摩擦面所需压紧力及操纵机构的操纵力。对于常闭式制动器则应确定摩擦元件的退距,计算松闸力及行程,确定松闸器的结构尺寸;

3)对主要受力零件进行必要的强度和刚度计算。如对带式制动器的制动带进行抗拉强度计算,对加载制动臂、加载弹簧及传力杠杆进行强度和刚度计算;

4)对摩擦元件进行发热验算,尤其对有垂直负载的制动器,因摩擦面在制动状态下频繁滑摩,发热量大,须进行热平衡计算;

5)如选用标准制动器,则应验算制动力矩。目前我国已制定有外抱块式制动器国家标准,可供设计选用。

各类制动器设计可参考[75]、[76]。

四、安全保护装置

机械在工作中若载荷变化频繁、变化幅度较大、可能过载而本身又无保护作用时,应在

传动链中设置安全保护装置，以避免损坏传动机构。机械传动链中如有带、摩擦离合器等摩擦副，则具有过载保护作用，否则应在传动链中安装安全离合器或安全销等过载保护装置。当传动链所传递的转矩超过规定值时，靠安全保护装置中联接件的折断、分离或打滑来停止或限制转矩的传递。常用的安全保护装置有以下几种。

（一）销钉安全联轴器

在传动链中设置一个最薄弱的环节如剪断销或剪断键，当传递的转矩超过允许值时，销或键被剪断，使传动链断开，执行机构便停止运动，必须更换销或键以后才能恢复工作。剪断销或剪断键应装在传动链中易于更换的位置上。

图 5-27 所示为两种剪断销的结构。

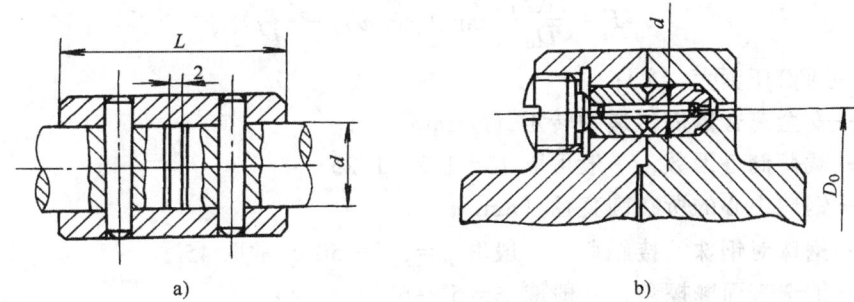

图 5-27 剪断销结构图
a) 径向剪断销 b) 周向剪断销

销钉安全联轴器的承载能力取决于剪断销的抗剪强度，剪断销直径 d 可按式（5-14）计算

$$d \geqslant \sqrt{\frac{8KM}{\pi D_0 Z \tau_P}} \tag{5-14}$$

式中　d——剪断销直径（mm）；

M——剪断销被剪断时的转矩（N·mm）；

K——载荷储备因数，一般取 $K=1.4\sim1.7$；

τ_P——许用剪切应力（MPa）。一般可取 $\tau_P=(0.7\sim0.8)\sigma_b$，$\sigma_b$ 为抗拉强度；

D_0——剪断销所在圆直径（mm），对径向剪断销可取轴径即 $D_0=d$；

Z——剪断销的剪断面数目。

（二）钢珠安全离合器

图 5-28 所示为钢珠安全离合器的结构图。

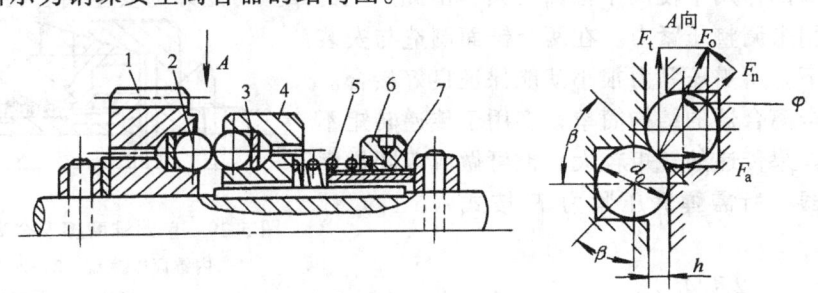

图 5-28 钢珠安全离合器结构图
1—齿轮　2—钢珠　3—垫板　4—圆盘　5—弹簧　6—调整螺母　7—螺套

安全离合器由空套在轴上的齿轮1及与轴由导键联接的圆盘4组成。齿轮1和圆盘4的圆周上均匀分布6~8个孔，孔内装入垫板3及钢珠2，调节螺套7上的螺母6可调整弹簧5的压紧力。当载荷正常时，齿轮1通过钢珠2传动圆盘4和轴，这时钢珠对钢珠将产生轴向分力F_a，随着传递载荷的增大，轴向分力也不断增大，当超过弹簧压紧力F时，圆盘孔内钢珠连同圆盘压缩弹簧而一起右移，使钢珠与钢珠之间出现打滑，轴便停止转动。超载消除后，即自动恢复正常工作。

这种安全离合器的灵敏度较高，工作可靠，结构简单，但打滑时会产生较大的冲击，连接刚度较小，反向回转时，运动的同步性较差。

钢珠式安全离合器所需弹簧压紧力F可按式（5-15）计算

$$F=\frac{2KM}{D_0}\left[\tan(\beta-\varphi)-\frac{D_0}{d}\mu\right] \qquad (5-15)$$

式中 F——弹簧压紧力（N）；

M——安全离合器需传递的转矩（N·mm）；

K——载荷储备因数，一般可取$K=1.2~1.25$；

D_0——钢珠中心的所在圆直径（mm）；

β——钢珠对钢珠的接触角，一般取$\beta=30°~50°$，常取$45°$；

φ——钢珠表面摩擦角，一般取$\varphi=5°~6°$；

d——离合器轴的直径（mm）；

μ——导键与键槽表面的摩擦因数，一般可取$\mu=0.15~0.17$。

所需钢珠数量为

$$Z=\frac{2KM\cos\varphi}{F_{nP}D_0\cos(\beta-\varphi)} \qquad (5-16)$$

式中 F_{nP}——钢珠许用正压力（N），见表5-7。

表5-7 钢珠的许用正压力

钢珠直径 d_0/mm	11	12	14	16	20	24	28	32
许用正压力 F_{nP}/N	160	180	200	220	280	340	400	500

（三）摩擦式安全离合器

图5-29所示为单圆锥摩擦安全离合器，摩擦面由内锥面摩擦盘1和外锥面摩擦盘2组成，在弹簧3的作用下使两个锥面压紧，由此产生的摩擦力矩即为安全离合器许用的输出转矩，螺母5用来调整压紧力。在两个锥面制造与安装正确的情况下，所需压紧力很小就能保证良好接合。

这种安全离合器的结构简单，多用于传递转矩不大的场合。如果传递的转矩较大，也可做成双圆锥摩擦安全离合器，所需弹簧压紧力F按式（5-17）计算

$$F=\frac{2KM}{D_{av}\mu}(\sin\alpha-\mu\cos\alpha) \qquad (5-17)$$

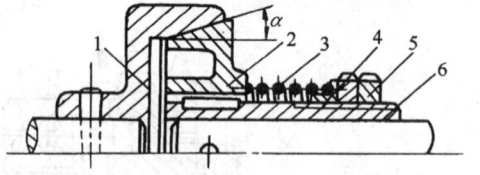

图5-29 单圆锥摩擦安全离合器结构图
1—内锥面摩擦盘 2—外锥面摩擦盘
3—弹簧 4—压紧盘
5—调整螺母 6—套筒

式中　F——离合器弹簧的压紧力（N）；

　　　M——离合器需传递的转矩（N·mm）；

　　　K——载荷储备因数，一般取 $K = 1.2 \sim 1.25$；

　　　D_{av}——平均摩擦直径（mm）；

　　　μ——摩擦因数，见表 5-4；

　　　α——锥角，一般取 $\alpha = 20° \sim 30°$。

安全保护装置装在转速高的传动构件上，可使结构尺寸小些。若装在靠近执行机构的传动构件上，则一旦发生过载，就能迅速停止运动，使传动链中其他传动构件避免超负荷运行。所以安全保护装置宜放在靠近执行机构且转速较高的传动件上。

第四节　传动系统的运动设计

一、有级变速传动系统的运动设计

有级变速传动系统常由变速齿轮传动或变速带传动组成，在一定的变速范围内，其输出轴只能得到有限级数的转速。有级变速传动最基本的变速装置是二轴变速传动，即在两根轴之间用一个变速组传动。二轴变速传动可实现 2 至 4 级变速，若要求的变速级数多于 4 级时，可以采用由两个或两个以上变速组串联而成的多轴传动装置。

（一）二轴变速传动的运动设计

1. 塔轮传动

如图 5-30 所示带传动的塔轮变速组可实现 3 级变速。运动从轴 I 输入，轴 II 输出。当输入轴 I 以某一个固定的转速 n_0 旋转时，只要改变传动带的位置，输出轴 II 就可以得到 3 个不同的转速，传动比分别为

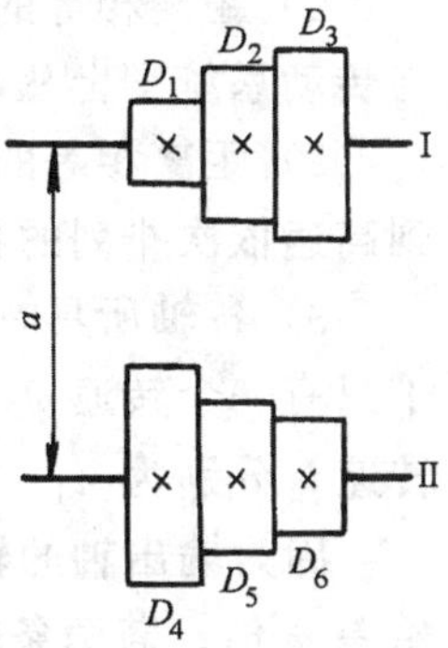

$$i_1 = \frac{D_4}{D_1}; \quad i_2 = \frac{D_5}{D_2}; \quad i_3 = \frac{D_6}{D_3}$$

轴 II 的 3 个转速为

$$n_1 = \frac{n_0}{i_1}; \quad n_2 = \frac{n_0}{i_2}; \quad n_3 = \frac{n_0}{i_3}$$

图 5-30　塔轮变速组

若要求轴 II 的转速按等比级数排列，公比为 φ，即相邻两个转速之间具有下列关系

$$\frac{n_2}{n_1} = \varphi, \quad \frac{n_3}{n_2} = \varphi$$

或　　　$n_1 : n_2 : n_3 = 1 : \varphi : \varphi^2$

则塔轮变速组相邻传动比也必须按公比为 φ 的等比级数排列，即

$$i_3 : i_2 : i_1 = 1 : \varphi : \varphi^2$$

2. 滑移齿轮传动

两轴间一个双联或三联滑移齿轮变速组可实现 2 级或 3 级变速。若要求输出轴的转速按等比级数排列，则一个变速组内各对齿轮的传动比必须符合等比级数排列，即 $i_3 : i_2 : i_1 = 1 : \varphi : \varphi^2$。一般情况下，对变速箱内齿轮变速组的极限传动比有所限制，为了防止被动齿轮的直径过大而增加箱体径向尺寸，一般限制降速传动比的最大值 $i_{max} \leqslant 4$；升速传动时，为了

避免扩大传动误差,使传动较为平稳,限制升速传动比的最小值 $i_{min} \geqslant \frac{1}{2}$(直齿传动)或 $i_{min} \geqslant 1/2.5$(斜齿传动)。因此一个变速组的最大变速范围 $R_{max} = i_{max}/i_{min} = 8 \sim 10$。

变速组内的滑移齿轮应放在转速较高的轴上,以便减小滑移齿轮的尺寸和重量,使操纵省力。因此,降速传动链中的滑移齿轮宜放在主动轴上,升速传动链中则相反。

滑移齿轮在变速过程中,必须使一对处于啮合的齿轮完全脱开后,另一对齿轮才能进入啮合,以避免一个变速组中有两对齿轮同时处于啮合状态。因此采用图 5-31 所示窄式滑移齿轮时,双联齿轮的轴向长度 $L>4b$,三联齿轮的轴向长度 $L>7b$。采用图 5-32 所示宽式滑移齿轮时,轴向长度分别为 $L>6b$ 和 $L>11b$。

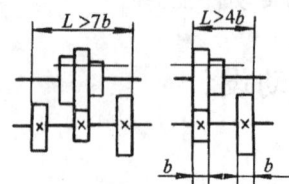

图 5-31 窄式滑移齿轮轴向排列长度

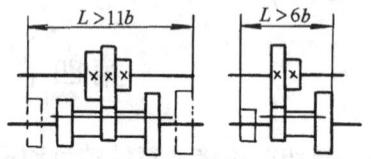

图 5-32 宽式滑移齿轮轴向排列长度

为了更清楚地表示变速组内各对传动副的传动比关系,常用如图 5-33 所示的转速图作为工具。转速图和传动系统的对应关系如下:

1)距离相等的一组竖直线表示各传动轴,从左向右依次标注Ⅰ、Ⅱ,与传动系统图上从动力机到执行构件的传动顺序相对应;

2)距离相等的一组水平线代表转速线,从下向上表示执行构件由低速到高速依次排列的各级等比转速数列;

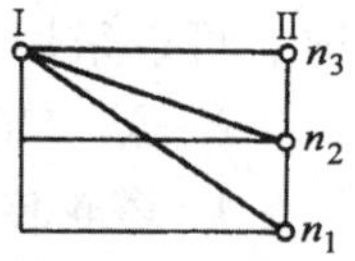

图 5-33 两轴变速转速图示例

3)各轴所具有的转速用该轴与相应转速线相交处的圆点表示,例如轴Ⅰ只有一个转速 n_3,故在轴Ⅰ与 n_3 转速线相交处画一个圆点,轴Ⅱ有 3 个转速,分别为 n_1、n_2 和 n_3,故轴Ⅱ上画 3 个圆点。

因为输出轴的转速按等比级数排列,故相邻两条转速线相距一个间隔时,表示它们之间相差 φ 倍;若两条转速线相距 x 个间隔,则它们之间相差 φ^x 倍。如 n_2 和 n_1 相距一格,则 $\frac{n_2}{n_1} = \varphi$,$n_3$ 和 n_1 相距两格,则 $\frac{n_3}{n_1} = \varphi^2$;

4)相邻两轴之间对应转速的连线,表示一对传动副的传动比。连线的倾斜方向和倾斜程度表示该传动比的比值,连线向右下方倾斜,表示降速传动,若下斜 x 格则传动比值为 $i = \varphi^x$;连线向右上方倾斜,表示升速传动,若上斜 x 格则传动比为 $i = \frac{1}{\varphi^x}$;水平连线表示等速传动,即 $i = 1$。

下面举例说明如何确定一个三联滑移齿轮变速组的转速图方案。

例 5-1 已知:电动机转速 $n_m = 1460 \text{r/min}$,执行构件要求三级变速,公比 $\varphi = 1.58$,转速值分别为 95、150、236r/min,试确定合理的转速图方案。

解

(1)计算总降速比 执行构件的最低转速为 $n_1 = 95 \text{r/min}$,n_1 比电动机的转速低得多,所以是一个降速传动链,$i_{max} = n_m/n_1 = 1460/95 = 15.4$。

(2) 确定传动副的数目 采用一个三联齿轮变速组,由于一对齿轮许用的最大降速比为 4,为了实现总降速比 15.4,至少需要再用一对齿轮降速。

(3) 确定各对传动副的传动比值 若电动机和变速箱用联轴器相连时,则可采用两对传动副降速,见图 5-34a,采用一个三联齿轮变速组和一对定传动比降速齿轮传动。为了减小三联齿轮的尺寸,应采用变速组在前(靠近动力机),定传动比在后的方案,即轴 I-II 之间为三联齿轮变速组,轴 II-III 之间为定比齿轮传动。变速组的 3 个传动比为 $i_1 = \varphi^3$, $i_2 = \varphi^2$, $i_3 = \varphi$,定比传动齿轮的传动比 $i_4 = \varphi^3$。

若电动机和变速箱之间采用带传动连接,则总降速比可以分配给三对传动副,见图 5-34b。取带传动的传动比为 φ,三联齿轮的传动比 $i_1 = \varphi^2$, $i_2 = \varphi$, $i_3 = 1$,定传动比齿轮的传动比 $i_4 = \varphi^3$。此方案的优点是:变速箱输入轴的转速较低,有利于降低变速箱的噪声;三联齿轮的最小传动比 $i_1 = \varphi^2 < 4$,可以减小轴 II-III 的中心距。

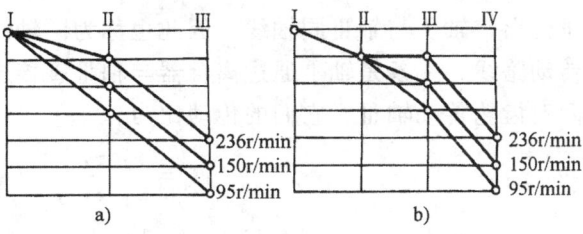

图 5-34 三联齿轮变速组转速方案
a) 由两对传动副降速 b) 由三对传动副降速

3. 折回机构传动

如图 5-35 所示,运动从轴 I 输入,轴 II 输出。轴 I 和轴 II 上各有一个空套的双联滑移齿轮和一个与轴用花键联接的滑移齿轮,双联齿轮在轴向是固定不能移动的。这种变速传动组常称折回机构传动。

折回机构有两条传动路线,一条是从轴 I 到轴 II 的正向传动路线,可得到 3 个传动比;另一条是从轴 I 到轴 II,再从轴 II 到轴 I 的折回传动路线,通过折回路线可得到较大的降速传动比。图 5-35 所示的 4 个传动比如下:

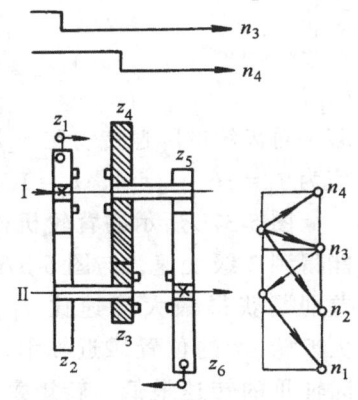

$$i_1 = \frac{z_2}{z_1} \frac{z_4}{z_3} \frac{z_6}{z_5} \text{(通过折回传动路线)}$$

$$i_2 = \frac{z_6}{z_5} \text{(将 } z_1 \text{ 右移,接合端齿离合器)}$$

$$i_3 = \frac{z_2}{z_1} \text{(将 } z_6 \text{ 左移,接合端齿离合器)}$$

$$i_4 = \frac{z_3}{z_4} \text{(将 } z_1 \text{ 右移,} z_6 \text{ 左移,两个端齿离合器均接合)}$$

图 5-35 折回机构传动

若取极限传动比 $i_4 = 1/2$, $i_2 = 4$,则 $i_3 = 1.4$, $i_1 = i_3 i_2 / i_4 = 11.2$,可获得很大的变速范围 $R_{max} = i_1 / i_4 = 22.4$。

在确定折回传动路线中的反向传动副时(如图 5-35 中 z_3, z_4),应选择一对正向传动时传动比值最小的齿轮。这一对齿轮在正向传动时使轴 II 得到最高转速,而在折回传动时为降速传动。如果折回传动副的正向传动是降速,则反向传动为升速,会使实现折回传动时的总降速比减小。

图 5-11 所示变速箱采用折回机构实现的 4 个传动比为

$$i_1 = \frac{75}{25} \times \frac{48}{52} \times \frac{66}{34} = 5.38, \qquad i_2 = \frac{75}{25} = 3$$

$$i_3 = \frac{66}{34} = 1.94, \qquad i_4 = \frac{52}{48} = 1.08$$

取最小降速比 $i_4 = 1.08$ 的一对齿轮作为折回传动路线中的反向传动副。

4. 背轮机构传动

背轮机构又称单折回机构,如图 5-36 所示。运动由轴 I 传入,轴 III 传出,轴 I 与轴 III 同轴线,因此也称为同轴线传动。背轮机构有两条传动路线,一条是轴 I 通过离合器与轴 III 直接连接,另一条路线是通过两对齿轮传动轴 III,它们的传动比为

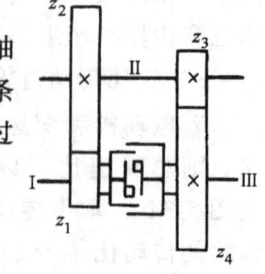

$$i_1 = \frac{z_2}{z_1} \frac{z_4}{z_3}$$

$$i_2 = 1$$

图 5-36 背轮机构传动

图 5-37 所示为三级背轮机构的传动图。图 5-37a 中运动从 z_1 转入,z_1 空套在轴 I 上,与齿轮 2 常啮合,改变双联齿轮的位置,可以得到 3 个传动比:

$$i_1 = \frac{z_2}{z_1} \frac{z_4}{z_3} \text{(双联齿轮在图示位置)}$$

$$i_2 = \frac{z_2}{z_1} \frac{z_6}{z_5} \text{(双联齿轮右移)}$$

$$i_3 = 1 \text{(双联齿轮左移与 } z_1 \text{ 啮合)}$$

若一对齿轮的降速传动比 z_2/z_1 和 z_4/z_3 均取极限值 $i=4$,取 $z_6/z_5=1$ 则可得 3 个传动比值为 $i_1=16$,$i_2=4$,$i_3=1$。

图 5-37b 所示的背轮机构也能得到 3 级变速,与图 5-37a 的差别是获得最大降速比 i_1 时,大齿轮 z_6 的位置靠近轴承,此时轴 III 的转速最低,转矩最大,作用在齿轮上的载荷也最大,齿轮靠近轴承则有利于提高传动的刚性。但因有两个滑移齿轮块,多一个操纵手柄,或使操纵机构复杂。

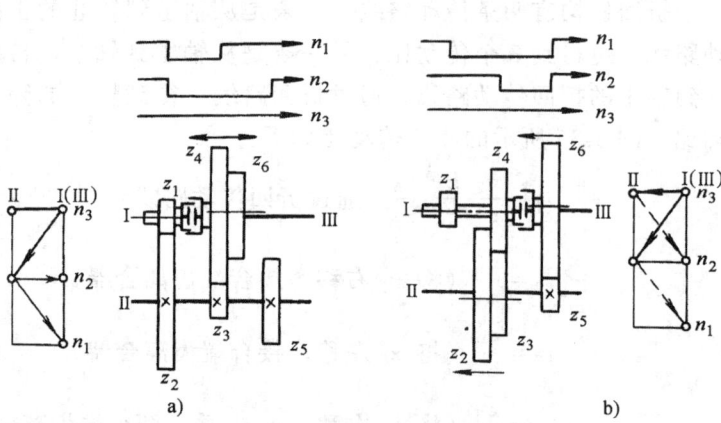

图 5-37 三级背轮机构传动
a) 输出轴上大齿轮远离轴承 b) 输出轴上大齿轮靠近轴承

背轮机构变速组的最大变速范围为 $R_{\max} = i_1/i_3 = 16$,这比一般滑移齿轮变速组最大变速范围 $R=8\sim10$ 大得多。

背轮机构在各种机械传动中应用很多,图 5-38 所示的 16t 汽车起重机的变速箱就是其应用实例之一。输入轴 3 与输出轴 6 同轴线,轴 3 右端有一个轴齿轮 z_4,z_4 与中间轴 1 上的齿轮 z_9 固定常啮合,轴 6 上有三个空套齿轮 z_5、z_6、z_7 及一个以花键联接的滑移齿轮 z_8,中间轴 1 上有两个轴齿轮 z_{12}、z_{13} 及三个花键固联的齿轮 z_9、z_{10}、z_{11}。动力由齿轮 z_4 输入,经背轮机构传动,到输出轴 6 有 5 个传动比,即:

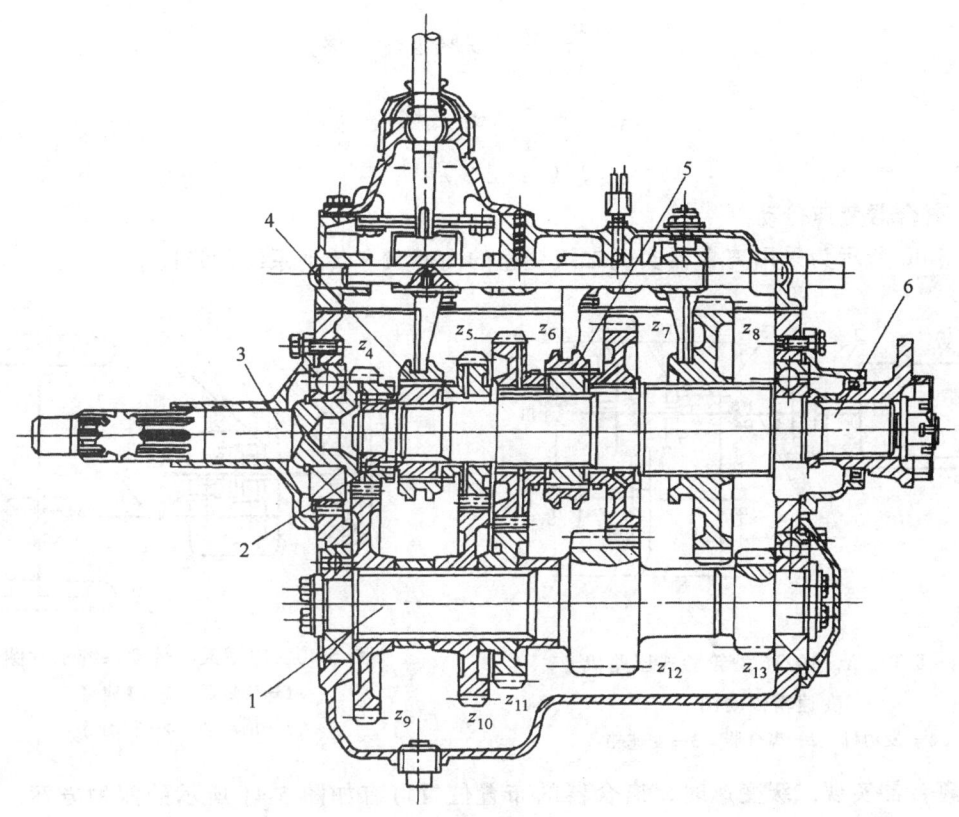

图 5-38 16t 汽车起重机变速箱
1—中间轴 2—滚子轴承 3—输入轴 4、5—啮合套 6—输出轴

$$i_1 = \frac{z_9}{z_4} \frac{z_8}{z_{13}} \text{（滑移齿轮 } z_8 \text{ 右移）}$$

$$i_2 = \frac{z_9}{z_4} \frac{z_7}{z_{12}} \text{（啮合套 5 右移）}$$

$$i_3 = \frac{z_9}{z_4} \frac{z_6}{z_{11}} \text{（啮合套 5 左移）}$$

$$i_4 = \frac{z_9}{z_4} \frac{z_5}{z_{10}} \text{（啮合套 4 右移）}$$

$$i_5 = 1 \text{（啮合套 4 左移）}$$

输入轴 3 的左端支承在发动机曲轴的孔中（图中未画出），右端支承在一个外圈带止动环的深沟球轴承中，并由该轴承使轴 3 轴向定位。输出轴 6 的左端支承在输入轴 3 的轴齿轮中，为了提高该悬臂支承的刚度，应尽量使向心短圆柱滚子轴承 2 靠近箱壁。

图 5-39 所示为 Y_6—9/16 型轮胎式压路机变速箱传动图，也是采用了背轮机构传动。动力由发动机 1 经主离合器 2 传给变速箱 3，变速箱输入轴 I 的右端有小齿轮 z_1 与轴 II 上齿轮 z_2 常啮合，轴 II 上还装有与轴花键联接的三个固定齿轮 z_3、z_5、z_7，输出轴 III 上有两个滑移齿轮块 z_4 及 z_6、z_8，可以得到 4 个传动比：

$$i_1 = \frac{z_2}{z_1} \frac{z_8}{z_7} \text{（双联齿轮右移）}$$

$$i_2 = \frac{z_2}{z_1}\frac{z_6}{z_5}\ (双联齿轮左移)$$

$$i_3 = \frac{z_2}{z_1}\frac{z_4}{z_3}\ (z_4\ 右移)$$

$$i_4 = 1\ (z_4\ 左移)$$

5. 离合器变速传动

图 5-40 所示为采用离合器实现二级变速的内燃叉车传动系统示意图。

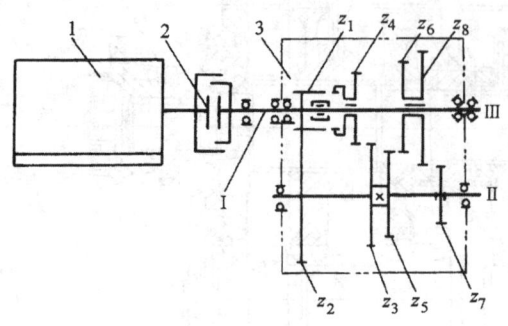

图 5-39 Y_6—9/16 型轮胎式压路机变速箱传动图
1—发动机 2—离合器 3—变速箱

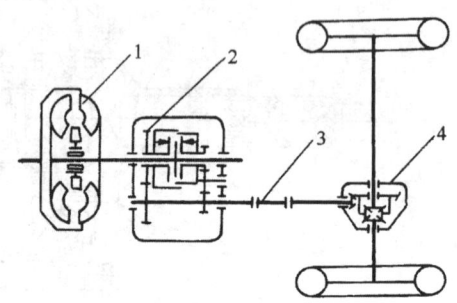

图 5-40 内燃叉车传动系统示意图
1—变矩器 2—变速箱
3—传动轴 4—驱动桥

用离合器实现二级变速时，离合器的布置位置可有如图 5-41 所示的四种方案。布置时应注意避免出现"超速"现象。所谓超速现象是指当一条传动路线工作时，在另一条不工作的传动路线上传动构件出现高速空转的现象。在两对齿轮的传动比悬殊时，超速现象更为严重。

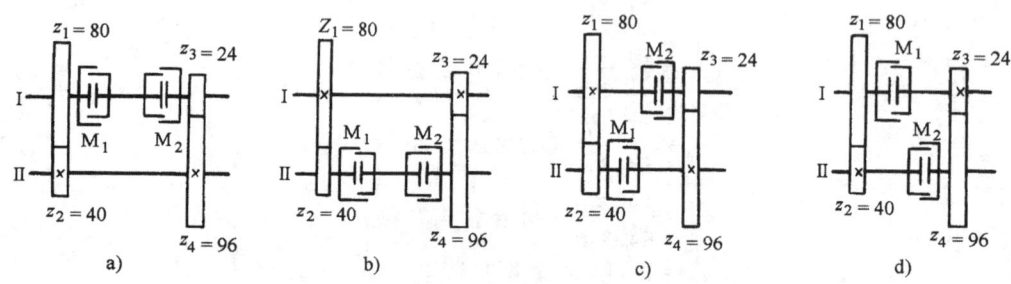

图 5-41 离合器布置位置
a) 两个离合器都在主动轴上 b) 两个离合器都在从动轴上
c) 两个离合器分别与两轴上的小齿轮相连 d) 两个离合器分别与两轴上的大齿轮相连

图 5-41a 中两个离合器都装在主动轴 Ⅰ 上。当 M_1 接合、M_2 断开时，轴 Ⅰ 上的小齿轮 z_3 就会出现超速空转，$n_{z_3} = \dfrac{n_{\rm I}}{\dfrac{z_2}{z_1}\dfrac{z_3}{z_4}} = \dfrac{n_{\rm I}}{\dfrac{40}{80}\times\dfrac{24}{96}} = 8n_{\rm I}$，齿轮 z_3 的转速是轴 Ⅰ 转速的 8 倍，故离合器 M_2 的内外摩擦片之间的相对转速为 $8n_{\rm I} - n_{\rm I} = 7n_{\rm I}$。相对转速很高，使齿轮和离合器的磨损及噪声加剧，空载损失增大。

图 5-41b 将两个离合器都装在从动轴Ⅱ上，当 M_1 接合、M_2 断开时，z_4 的空转转速为 $n_I/4$，轴Ⅱ的转速为 $2n_I$，则离合器 M_2 内外摩擦片之间的相对转速为 $2n_I - \frac{1}{4}n_I = 1\frac{3}{4}n_I$，相对转速较低，避免了超速现象。

有时为了减小轴向尺寸，把两个离合器分别安装在两根轴上，当离合器与大齿轮安装在一起时，如图 5-41d 所示，不产生超速现象。若将离合器与小齿轮安装在一起，如图 5-41c 所示，同样也会出现超速现象。

6．交换齿轮变速传动

采用交换齿轮变速时，为了充分利用交换齿轮，使一对齿轮对换位置后可得到两个传动比，因此在转速图上，交换齿轮变速组的传动比连线应对称分布。

例如用图 5-42 所示交换齿轮实现 4 级变速时，可以有多种转速图方案，图 5-42a 所示的 4 个传动比值为 $i_1 = \varphi^{1.5}$，$i_2 = \varphi^{0.5}$，$i_3 = 1/\varphi^{0.5}$，$i_4 = 1/\varphi^{1.5}$。图 5-42b 所示的 4 个传动比值为 $i_1 = \varphi$，$i_2 = 1$，$i_3 = 1/\varphi$，$i_4 = 1/\varphi^2$。若一对齿轮的齿数为 20 和 40，则 $i_1 = 20/40$，将两个齿轮互换位置后，得到另一个传动比 $i_2 = 40/20$，即 $i_2 = 1/i_1$。因此图 5-42a 所示方案只需要两对齿轮，而图 5-42b 所示方案需要三对齿轮。

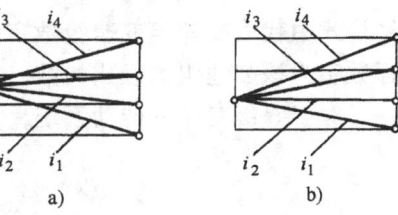

图 5-42　变速齿轮转速图
a) 传动比对称分布　b) 传动比不对称分布

（二）多轴变速传动的运动设计

当要求的转速级数较多时，可以串联若干个二轴变速组，组成一个多轴变速传动系统。设各二轴变速组的变速级数分别为 C_1、C_2 和 C_3……则总的变速级数 $C = C_1 C_2 C_3 \cdots$。

除通用金属切削机床的变速级数较多外，其他各类机械要求的变速级数通常不超过 6 级。本节以 6 级变速为例，介绍多轴变速传动系统的设计方法。

1．设计步骤

（1）确定传动顺序　传动顺序是指从动力机到执行构件各变速组的传动副数的排列顺序。例如由二联齿轮变速组和三联齿轮变速组组成的 6 级变速传动，可以有图 5-43 所示的两种传动顺序：$6 = 3 \times 2$（三联齿轮变速组在前）和 $6 = 2 \times 3$（二联齿轮变速组在前）。

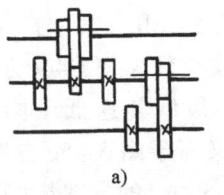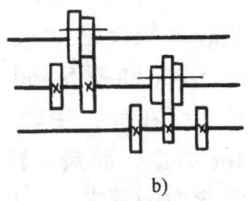

图 5-43　6 级变速传动顺序方案
a) 3×2 传动顺序　b) 2×3 传动顺序

对于降速传动链，传动顺序应"前多后少"，使位于高速轴的传动构件多些，这对于节省材料，减小变速箱的尺寸和重量都是有利的。

（2）确定变速顺序　变速顺序是指基本组和扩大组的排列顺序。

任何一个变速组中，相邻两个传动比的比值叫做级比。级比以 φ^a 形式表示，φ 为输出轴转速数列公比，a 为级比指数。

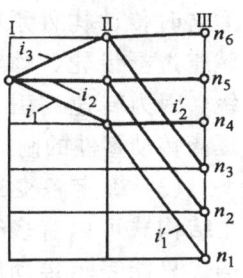

图 5-44　基本组和扩大组

假如有一个变速组的级比与输出轴转速数列的公比相同，即级比指数 $a = 1$，则不论它处在传动顺序的前边还是后边，都称为基本变速组，简称基本组。如图 5-44 所示的轴Ⅰ-Ⅱ之间是一个三联齿轮变速组，3 个传动比为 $i_1 = \varphi$、$i_2 = 1$、$i_3 = 1/\varphi$，该变速组的级比为 φ，即

$i_1:i_2:i_3 = \varphi^2:\varphi:1$，级比指数为 1，所以它是基本组。

假如一个变速组的级比指数等于基本组的传动副数，称它为扩大组。如图 5-44 所示的轴Ⅱ-Ⅲ之间是一个二联齿轮变速组，两个传动比为 $i'_1 = \varphi^3$，$i'_2 = 1$，该变速组的级比为 φ^3，即 $i'_1:i'_2 = \varphi^3:1$，级比指数等于 3，与基本组传动副数相等，所以它是扩大组。

为了使轴Ⅲ得到按 n_1、n_2、n_3…n_z 排列的等比级数转速数列，首先使扩大组的齿轮处于 i'_1 啮合，改变基本组齿轮的啮合位置由 $i_1 \to i_2 \to i_3$，轴Ⅲ就可依次得到 n_1、n_2、n_3，由于这 3 个转速在转速图上各相邻一格，所以基本组的各个传动比在转速图上也必定相邻一格；然后使扩大组齿轮位于 i'_2 啮合，重复基本组齿轮的啮合顺序，轴Ⅲ便得到 n_4、n_5 和 n_6 各级转速。基本组为三联齿轮变速组时，扩大组的两个传动比在转速图上必须相邻三格，否则轴Ⅲ转速就会出现空档或重复，如图 5-45 所示。

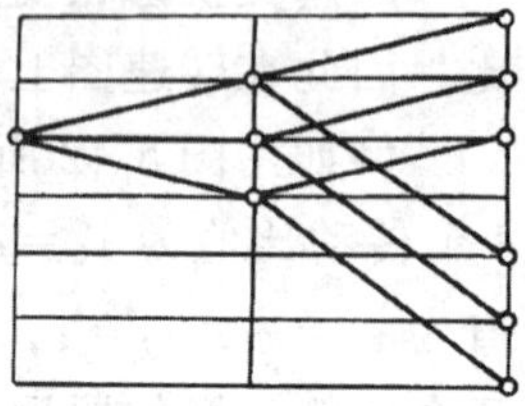

转速图上各个变速组的传动比分布规律可以用结构式表示，图 5-44 所示的结构式为

$$6 = 3_1 \times 2_3$$

结构式中代表变速组变速级数字的顺序表示传动顺序，变速级数的下标数字为该变速组的级比指数，表示变速顺序。

对于 6 级变速的传动系统，可以有四种结构式方案，即

$$6 = 3_1 \times 2_3 \qquad 6 = 3_2 \times 2_1$$
$$6 = 2_1 \times 3_2 \qquad 6 = 2_3 \times 3_1$$

相应的转速图如图 5-46 所示。

图 5-45 有空档的转速图

在确定变速顺序时，一般应采用基本组在前、扩大组在后的方案。其优点是可以提高中间轴的最低转速或降低中间轴的最高转速。例如图 5-46 所示的四个方案中，轴Ⅰ、轴Ⅲ的转速都相同，但轴Ⅱ的转速都各不相同。图 5-46a 方案中基本组在前，轴Ⅱ的 3 个转速靠近，最低转速为 n_4。图 5-46b 方案中扩大组在前，使轴Ⅱ的 3 个转速拉开，最低转速为 n_2。图 5-46c 和图 5-46d 方案比较，图 5-46d 方案扩大组在前，使轴Ⅱ的最低转速低于图 5-46c 方案，而最高转速又高于图 5-46c 方案。因此四个方案中，以图 5-46a 的方案最好。

一个传动构件在多种转速下运行时，通常根据低转速进行强度或刚度计算，因为这时传动构件承受的转矩较大；根据高转速选择齿轮、轴承等传动零件的精度等级，因为转速高引起的噪声大，必须相应提高传动零件的制造精度。

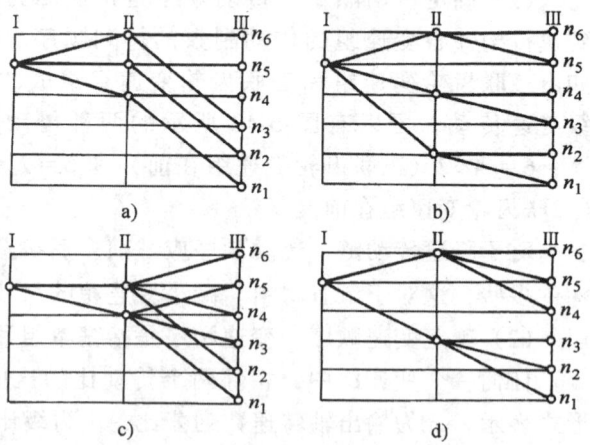

图 5-46 不同结构式的转速图方案比较
a) $6 = 3_1 \times 2_3$ b) $6 = 3_2 \times 2_1$
c) $6 = 2_1 \times 3_2$ d) $6 = 2_3 \times 3_1$

（3）确定各变速组的传动比 对应一个结构式可以有多个转速图方案，因为结构式只能表示传动顺序和变速顺序，但不能确定各个变速组传动比的具体数值。例

如图 5-47 所示的两个转速图中，基本组的传动比都相邻一格，扩大组的两个传动比都相邻三格，这两个转速图的结构式相同，但各变速组传动比的数值不同。确定传动比时应考虑以下几点：

1) 各对传动副的传动比不超出极限传动比，即 $i_{max} \leq 4$，$i_{min} \geq (1/2 \sim 1/2.5)$；

2) 尽量提高中间轴的最低转速。分配降速传动比时，按照"前小后大"的递降原则较为有利，即按传动顺序前面传动组的最大降速比小于后面传动组的最大降速比。图

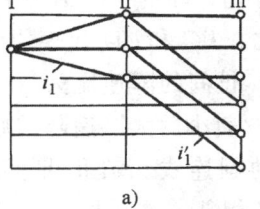 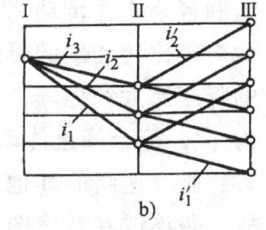

图 5-47 同一结构式的不同转速图方案比较
a) 递降分配传动比 b) 非递降分配传动比

5-47a 所示的方案中，轴Ⅰ-Ⅱ之间的最大降速比为 $i_1 = \varphi$，轴Ⅱ-Ⅲ之间最大降速比为 $i'_1 = \varphi^3$，符合 $i_1 < i'_1$ 原则，故轴Ⅱ的最低转速较高。图 5-47b 所示的方案中，$i_1 = \varphi^3$，$i'_1 = \varphi$，不符合上述原则，因此轴Ⅱ的最低转速较低。所以，图 5-47a 方案优于图 5-47b 方案；

3) 有利于降低噪声。分配传动比时应避免较大的升速传动，因为升速传动使传动误差扩大，并引起较大的啮合冲击和噪声。如果传动链的始端就采用较大的升速齿轮传动，则将使整个传动系统的噪声增大。

适当降低齿轮的圆周速度，也有利于降低噪声。

在满足机械运动要求的前提下，应尽量缩短传动链。因为缩短传动链不仅可以减少传动零件和简化结构，也可以减小传动零件的制造和安装累积误差，而且对减小传动链的转动惯量，从而改善传动系统的动力学性能都是有利的。对高速传动链更应尽量采用短的传动链。

例 5-2 拟定某制管机的变速传动系统。已知：电动机转速 1440r/min，工作主轴转速 $n = 45 \sim 250$r/min，变速级数为 6 级。

解

(1) 确定结构式 采用两个变速组，根据传动顺序应前多后少，变速顺序基本组在前、扩大组在后的原则，采用结构式为 $6 = 3_1 \times 2_3$。

(2) 确定传动链中是否需要定比传动副 本例执行机构的转速都比电动机转速低，属于降速传动链，总降速比 $i_{tot} = n_m/n_1 = 1440/45 = 32$。若一对齿轮的最大降速比为 4，则至少需要三对降速传动副。根据总体布置的需要，电动机和变速箱之间要用一级带传动。

(3) 拟定转速图 如图 5-48 所示，本例传动系统由两个变速组和两对定比传动副组成，共有 5 根轴线。画 5条等距竖线代表 5 根轴线，自左至右依次标上Ⅰ、Ⅱ、Ⅲ、Ⅳ、Ⅴ。Ⅰ为电动机轴，Ⅴ为输出轴。由已知条件知道所需变速范围 $R = n_6/n_1 = 250/45 = 5.6$，相应的公比为 $\varphi^{6-1} = 5.6$，即 $\varphi = 1.41$。由 $n_{min}\varphi^{Z-1} = n_{max}$，得 $Z = \frac{\lg(n_{max}/n_{min})}{\lg\varphi} + 1 = \frac{\lg(1440/45)}{\lg 1.41} + 1 \approx 11$。画 12 条等距水平线表示转速线。轴Ⅰ上用点 A 代表电动机转速，在轴Ⅴ上标出 12 级转速的数值。最低转速 $n_1 = 45$r/min 与

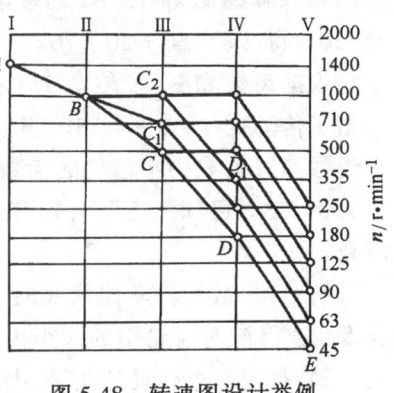

图 5-48 转速图设计举例

轴Ⅴ交点标上 E。由转速图可看出 A 点和 E 点相邻大约10格,表示总降速比大约为 φ^{10}。

拟定转速图的一项主要工作是分配降速传动比,就是将总降速比合理地分配给各个变速组和各个定比传动副。首先,确定中间轴的 B、C、D 三个点的位置,其中 AB 和 DE 代表两对定比传动副的降速比,BC 和 CD 代表两个变速组的最大降速比。本例中可取轴Ⅰ-Ⅱ间的降速比大约为 φ,轴Ⅱ-Ⅲ间的降速比为 φ^2,轴Ⅲ-Ⅳ间降速比为 φ^3,轴Ⅳ-Ⅴ间的降速比为 φ^4,符合降速传动比"前小后大"递降的原则,有利于提高中间轴的转速。

画变速组的其他传动副连线。轴Ⅱ-Ⅲ间是基本组,有三对齿轮副,其级比指数为1,故三条连线在转速图上各相邻一格,从 C 点向上每隔一格取 C_1、C_2 点,连接 BC、BC_1 和 BC_2 得基本组的三条传动副连线,它们的传动比分别为 φ^2、φ 和 1。轴Ⅲ-Ⅳ间是扩大组,有两对齿轮副,其级比指数为3,故两条连线在转速图上相邻三格,从 D 点向上隔三格取 D_1 点,连接 CD 和 CD_1 得扩大组的两条传动副连线,它们的传动比分别为 φ^3 和 1。

最后,画出传动副的全部连线。转速图上两根轴线之间的平行线代表同一对齿轮传动,所以从轴Ⅲ的 C_1、C_2 点分别画 CD 和 CD_1 的平行线,使轴Ⅳ得到六种转速,再画 DE 的平行线,使轴Ⅴ得到6种转速。

2. 齿轮齿数的确定

转速图确定后,可以根据各对传动副的传动比值计算齿轮的齿数或带轮的直径。下面介绍变速组内齿轮齿数的确定方法。

同一变速组内的齿轮可取相同的模数,也可取不同的模数。为了便于制造,减少刀具品种,同一变速组的齿轮常取相同的模数。但是从齿轮的强度考虑,齿轮的模数应与其所承受的载荷相适应,载荷小的齿轮应取较小的模数。在满足齿面接触强度和轮齿弯曲强度的条件下,减小模数,增大齿数,有利于增加齿轮啮合的重合度和改善齿轮传动的平稳性,还可以减少轮齿切削的加工量和提高制造的经济性。

(1) 变速组内模数相同时齿数的确定 由于同一变速组内各对齿轮的中心距应相等,当模数相同时,若不采用变位齿轮,则各对齿轮的齿数和也应相等。降速传动时,齿数和应由最大降速比的一对齿轮副确定;升速传动时,应由最小升速比的一对齿轮副确定。确定齿数和时还应考虑不产生根切的最小齿数 $Z_{\min}$ 的限制。例如图 5-47b 所示的三联齿轮组,若公比 $\varphi = 1.41$,则三个传动比为 $i_1 = \varphi^3 = 1.41^3 = 2.82$,$i_2 = \varphi^2 = 2$,$i_3 = \varphi = 1.41$。若取 $z_{\min} = 20$,显然最大降速比 $i_1 = 2.82$ 的被动齿轮的齿数最大,因而要求的齿数和也最大,由 $i = 2.82 = 56/20$,得 $z_\Sigma = 56 + 20 = 76$。

根据齿数和 z_Σ 及传动比 i 就可以用计算法或查表法确定各对齿轮副的齿数。表 5-8 中列出了传动比 $i = 1 \sim 4.73$,齿数和 $z_\Sigma = 40 \sim 120$ 及相应的小齿轮齿数 z_1。大齿轮的齿数等于齿数和减去表中小齿轮的齿数。

例 5-3 已知某三联齿轮变速组,$i = 2.82$,$i_2 = 2$,$i_3 = 1.41$。试用查表法确定各齿轮齿数。

解 1) 选择传动比最大的一对齿轮副的最小齿数和。根据 $i_1 = 2.82$,取 $z_{\min} = 20$,由表 5-8 查得该对齿轮副的最小齿数和 $z_{\Sigma \min} = 76$;

2) 找出三个传动比均适用的 z_Σ,由于 $z_\Sigma = 76$ 对其余两个传动比不合适,故自 $z_\Sigma = 76$ 开始向右查表,多列出几个同时满足三个传动比要求的齿数和,如 $z_\Sigma = 84$,87,92…。

表 5-8　各种常用传动比的适用齿数

z_Σ \ i	40	41	42	43	44	45	46	47	48	49	50	51	52	53	54	55	56	57	58	59	60	61	62	63	64	65	66	67	68	69	70	71	72	73	74	75	76	77	78	79	i \ z_Σ
1.00	20		21		22		23		24		25		26		27		28		29		30		31		32		33		34		35		36		37		38		39		1.00
1.06		20		21		22		23			25			27		28			29			31			33			34			36			37		38			1.06
1.12	19				20	21		22	23		24			25	27		27		28	29			30		31	32		33	34	35	36	37			1.12
1.19				19	20				22	23		24		25		26	27		28		29	30		31	32		33	34	35	36	37		1.19
1.26		18	19				20	22	23			24		25	26		27		29		29	30		31	32	33	34	35	36		1.26
1.33	17		18	19			20		21		23			24	25	26	27	28		29	30	31	32	33	34	35		1.33
1.41					17	18	19		20	21	22	23	24		25	26	27	28	29	30	31	32	33		1.41
1.50	16			17		18		19		20	21	22	23	24	25		26	27	28	29	30			1.50
1.58	15	16			17		18		19	20	21	22	23	24	25		26	27	28	29	30	31		1.58
1.68			15	16		17		18	19		20	21	22	23	24	25	26	27	28	29	30		1.68
1.78				15	16		17		18	19		20	21	22	23	24	25	26	27	28	29		1.78
1.88	14		15		16		17		18	19		20	21	22	23	24	25	26	27	28		1.88
2.00			14		15		16		17	18		19	20	21	22	23	24	25	26	27		2.00
2.11			13	14	15		16	17	18	19	20	21	22	23	24	25	26		2.11
2.24		13		14		15	16	17	18	19	20	21	22	23	24	25		2.24
2.37	12	13		14		15	16	17	18	19	20	21	22	23	24		2.37
2.51		12	13		14	15	16	17	18	19	20	21	22	23	24		2.51
2.66			12	13	14	15	16	17	18	19	20	21	22		2.66
2.82			13	14	15	16	17	18	19	20	21		2.82
2.99			13	14	15	16	17	18	19	20		2.99
3.16									17	18	19	20		3.16
3.35							17	18	19		3.35
3.55							16	17	18		3.55
3.76					15	15	16	16			3.76

(续)

z_1 \ i \ z_Σ	80	81	82	83	84	85	86	87	88	89	90	91	92	93	94	95	96	97	98	99	100	101	102	103	104	105	106	107	108	109	110	111	112	113	114	115	116	117	118	119	120	i
1.00	40		41		42		43		44		45		46		47		48	49		50	50	51	51	52	52	53	53	54	54	55	55	56	56	57	57	58	58	59	59	60	60	1.00
1.06	39		40	40	41	41	42	42	43	43	44	44	45	45	46	46	47	47	48	48		49		50		51		52		53	53	54	54	55	55	56	56	57	57	58	58	1.06
1.12	38	38	39		40		41		42		43	43	44	44	45	45	46	46	47	47	47	48	48		49		50	52	51	51	52	52	53	53	54	54	55	55	56	56	57	1.12
1.19	37		38		39	39	40	40	41	41	42	42	43	43	44	44	45	45	46	46	46	47				48		49	49	50	50	51	51	52	52		53	54	54	55	55	1.19
1.26	36	36	37	37		38		39	39		40	40	41	41	42	42	43	43	44	44	44	45	45		46		47	47	48	48	49	49	50	50		51	51	52	52	53	53	1.26
1.33	34	35	35	36	36		37	37		38		39			40	40	41	41	42	42	43	43	44	44		45		46	46	47	47		48	48	49		50	50	51	51	52	1.33
1.41	33		34		35	35		36	36		37	37	38	38		39	39		40	40	40	41	41	42	42	43		44	44	45	45	46		47	47	48	48	49	49	50	50	1.41
1.50	32		33	33		34	34		35	35		36	36		37	37	38	38	39	39			40	40	41	41	42	42	43	43	44		45	45	46	46	47	47		48	48	1.50
1.58	31		32	32	33	33		34	34		35	35		36	36		37	37	38	38	39	39		40	40	41	41	42	42	43	43		44	44	45	45	46		47		48	1.58
1.68	30	30	31	31	32	32		33	33		34	34		35	35		36	36	36	37	37		38			39	40	40	41	41		42		43	43	44	45	45	46	46		1.68
1.78	29	29	30	30		31	31		32	32			33	33	34	34	35	35	35			36	37	37		38	38		39	39		40		41	41		42		44		44	1.78
1.88	28	28		29			30	30		31	31		32	32		33	33		34	34	35	35		36	36		37	37		38	38		39	39		40	40		41	41	42	1.88
2.00			27		28	28		29			30	30		31	31		32	32	33	33	33	34	34		35	35	36	36	36		37	37		38	38		39	39			40	2.00
2.11			26		27	27		28	28		29	29		30	30		31	31	32	32	32			33	33	34	34		35	35		36	36						38	38		2.11
2.24			25		26	26		27	27			28	28	29	29	30	30	30	31	31	32	32	32	33	33		34	34	35	35	35	36	36			37	37					2.24
2.37			24			25		26	26		27	27	28	28		29	29		30	30	30	31	31	32	32	32		33	33	34	34			35	35		36	36			37	2.37
2.51	23	23		24		25	25		26	26		27	27	28	28	28			29	29			30	30	31			32	32	32		33	33		34	34		35	35			2.51
2.66	22	22		23		24	24		25	25		26	26	27	27	27	27		28	28			29			30	30		31	31		32			32		33	33		34	34	2.66
2.82	21	21		22	22		23	23		24	24		25	25	25	26	26		27	27			28			29	29												31	31		2.82
2.99		20	20	21		21			22	22			23	23	24	24	24		25		25			26	26			27	27			28			29						30	2.99
3.16	19		19	19	20	20	20		21	21		22	22	22	23	23	23		24							25		26	26	26			27				28					3.16
3.35		18	18		18		19	19	19			20	20	20		21	21			21							22									25		27	27			3.35
3.55	17					18	18		18	19		19	19	20	20	20			21	21																		26	26	26		3.55
3.76		16	16		17	17	17		17			18	18	18		19	19																		25	25			25	25	25	3.76
3.98			16		16	16		17	17		17	17		18	18	18			19	19																	23	24	24	24	24	3.98
4.22			15	15	15		15		16	16		16	16		17	17	17		18	18												22					22		23	23	23	4.22
4.47			15	15	15				15			16	16		16	16		17	17	17																	21	21		22	22	4.47
4.73	14	14										15	15		15	15			17	17			18	18	18					19	19			20	20	20	20			21	21	4.73

若允许 z_{min} 减小，则也可向左查表，如 $z_{min} = 19$ 时 $z_\Sigma = 72$；

3) 从中选出适用的最小齿数和。本例中如果选齿数和为 84，对应的齿轮齿数分别为 $i_1 = 2.82 = 62/22$，$i_2 = 2 = 56/28$，$i_3 = 1.41 = 49/35$。

用上述方法求得的齿数和 z_Σ 如嫌偏大，需减小 z_Σ 使结构紧凑，可采取以下措施：

1) 若传动比不允许有误差，可采用变位齿轮的方法。通常同一变速组内各对齿轮的齿数和允许相差 2～3 个齿，例如本例可选择 $i_1 = 2.82 = 56/20$，$i_2 = 2 = 52/26$，$i_3 = 1.41 = 45/32$；齿数和分别为 76、78 和 77，齿数差在允许范围内。一般，变速组的齿轮中心距多按齿数和最大的齿轮副定，其余齿轮副采用正传动，有利于改善传动性能；

2) 若传动比允许有一定误差，则仍可采用标准齿轮。这时应验算每一对传动比的误差不超出允许值。例如本例可选择 $z_\Sigma = 76$，则 $i_1 = 2.82 = 56/20$，$i_2 = 2 \approx 51/25$，$i_3 = 1.41 \approx 44/32$。三个传动比中 i_2 和 i_3 都有误差，它们的实际值为 $i_2 = 2.04$，$i_3 = 1.37$。

(2) 变速组内模数不同时齿数的确定 若一个变速组内采用两种不同模数 m_1 和 m_2，因各对齿轮副的中心距 a 必须相等，即

$$a = \frac{1}{2} m_1 (z_1 + z'_1) = \frac{1}{2} m_1 z_{\Sigma 1}$$

$$a = \frac{1}{2} m_2 (z_2 + z'_2) = \frac{1}{2} m_2 z_{\Sigma 2}$$

所以 $\quad m_1 z_{\Sigma 1} = m_2 z_{\Sigma 2}$

或 $\quad \dfrac{z_{\Sigma 1}}{z_{\Sigma 2}} = \dfrac{m_2}{m_1} = \dfrac{e_2}{e_1}$

$$z_{\Sigma 1} = Ke_2, \quad z_{\Sigma 2} = Ke_1 \tag{5-18}$$

其中 e_1、e_2 为无公因数的整数，K 为整数。

在确定不同模数的齿轮齿数时，常需经过几次试算才能最后确定。首先确定变速组内不同的模数值 m_1 和 m_2，选择 K 值，计算各齿轮副的齿数和 $z_{\Sigma 1}$ 和 $z_{\Sigma 2}$；再按齿轮副的传动比分配齿数。

例 5-4 已知某双联齿轮变速组，$i_1 = 4$，$i_2 = 1/2$。根据两对齿轮副传递载荷的实际情况，分别选其模数为 $m_1 = 4\text{mm}$，$m_2 = 3\text{mm}$。试确定各齿轮的齿数。

解 为简便计两对齿轮均按标准齿轮设计，故应满足关系

$$\frac{z_{\Sigma 1}}{z_{\Sigma 2}} = \frac{m_2}{m_1} = \frac{e_2}{e_1} = \frac{3}{4}$$

为了使齿数和较小，并满足最小齿轮齿数的要求，选取 $K = 30$，则

$$z_{\Sigma 1} = Ke_2 = 30 \times 3 = 90$$
$$z_{\Sigma 2} = Ke_1 = 30 \times 4 = 120$$

根据齿轮副的传动比，分配齿数如下

$$i_1 = 4 = \frac{72}{18} \qquad i_2 = \frac{1}{2} = \frac{40}{80}$$

(3) 检查齿轮与轴是否干涉 传动系统中各个变速组的齿数都确定后，还应检查齿轮与轴是否相碰。如图 5-49 所示，为避免 z_4 与轴 I 相碰及 z'_1 与轴 III 相碰，要求

$$d_{a4} + d_\text{I} < 2a'_1 \tag{5-19}$$
$$d'_{a1} + d_\text{III} < 2a'_2 \tag{5-20}$$

式中　d_a——齿顶圆直径（mm）；

　　　d_I，d_{III}——轴I与轴III的直径（mm）；

　　　a'——齿轮啮合中心距（mm）。

3. 计算转速及其确定方法

为了保证传动系统零件的强度和寿命，应根据传动零件工作时的最大负载转矩进行承载能力计算。

对于恒转矩负载特性的机械，应由工作机械的转矩负载特性 $M_L=f(t)$ 或 $M_L=f(s)$ 确定各传动零件的最大负载转矩，或者根据工作机械的功率负载特性 $P_L=f(t)$ 及 $M=9549P/n$ 的关系确定最大负载转矩。

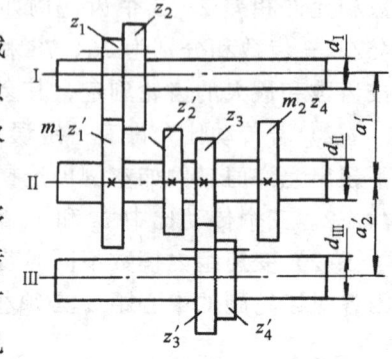

图 5-49　避免齿轮与轴相碰

在设计可调传动比的传动系统时，尤其是变速级数较多的传动系统，应根据机械的作业特点进行具体分析，确定传动零件的最大负载转矩。不少机械已有行业设计规范和方法，设计时应参照采用。对于有些机械，如通用金属切削机床，往往在低速工作时，动力机处于欠负荷状态下运行，只有当工作转速达到某一值以上，才有可能使动力机达到满负荷运行。因此，应按能传递动力机全部功率时各级转速中的最低转速计算传动零件的最大负载转矩。通常把传递动力机全部功率时的最低转速，称为该传动零件的计算转速 n_{ca}。

下面以中型通用机床（如车床、铣床）和用途较广的半自动机床为例说明传动零件计算转速的确定方法。根据调查分析和测定，该类机床主轴的计算转速为

$$n_{ca}=n_{\min}\varphi^{\left(\frac{Z}{3}-1\right)} \tag{5-21}$$

式中　$n_{\min}$——主轴的最低转速；

　　　φ——主轴各级转速的公比；

　　　Z——主轴转速的级数。

式（5-21）表示，如把主轴的全部转速级数 Z 分成三等分，则从低速起的第一个三分之一转速级数中的最高一级转速作为主轴的计算转速。从计算转速开始的以上各级转速都能传递动力机的全部功率，低于计算转速的各级转速都不能传递动力机的全部功率。

传动系统中其余中间传动零件的计算转速为能实现传递动力机全部功率的各级转速中的最低转速。

图 5-48 所示的某通用车床的转速图中，主轴（轴V）的计算转速为 $n_{ca}=n_{\min}\varphi^{\left(\frac{Z}{3}-1\right)}$ $=45\times1.41^{(2-1)}=63$r/min；轴IV的计算转速为 250r/min；轴III的 C 点有两条传动链 CD 及 CD_1，虽然 CD 传动链不能传递动力机全部功率，但 CD_1 传动链可传递动力机的全部功率，因此，轴III的计算转速为 C 点对应的转速 500r/min；轴II的计算转速为 1000r/min。

二、无级变速传动链的设计原则

无级变速传动的类型很多，主要有电力的、流体的和机械的三大类。

电力无级变速有直流变速和交流变速两类。

流体无级变速有液力变速和液（气）压变速两类，前者采用液力变矩器实现无级变速，后者采用节流调速式容积调速实现无级变速。

机械无级变速多数是利用摩擦传动机构实现的。由于其结构简单、传动平稳、噪声小、使用维修方便、效率较高，所以在各类机械中得到了广泛的应用。但由于摩擦副元件的弹性滑动，存在速度损失，所以不能用于要求调速精度高的场合。另外，变速范围较小，通常 $R = 4 \sim 6$，少数可达 $R = 10 \sim 15$。为了扩大变速范围，可采用与有级变速串联的办法。

（一）无级变速传动的功用

无级变速传动主要用于下列场合：

（1）要求转速在工作中连续变化　例如各种卷绕机（绕线、纸、布等），要求保持恒定的卷绕线速度，从而保证恒张力以提高产品的质量。又如车削端面、圆锥面时，要求保持最合适的切削速度不变，以获得较高的生产效率和表面质量。上述机械都要求工作主轴的转速能随着工作面直径或加工直径的变化自动地进行无级变速。

（2）探求机械的最佳工作速度　许多轻工业自动机都采用无级变速传动，当原材料的性能、环境条件或工艺参数发生变化时，可以调整执行构件的工作速度，使自动机处于最佳的工作状态。某些产品在设计阶段要通过试验才能确定其运动参数，为此所用的试验装置也需采用无级变速传动。

（3）带负载起动的机械要求在低速下起动。例如汽车、火车和一些重型机械要求满载起动和变速平稳，采用无级变速传动，可以在很低速度下起动，然后平稳地逐渐升速到工作速度。又如大功率风机、水泵等，为了减小起动时对电网的冲击载荷，也要求低速起动，如用液体粘性离合器，使起动速度从零逐渐增大到要求的工作速度。

（4）需要协调机械系统中几个执行构件之间的运转速度。例如塑料制袋机要求薄膜的张力保持恒定，故薄膜送料滚筒的运动采用无级变速传动，以便与薄膜轧辊等工作机构的运动速度协调配合。

常用的机械无级变速机构的类型很多，它们的机械特性和工作性能见表 5-9。无级变速机构的机械特性是指在一定输入转速下，输出轴的功率或转矩与转速之间的关系。由表 5-9 知，机械无级变速机构的机械特性可以分成三类：恒功率型、恒转矩型及变功率变转矩型。

表 5-9　常用机械无级变速机构的机械特性

名　称	简　图	机械特性	主要传动特性、用途举例
1. 锥盘环盘式		M,P vs n_2 曲线	$i = 1.2 \sim 12$；$R \leqslant 10$，$P \leqslant 7.5 \text{kW}$；$\eta = 0.5 \sim 0.92$ 平行轴或相交轴，降速型，可在停车时调速；用于食品机械、机床、变速电机等
2. 钢球平盘式		M,P vs n_2 曲线	$i = \dfrac{2}{3} \sim 20$；$R \leqslant 25$；$P \leqslant 0.25 \sim 1.1 \text{kW}$；$\eta \leqslant 0.85$ 平行轴，升降速型；用于计算机、办公及医疗设备、小型机床

（续）

名 称	简 图	机械特性	主要传动特性、用途举例
3. 长锥钢环式	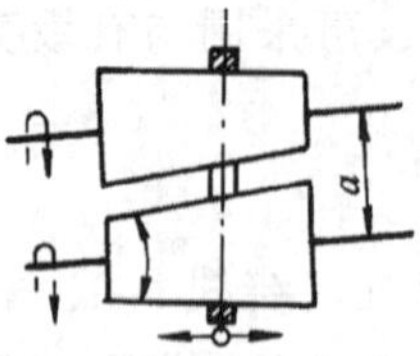	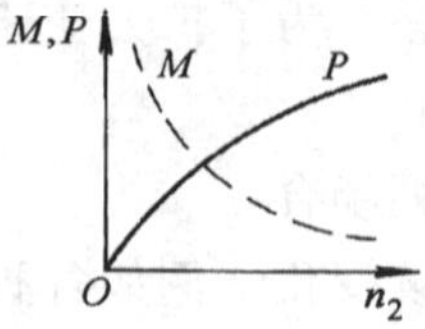 M,P 曲线（M 降，P 升）	$i=0.5\sim2$； $R\leqslant4$，$P\leqslant3.7\text{kW}$； $\eta\leqslant0.85$ 平行轴，升降速型；用于机床、纺织机械等
4. 钢环分离锥式	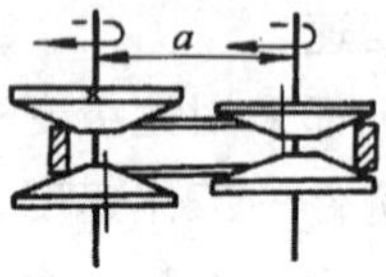	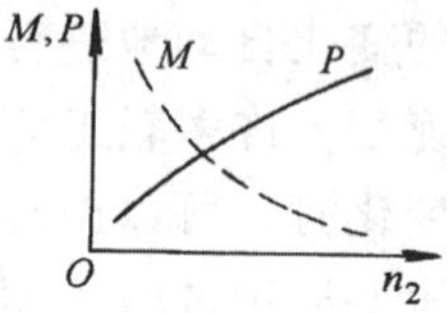 M,P 曲线	$i=\dfrac{1}{3.2}\sim3.2$；$R\leqslant10$ (16)； $P\leqslant0.2\sim10\text{kW}$； $\eta=0.75\sim0.9$ 平行轴，对称调速型，钢环自紧加压；用于机床、纺织机械、轻工机械等
5. 杯轮环盘式	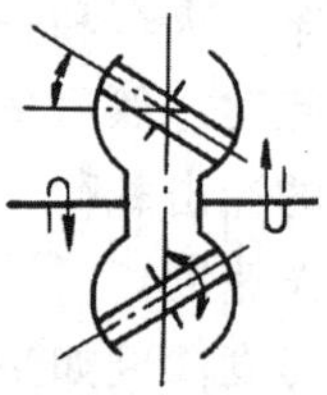	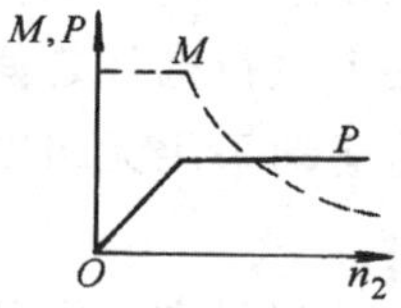 M,P 曲线	$i=\dfrac{1}{3.5}\sim10$；$R\leqslant4\sim12$； $P=0.5\sim30\text{kW}$； $\eta=0.8\sim0.95$ 同轴线，升降速型；用于航空工业
6. 弧锥环盘式	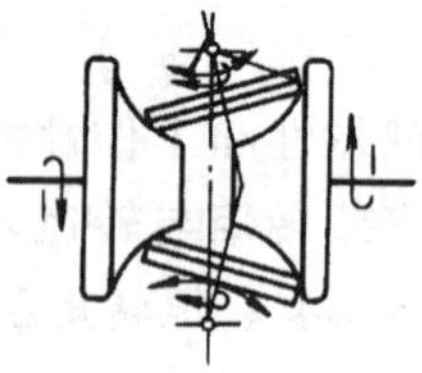	M,P 曲线	$i=0.45\sim4.5$；$R\leqslant6\sim10$； $P\leqslant0.1\sim40\text{kW}$； $\eta=0.9\sim0.92$ 同轴线或相交轴，升、降速型；用于机床、拉丝机等
7. 钢球外锥轮式	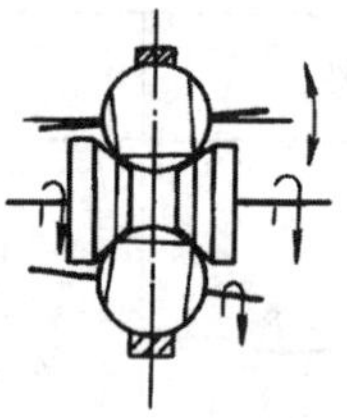	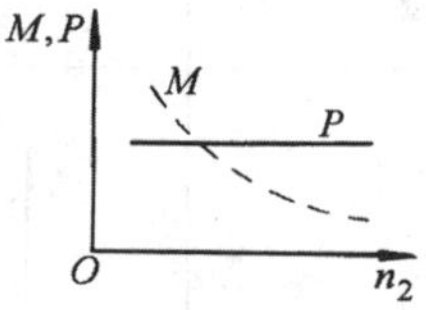 M,P 曲线	$i=\dfrac{1}{3}\sim3$；$R\leqslant9$； $P\leqslant0.2\sim11\text{kW}$；$\eta=0.8\sim0.9$ 同轴线，升降速型，对称调速；用于纺织、电影机械、机床等
8. 钢球内锥轮式	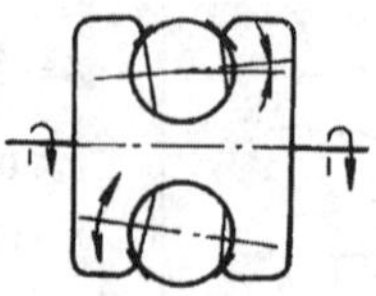	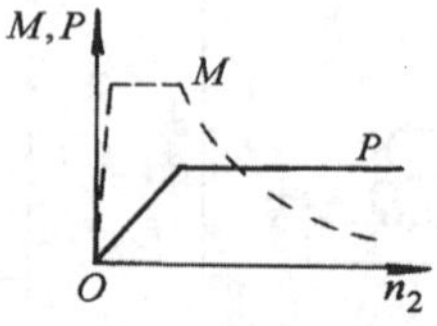 M,P 曲线	$i=0.5\sim10$； $R\leqslant10\sim12$ (20)； $P\leqslant0.2\sim5\text{kW}$； $\eta=0.85\sim0.90$ 同轴线，升、降速型，可逆转；用于机床、电工机械、钟表机械、轻工机械、转速表等

(续)

名　称	简　图	机械特性	主要传动特性、用途举例
9. 转臂输出行星锥式	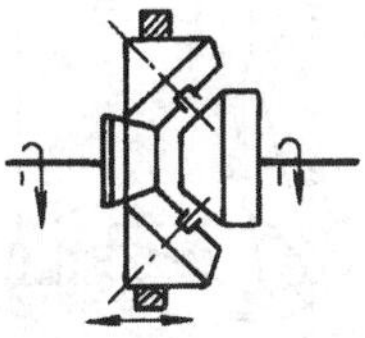	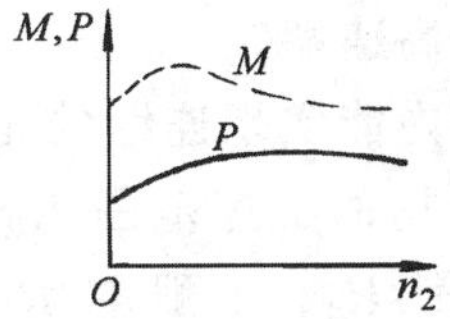 M,P 曲线图，M、P 随 n_2 变化	$i=4\sim6$；$R\leqslant4$；$P\leqslant15$kW；$\eta=0.6\sim0.8$ 同轴线，降速型；用于机床、变速电机等
10. 行星弧锥式	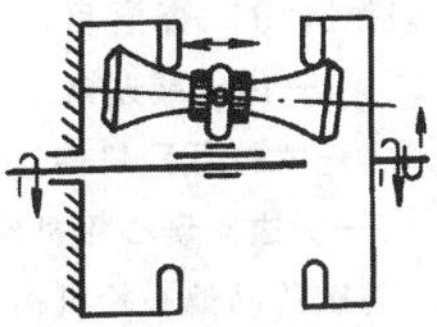	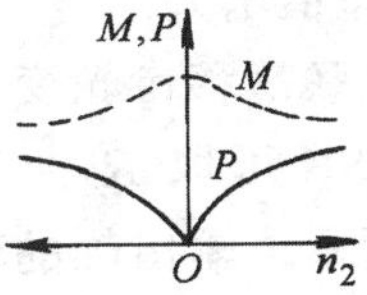 M,P 曲线图，M、P 随 n_2 变化	$i=1.2-0-4$；$R\approx\infty$；$P\leqslant5$kW；$\eta=0.75$ 同轴线，降速型，可逆转，有零输出转速但特性不佳，可在停车时调速，用于化工、塑料机械、试验设备等
11. 普通V带、宽V带、块带式	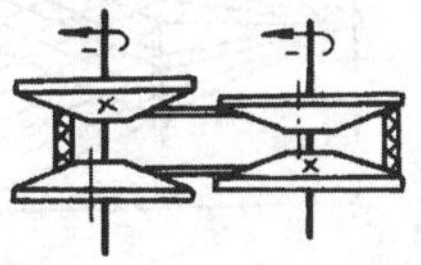	视加压弹簧位置而异，在主动轮上加压时近似恒功率，在从动轮上加压时近似恒转矩	$i=0.25\sim4$（宽V带、块带）；$R=3\sim6$（宽V带）；$P\leqslant55$kW；$R=2\sim10$（16）（块带式）；$P\leqslant44$kW；$R=1.6\sim2.5$（普通V带）；$P\leqslant40$kW；$\eta=0.8\sim0.9$ 平行轴，对称调速，尺寸大；用于机床、印刷机械、电工、橡胶、农机、纺织、轻工机械等

(二) 无级变速传动链的设计原则

设计无级变速传动链时，应遵循下述原则：

1) 若无级变速机构的机械特性和变速范围都符合传动链的要求，则可直接应用或与若干级定比传动副联合使用。

如图 5-50 所示为一香皂自动包装机的传动系统图。其分配轴的转速为 120～138r/min，正常工作转速为 125r/min。要求的变速范围 $R=1.15$。采用无级变速传动的目的是使自动机获得最佳工作状态，该机对机械特性没有严格的要求。其运动由电动机 11 经无级变速机构 10、齿轮减速器 1 和链轮 2、8 驱动分配轴 9，通过分配轴上的各个偏心轮机构 5、6、7以及由曲柄摇杆机构和曲柄滑块机构串联组成的六杆低副机构 4 分别带动各个执行构件，各执行构件的运动相互协调配合，完成包装香皂的全部动作。分配轴每转一转，完成包装的一个动作循环。电动机的转速为 1440r/min，总降速比 $i_{tot}=1440/125=11.52$，取无级变速器的平均传动比 $i_m=2.4$，齿轮减速器的传动比 $i_g=4.8$，链传动比 $i_{ch}=1$。因为分配轴每转一转，六杆低副机构 4 必须动作一次，所以链传动和锥齿轮副的传动比均取 $i=1$。

2）若无级变速机构的机械特性符合传动链的要求，但变速范围较小，不能满足需要，则可将有级变速机构（如交换齿轮、滑移齿轮、多速电动机等）与无级变速机构串联，以扩大其变速范围。串联时，宜将无级变速机构置于高速端。

为了保证在全部变速范围内能实现连续的无级变速，应使串联的有级变速机构的变速范围 R_2 略小于无级变速机构的变速范围 R_1；一般取 $R_2 = (0.94 \sim 0.96) R_1$。当传递载荷较大，及有较大动载和振动时，摩擦式的机械无级变速机构的滑动率也增大，此时应使 R_2 与 R_1 的差值增大。

例如某无级变速机构与一双联滑移齿轮变速组串联，要求总变速范围 $R = 5.5$，可取 $R_1 = 2.5$，$R_2 = 2.2$，其转速图如图 5-51 所示，输出轴的转速有一小部分重叠，以防因无级变速机构的速度损失而使转速范围中断。

3）若无级变速机构的机械特性不符合传动链的要求，则不宜采用，应另选或重新设计无级变速机构，或改用电力无级变速传动及流体无级变速传动。

三、液力传动简介

（一）液力传动原理

液力传动是以液体为工作介质、利用液体动能借助叶轮进行的传动。泵是把发动机能量转变为液体动能的机械，涡轮机是把液体的能量转变为机械能的机械。液力传动可以设想为一台离心泵和一台涡轮机的组合体，如图 5-52 所示，发动机带动离心泵 1 旋转，离心泵从液槽中吸入液体并以一定的速度排入导管 3。于是离心泵便把发动机的机械能变成了液体的动能。从泵排出的高速液体经导管喷到涡轮机 2 的叶片上，使涡轮转动，从而液体动能又变成涡轮轴的机械能。

液力传动装置则采用了它们的核心部分——叶轮，包括泵轮、涡轮，有时还有导轮，并将这些叶轮尽量靠近而组成一个整体，工作液体在这些叶轮中循环流动，以达到传动的目的。

液力传动和液压传动虽然同属液体传动的范畴，都是以液体作为工作介质的一种能量转换装置，但是二者的工作原理却不同，它们的组成、零部件的结构型式、工作特性也都不一样，它们的主要区别在于：

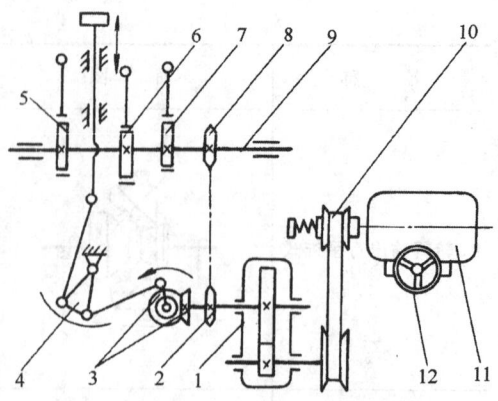

图 5-50 香皂自动包装机的传动系统图
1—齿轮减速器 2—链轮 3—锥齿数
4—六杆低副机构 5—推料器偏心轮机构
6—折边器偏心轮机构 7—皮带输送器棘轮间歇传动偏心轮机构 8—链轮 9—分配轴
10—带式无级变速机构 11—电动机
12—调速手轮

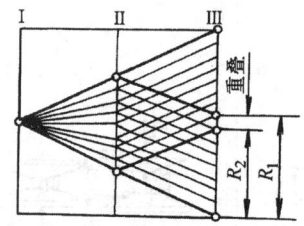

图 5-51 无级变速转速图

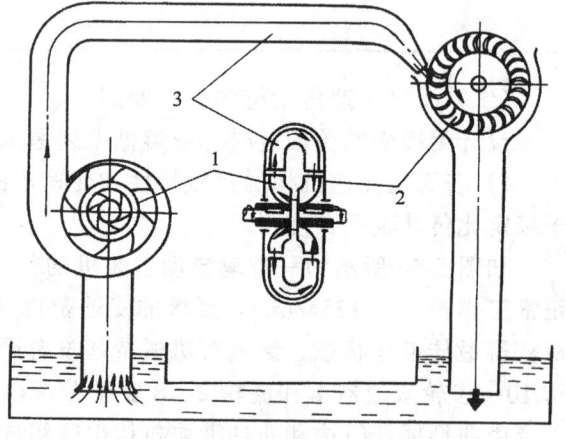

图 5-52 液力传动原理图
1—离心泵 2—涡轮机 3—导管

液压传动是利用密闭工作腔的容积变化来工作的，能量是通过液体压力的变化进行传递的，转矩与转速无关；而液力传动是利用叶轮来工作的，其输入轴与输出轴的联接是非刚性的，能量是通过液体动能的变化进行传递的，转矩与转速的平方成正比。液压传动中的工作介质（通常为液压油）必须保持足够高的压力，通常系统中的油液压力可达数兆帕至数十兆帕，但液体流动的速度并不太高，一般在每秒几米至十几米。而液力传动中工作介质（一般为汽轮机油或液力传动专用油）压力不高，一般不超过 0.1MPa，而液体的速度却很高，以使工作介质获得足够的动能，所以液力传动也称为动液传动。

（二）液力传动的基本元件及其结构

1．泵轮、涡轮及导轮

液力元件有泵轮、涡轮和导轮三种叶轮。

（1）泵轮（B）　泵轮与输入轴相联，由动力机带动旋转将液体高速甩出，使动力机的机械能转变为液体的动能。

（2）涡轮（T）　涡轮与输出轴相联，高速流动的液体冲向涡轮叶片推动涡轮旋转，将液体动能转化为机械能并由工作机输出。

（3）导轮（D）　导轮直接或间接（如通过单向摩擦离合器）固定在不动的壳体上。它既不吸收也不输出机械能，只是通过导轮叶片对液流的作用来改变液流的动量矩，以改变涡轮的转矩。在某些变矩器中，为了改善变矩特性，可在一定的工况区使导轮转动。

按液流流动方向将叶轮分为向心式、离心式和轴流式。液流由周边流向中心的称为向心式，液流由中心流向周边的称为离心式，液流沿轴向流动的称为轴流式。在液力元件中泵轮均为离心式，导轮多为向心式或轴流式，涡轮则三种型式都有。

2．液力偶合器与液力变矩器

将泵轮、涡轮和导轮进行不同的组合，可获得不同性能的液力元件，其基本型式有液力偶合器和液力变矩器。

液力偶合器只有泵轮和涡轮而没有导轮，图 5-53a 所示为其简图，将风损和机械摩擦损失忽略，其输入转矩（泵轮转矩）与输出转矩（涡轮转矩）的大小始终相等，但输入、输出轴间不存在刚性联系，二者转速不等，即存在转差。液力偶合器也称为液力联轴器。

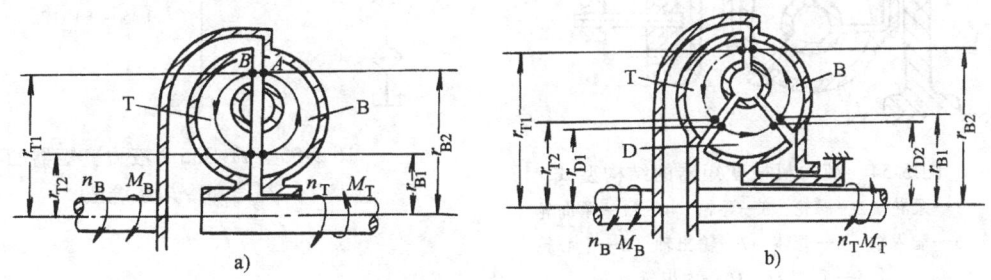

图 5-53　液力偶合器和液力变矩器简图
a）液力偶合器　b）液力变矩器
B—泵轮　D—导轮　T—涡轮

将液力偶合器的一个叶轮固定，在充入液体后，这一叶轮就对旋转中的另一叶轮起制动作用，这就成为液力制动器，其实质是输出转速为零的偶合器，但为提高其制动性能，它们的叶轮结构略有不同。

液力变矩器除泵轮与涡轮外还有导轮，图5-53b所示为其简图。由于导轮对液流的作用，使输入与输出转矩不相等。输出转矩大于输入转矩。当输出转速增高到某一值时，输出转矩又小于输入转矩，因此液力变矩器是一种以液体为工作介质的转矩变换器。

为了扩大液力元件的使用范围，将它与各种机械元件组合成一个整体，得到一种新的元件，称为液力机械元件。

液力传动装置中只有一个液力元件的称为纯液力元件传动装置，常用于风机和水泵的调速。在动力机与工作机之间辅以齿轮传动（定轴式或行星式）即组成液力机械元件，常用的是液力变矩器和行星齿轮机构相组合的液力机械元件，它也具有无级调速和自动变矩性能，但其特性与其中液力元件的特性不同，液力机械元件还存在功率分流。图5-54所示为液力机械变矩器的结构型式，动力由轴5输入后分二路传递，一路是从轴5到齿轮8、9（行星齿轮），再经转臂传给输出轴7；另一路是从轴5到泵轮1，通过液体将能量传给涡轮2，涡轮2与齿圈10连为一体，再传至9，也经行星架传动输出轴7。其中单向轮4、11的作用是保证此装置低速时工作在变矩器工况（4楔紧，11松开），高速时工作在偶合器工况（11楔紧，4松开）。

功率分流产生在液力变矩器外部的，即功率在行星齿轮机构中进行分流或汇流的称为外分流液力机械元件；如功率分流产生在液力变矩器内部的称为内分流液力机械元件。

作为一个完整的传动装置，除上述传动系统外，根据不同情况，通常还有相应的供油、润滑、冷却等辅助系统及控制操纵系统，如图5-55所示为YB-355-2液力变矩器的补偿和冷却系统图。

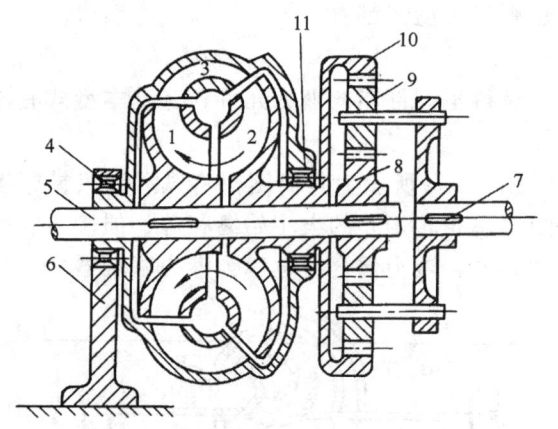

图5-54 液力机械变矩器的结构型式
1—泵轮 2—涡轮 3—导轮 4、11—单向轮
5—输入轴 6—壳体 7—输出轴 8—中心轮
9—行星轮 10—内齿轮

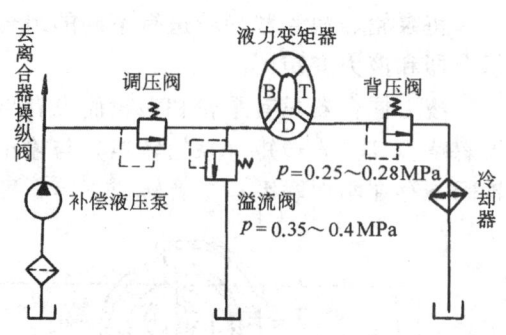

图5-55 YB-355-2液力变矩器的补偿和冷却系统图

(三) 液力传动的特点及应用

液力传动有以下的特点：

(1) 自适应性 当外载荷增大时，液力变矩器的涡轮转矩自动增加，转速自动降低，反之亦然，这种性能称为自适应性。液力偶合器只有自动变速性能而无自动变矩性能，不具备自适应性。使用液力传动可简化操纵，易于实现自动控制，改善车辆通过性和舒适性。所谓

车辆通过性指使车辆以爬行速度前进时,使附着力增加的能力。

(2) 透穿性 泵轮转速(或转矩)不变时,泵轮转矩(或转速)随载荷改变而变化的性能称为透穿性。液力变矩器类型不同,透穿性能也不一样,有可透的也有不透的。液力耦合器都具有可透性。

(3) 无级调速性能 在动力机外特性和载荷特性不变的情况下,可调式液力变矩器和调速型液力偶合器都可无级调节工作机的转速。

(4) 带载起动性能 装有液力传动的设备可以带载起动,使动力机的稳定运行工况区扩大,如果动力机是内燃机则不易熄火。

(5) 多机并车性能 当工作机采用多台动力机驱动时,易于并车且能自动协调载荷分配。

(6) 防振隔振性能 由于液力传动的工作介质是液体,故能吸收并减小来自发动机和外载荷的振动与冲击,这就是液力传动的滤波性能和过载保护性能,可以提高动力机和传动装置的寿命。

(7) 反转制动性能 轴流涡轮式和离心涡轮式液力变矩器具有良好的反转制动性能。

(8) 限矩保护性能 在一定泵轮转速下,泵轮、涡轮及导轮的转矩只能在一定范围内随工况而改变。如果外载转矩超过涡轮最大转矩时,涡轮转速减小,最后停止转动,因此可起限矩保护作用。

(9) 液力传动的效率 液力传动的效率随工况变化。液力变矩器效率约为 85%~92%,液力耦合器最高效率约 96%~98%。可见液力变矩器和液力偶合器的效率比一般机械效率低,同时成本高,有时需要补偿、冷却系统。

由于液力传动所具备的特点,使它广泛地应用于各种车辆和工程机械上,如汽车、载重卡车、内燃机车等运输机械,装载机、铲运机、推土机等多种工程机械及钻探设备、起重机械等。

液力传动的设计详见 [75]、[76] 等。

第五节 传动系统动力学分析概述

一、动力学分析的任务

传动系统动力学主要研究系统所受的外力,系统的惯性参量及系统运动三者的关系。概括起来主要包括以下几个方面:

1) 在传动系统给定运动和输出外力时,求解输入转矩和各运动副的动态静力;

2) 在系统惯性变量已定的情况下,分析系统在外力(主要指驱动力和工作阻力)作用下,求解其真实运动规律。确定机械的起动、制动时间,机械运转稳定性分析以及系统工作过程中动载荷的分析;

3) 系统或系统中各构件惯性参量的合理设计。应用飞轮以减小机械稳定运转过程中的速度波动,或利用飞轮的惯性蓄能作用以减小动力机的容量;

4) 调节外力以保证系统的稳定运转;

5) 随着工业和科技的迅猛发展,机械功率、运行速度和自动化程度愈来愈高,动力学分析的内容也日渐增多和深入,如变质量机构动力学问题,振动和噪声问题,刚性和挠性转子以及平面机构的动平衡问题，考虑构件弹性和运动副间隙的动力学等问题，由此可见动力学涉及的问题是多方面的而且比较复杂。本节仅对外力作用下机械的刚性传动系统运动分析方法作概略介绍，更详尽内容及动力学分析的其余问题可参阅有关文献、专著，如［35］、［36］、［37］、［76］等。

二、机械系统等效构件

作用在机械上的力一般作用在不同的构件上，如图 5-2 所示的曲柄压力机中，电动机的驱动转矩通过齿轮传动加到曲轴 4 上，而工作阻力则作用在滑块 2 上。研究外力作用下各构件运动时，分别对构件 2、3、4 取分离体，运用牛顿定律可对滑块列出 2 个、曲轴和连杆各列出 3 个共 8 个方程式。方程中包括作用在转动副及导路中的 7 个未知反力，加上 $\varphi_1(t)$ 共 8 个未知量。通过解 8 个联立方程式才能求出 $\varphi_1 = \varphi_1(t)$，显然这是十分麻烦的。

为简化计算，根据对单自由度机构中只要已知某一构件按给定的运动规律运动，便可求出任何其他构件的运动规律，从而了解整个系统的运转情况。因此，当研究系统运转情况时，实际上可不必对所有构件逐一加以分析，而只要确定其某一构件的运转情况就可以了。这一构件具有虚拟的惯性参量，此惯性参量与机械中所有运动构件的惯性参量动力学效应相当；此构件上作用一虚拟外力，此外力与机械中所有外力作用的动力学效应相同。这个构件的运动规律必与它在原系统中的运动规律相同，这个选定的构件称为等效构件。通过等效构件，可把一个复杂的机械系统简化成一个构件，如果能用动力学方法求得等效构件的运动规律，则机械系统中所有其余构件的运动规律可以用动力学方法求出。

三、等效动力学模型

在把机械系统简化为等效动力学模型时，通常要忽略一些次要因素，作某些假设，如忽略构件的弹性，认为所有构件都是刚体；忽略运动副的间隙；在通常情况下，忽略运动副的摩擦等。根据一定的原则（如转化前后等效构件与原系统动能相等）来建立的数学模型就称为等效动力学模型。

为了便于计算，通常取只作直线移动或绕定轴转动的构件作等效构件，大多以主动构件为等效构件，它的位置参量（转角或位移）即为机构的广义坐标。作用在作直线移动的等效构件上的力为等效力，它具有的质量为等效质量。当取等效构件为绕定轴转动的构件时，作用在其上的力矩或转矩为等效力矩或等效转矩（为简便计统称为力矩），它具有的转动惯量为等效转动惯量。

（一）等效力和等效力矩

根据作用在系统上所有外力和外力矩所作的元功之和与等效构件上等效力或等效力矩作的元功相等来求等效力或等效力矩，但为了方便起见可用功率来进行计算，即作用在系统上所有外力或外力矩在某瞬时功率的总和与等效力或等效力矩在同一瞬时的功率相等，其计算式见式（5-22）。

$$F_e v = \sum_{i=1}^{n} F_i v_i \cos\alpha_i + \sum_{j=1}^{m} \pm M_j \omega_j \tag{5-22}$$

式中　F_e——等效力；

　　　v——作用点的速度；

　　　F_i——作用在各构件上的外力（$i = 1, 2, \cdots, n$）；

　　　v_i——F_i 作用点的速度；

α_i——F_i 和 v_i 的夹角；

M_j——作用在各构件上的力矩（$j=1, 2, \cdots, m$）；

ω_j——受力矩 M_j 作用构件 j 的角速度。当 M_j 和 ω_j 同方向时取"+"号，否则取"−"号。

通常为简化计算，总是取 F_e 的方向线与 v 的方向线重合。按式（5-22）计算出的 F_e 为正，表示 F_e 与 v 同向，反之亦然。

如果等效构件是绕定轴转动的构件，计算式见式（5-23）。

$$M_e\omega = \sum_{i=1}^{n} F_i v_i \cos\alpha_i + \sum_{j=1}^{m} \pm M_j\omega_j \tag{5-23}$$

式中 M_e——作用在等效构件上的等效力矩；

ω——等效构件的角速度。

上两式也可写成

$$F_e = \sum_{i=1}^{n} F_i \frac{v_i \cos\alpha_i}{v} + \sum_{j=1}^{m} \pm M_j \frac{\omega_j}{v} \tag{5-24}$$

$$M_e = \sum_{i=1}^{n} F_i \frac{v_i \cos\alpha_i}{\omega} + \sum_{j=1}^{m} \pm M_j \frac{\omega_j}{\omega} \tag{5-25}$$

由上两式知，等效力和等效力矩不仅与作用在系统上的外力、外力矩有关，而且还和各作用点的速度、各构件角速度与等效力作用点速度或等效构件角速度的比值有关。在单自由度的机构中，这些比值决定于广义坐标，即它们是等效构件的位置函数，而与机构的真实运动无关。所以可在不知道机构真实速度的情况下求出等效力和等效力矩。

（二）等效质量和等效转动惯量

根据等效构件所具有的动能和机构各构件具有动能之和相等来确定等效质量和等效转动惯量。作一般平面运动构件所具有的动能为

$$E_i = \frac{1}{2} J_{Si}\omega_i^2 + \frac{1}{2} m_i v_{Si}^2 \tag{5-26}$$

式中 m_i——构件 i 的质量；

J_{Si}——构件 i 对其质心 S_i 的转动惯量；

ω_i——构件 i 的角速度；

v_{Si}——构件 i 质心 S_i 的速度。

若等效构件为移动运动，其等效质量为 m_e，速度为 v，则其动能的计算式为

$$E = \frac{1}{2} m_e v^2 = \sum_{i=1}^{n} E_i = \sum_{i=1}^{n} \left(\frac{1}{2} m_i v_{Si}^2 + \frac{1}{2} J_{Si}\omega_i^2 \right) \tag{5-27}$$

如等效构件为绕定轴转动的构件，其角速度为 ω，则它对轴的等效转动惯量为 J_e，可得其动能的计算式为

$$\frac{1}{2} J_e \omega^2 = \sum_{i=1}^{n} E_i = \sum_{i=1}^{n} \left(\frac{1}{2} m_i v_{Si}^2 + \frac{1}{2} J_{Si}\omega_i^2 \right) \tag{5-28}$$

上两式也可写成

$$m_e = \sum_{i=1}^{n} \left[m_i \left(\frac{v_{Si}}{v} \right)^2 + J_{Si} \left(\frac{\omega_i}{v} \right)^2 \right] \tag{5-29}$$

$$J_e = \sum_{i=1}^{n}\left[m_i\left(\frac{v_{Si}}{\omega}\right)^2 + J_{Si}\left(\frac{\omega_i}{\omega}\right)^2\right] \tag{5-30}$$

因为现在只涉及刚性构件组成的机械系统，各构件的质量 m_i 和对质心的转动惯量 J_{Si} 均为常数，而各速比决定于等效构件的位置，即为等效构件位置的函数。只有当速比为常数时，m_e 及 J_e 才是常数。

例 5-5 已知如图 5-56 所示对心曲柄滑块机构，$l_{AB} = r = 30\text{mm}$，$l_{BC} = l = 150\text{mm}$，$l_{BS_2} = l_1 = 50\text{mm}$，$l_{AD} = 2r = 60\text{mm}$，绕质心的转动惯量 $J_1 = 0.2\text{kg}\cdot\text{m}^2$，$J_2 = 0.2\text{kg}\cdot\text{m}^2$，质量为 $m_2 = 2\text{kg}$，$m_3 = 10\text{kg}$，构件 1 的质心在 A 点上，曲柄 D 点上作用着外力 $F_1 = 315\text{N}$，其方向始终垂直 AD，且与 v_D 的方向相反。现若以滑块 3 为等效构件。

(1) 试用图解法求 $\varphi = 60°$ 时机构的等效质量和等效力；

(2) 试用解析法求等效力和等效质量。

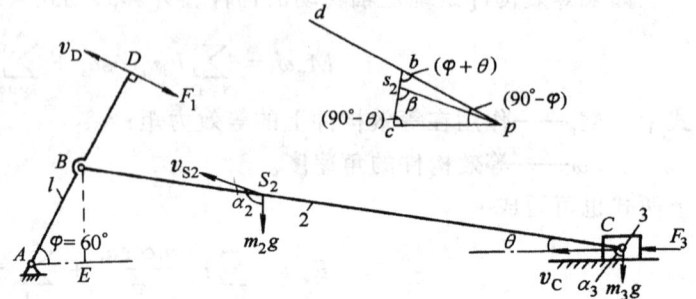

图 5-56 例 5-5 机构简图及速度图

解：

1. 用图解法求解

取 $\mu_l = 0.001\text{m/mm}$，作出 $\varphi = 60°$ 时的机构位置图，然后以 $\mu_v = \mu_l\omega_1$ 作出速度图，由图可得

$$v_C = pc\mu_v = 28.5 \times 0.001 \times \omega_1$$
$$v_{S2} = pS_2\mu_v = 29 \times 0.001 \times \omega_1$$
$$v_D = pd\mu_v = 60 \times 0.001 \times \omega_1$$
$$\omega_2 = \frac{v_{BC}}{l_{BC}} = \frac{15 \times 0.001 \times \omega_1}{150 \times 0.001} = 0.1\omega_1$$

因此等效质量 m_e 为

$$m_e = J_1\left(\frac{\omega_1}{v_C}\right)^2 + J_2\left(\frac{\omega_2}{v_C}\right)^2 + m_2\left(\frac{v_{S2}}{v_C}\right)^2 + m_3$$
$$= 0.2 \times \left(\frac{\omega_1}{28.5 \times 0.001 \times \omega_1}\right)^2 + 0.2 \times \left(\frac{0.1 \times \omega_1}{28.5 \times 0.001 \times \omega_1}\right)^2$$
$$+ 2 \times \left(\frac{29 \times 0.001 \times \omega_1}{28.5 \times 0.001 \times \omega_1}\right)^2 + 10\text{kg} = 260.76\text{kg}$$

等效阻力为

$$F_e = F_1\left(\frac{v_D}{v_C}\right) + m_2g\cos\alpha_2\left(\frac{v_{S2}}{v_C}\right) + m_3g\cos\alpha_3\left(\frac{v_{S2}}{v_C}\right)$$
$$= 315 \times \left(\frac{60 \times 0.001 \times \omega_1}{28.5 \times 0.001 \times \omega_1}\right) + 2 \times 9.81\cos(180° - 110°) \times$$
$$\left(\frac{29 \times 0.001 \times \omega_1}{28.5 \times 0.001 \times \omega_1}\right)\text{N} = 669.986\text{N}$$

2. 用解析法求解

由机构简图知
$$AC = s_C = r\cos\varphi + \sqrt{l^2 - r^2\sin^2\varphi}$$

所以
$$v_C = \frac{ds_C}{dt} = -r\omega_1\left[\sin\varphi + \frac{r\sin\varphi\cos\varphi}{\sqrt{l^2 - r^2\sin^2\varphi}}\right]$$

$$= -r\omega_1\left[\sin\varphi + \frac{\sin\theta\cos\varphi}{\cos\theta}\right]$$

由此得
$$\frac{\omega_1}{v_C} = -\frac{1}{r\left(\sin\varphi + \frac{r\sin\varphi\cos\varphi}{\sqrt{l^2 - r^2\sin^2\varphi}}\right)}$$

又由机构简图知
$$l\sin\theta = r\sin\varphi$$

等式两边对时间求导且令 $\frac{d\theta}{dt} = \omega_2$，$\frac{d\varphi}{dt} = \omega_1$，得
$$l\omega_2\cos\theta = r\omega_1\cos\varphi$$

或
$$\omega_2 = \frac{r\cos\varphi}{l\cos\theta}\omega_1$$

由此得
$$\frac{\omega_2}{v_C} = -\frac{\cos\varphi}{l\sin(\varphi+\theta)}$$

再从速度图中可得
$$(ps_2)^2 = pb^2 + bs_2^2 - 2pb \cdot bs_2 \cdot \cos(\varphi+\theta)$$

或者
$$\frac{v_{S2}}{v_C} = \frac{\omega_1\sqrt{r^2 + \left(\frac{r\cos\varphi}{l\cos\theta}\right)^2 l_1^2 - \frac{2r^2\cos\varphi}{l\cos\theta}l_1\cos(\varphi+\theta)}}{-r\omega_1\left[\sin\varphi + \frac{r\sin\varphi\cos\varphi}{\sqrt{l^2 - r^2\sin^2\varphi}}\right]}$$

$$\frac{v_D}{v_C} = 2r\frac{\omega_1}{v_C}$$

重力 m_2g 与 v_{S2} 之间的夹角，由速度图可见
$$\alpha_2 = 180° - (\beta - \theta) = 180° + \theta - \beta$$

式中 β 可由正弦定理求得
$$\frac{\sin\beta}{v_C} = \frac{\sin(90°-\theta)}{v_{S2}}$$

$$\sin\beta = \left(\frac{v_C}{v_{S2}}\right)\sin(90°-\theta)$$

利用各式中的 $\frac{\omega_1}{v_C}$、$\frac{\omega_2}{v_C}$、$\frac{v_{S2}}{v_C}$、$\frac{v_D}{v_C}$ 及 α_2，代入求等效质量和等效阻力的公式，即可求出各 φ 值下的 m_e 和 F_{er}，见表 5-10。

表 5-10　例 5-5 数据

φ	θ	$\frac{\omega_1}{v_C}$	$\left(\frac{\omega_1}{v_C}\right)^2$	$\frac{\omega_2}{v_C}$	$\left(\frac{\omega_2}{v_C}\right)^2$	$\frac{v_{S2}}{v_C}$	$\left(\frac{v_{S2}}{v_C}\right)^2$	F_{er}/N	m_e/kg
0°	0	∞	∞	∞	∞	∞	∞	∞	∞

(续)

φ	θ	$\dfrac{\omega_1}{v_C}$	$\left(\dfrac{\omega_1}{v_C}\right)^2$	$\dfrac{\omega_2}{v_C}$	$\left(\dfrac{\omega_2}{v_C}\right)^2$	$\dfrac{v_{S2}}{v_C}$	$\left(\dfrac{v_{S2}}{v_C}\right)^2$	F_{er}/N	m_e/kg
30°	5°44′	−56.78	3224.21	−9.881	97.70	1.169	1.367	1087.10	677.11
60°	9°58′	−34.94	1220.96	−3.55	12.59	1.001	1.003	667.26	256.19
90°	11°32′	−33.33	1111.11	0	0	0.999	0.999	637.68	234.22
120°	9°58′	−42.84	1835.24	4.35	18.92	1.300	1.69	835.33	384.21
150°	5°44′	−80.72	6515.37	14.051	197.43	2.192	4.806	1565.61	1356.94
180°	0°	∞	∞	∞	∞	∞	∞	∞	∞
210°	−5°44′	80.72	6515.37	14.051	197.43	2.192	4.806	1565.61	1356.94
240°	−9°58′	42.84	1835.24	4.35	18.92	1.300	1.69	835.33	384.21
270°	−11°32′	33.33	1111.11	0	0	0.999	0.999	637.68	234.22
300°	−9°58′	34.94	1220.96	−3.55	12.59	1.001	1.003	667.26	250.19
330°	−5°44′	56.78	3224.21	−9.881	97.70	1.169	1.367	1087.10	677.11
360°	0	∞	∞	∞	∞	∞	∞	∞	∞

四、运动方程式及其一般解法

（一）运动方程式

建立等效动力学模型后，即可把单自由度机械系统简化成一个等效构件来研究，对它建立运动方程式，解出其运动规律即系统的广义坐标对时间的函数，进而能求出系统中任何构件及构件上任何点的运动。对等效构件建立运动方程式通常有两种方法。

1. 能量形式的运动方程式

在机械系统中，在一定的时间间隔内，所有驱动力和阻力所作功的总和 ΔW 应等于系统具有动能的增量 ΔE_k，即

$$\Delta W = \Delta E_k \tag{5-31}$$

若等效构件为转动件，则等效构件由位置 1 运动到位置 2，其角速度由 ω_1 变为 ω_2，可将式（5-31）具体写为

$$\int_{\varphi_1}^{\varphi_2} M_e \mathrm{d}\varphi = \frac{1}{2} J_{e2} \omega_2^2 - \frac{1}{2} J_{e1} \omega_1^2 \tag{5-32}$$

式中 J_{e1}、J_{e2}——等效构件在位置 1、2 时的转动惯量。

若以 M_{ed}、M_{er} 分别表示所有驱动力和阻力的等效力矩，则 M_{ed} 和 ω 同向而作正功，M_{er} 与 ω 反向而作负功，上式可写为

$$\int_{\varphi_1}^{\varphi_2} M_{ed} \mathrm{d}\varphi - \int_{\varphi_1}^{\varphi_2} M_{er} \mathrm{d}\varphi = \frac{1}{2} J_{e2} \omega_2^2 - \frac{1}{2} J_{e1} \omega_1^2 \tag{5-33}$$

为方便起见，以后 M_{ed} 和 M_{er} 分别表示等效驱动力矩和等效阻力矩的绝对值。

若等效构件为移动件，则式（5-31）同理可写成

$$\int_{s_1}^{s_2} F_e \mathrm{d}s = \int_{s_1}^{s_2} F_{ed} \mathrm{d}s - \int_{s_1}^{s_2} F_{er} \mathrm{d}s = \frac{1}{2} m_{e2} v_2^2 - \frac{1}{2} m_{e1} v_1^2 \tag{5-34}$$

式中 F_{ed}，F_{er}——分别为所有驱动力和所有阻力的等效力，均取绝对值；

m_{e1}, m_{e2}——相应于位置1、2的等效质量；

v_1, v_2——等效构件分别在位置1、2的速度；

s_1, s_2——等效构件在位置1、2的坐标。

有时为简便起见，在不致混淆的情况下，可把角标 e 省掉。

2．力矩及力形式的运动方程式

将式（5-31）写成微分形式，即

$$dW = dE$$

由

$$dW = M_e d\varphi, \quad dE = d\left(\frac{1}{2}J_e\omega^2\right)$$

得

$$M_e = \frac{d}{d\varphi}\left(\frac{1}{2}J_e\omega^2\right)$$

或

$$M_e = \frac{1}{2}\omega^2\frac{dJ_e}{d\varphi} + J_e\omega\frac{d\omega}{d\varphi} \tag{5-35}$$

因为

$$\omega\frac{d\omega}{d\varphi} = \frac{d\varphi}{dt}\cdot\frac{d\omega}{d\varphi} = \frac{d\omega}{dt}$$

所以式（5-35）也可表示为

$$M_e = M_{ed} - M_{er} = \frac{1}{2}\omega^2\frac{dJ_e}{d\varphi} + J_e\frac{d\omega}{dt} \tag{5-36}$$

类似的，当等效构件为移动件时，其运动方程式为

$$F_e = F_{ed} - F_{er} = \frac{1}{2}v^2\frac{dm_e}{ds} + m_e v\frac{dv}{ds} \tag{5-37}$$

（二）运动方程式的求解

求解运动方程式的方法有图解法、解析法和数值解法。图解法可以形象地看出运动参数的变化规律，但精确度较差。用解析法求解能够得出准确的结果，而且能得到运动参数的函数表达式。但是由于外力的变化规律比较复杂，而某些机械的等效转动惯量又是变量，因此一般情况，机械的运动方程是非线性的；同时，运动方程的原始数据（即等效转动惯量和等效力矩）常常是以列成表格的形式或以线图形式给出的，所以能用解析法精确求解的场合是比较少的。为了扩大解析法应用范围，只好在解方程时，对某些参数近似地简化。例如对影响较弱、变化较小的参数当作常数，又如原动机的机械特性曲线可以用简单的代数式来近似表达等。用数值法解出的结果也可达到很高的精确度，只是计算工作非常复杂，但在计算机普及的今天已没有太大的问题。图解法过去已有过些介绍，这里主要介绍解析法和数值解法。

为了方便起见，只讨论等效构件作定轴转动的情况，移动等效构件的研究方法完全类似。

1．等效力矩和等效转动惯量是角位移的函数

在已知 $M_e(\varphi)$ 及 $J_e(\varphi)$ 变化规律且容易积分求解时，用解析法求解显然比较方便。

（1）列写运动方程式　设等效构件的转角坐标自 φ_0 至 φ 为所研究的任一段角位移，相应的角速度为 ω_0、ω。根据式（5-32）可得

$$\int_{\varphi_0}^{\varphi} M_e d\varphi = \frac{1}{2}J_e\omega^2 - \frac{1}{2}J_{e0}\omega_0^2$$

如果 $M_e(\varphi)$ 为可积函数，可直接得出

$$\omega = \sqrt{\frac{J_{e0}}{J_e}\omega_0^2 + \frac{2}{J_e}\int_{\varphi_0}^{\varphi} M_e d\varphi}$$ (5-38)

其中 $M_e = M_{ed} - M_{er}$，$\int_{\varphi_0}^{\varphi} M_e d\varphi$ 为驱动力所做的功与阻抗力消耗功之差，即盈亏功，也等于这一时刻动能与初始动能之差，即

$$W = W_d - W_r = \int_{\varphi_0}^{\varphi} M_e d\varphi = \frac{1}{2}J_e\omega^2 - \frac{1}{2}J_{e0}\omega_0^2 = E_k - E_{k0}$$

如果从机械起动开始算起，则 $\omega_0 = 0$，$E_{k0} = 0$，式（5-38）可写为

$$\omega = \sqrt{\frac{2}{J_e}\int_{\varphi_0}^{\varphi} M_e d\varphi} = \sqrt{\frac{2}{J_e}E_k}$$ (5-39)

显然，由于 $M_e = M_e(\varphi)$、$J_e = J_e(\varphi)$，所以 $\omega = \omega(\varphi)$。

（2）求等效构件的角加速度

$$\alpha = \frac{d\omega}{dt} = \frac{d\omega}{d\varphi} \cdot \frac{d\varphi}{dt} = \omega \frac{d\omega}{d\varphi}$$ (5-40)

3）求机械运动时间　根据 $\omega = \frac{d\varphi}{dt}$ 再积一次分，

$$\int_{t_0}^{t} dt = \int_{\varphi_0}^{\varphi} \frac{1}{\omega} d\varphi$$

得

$$t = t_0 + \int_{\varphi_0}^{\varphi} \frac{1}{\omega} d\varphi$$ (5-41)

如果 M_e 和 J_e 均为常数为本情况下的特例，这时式（5-35）中 $\frac{dJ_e}{d\varphi} = 0$，因此 $J_e \frac{d\omega}{dt} = M_e$，积分后得 $\omega = \omega_0 + \frac{M_e}{J_e}(t - t_0)$，再积分得

$$\varphi = \varphi_0 + \omega_0(t - t_0) + \frac{M_e}{2J_e}(t - t_0)^2$$ (5-42)

可看出为等加速度运动规律。

例 5-6　例 5-5 的曲柄滑块机构中，已知 $l_{AB} = r = 200$mm，$l_{BC} = l = 600$mm，$l_{BS_2} = l_1 = 200$mm。构件的质量 $m_2 = 10$kg，$m_3 = 30$kg，曲柄 1 对其质心 A 的转动惯量 $J_{1A} = 0.5$kg·m^2，连杆 2 对其质心 S_2 的转动惯量 $J_{S2} = 1$kg·m^2。当 $\varphi = 0°$，曲柄的角速度 $\omega_0 = 10$rad/s。作用在曲柄轴上的驱动力矩和阻力矩各为 $M_d = 50$N·m 和 $M_r = 20$N·m，求当 $\varphi = 90°$时曲柄的角速度。

解　可按例 5-5 方法算得换算到曲柄轴上全部机构的等效转动惯量为

$$J = J_{1A} + m_2\left[r\frac{ps_2}{pb}\right]^2 + J_{S2}\left[\frac{r \cdot bc}{l \cdot pb}\right]^2 + m_3\left[\frac{r \cdot pc}{pb}\right]^2$$

当 $\varphi = 0°$时，$\frac{ps_2}{pb} = \frac{2}{3}$，$\frac{bc}{pb} = 1$ 及 $\frac{pc}{pb} = 0$

所以 $(J)_{\varphi=0} = 0.5 + 10 \times \left[0.2 \times \frac{2}{3}\right]^2 + 1 \times \left[\frac{0.2}{0.6} \times 1\right]^2 + 30 \times [0.2 \times 0]^2 = 0.79$kg·$m^2$

当 $\varphi = 90°$ 时,$\dfrac{ps_2}{pb} = 1$,$\dfrac{bc}{pb} = 0$ 及 $\dfrac{pc}{pb} = 1$

所以 $(J)_{\varphi = 90°} = 0.5 + 10 \times [0.2 \times 1]^2 + 1 \times \left(\dfrac{0.2}{0.6} \times 0\right)^2 + 30 \times [0.2 \times 1]^2 = 2.1 \text{kg} \cdot \text{m}^2$

当曲柄由 $\varphi = 0°$ 转至 $\varphi = 90°$ 时,驱动力矩和阻力矩所做功之差为

$$\int_0^{\frac{\pi}{2}} (M_d - M_r) d\varphi = \int_0^{\frac{\pi}{2}} M d\varphi = \dfrac{\pi}{2} \times (50 - 20) \text{N} \cdot \text{m} = 47.1 \text{N} \cdot \text{m}$$

$$\omega = \sqrt{\dfrac{2}{(J)_{\varphi = 90°}} \int_0^{\frac{\pi}{2}} M d\varphi + \dfrac{(J)_{\varphi = 0} \times \omega_0^2}{(J)_{\varphi = 90°}}}$$

$$= \sqrt{\dfrac{2 \times 47.1}{2.1} + \dfrac{0.79 \times 10^2}{2.1}} \text{rad/s} = 9.08 \text{rad/s}$$

2. 等效力矩是角速度 ω 的函数,而等效转动惯量是常数

这时用能量形式的运动方程式求解不方便,因为式内包含 $\int_{\varphi_1}^{\varphi_2} M_e d\varphi$,而 M_e 为 ω 的函数,不能直接积分。这时可利用力矩形式的运动方程式,因为此时 $J_e = C$,所以 $\dfrac{dJ_e}{d\varphi} = 0$,从而可得到 $M_e(\omega) = J_e \cdot \dfrac{d\omega}{dt}$,分离变量,加以积分得

$$\int_{t_0}^t dt = J_e \int_{\omega_0}^\omega \dfrac{d\omega}{M_e(\omega)}$$

即

$$t = t_0 + J_e \int_{\omega_0}^\omega \dfrac{d\omega}{M_e(\omega)} \tag{5-43}$$

式(5-43)给出了 ω-t 的函数关系。

假如等效力矩 M_e 为 ω 的一次函数(例如用直线近似的三相异步电动机,并以电机轴为等效构件时的等效力矩 M_{ed},而等效阻力矩 M_{er} 近似为常数或为 ω 一次函数时),则有 $M_e = a + b\omega$。代入式(5-43)得

$$t = t_0 + J_e \int_{\omega_0}^\omega \dfrac{d\omega}{a + b\omega} = t_0 + \dfrac{J_e}{b} \ln \dfrac{a + b\omega}{a + b\omega_0} \tag{5-44}$$

若等效力矩 M_e 是 ω 二次函数时(例如卷扬机、风机等),则 $M_e = a + b\omega + c\omega^2$,代入式(5-43)得

$$t = t_0 + J_e \int_{\omega_0}^\omega \dfrac{d\omega}{a + b\omega + c\omega^2}$$

当 $(b^2 - 4ac) < 0$ 时,则

$$t = t_0 + \dfrac{2J_e}{\sqrt{4ac - b^2}} \left[\text{arc tg} \dfrac{2c\omega + b}{\sqrt{4ac - b^2}} - \text{arc tg} \dfrac{2c\omega_0 + b}{\sqrt{4ac - b^2}} \right] \tag{5-45}$$

当 $(b^2 - 4ac) > 0$ 时,则

$$t = t_0 + \dfrac{J_e}{\sqrt{b^2 - 4ac}} \ln \dfrac{(2c\omega + b - \sqrt{b^2 - 4ac})(2c\omega_0 + b + \sqrt{b^2 - 4ac})}{(2c\omega + b + \sqrt{b^2 - 4ac})(2c\omega_0 + b - \sqrt{b^2 - 4ac})} \tag{5-46}$$

3. 等效转动惯量是变量,等效力矩是角位移和角速度的函数

用电动机驱动的刨床、插床、冲压机床以及往复式空气压缩机等都是属于这种类型的机

械。这类机械中包含速比不等于常数的机构,因而其等效转动惯量是变量,而驱动力是速度的函数,生产阻力是机械位置的函数,因此等效力矩是机械角位移和角速度的函数。

这类机械的运动方程可写为

$$d\left[\frac{J_e\omega^2}{2}\right] = M_e(\varphi, \omega)\,d\varphi$$

即
$$M_e(\varphi, \omega) = \frac{\omega^2}{2}\frac{dJ_e}{d\varphi} + J_e\omega\frac{d\omega}{d\varphi} \tag{5-47}$$

或
$$\frac{d\omega}{d\varphi} = \frac{M_e(\varphi, \omega) - \frac{\omega^2}{2}\frac{dJ_e}{d\varphi}}{J_e\omega} \tag{5-48}$$

这是非线性微分方程,一般不能用解析法求解,下面介绍一种简单的数值解法。为此将式(5-47)写为

$$\frac{\omega^2}{2}dJ_e(\varphi) + J_e(\varphi)\omega d\omega = M_e(\varphi, \omega)\,d\varphi \tag{5-49}$$

数值解法原理如图 5-57 所示,将转角分为 n 个微小的转角,其中每一份为 $\Delta\varphi = \varphi_{i+1} - \varphi_i$ ($i = 0, 1, 2, \cdots, n$)。而当 $\varphi = \varphi_i$ 时,等效转动惯量 J_{ei} 的微分 dJ_{ei} 可以用 $\Delta\varphi$ 区间函数 $J_e(\varphi)$ 的增量 $\Delta J_{ei} = J_{e(i+1)} - J_{ei}$ 来近似地代替,并简写为 $\Delta J_i = J_{i+1} - J_i$。同样 $\varphi = \varphi_i$ 时,角速度 ω_i 的微分 $d\omega_i$ 可以用 $\Delta\varphi$ 区间函数 $\omega(\varphi)$ 的增量 $\Delta\omega_i = \omega_{i+1} - \omega_i$ 来近似地代替。于是当 $\varphi = \varphi_i$ 时,式(5-49)可写为

$$\frac{\omega_i^2}{2}(J_{i+1} - J_i) + \omega_i J_i(\omega_{i+1} - \omega_i) = M_e(\varphi_i, \omega_i)\Delta\varphi$$

可解出
$$\omega_{i+1} = \omega_i + \frac{M_e(\varphi_i, \omega_i)}{J_i\omega_i}\Delta\varphi - \frac{(J_{i+1} - J_i)}{2J_i}\omega_i$$

$$= \frac{M_e(\varphi_i, \omega_i)}{J_i\omega_i}\Delta\varphi + \frac{3J_i - J_{i+1}}{2J_i}\omega_i \tag{5-50}$$

知道 ω_{i+1} 后就不难求得 t_{i+1},因为

$$\Delta\varphi \approx \frac{1}{2}(\omega_i + \omega_{i+1})(t_{i+1} - t_i)$$

所以
$$t_{i+1} = t_i + \frac{2\Delta\varphi}{\omega_i + \omega_{i+1}} \tag{5-51}$$

例 5-7 已知一牛头刨床有下列数据:

1) 以刨床中摆动导杆机构的曲柄为转化构件,其等效转动惯量 J_e 及等效阻力矩 M_{er} 见计算数据表,表中以 $\Delta\varphi = 15°$ 为转化构件的转角间隔;

2) 等效驱动力矩 $M_{ed} = 5400 - 980\omega$,单位为 N·m。

试求其 $\omega(\varphi)$ 变化规律。

解 当等效力矩是机械位置的函数时,机械的运转为周期变速运转。但是根据式(5-50)计算其真实运动规律时,将难于准确地确定计算时的初始条件(因为与计算开始时机械的初始位置对应的初角速度 ω_0 是未知的)。因此只能近似地假定一个初角速度 ω_0,一般可取周期变速运转的平均角速度 ω_{av} 作 ω_0 的近似值,而 ω_{av} 可用下述方法求得。

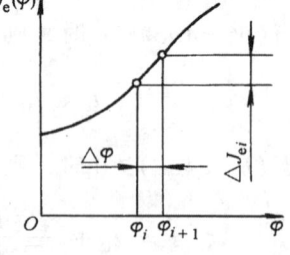

图 5-57 数值解法的原理图

表 5-11 计算数表

i	$\varphi/(°)$	$J_e(\varphi)$ /kg·m^{-2}	$M_{er}(\varphi)$ /N·m	ω /rad·s^{-1}	i	$\varphi/(°)$	$J_e(\varphi)$ /kg·m^{-2}	$M_{er}(\varphi)$ /N·m	ω /rad·s^{-1}
0	0	33.3	774	5	13	195	36.4	147	5.43
1	15	33.2	795	4.56	14	210	34.3	154	5.49
2	30	32.9	807	4.8	15	225	32.3	149	5.45
3	45	32.4	780	4.63	16	240	31	129	5.42
4	60	31.8	712	4.8	17	255	30.5	129	5.38
5	75	31.2	83.3	4.8	18	270	30.6	136	5.35
6	90	30.6	103	5.9	19	285	31.2	142	5.31
7	105	30.5	134	5.19	20	300	31.8	740	5.33
8	120	31	177	5.43	21	315	32.4	787	4.38
9	135	32.4	181	5.14	22	330	32.9	803	4.92
10	150	34.3	175	5.25	23	345	33.2	786	4.52
11	165	36.4	147	5.19	24	360	33.3	774	4.81
12	180	37.4	144	5.34					

设该机器的稳定运转为等速运动，$M_{ed} = M_{er}$，即 $5400 - 980\omega = M_{er}(\varphi)$，式中 $M_{er}(\varphi)$ 以其平均值 $M_{er\,av}$ 代入，而 $M_{er\,av}$ 可由计算数据表中的数据进行计算，计算的结果为 $M_{er\,av} = 380\text{N·m}$，而式中的 ω 即可近似地认为是稳定运转的平均角速度 ω_{av}，于是可求出

$$\omega_{av} = \frac{5400 - 380}{980}\text{rad/s} = 5.12\text{rad/s}$$

第一次近似计算时，可取当 $\varphi_0 = 0$ 时，$\omega_0 = 5\text{rad/s}$。式 (5-50) 中的 $\Delta\varphi$ 为所取的转角间隔。对该牛头刨床而言，等效转动惯量 J_e 和等效力矩 M_e 的变化周期都对应着导杆机构的曲柄转一周。因此，机械作周期变速运转时，$\omega = \omega(\varphi)$ 的周期也对应着曲柄转一周。计算时设将曲柄转一周分为 24 等分，式中 $\Delta\varphi$ 以弧度计，换算后得 $\Delta\varphi = \dfrac{2\pi}{360°} \times 15° = 0.2618\text{rad}$。

应用式 (5-50) 逐点进行计算，开始计算时，$i = 0$，

$$\omega_1 = \frac{M_e(\varphi_0, \omega_0)\Delta\varphi}{J_0\omega_0} + \frac{3J_0 - J_1}{2J_0}\omega_0$$

$$= \frac{[5400 - 980\omega_0 - M_{er}(\varphi_0)]\Delta\varphi}{J_0\omega_0} + \frac{3J_0 - J_1}{2J_0}\omega_0$$

$$= \frac{[5400 - 980 \times 5 - 774] \times 0.2618}{33.3 \times 5} + \frac{3 \times 33.3 - 33.2}{2 \times 33.3} \times 5\,\text{rad/s} = 4.56\text{rad/s}$$

再取 $i = 1$，

$$\omega_2 = \frac{[5400 - 980\omega_1 - M_{er}(\varphi_1)]\Delta\varphi}{J_1\omega_1} + \frac{3J_1 - J_2}{2J_1}\omega_1$$

$$= \left\{\frac{[5400 - 980 \times 4.56 - 795] \times 0.2618}{33.2 \times 4.56} + \frac{3 \times 33.2 - 32.9}{2 \times 33.2} \times 4.56\right\}\text{rad/s} = 4.8\text{rad/s}$$

依次取 $i = 2、3、\cdots$，即可求得 $\omega_3、\omega_4\cdots$。把计算的结果列于计算数表中。由表可见，

因为 ω_0 是近似假定的，因此计算得出的 $\omega_{24} \neq \omega_0$，即曲柄运转一个周期后并没有回到原来的位置。可以把 ω_{24} 作为进行第二次近似计算的初始值 ω_0，依次反复计算，每一次迭代计算的结果都更接近于准确值。直至相邻两次迭代的初始值满足 $|\omega_0^n - \omega_0^{n-1}| \leq \varepsilon$，$\varepsilon$ 是规定的精度要求（如 $\varepsilon = 10^{-4} \sim 10^{-6}$）就可结束计算。上述迭代方法称为欧拉法。欧拉法计算比较简单，积累误差较大，收敛较慢，迭代次数多，如需更精确求解，可用二阶龙格-库塔法或更精确的四阶龙格-库塔法（这里不作介绍）。图 5-58 为该牛头刨床稳定运转时，其导杆机构曲柄角速度的变化规律。图中曲线波动较大，这是计算不很精确所致，为提高精度可增加分点数，即减小步长 $\Delta \varphi$，或采用龙格-库塔法等方法计算。

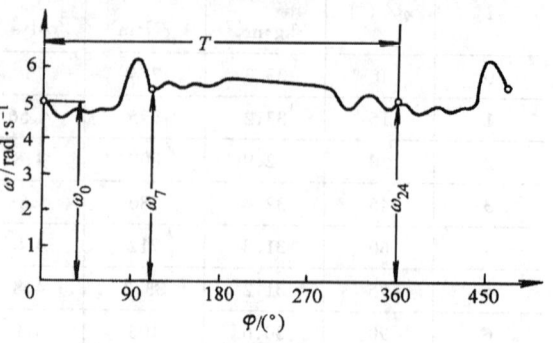

图 5-58 牛头刨床曲柄的角速度变化规律

思 考 题

1. 简述传动系统的功能和要求。
2. 常见的传动系统有哪些类型？选择传动类型时应考虑哪些因素？
3. 常用的变速装置有哪几种？各有什么特点？
4. 什么情况下可以采用由电动机直接实现传动系统起停和换向？什么情况下宜用离合器实现传动系统起停和换向，此时，离合器应如何布置？
5. 当用惰轮换向时，惰轮轴宜怎样布置？为什么？
6. 简述制动器的设计要点。
7. 安全保护装置应如何布置？
8. 什么是折回机构传动？确定其折回齿轮副传动比时应注意什么？
9. 什么是离合器变速传动的超速现象？如何避免？
10. 什么是变速传动系统的结构式？如何合理确定结构式？
11. 什么是传动系统的转速图？拟定转速图时应注意哪些要点？
12. 什么是计算转速？如何确定计算转速？
13. 无级变速传动主要用于哪些场合？有哪些方法可实现无级变速传动？
14. 简述液力传动原理。液力传动装置一般包含哪些基本元件？它们各起何作用？
15. 液力偶合器与液力变矩器有何区别？
16. 液力传动有何特点？适用于哪些机械？
17. 什么是机械系统的等效构件和等效动力学模型？如何计算等效力、等效质量、等效力矩及等效转动惯量？
18. 常用等效构件的运动方程式及其解法有哪几种？试述其要点。

第六章 操纵系统设计

第一节 操纵系统的功能和要求

操纵系统是指把人和机械联系起来，使机械按照人的指令工作的机构和元件所构成的总体。

一、操纵系统的功能

操纵系统的功能是实现信号转换，即把操纵者施加于机械的信号，经过转换传递到执行系统，以实现机械的起动、停止、制动、换向、变速和变力等目的。

二、操纵系统的要求

操纵系统虽然不直接参与机械做功，对机械的精度、强度、刚度和寿命没有直接影响，但是，机械工作性能的好坏、功能是否充分发挥以及操作者劳动强度等，都与操纵系统有直接关系。因此，不能忽视对操纵系统的设计。

操纵系统必须满足下列要求：

(1) 操纵轻便省力 尽量减小操纵力，以减轻操作者的劳动强度，有益于提高劳动生产率和安全性，对提高操作系统的灵敏度也有好处。操纵力的大小应符合人机工程学的有关规定。

(2) 操纵行程适当 操纵行程的大小应在尽量保证人体不动的情况下，上、下肢能舒适达到的范围之内。

(3) 操纵灵活 操纵功能可以按操作者的意图方便简捷地实现，多项操纵功能既可单独实现，又可联合实现，使操纵者感到得心应手，方便自如。例如车辆中的左、右轮制动器的制动操纵系统，既可单边制动，又可两边车轮同时制动。

(4) 操纵件定位可靠 操纵件应能长时间可靠地保持在某一操作状态的位置，不因其他非操作力的作用而改变其操作状态。而且，操作件一旦因某种原因而偏离操作位置时，应有自动回位功能。

(5) 操纵灵敏、效率高 操纵系统中的执行件应对操纵件所发指令的反映灵敏而准确，而且能量传递的损失小，效率高，有利于减小操纵力。

(6) 操纵系统的反馈准确迅速 操纵系统应具有良好的反馈性，使操纵信号准确迅速地反馈给操作者，以便操作者及时判断操作的效果，并作出新的操纵决策。

(7) 操纵系统应有可调性 操纵系统应能进行必要的调节，以保证系统的元件磨损后，经调节仍能实现所期望的操纵效果。

(8) 操纵方便和舒适 为达到操纵方便和舒适，不仅要求操纵力和操纵行程的大小适当，而且，操纵件的形状、尺寸、布置位置、运动方向和各操纵件的标记、操作顺序等都要符合人体状况和动作习惯。此外，操纵动作应合理分配给双手和双脚；操纵手柄的球头直径应与人的手掌大小相应；用按钮操纵时，开、停按钮的布置位置应适当。图 6-1 所示为一种推荐的开、停按钮合理布置形式。图6-1a为当开、停按钮水平布置时,"开"按钮布置在右边,"停"按钮布置在左边;图6-1b为垂直布置时,"开"按钮布置在上边,"停"按钮布置在下边。采用摇把和手轮为操纵件时,习惯上应使顺时针方向旋转对应于执行机构的工作行程,其开、停位置常采用图6-1c或图6-1d所示的布置方案。

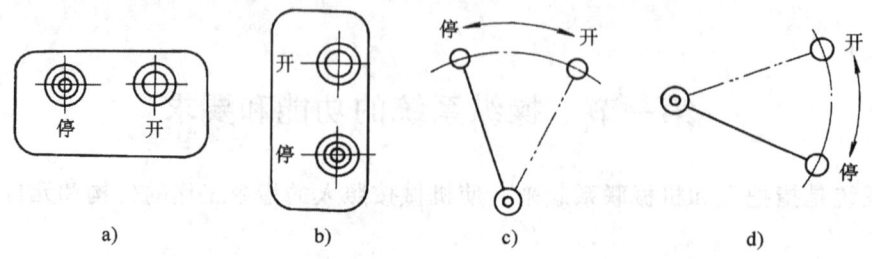

图6-1 开、停按钮和摇把的合理布置
a) 按钮水平布置 b) 按钮垂直布置 c) 摇把垂直布置 d) 摇把水平布置

（9）操纵安全可靠 操纵系统应保证实现预定的操作功能,防止错误操纵和操纵失效,以及为防止操纵系统中的元件因意外事故而对人身造成伤害,除应采取必要的安全保护措施外,还应有应急措施。例如,要有防止同时移动两个执行件而导致运动干涉的机构,要有使执行件锁定在操纵工位的机构。

第二节　操纵系统的组成和分类

一、操纵系统的组成

操纵系统主要由操纵件、执行件和传动件三部分组成。

（1）操纵件 常用的操纵件有拉杆、手柄、手轮、捏手、按钮、按键和脚踏板等。

（2）执行件 执行件是与被操纵部分直接接触的元件,常见的有拨叉、销子和滑块等。

（3）传动件 操纵系统中的传动件是将操纵件的运动及其上的作用力传递到执行件,以实现操纵目的的中间元件。通常采用的传动系统有机械传动、液压传动、气压传动、电传动等。常用的传动装置有杆机构、齿轮传动、蜗杆传动、螺旋传动和凸轮机构等,液压传动和气压传动还常作为助力装置与机械传动配合使用。

此外,操纵系统中还有一些保证操纵系统安全可靠工作的辅助元件,如定位元件、锁定和互锁元件及回位元件等。

二、操纵系统的分类

1. 按操纵力的来源分类

按操纵力的来源操纵系统可分为:人力操纵系统、助力操纵系统、液压操纵系统和气压操纵系统。

人力操纵系统是指操纵所需的作用力和能量全部由操纵者提供的操纵系统。显然,这样的操纵系统只适宜于需要操纵力小的机械。

助力操纵系统是利用机械系统中储备的能量帮助人力进行操纵的系统。常见的储备能量有弹性变形能和液压能。弹簧助力器是利用助力弹簧的变形来存储能量的装置。液压助力装置由液压泵和助力器等组成,图6-2所示的液压助力器中装着两套滑阀和两套活塞,液压泵

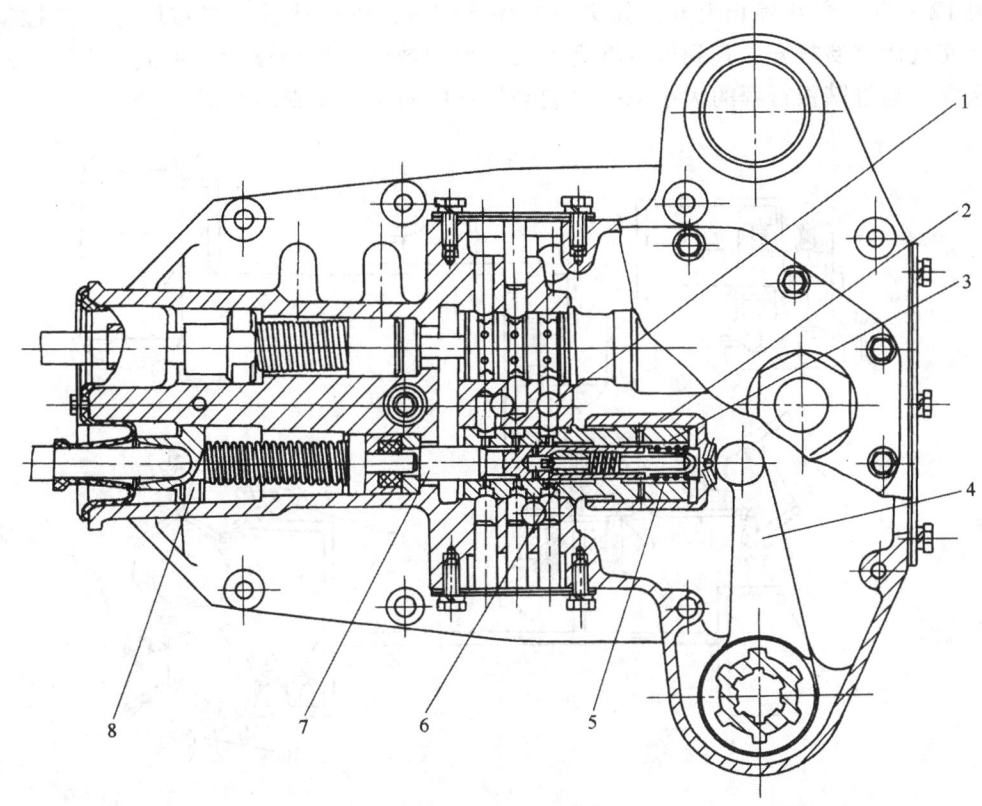

图 6-2 液压助力器
1—孔道 2—活塞 3—阀座 4—转动臂 5—阀头 6—单向阀 7—分配滑阀 8—导向块

产生的高压油经垂直孔道 1 进入液压助力器，该助力器由活塞 2、阀座 3、分配滑阀 7、阀头 5、单向阀 6、导向块 8 等主要零件组成，它能将操纵杆上的操纵力由 350N 减小到 50N。

液压操纵系统中，通常需操作者施加的操纵力很小，只需克服传动件（如滑阀）的摩擦阻力，而克服操纵阻力所需要的力全部由液压系统供给。图 6-3 是推土机上使用的转向离合器液压操纵系统的油路图，操纵控制阀 4 或 6，压力油进入左或右离合器油路，靠压力油产生的作用力操纵离合器，就可实现推土机的转向。

气压操纵系统与液压操纵系统具有类似的特点，克服操纵阻力所需要的操纵力和能量全部由压缩空气提供，人所施加的力很小，只用来克服操纵件自身的摩擦阻力。图 6-4 是车辆上使用的制动系气压操纵系统图，制动时踩下制动踏板 5，制动阀 4 中的膜片 3 下移，先将放气阀 2 关闭，然后将进气阀 12 顶开，压缩空气由进气阀 12 进入制动阀再流向前、后轮制动气室 11。在制动过程中，制动气室 11 和制动阀中膜片 3 下方的气压逐渐升高，推动膜片 3 克服上方弹簧的压力向上移动，逐渐使

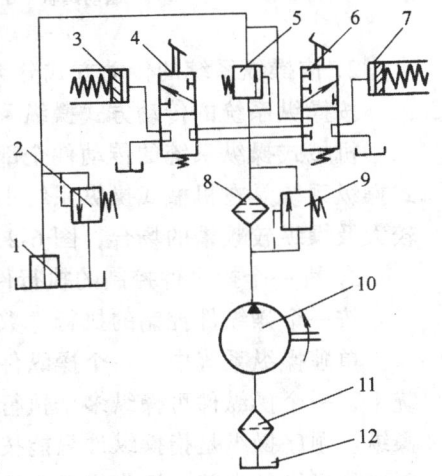

图 6-3 转向离合器的液压操纵系统油路图
1—变速箱 2—背压阀 3—左离合器 4—左控制阀 5—调压阀 6—右控制阀 7—右离合器 8—精滤油器 9—安全阀 10—液压泵 11—粗滤油器 12—油箱

进气阀 12 关闭，气压停止上升。如进一步踩下踏板，则弹簧进一步被压缩，又推动膜片 3 下移，使气阀重新打开，直到气压增高到某一新的数值，又使膜片上移到进气阀 12 关闭为止。这样，通过踏板行程的大小来控制制动气室中的压力和制动力矩。

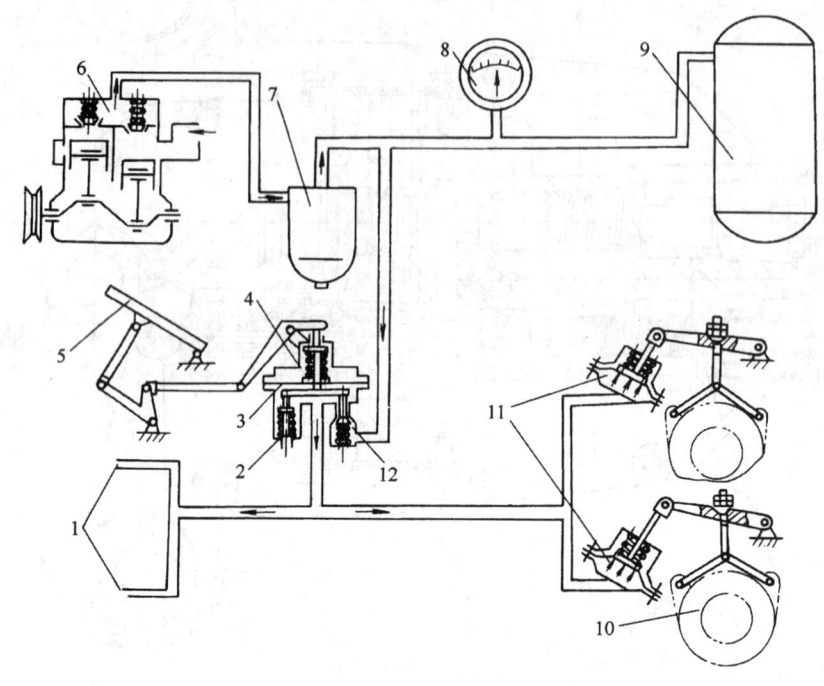

图 6-4 制动系的气压操纵系统
1—通往前轮制动气室的管路 2—放气阀 3—膜片 4—制动阀
5—制动踏板 6—气泵 7—油水分离器 8—压力表 9—贮气筒
10—后轮制动器 11—后轮制动气室 12—进气阀

2．按操纵系统的传动方式分类

按操纵系统的传动方式操纵系统可分为机械式操纵系统和混合式操纵系统。

机械式操纵系统的传动件全部是机械的，一般只适用于操纵力和能量不大的机械。混合式操纵系统是在机械式操纵系统中加入液压或气压助力器而构成的操纵系统，适用于操纵力较大及操纵较频繁的场合，图 6-2 所示就是一种液压助力器。

3．按一个操纵件控制的执行件数分类

按一个操纵件控制的执行件数操纵系统可分为单独操纵系统和集中操纵系统。

单独操纵系统中，一个操纵件只操纵一个执行件，这是最常见的操纵方式。集中操纵系统中，一个操纵件可操纵多个执行件。集中操纵可按操纵件的变换规律分为顺序操纵和越级操纵。顺序操纵是指操纵件只能按一定的顺序一级一级地变换到所需要的位置上。越级操纵则可将操纵件由某一操作位置直接变换到所需的任一级操作位置上。

4．按操作操纵件的人体器官分类

按操作操纵件的人体器官操纵系统可分为手操纵系统和脚操纵系统。

手操纵是最经常采用的操纵方式，因为手动作比脚灵敏，动作范围大、功能强。一般总是先考虑用手操纵，只有在操纵力较大、操纵件较多时，才考虑采用脚操纵或手、脚操纵并用。

5. 其他操纵方式形成的操纵系统

除上述操纵系统外,还有远距离(遥控)操纵系统,它们是借助无线电波、光波、声波等物理效应实现操纵功能的操纵系统。

第三节　操纵系统设计

操纵系统设计的内容包括确定主要参数、原理方案设计、结构设计等。

一、操纵系统主要参数的确定

操纵系统的主要参数有操纵力、操纵行程和传动比。

1. 操纵力 F_c

操纵力 F_c 是操作者施加给机器操纵件的最大作用力,取决于执行件的工作阻力和操纵系统的传动比。

操纵力 F_c(N)可由下式求得

$$F_c = \frac{F_r}{\eta i_c} \tag{6-1}$$

式中　F_r——执行件的工作阻力,N;

　　　i_c——操纵系统的传动比;

　　　η——操纵系统的传动效率,取决于操纵系统的传动机构,一般取 $\eta=0.7\sim0.8$。

由式(6-1)可知,若操纵系统的传动机构已确定,则传动比 i_c 和传动效率 η 已定。因此,操纵力 F_c 决定于执行件的工作阻力 F_r,应按最经常出现的最严重工况时的工作阻力来计算操纵力。

图 6-5 是一种经常接合式摩擦片离合器及其脚踏板操纵机构简图。离合器靠压紧弹簧 2 产生的压紧力 F_n 将带摩擦面的从动盘 4 夹紧在压盘 3 和主动盘 5 之间,从而借助摩擦力将输入到主动盘 5 上的动力经从动盘 4 输出到输出轴 10 上。若要切断动力,则须将主动盘 5、从动盘 4 和压盘 3 分离。为了保证彻底分离,各盘之间必须分离到一定的距离 Δs。由此可知,操纵这种经常接合式离合器时,主要是在分离离合器时要在踏板 8 上施加一定的操纵力来克服压紧弹簧 2 的压紧力 F_n,并且为获得必要的间隙 Δs,而须进一步压缩弹簧 2,使其能产生与附加变形 $\Delta\lambda$ 相应的弹簧力 ΔF_n,它们之间有如下的关系

$$\Delta\lambda = Z\Delta s \tag{6-2}$$

式中　Z——离合器的摩擦面对数;

　　　Δs——离合器各摩擦面间应保持的间隙,其数值的大小随摩擦片的数目增加而减小。一般,湿式无衬面取 $\Delta s=0.2\sim1$mm,有衬面取 $\Delta s=0.4\sim1.2$mm;干式无衬面取 $\Delta s=0.4\sim1.2$mm,有衬面取 $\Delta s=0.6\sim1.5$mm。

$$\Delta F_n = k\Delta\lambda \tag{6-3}$$

式中　k——弹簧刚度。

由此可知,离合器彻底分离时作用在执行件分离拉杆 6 上的工作阻力 F_r 为

$$F_r = F_n + \Delta F_n \tag{6-4}$$

故有

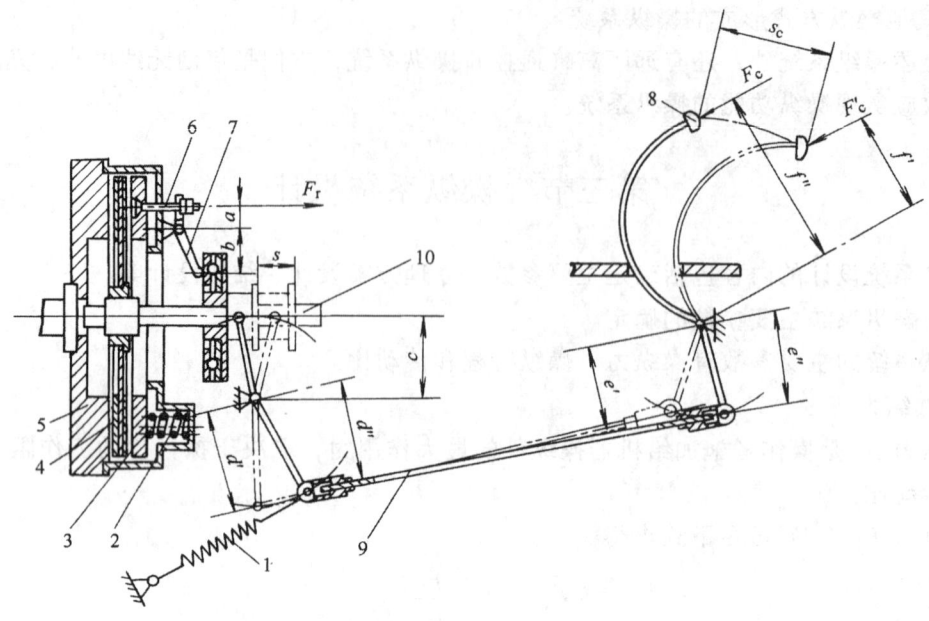

图 6-5 离合器的踏板操纵机构
1—回位弹簧 2—压紧弹簧 3—压盘 4—从动盘 5—主动盘 6—分离拉杆
7—分离杠杆 8—踏板 9—中间拉杆 10—输出轴

$$F_c = \frac{F_n + \Delta F_n}{\eta i_c} \tag{6-5}$$

$$i_c = \frac{bd''f''}{ace''} = \frac{\text{各传力构件主动力臂乘积}}{\text{各传力构件被动力臂乘积}} \tag{6-6}$$

式中的 d''、e''、f'' 是离合器彻底分离时的各传动件的力臂长度，见图 6-5。图 6-5 中 d'、e'、f' 是离合器刚开始分离时各传动件的力臂长度。因 a、b、c 各件长度较短，可视为在上述两种情况下长度均无变化。式（6-6）应由操纵机构的具体结构确定。

在设计操纵机构时，若所得的操纵力计算值超过人机工程的推荐值，应设法使其减小。例如改变传动比，或者把手操纵改为脚操纵，这是因为一般脚踏力较手操纵力大。在变速箱设计时，手操纵力建议不大于 150N，脚操纵力不大于 180N。车辆的方向盘上的操纵力允许达到 400N。

2. 操纵行程 s_c

操纵行程是指执行件从初始位置移动到完成操纵任务时的位置，操纵件所具有的相应位移量。

操纵行程 s_c 可由下式计算

$$s_c = i_c s_{ex} \tag{6-7}$$

式中　s_{ex}——执行件的行程；
　　　i_c——操纵系统的传动比。

操纵件的移动是由人的肢体活动实现的，操纵行程的大小直接影响到人体感觉的舒适性。行程大则操纵功大，使人的体力消耗也大，容易产生疲劳，也会使操纵反应迟钝。操纵行程的大小应使人体在不移动位置的情况下能方便自如地达到。例如，前述离合器脚踏板行

程 s_c 不得大于 200mm；变速箱操纵手柄行程不得大于 80~120mm。

3. 传动比 i_c

操纵系统的传动比 i_c 为传动件的主动力臂与从动力臂之比，其值决定于传动机构中构件的尺寸，应按在克服最大操纵阻力时所在的位置确定，如图 6-5 中各力臂 a、b、c、d''、e''、f''。

在新设计时，由于执行件的工作阻力 F_r 是确定的，因而可按式（6-8）初定传动比 i_c

$$i_c = \frac{F_r}{F_{cp}} \tag{6-8}$$

式中　F_{cp}——由人机工程学或者经验值确定的许用操纵力。

初选传动机构后，按此传动比初定各传动件的尺寸，进行结构设计。然后，根据结构尺寸精确计算传动比 i_c，并按式（6-1）验算操纵力 F_c。如果 F_c 超过推荐值，则应调整传动件的尺寸。必要时，可重新选择传动方案。

执行件的工作阻力 F_r 一定时，i_c 大则 F_c 小，操纵就省力。但是，由式（6-7）可知，当执行件行程式 s_{ex} 一定时，i_c 大则 s_c 大，操纵行程大易使操纵者疲劳。

因此，在确定传动比时，要全面考虑操纵力和操纵行程两方面。为此，在有些机械上，也给出了传动比的推荐值。例如变速箱操纵杆球形铰接支承的以上部分（即主动臂）和以下部分（即从动臂）的长度比为 2.5~3.5 为宜；车辆方向盘的旋转总圈数应为 1.5~2.0 圈；机床手柄的转角不宜大于 90°。

4. 带助力器的操纵系统

图 6-6 为一个带液压助力器的操纵系统，它是在杠杆系统的某一适当环节上加装一个液压助力器。

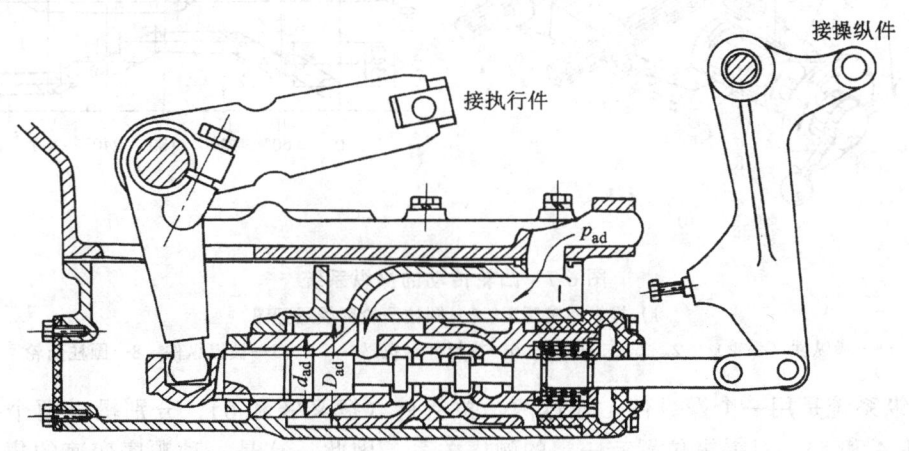

图 6-6　带助力器的操纵系统

助力器所能产生的推力 F_p 可按式（6-9）计算

$$F_p = \frac{\pi}{4}(D_{ad}^2 - d_{ad}^2) p_{ad} \tag{6-9}$$

式中　D_{ad}——助力器液压缸内径；

　　　d_{ad}——助力器活塞杆直径；

　　　p_{ad}——助力器中压力油的工作压力。

助力器活塞移动速度 v_{ad} 由式（6-10）计算

$$v_{ad} = \frac{s_{ex}}{t} \tag{6-10}$$

式中　s_{ex}——操纵系统中执行件的行程；

　　　t——操纵系统中执行件的移动时间。

由此确定助力器工作需要的压力油流量 q_{Vad} 为

$$q_{Vad} = \frac{\pi}{4}(D_{ad}^2 - d_{ad}^2)v_{ad} \tag{6-11}$$

F_p、p_{ad}、v_{ad} 和 q_{Vad} 是选择和设计助力器的原始参数。若采用液压泵做动力源，也是选择液压泵的依据。有关助力器的选择和液压系统的参数确定，可参阅有关资料。

采用带助力器的操纵系统，人施加的操纵力与执行件推力之间没有直接的联系。因此，对操纵件与助力器的连接构件不再进行力的计算，仅考虑行程关系。

二、操纵系统的原理方案设计

操纵系统的原理方案设计的任务是根据设计任务要求，如执行件的运动轨迹、速度和被操纵件的数目以及各执行件之间的关系，来选择操纵件、执行件和传动机构的方案，确定主要设计参数及有关几何尺寸，现以图6-7所示凸轮传动的操纵系统为例说明。

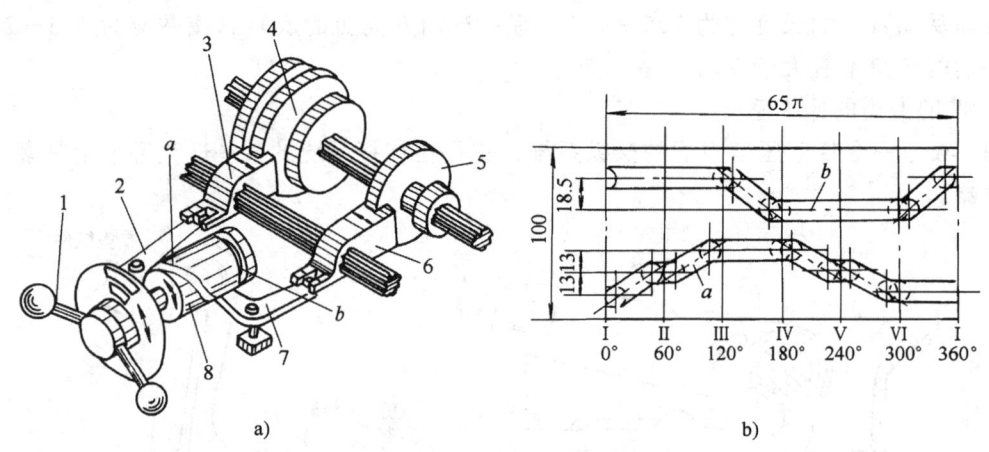

图6-7　凸轮传动的操纵系统

a) 操纵系统简图　b) 圆柱凸轮廓线展开图

1—操纵件（手轮）　2、7—杠杆　3、6—执行件（拨叉）　4、5—被操纵件　8—圆柱凸轮

此操纵系统是用一个操纵件1通过两个执行件（拨叉3和6），分别操纵两个被操纵件（变速齿轮4和5），且操纵位置有一定的顺序关系。因此，这是一种顺序变速的集中操纵系统。

圆柱凸轮8上开有两条沟槽 a 和 b，沟槽 a 经杠杆2和执行件3操纵三联滑移齿轮4，沟槽 b 经杠杆7和执行件6操纵双联滑移齿轮5，由此得到6种转速。操纵件1每转60°得到一种转速。由于沟槽曲线形状是按一定变速顺序设计的，因此从一个速度变到另一个速度，经中间各级转速，故称顺序变速。图6-7b为圆柱凸轮8的廓线展开图，表明两条沟槽的曲线形状，图中Ⅰ至Ⅵ表示两个滑移齿轮相应的6个位置。

采用凸轮传动操纵系统时，其原理方案设计的要点是：

1) 分析执行件的运动规律，绘制凸轮的行程曲线。对于如图 6-7 所示的凸轮传动操纵系统，其执行件的运动规律就是被操纵件（滑动齿轮 4 和 5）的位置变化规律，凸轮的行程曲线就是图 6-7b 所示的凸轮槽曲线；

2) 绘制凸轮理论曲线，包括确定凸轮机构尺寸（凸轮基圆半径 R_b 和滚子直径 d_r）和绘制凸轮轮廓曲线；

3) 验算凸轮曲线不同曲率半径处的压力角。为保证操纵系统省力和凸轮不发生自锁，最大压力角 α_{max} 不得大于推荐的许用值，见表 4-6。常用的凸轮曲线有圆弧、直线和阿基米德螺线；

4) 绘制凸轮的工作图；

5) 确定从动件的杠杆尺寸，杠杆比由凸轮升程的执行件移动距离确定。

三、操纵系统的结构设计

操纵系统结构设计的任务，是在原理方案的基础上形成各个部分的形状和尺寸。

(1) 操纵件　图 6-8 是变速箱中常用的一种操纵系统结构型式，其中变速杆 8 是操纵件，采用球型支座结构或十字销轴结构。球铰直径一般为 30~45mm。为使球头紧贴在支座上，在变速杆 8 上装有压紧弹簧 7。弹簧的压紧力一般是变速杆重力的 2~4 倍，但不应小于 60~100N。若变速杆是弯杆，应在球头上切槽，用止动销 10 防止变速杆绕自身轴线转动。

(2) 执行件　拨叉是操纵系统中最常用的执行件，其优点是传动方式简单，占用的结构空间小，易于布置。拨叉的形状及其尺寸受被操纵件（如滑移齿轮）的结构和位置的约束，可以设计成各种不同形状，如图 6-8 中的拨叉 13、14、15 及 16。为了提高拨叉刚度，应尽量缩短悬臂长度，在缩小结构尺寸和减轻重量的同时，用加强肋来提高拨叉的抗弯刚度。拨叉一般采用锻件，用螺钉紧固在滑杆上。

(3) 传动件　传动件一般采用杠杆系统，如图 6-5 所示的结构是其中的一种。但是，在图 6-8 的操纵系统中，操纵件（此结构中为变速杆 8）到执行件（拨叉）之间采用了三根滑杆 1、2、3（又称拨叉轴），使变速杆的摆动转变成拨叉的移

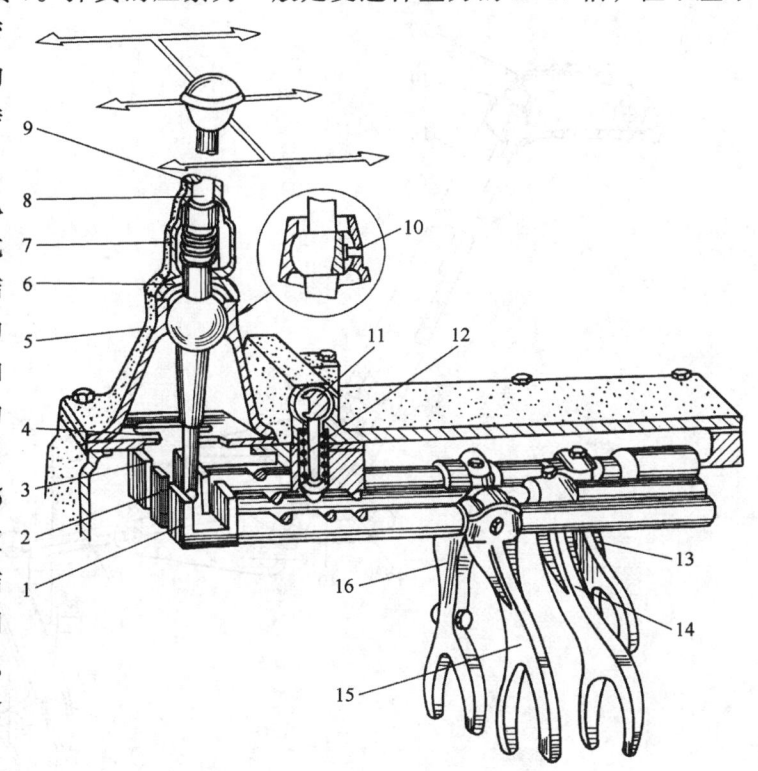

图 6-8　操纵系统结构型式举例

1、2、3—滑杆　4—导板　5—变速杆座　6—碗盖　7—压紧弹簧
8—变速杆　9—防尘罩　10—止动销　11—联锁轴
12—锁销　13—倒档拨叉　14—Ⅰ、Ⅳ档拨叉
15—Ⅱ、Ⅲ档拨叉　16—Ⅴ档拨叉

动。每根滑杆上装一个拨叉，可变换两个位置，以实现两种速度的变换。拨叉移动的距离应等于两档齿轮之间的距离。每根滑杆上有三个切槽，用以在挂档或空档时定位拨叉，以免因机械振动而滑移，造成脱档现象。滑杆端头的深槽供变速杆移动，其槽深应保证变速杆处于两个换档极限位置时，杆端不会从槽中脱出。

（4）其他结构元件　为保证操纵安全可靠，在操纵系统中通常附加一些起安全保护作用的元件或装置。

图 6-9 为解放 CA1092 型汽车驻车制动器及机械传动机构布置图。制动蹄支架 4 用螺钉固定于变速器壳体的后壁。铸铁的通风式制动盘 3 与变速器第二轴的花键套凸缘连接，在制动盘的前后两侧各有一块端面上铆有扇形摩擦片的制动蹄 7，蹄的中部用销钉与制动蹄臂 13 和 11 的中部铰接。两制动蹄臂上端各用销钉铰接在支架上，两制动蹄下端用弹簧拉紧，使其上端抵靠着支架上的调整螺钉 6。制动蹄臂拉杆 10 穿过两制动蹄臂下端的孔，并与蹄片操纵臂 14 的中部用销钉铰接，蹄片操纵臂的下端以销钉与前蹄臂 13 的最下端相连。套在拉杆上的支持弹簧 12 使两侧的制动蹄分开。为了使各运动副磨损后便于更换，解放 CA1092 型汽车驻车制动器的各主要运动副都增设了衬套，并将操纵杆 18 改为冲压件以美观外形，方便操作。

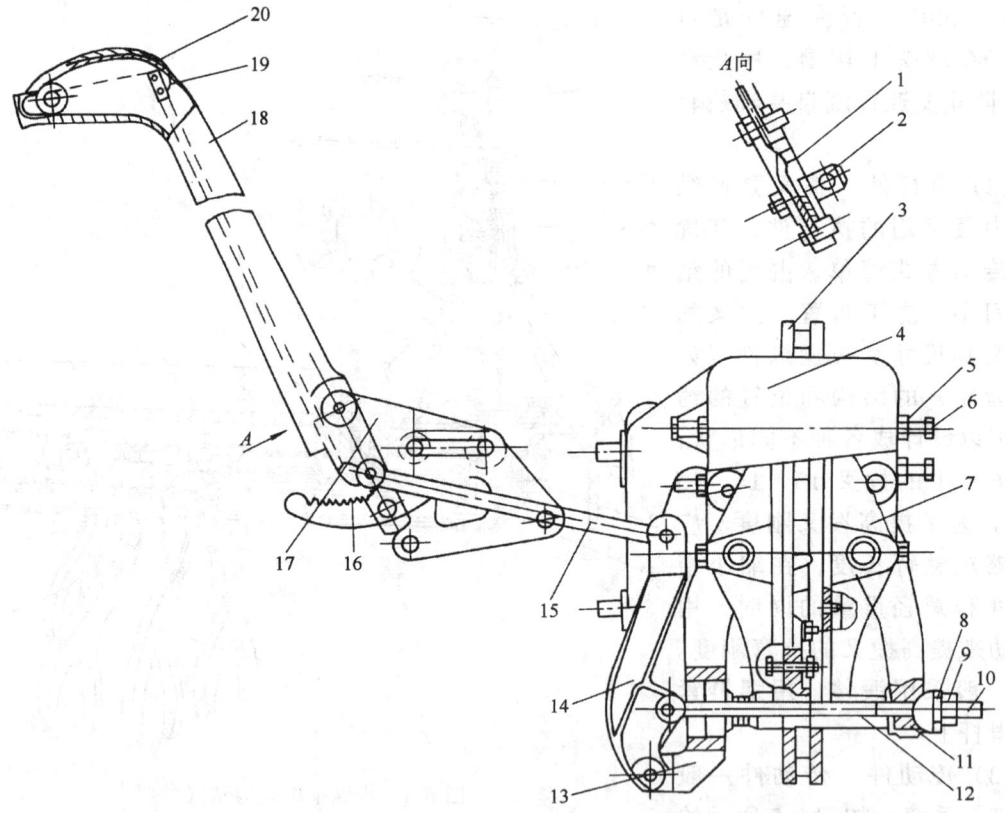

图 6-9　解放 CA1092 型汽车驻车制动器及传动机构布置图
1—拉钩　2—连接柱　3—制动盘　4—制动蹄支架　5—锁紧螺母　6—调整螺钉　7—制动蹄
8—调整螺母　9—锁紧螺母　10—制动臂拉杆　11—后蹄臂　12—支持弹簧　13—前蹄臂
14—蹄片操纵臂　15—制动拉杆　16—棘爪　17—扇形齿板　18—操纵杆　19—压杆　20—压板

四、操纵机构的定位、互锁及安全保护装置

为保证机械系统正常运行和人身安全，在设计操纵系统时，操纵机构必须有可靠的定位、互锁及安全保护装置。

由于操纵系统设计不当导致的机械系统故障和人身事故主要表现在机械系统工作时，因自身的原因（如振动、过载等）破坏了正常的操纵状态。譬如，没有施加操纵力而操纵件却自行动作，或者操纵件操作某个执行件时，另一个执行件也同时动作等，这些都属不允许发生的。

（一）操纵系统中的自锁机构

自锁机构是以一定的预压力把操纵件、执行件或中间的某传动件固定在规定的位置上，只有所施加的操纵力大于这个预压力，操纵件或执行件才会动作。图 6-8 所示的变速箱操纵系统中，采用锁销 12 及其上的弹簧和滑杆 1、2、3 上的切槽形成自锁机构。锁销 12 在弹簧力作用下，紧压在滑杆的切槽里，当作用在滑杆上的操纵力大于此压紧力的水平分力和有关运动件的摩擦阻力之后，滑杆才能滑动，并带动各执行件（拨叉 13、14、15、16）实现换档。这样，就保证了换档齿轮不会自行移动造成自动挂档和脱档，且能保证滑移齿轮移动到位达到全齿长啮合。

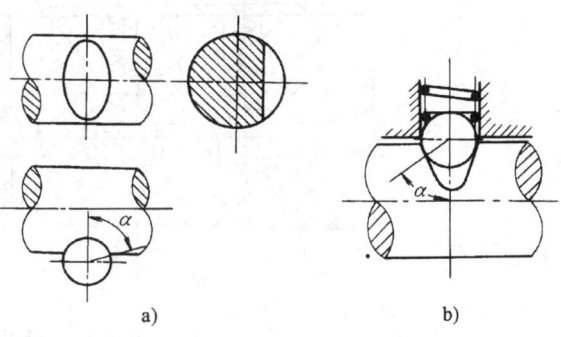

图 6-10 滑杆上的切槽形状
a) 半圆形切槽　b) V 形切槽

滑杆上的切槽形状一般有两种：半圆形和 V 形，见图 6-10。槽的夹角 α 将影响移动滑杆需要的操纵力大小。半圆形切槽在球窝边缘磨损后，α 角减小，会使滑杆移动的轴向力减小，因此，它的自锁性能不如 V 形切槽。

图 6-11 所示为当驻车操纵杆 15 顺时针方向运动时，通过制动拉杆 12 带动蹄片操纵臂 11 逆时针方向摆动，推动前蹄臂 10 和左侧制动蹄右移，同时通过制动臂拉杆 9 拉动后蹄臂 7，压缩支持弹簧 8，使右制动蹄左移，两制动蹄即夹紧制动盘，产生制动作用，并由棘爪 13 将操纵杆锁定在制动位置上。

（二）操纵系统中的互锁机构

互锁机构使操纵系统在进行一个操作动作时把另一个操作动作锁住，从而避免机械发生不应有的运动干涉，保证在前一执行件的动作完成后才可使另一执行件动作。如在车辆和机床等各类机械的变速箱中不会同时

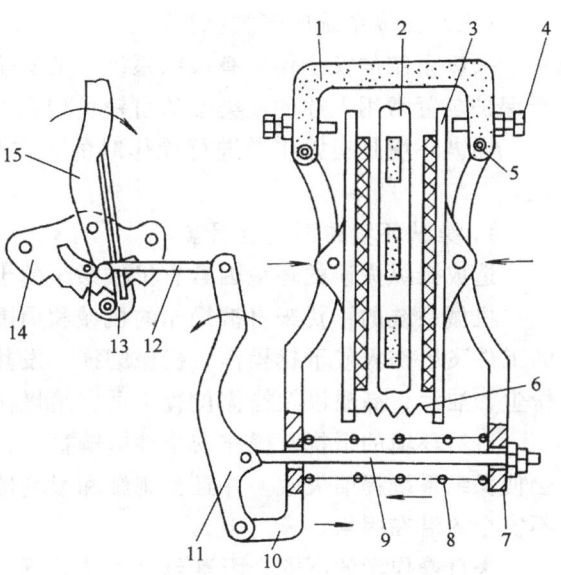

图 6-11 解放 CA1092 型汽车驻车
制动器工作示意图
1—制动蹄支架　2—制动盘　3—制动蹄
4—调整螺钉　5—销　6—拉簧　7—后蹄臂
8—支持弹簧　9—制动臂拉杆　10—前蹄臂
11—蹄片操纵臂　12—制动拉杆　13—棘爪
14—扇形齿板　15—操纵杆

挂两个档；在离合器和制动器配合动作的操纵系统中，应保证离合器先脱开、制动器后制动，以及制动器先松开、离合器后接合。

图 6-12 所示为一种机械式互锁机构，在两根滑杆 1 和 5 相对的侧面切槽，并在其间装入一个互锁销 2，就构成了一个简单的互锁机构。互锁销 2 的长度是按如下原则设计的：当互锁销 2 的一端卡入滑杆 1 的切槽里面时，另一端则应正好退出滑杆 5 的切槽，如图 6-12a 所示状态。这时，变速杆可拨动滑杆 5，并带动其上的拨叉实现换档，而滑杆 1 则被互锁销 2 锁住；当拨动滑杆 5 使其切槽对准互锁销 2 时，可拨动滑杆 1，使互锁销 2 右移而卡入滑杆 5 的切槽，从而实现了滑杆 1、5 的互锁。图 6-12b 为三根滑杆的互锁。

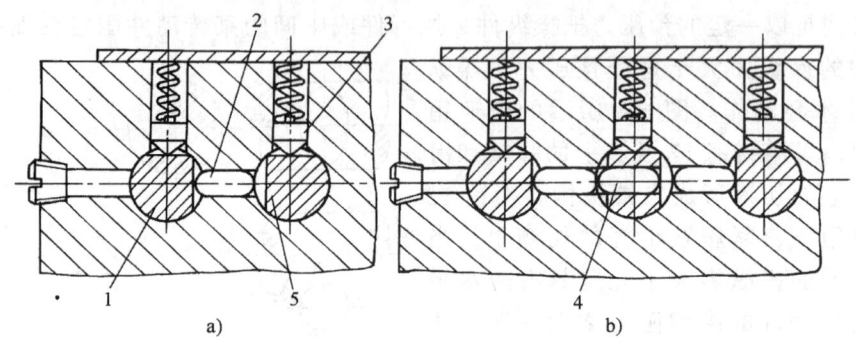

图 6-12 操纵系统的互锁机构
a）两根滑杆的互锁　b）三根滑杆的互锁
1—滑杆　2—互锁销　3—锁定销　4—中间互锁销　5—滑杆

（三）操纵系统的安全保护

操纵系统的安全保护有操纵系统中的安全保护和操纵环境的安全保护，操纵系统中的安全保护装置常用上述的或类似的自锁机构和互锁机构实现。

操纵环境是指操作者进行操作时的工作环境。操纵环境的安全性是正确操纵的重要保证。

1．操纵环境的不安全因素

造成操纵失误的环境因素有机械系统的干扰、操作者的干扰和自然环境的影响。

机械系统的干扰来自被操作的机械和周围的其他机械，如机械运转时零件损坏或未卡紧的工件飞出伤人或干扰操作，机械磨损和发热造成的操作失灵，机械运转时的振动、噪声、粉尘、油污、高温以及操作位置不适宜给操作者带来的不适宜感觉等。

自然环境的干扰对操作安全性影响很大，尤其是室外作业的机械。温度、湿度、粉尘等会使操纵系统提前失效，并且会刺激和影响操作者的生理机能、情绪和心理状态，构成操纵不安全的潜在因素。

来自操作者的不安全因素包括人体健康、心情、情绪以及由此而造成的生理和心理的不良变化。如振动和噪声使人烦躁和疲劳，单调乏味的操作容易使人困倦，过冷和过热、光线过强和过弱、风霜雨雪的侵袭等，都会使操作者感到不舒适，使操作者失去操作的耐心和分散操作的注意力。

2．操纵环境的安全保护

操纵环境的安全保护主要是指对操纵环境的不安全因素采取必要的安全防护措施，如有以下一些：

(1) 在机械系统中加装保护装置 如对机械的危险操作区实行安全隔离或加防护罩，如图1-6~图1-8所示；在汽车、拖拉机等室外行走机械上安装驾驶室等。

图6-13为桑塔纳轿车的转向柱工作原理图。转向柱分为上、下两段，上段5的下部弯曲，其端面焊有近似于半月形的法兰盘3，盘上装有两个驱动销9与转向柱下段2上端的法兰盘4上的两孔配合，法兰盘4的两孔中还压装有尼龙衬套和橡胶圈。这种两段式而又保持其同轴度的转向柱结构是采用瑞典伏尔伏公司的专利，其目的是当发生撞车事故驾驶员因惯性而以胸部扑向转向盘时，可迫使转向轴上段5向下运动并使两个驱动销迅速从下段法兰盘4的销孔中退出，同时在转向柱套管7的推动下，装在仪表板下面的折叠安全装置6被压缩、折叠，从而形成缓冲以减少对驾驶员的伤害。

(2) 提高操作者作业环境的舒适性 如作业环境的噪声超过劳动安全保护规定的限值时，设置必要的隔声装置或专用的隔声操作室；改善坐椅的舒适性；保持操纵环境安静、清洁、明亮、色彩柔和与协调；在行驶机械上采用宽大的前窗，以改善操作时的视野；保持操纵环境有合适的温度、湿度及良好的通风和采光，必要时可在工作室加装采暖、通风和空调等装置。

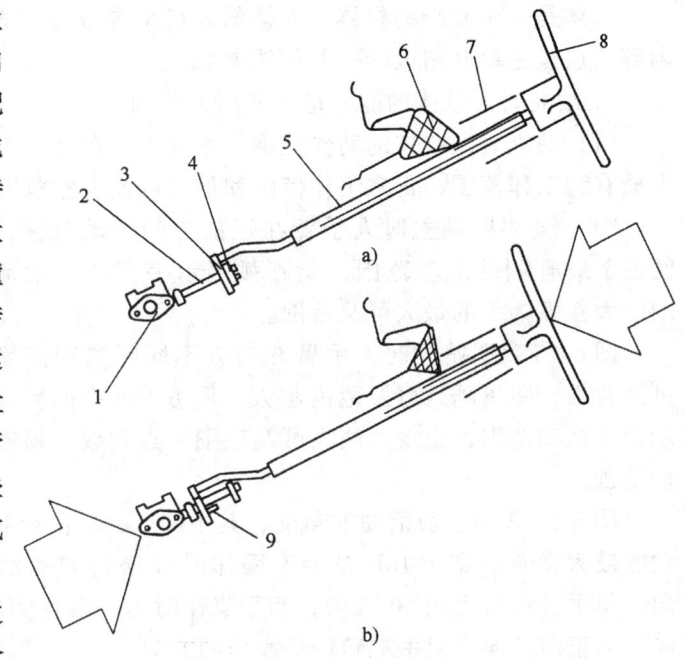

图6-13 防撞击转向柱工作原理
a) 正常工作时 b) 转向盘受到很大冲击力时
1—夹紧箍 2—转向柱下段 3—半月形法兰盘
4—法兰盘 5—转向柱上段 6—折叠安全装置
7—转向柱套管 8—转向盘 9—驱动销

(3) 设置指示和警报装置 为引导操作者正确操作，应设置操作指示仪表和信号显示装置，如指示标牌、指示灯和音响信号装置等。当有误操作或机械系统发生故障时，能指示故障部位，发出警报并采取停机措施。

第四节　操纵系统与人机工程学

操纵系统是人和机械直接联系的系统，它具有闭环调节系统的特征。在这个系统中，人是指令的发出者，从观察周围环境或从仪表指示中得到信息，经过大脑作出判断后产生相应的动作，即操作。操作的结果使机械进入新的状态，这种新状态又从环境中或显示仪表中反映出新的信号，又可能使操作者做出新的操作。

明确人在这个人机系统中的工作能力和方法是合理设计操纵系统的重要前提。

人与机械相比，人是在人机系统中起决定性作用的。但是，人存在着体力小、反应速度不快、准确性不高、记忆力有限和易疲劳等弱点。因此，只有依据人的心理、生理特征和规律设计操纵系统，才能充分发挥人在人机系统中的主导作用。

一、人的体能参数

人体是一个复杂的机体，人体的人机学参数有多方面的内容，这里主要介绍人的一些体能参数。

1. 站立时人肢体的能力范围和用力范围

（1）站立时人肢体的动作范围　站立操作的工作范围分为最有利工作范围、正常工作范围和最大可及工作范围。

图 6-14 表明站立时人手臂在正前方的活动范围，阴影区表示最有利的活动范围，小圆弧表示手臂的正常活动范围，大圆弧为手的最大可及范围。

图 6-15 表明站立时人手臂在前方不同距离和高度处的可及范围，距离越近可及范围越大。图 6-15b 中的粗实线表示正常活动范围，虚线为最大可及范围，点划线为最有利活动范围。

图 6-16 表明上肢活动的角度，其中图 6-16a 表示上肢活动的最大角度，图 6-16b 表示手操作时轻松自如的活动方向，单手操作时为侧 60°方向，双手操作时为左右各侧 30°方向，而正前方向是双手准确轻松操作的方向。

（2）站立时人肢体的用力范围　保证操作者操作时用力适度和不易疲劳，是合理设计操纵系统的前提之一。

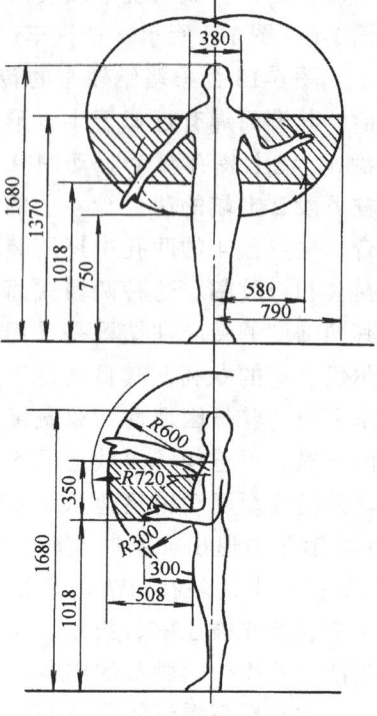

图 6-14　站立时人手臂在正前方的活动范围（单位为 mm）

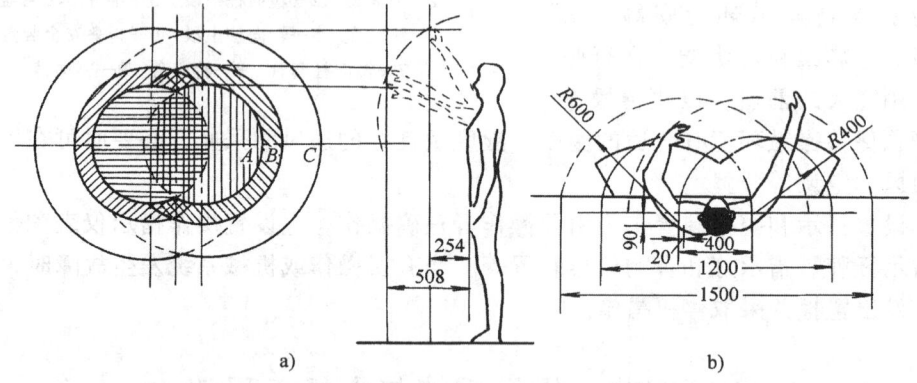

图 6-15　站立时人手在不同距离的可及范围（单位为 mm）
a）垂直面内的可及范围　b）水平面内的可及范围

人手作用的力有握力、推力、拉力、提力、扭力和举力等，这些作用力的发挥与人体站立姿势以及操纵件相对人体的位置有关，尤其是十字把手和手轮的用力受位置影响最大。一般人的右手握力约 380N，左手握力约 350N。一般青年男子右手瞬时最大握力有 560N，左手有 430N。握力与手的姿势和持续时间有关，当持续一段时间后，握力显著下降。

图 6-17 为站立姿势操作时，手臂在不同方位角度上的拉力和推力。手臂的最大拉力产

生在肩的下方 180°和肩的上方 0°的方向上。推力最大的方向是产生在肩的上方 0°方向上。

2. 坐势操纵的能力范围和用力范围

（1）坐势操纵的能力范围　图 6-18a 所示为坐势右手臂伸直在不同角度的垂直面内活动时手的可及范围，A、B、D、E、F 表示手臂伸展方向与正前方向的夹角分别为 45°、105°、0°、15°、75°时手的可及范围；图 6-18b 所示为坐势右手臂伸直在不同高度的水平面内活动时手的可及范围，A、B、C、D、E、F 表示手离开座椅的高度分别为 -50、225、560、1170、1015、865mm 时手的可及范围；图 6-18c 所示为坐势右手臂伸直且离开座椅高度为 400mm、作水平活动时手的可及范围，A、B、C、D、E、F 代表统计的不同身材人的上肢活动范围，其中 B 表示男子统计中数，E 表示女子统计中数。图 6-19 表示坐势下肢的活动范围。

（2）坐势操纵的用力范围　手臂的拉力和推力大小与坐势有关。据统计，坐势手臂最大拉力可达 900N 左右，最大推力可达 1000N 左右。脚操纵力可较手操纵力大一些。脚的蹬力以右脚为大，且以屈膝 160°时为最大，最大可达 2600N 左右。

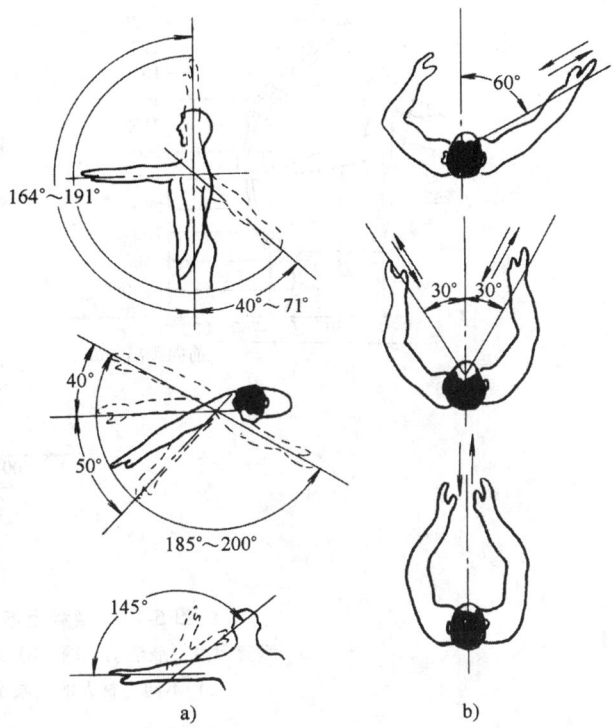

图 6-16　上肢活动的角度
a) 在各方向上肢活动的最大角度
b) 在水平方向上肢活动轻松自如的角度

3. 人的视力范围

视力是指人眼看清物体的能力，包括对物体的辨清能力、辨色能力、视野和视距。设计操纵系统时，必须考虑操作者的视力范围。

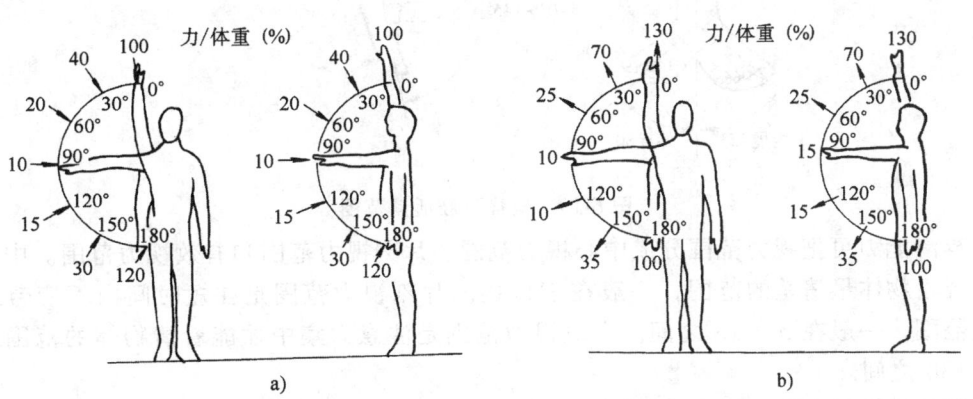

图 6-17　站立姿势操纵时手的操纵力
a) 拉力　b) 推力

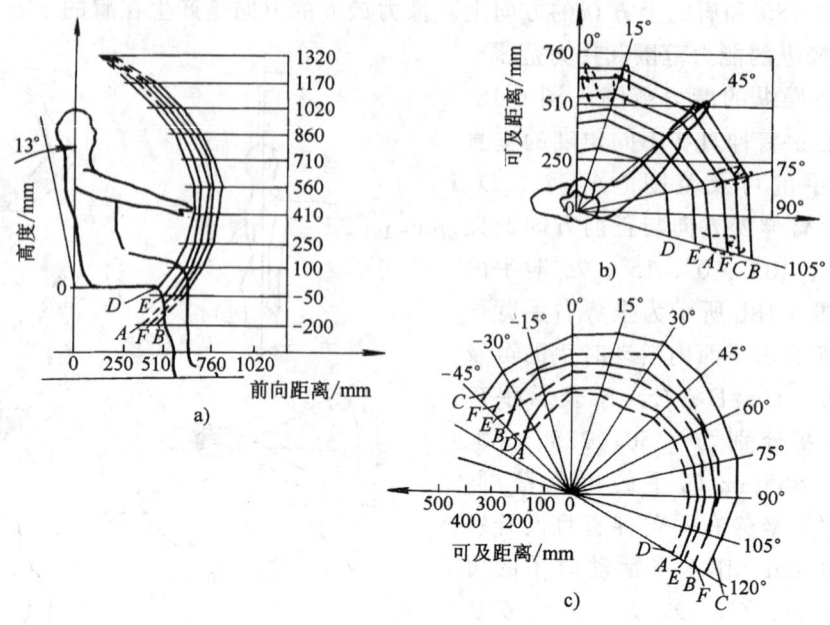

图 6-18 坐势上肢活动范围
a) 垂直面内上肢活动范围 b) 水平面内上肢活动范围
c) 不同身材人的上肢水平活动范围

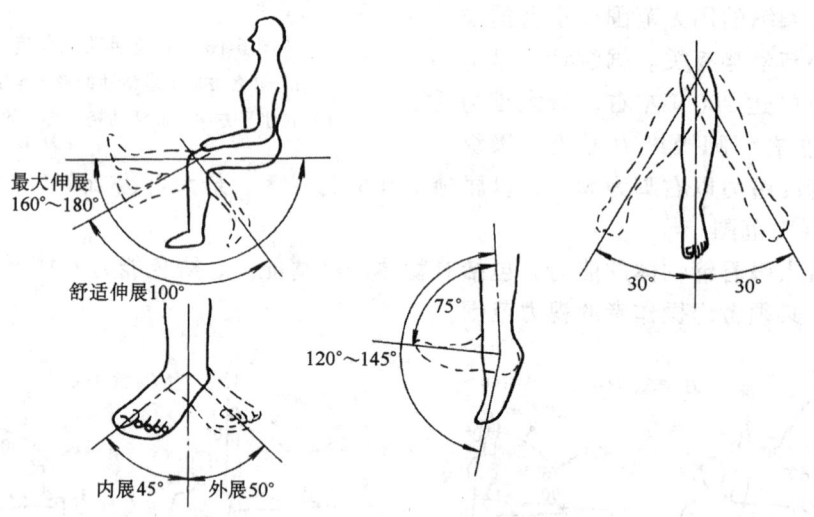

图 6-19 坐势下肢活动范围

按辨清能力可把视力范围分成中心视力范围、片刻视力范围和有效视力范围。中心视力范围是观察物体最清楚的范围，一般在 3°以内。片刻视力范围是在短时间内不疲劳地看清物体的范围，一般在 3°～18°之间。有效视力范围是注意力集中才能看清物体的范围，一般在 18°～30°之间。

视野是指头部和眼球固定不动地观看正前方所能看见的空间范围。正常人的视野在垂直方向约为 130°，在水平方向约为 120°。转动眼球和头部可以放大视野。颜色对视野也有影响，白色的视野最大，其次为黄色和蓝色，绿色的视野最小。

视距是指人的眼睛清晰辨认物体的正常观察距离，一般取 700～750mm 为最佳视距，最大视距以不大于 760mm 为宜，最小视距以不小于 380mm 为宜。距离过远或过近对于人眼观察和辨认物体都是不利的，会使辨认与反应速度以及辨认的准确性降低。

眼睛的水平运动比垂直运动快，即先看到水平方向的东西，后看到垂直方向的东西。视线习惯于从左到右和从上往下运动，看圆形内的东西时，总是沿顺时针方向看得迅速。眼睛朝上下方向运动比按水平方向运动容易疲劳，对水平方向的尺寸和比例的估计比对垂直方向的尺寸和比例的估计要准确得多。

二、操纵件的布置

一切机械的操纵件都应布置在人的肢体活动最有利的区域内，应有利于发挥人的体能和反应灵敏，并使人感到舒适。使用频率高的操纵件要布置在操作最佳的范围内，并依据操作顺序的先后，把它们相互间尽量安排得接近些，形成一种流畅的操作路线。

操纵件的布置原则：

1) 最常用的或最重要的操纵件，应布置在手（脚）活动最灵活、反应最灵敏、用力最适宜的空间范围和合适的方位上。布置区域还需要注意视觉的要求；

2) 操纵件的排列，应适应人的操作习惯，按照操作顺序和逻辑关系进行安排。当操纵件沿竖直方向排列时，操作顺序应从上而下；当操纵件为一字形横向排列时，操作顺序应从左至右。联系较多的操纵件，应尽量安排在一起或在邻近位置。当操纵件数量较多时，应成组或成排布置，并按它们的功能分区，各区之间应用简单的线条、颜色或图案进行区分；

3) 同一台机器的操纵件，其操纵运动方向要一致。凡直线运动的操纵件，如扳动开关、按钮、滑杆等均以前后（或左右，或上下）表示接通关闭（或增大减少）；凡旋转运动的操纵件，则以顺时针方向表示增大，逆时针方向表示减少；

4) 操纵件的空间位置，一般应尽量布置在视线内的地方。但在视觉条件较差，或不需要视觉察看的条件下，也可布置在通过人体的触觉功能和操作习惯就能进行有效操作的地方；

5) 紧急停车操纵件应与其他操纵件分开布置，并要在最显眼又便操作的地方；

6) 为便于操作和互不干扰，操纵件之间应保持一定的距离。

图 6-20a 表明要求转动快的手轮或摇把，应使其转轴中心线与人体站立的垂直面成 60°～90°夹角；图 6-20b 表明要求操纵力较大时，转轴中心线应水平放置；图 6-20c 表明操纵力很大的手柄应位于齐肩高度，以推力操纵为好。

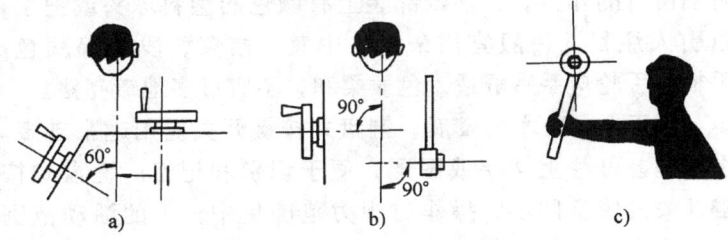

图 6-20 操纵件相对人体不同位置对操纵的影响
a) 要求转动快的手轮或摇把布置位置
b) 要求操纵力较大的手轮或手柄布置位置
c) 要求操纵力很大的手柄布置位置

通常，人都是用手和脚操纵机械，操纵姿势分立势和坐势两种。立势与坐势比较，应尽量采用坐势，这样不但身体容易保持平衡，而且容易出力。左脚与右脚操作比较，在用力大小、速度和准确性方面，一般人的右脚都优于左脚。脚掌着力与脚趾着力比较，在操纵力较大（大于 50N）时，宜用脚掌着力为好，此时实际上脚掌与脚趾同时起作用,对于操纵力较小(小于50N)或需快速连续操纵时,宜用脚趾操作为佳,此时脚后跟要维持不动。

由于脚操纵不如手操纵灵活,为防止脚操纵失误或碰移操纵件,应使脚操纵件具有一定的起动阻力,此力应大于脚自由放在踏板上的压力,当不操作而脚仍需停放在操纵件上时操纵件至少要有40N的阻力,以防止脚的无意蹬动。当用脚踏开关或者手脚一起操作时,下肢活动范围不允许太大。

经常操纵的操纵件的中立位置和移动范围应布置在最有利工作范围内。人肢体虽然可以移动,但是为了舒适性好和操作灵敏,一般都以人的躯体不动来考虑操纵件的布置。

三、操纵件的造型

操纵件不仅用来完成操纵机械的任务,而且也是一种装饰和点缀品,它的艺术造型对提高整个机械的价值具有一定的作用。机械的操纵件在不同造型、不同功能的机械上,也应有各自独特的造型和风格,并与机械整体相协调。

1. 手操纵件的造型

机械的操纵件以手操纵的为多。目前常用的手操纵件有手柄、手轮、旋钮和按键。设计手操纵件时,应注意以下各点:

1)设计手柄式操纵件时,要重视柄部的结构形状和尺寸。由于手掌心肌肉最少,为避免掌心用力过大而产生痉挛,设计的柄部结构应避免手掌与柄部完全贴合;

2)为了便于识别和记忆,各操纵件最好采用不同形状的柄部或者不同颜色的按钮;

3)采用旋钮式操纵件时,最好将旋钮上的手捏部分设计成一头尖的形状,或做上醒目的标记,用它来指明旋转的刻度位置;

4)采用复合多功能操纵件,可以在操作时手不离开操纵件而完成多种操纵任务,且可节约操作空间。

旋钮的造型应具有线条简洁大方的形体,要与机械造型的风格一致,颜色以素雅为宜(除特殊规定外),多用黑色、金属灰色和乳白色。需要突出标记的旋钮宜涂饱和度高、明亮度大的颜色,如白、浅黄、浅蓝、朱红、黑色等。

手柄和手轮的断面形状和线条应简单大方,有特殊操纵要求或起点缀作用的手轮内壁涂鲜明醒目的颜色。手柄端部装上有颜色的塑料球头或把手,以引人注目。一般宜用朱红、中黄、桔黄、浅蓝等颜色。手柄和手轮应手感舒适,色质柔和,不宜过多地镀亮铬。

由于电子技术的发展,键盘式按键开关应用越来越多。在按键上可注上文字或图形,便于识别和记忆。键盘式按键开关占用空间小,操作时视力范围集中,手的活动范围小,操作省力,反应快以及准确性高。

2. 脚操纵件的造型

脚操纵件的造型应适应不同的操作情况。图6-21a、b所示的形式适用于操作次数不多但用力较大的情况,此时脚不经常放在踏板上,如汽车制动踏板。图6-21c、d所示的形式适用于操纵频繁而用力不大的情况,如脚踏电气开关,这时脚可不离开踏板。

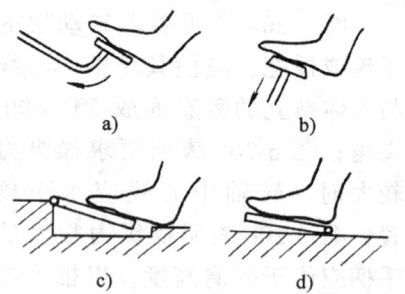

图 6-21 脚操纵件的结构型式
a) 踏板绕较远的支点旋转
b) 踏板平移
c) 踏板绕较近的支点旋转,支点在前
d) 踏板绕较近的支点旋转,支点在后

四、显示装置的布置

对显示装置的要求,最主要的是使操纵者的观察和监控既迅速、准确而又不易疲劳。

图 6-22 为垂直面内显示装置的布置区域,A 为一般区域,在这里可布置操作频繁的常用操作件,但不宜布置精度高和认读频繁的显示装置;B 为最佳区域,即视觉和手操作的最佳区域,在这里可布置应急操作和需要精确调整及认读的显示装置;C 为辅助区域,在这里可布置辅助的操纵和显示装置;D 为最大区域,在这里可布置更为次要的辅助操纵和显示装置。图 6-22 是按坐势操作考虑的布置区域,如果是站势操作时,则图中人体腰部位置线的高度(即最下面的横线),应以站立时人的腰部位置线为基准,在此基准以上的尺寸仍按图 6-22 所示确定。

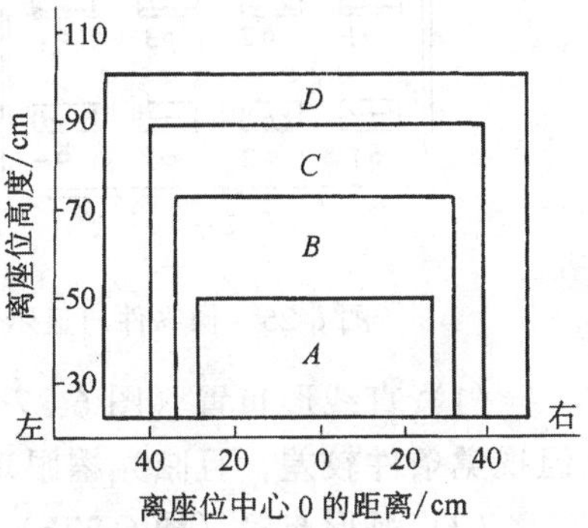

操纵件与显示装置配合使用时,无论它们是在同一平面或不在同一平面,操纵件的操纵方向都要与显示装置的指示方向相一致,并要布置在显示装置的下方或右方(右手操作),以避免操作时手遮挡了显示装置(图 6-23)。图 6-24 为左右手同时操作时的对应关系。

图 6-22 垂直面内布置区域的划分

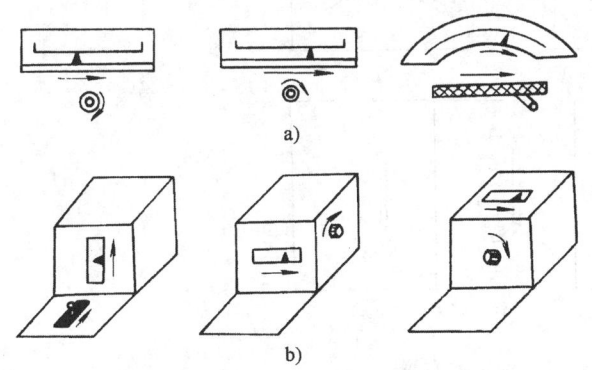

图 6-23 操纵件与显示装置的布置
a) 操纵件与显示装置在同一平面
b) 操纵件与显示装置不在同一平面

图 6-24 左右手操作时操纵件与显示装置的布置

操纵件与显示装置应尽量布置在同一平面内,并布置在视区和操作区的最佳范围内。操纵件与显示装置的数量较多时,要按功能进行组合,分区分类布置。每一组都用线条或颜色(颜色要整体协调)分隔,各组应有明显的轮廓,使之易于操作和检核。其布置是由左至右或由上至下;成排的由上至下布置时,每排中的次序是由左至右(图 6-25)。若是同心成层的操纵件,则显示装置可围绕操纵件布置成半月形或由左至右排成直线形,上层的小旋钮控制左边的显示装置,中间旋钮控制中间的显示装置,下层的大旋钮控制右边的显示装置,如图 6-26 所示。

许多仪表布置在一起,把它们布置在中心视力范围和正常视野之内,并采用色彩来增强视觉,尽量减少头部和身体转动,以减轻疲劳。一般可根据仪表的数量和控制室的容量,选择下列布置:

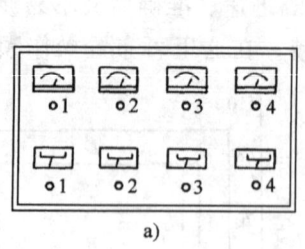 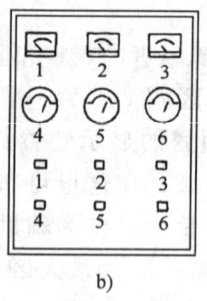 

图 6-25 操纵件与显示装置较多时的布置

图 6-26 同心成层的操纵件与显示装置的布置

（1）直线形布置（图 6-27a）　结构简单，安装方便，适用于仪表较少的小型控制室，但视觉条件较差，且眩光耀眼现象较难解决。

（2）弧形布置（图 6-27b）　结构和安装较复杂，但视觉条件较好，眩光不严重。一般用于 10 个以上仪表的中型控制室。

（3）弯折式布置（图 6-27c、d、e）　结构和安装比较简单，视觉条件较好，眩光较少，可根据需要和仪表的多寡灵活地组合。

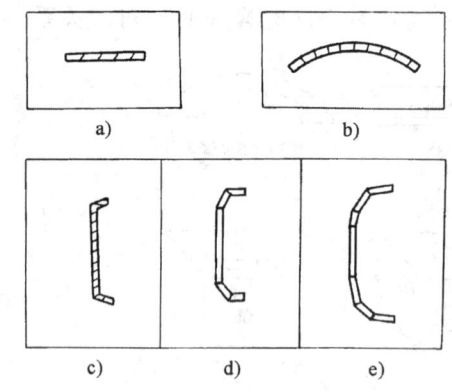

图 6-27　仪表的布置
a) 直线形布置　b) 弧形布置　c)、d)、e) 折弯式布置

思　考　题

1．简述操纵系统的要求。
2．什么是助力操纵系统？试举例说明其特点。
3．如何合理确定操纵系统的传动比？
4．为什么操纵系统结构设计时必须考虑操纵机构的定位、互锁和安全保护？举例说明常用结构。
5．布置操纵件时应考虑哪些因素？
6．如何布置显示装置？
7．试从人机工程学观点分析某机械的操纵系统。

第七章 控制系统设计

第一节 控制系统的作用、分类和组成

一、控制系统的作用

机械系统在工作过程中,各执行机构应根据生产要求,以一定的顺序和规律运动。各执行机构运动的开始、结束及其顺序一般由控制系统保证。早期机械系统中,人作为控制系统的一个关键环节起着决定作用。随着科学技术的发展,控制系统自动化程度的提高,在一些控制系统中,人的作用被某些控制装置所取代,从而形成了自动控制系统,本书述及的控制系统系指自动控制系统。

自动控制系统是指由控制装置和被控对象所构成的,能够对被控对象的工作状态进行自动控制的系统。机械系统控制的主要任务通常包括:

1) 使各执行机构按一定的顺序和规律运动;
2) 改变各运动构件的运动方向和速度大小;
3) 使各运动构件间有协调的动作,完成给定的作业环节要求;
4) 对产品进行检测、分类以及防止事故,对工作中出现的不正常现象及时报警并消除。

二、控制系统的分类

自动控制系统种类很多,按不同的角度有各种不同的分类方法。

1. 按控制信号的变化规律分类

(1) 恒值控制系统　其给定信号的值是恒定的,如电源自动稳压系统。

(2) 程序控制系统　其给定信号是已知的时间函数或按预定规律变化的,如高炉程序加料系统。

(3) 伺服系统(又称随动系统)　其给定信号是未知变化规律的任意函数,如数控机床的进给驱动系统,炮瞄雷达天线控制系统。

2. 按控制系统中所包含的元件特性、信号作用特点分类

(1) 连续控制系统与断续控制系统　连续控制系统中不包含断续元件,各个组成元件输出量都是输入量的连续函数。

断续控制系统中包含有断续元件。断续控制系统又可分成继电控制系统和离散控制系统。其中,离散控制系统又分为脉冲控制系统(采样控制系统,包含脉冲元件)、数字控制系统(包含数字逻辑元件)。

(2) 线性控制系统与非线性控制系统　线性控制系统中各组成元件或环节不包含非线性元件。线性系统用线性方程来描述,并符合叠加原理。非线性控制系统中包含有非线性元件或环节其输入量与输出量之间是非线性关系。非线性系统用非线性方程来描述,不符合叠加原理。

(3) 定常（常系数）控制系统与时变（变系数）控制系统 定常控制系统内各元件及环节的参数都不随时间而变化。时变控制系统内包含有变系数环节、元件或对象，其参数随时间而变化，如化学反应器控制系统。

3．按系统结构特点分类

按系统结构特点分为：①单回路控制系统与多回路控制系统；②开环控制系统（系统内不存在主反馈回路）、闭环控制系统（具有主反馈回路）、复合控制系统（既有主反馈又有前馈的开环、闭环结合的系统）；③单级控制系统与多级控制系统；④固定结构控制系统及变结构控制系统。

4．按控制系统的功能分类

按控制系统功能可分为自动调节系统、最优控制系统、自学习控制系统、自适应控制系统等。

5．按自动化技术工具特点分类

按自动化技术工具特点可分为常规仪表控制系统和计算机控制系统。

6．按元器件及装置的能源分类

按元器件及装置的能源可分为机械控制系统、液压控制系统、气压控制系统、电力拖动系统与电气控制系统，以及混合控制系统。例如，可将数控机床的进给系统看做线性、定常、多环（闭环）、连续（或离散）的伺服系统。

三、控制系统的组成

就物理结构来说，控制系统的组成是多种多样的，但就控制系统的作用来看，控制系统主要由控制部分和被控对象组成。控制部分的功能是接受指令信号和被控对象的反馈信号，并对被控部分发出控制信号。被控部分则是接受控制信号，发出反馈信号，并在控制信号的作用下实现被控运动。

无论多么复杂的控制系统，都是由一些基本环节或元件组成的，图7-1是一个典型的闭环控制系统方框图，它由以下几个环节组成。

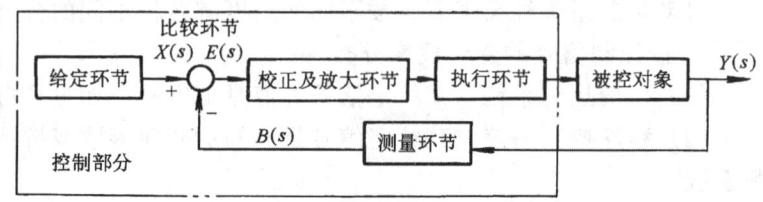

图 7-1 典型的闭环控制系统方框图

(1) 给定环节 给定环节是给出与反馈信号同样形式和因次的控制信号，确定被控对象"目标值"的环节。给定环节的物理特性决定了给出的信号可以是电量、非电量，也可以是数字量或模拟量。

(2) 测量环节 测量环节用于测量被控变量，并将被控变量转换为便于传送的另一物理量（一般为电量）的环节。例如电位计可将机械转角转换为电压信号，测速发电机可将转速转换为电压信号，光栅测量装置可将直线位移转换为数字信号，这些都可作为控制系统的测量环节。测量环节一般是一个非电量的电测量环节。

(3) 比较环节 比较环节是将输入信号 $X(s)$ 与测量环节发出的有关被控变量 $Y(s)$ 的反馈量信号 $B(s)$ 进行比较的环节。经比较后得到一个小功率的偏差信号 $E(s) = X(s) - B(s)$，如幅值偏差、相位偏差、位移偏差等。如果 $X(s)$ 与 $B(s)$ 都是电压信号，则比较环节就是一个电压相减环节。

(4) 校正及放大环节　为了实现控制，要将偏差信号作必要的校正，然后进行功率放大以便推动执行环节。实现上述功能的环节即为校正及放大环节。常用的放大类型有电流放大、电气—液压放大等。

(5) 执行环节　执行环节是接收放大环节的控制信号，驱动被控对象按照预期规律运动的环节。执行环节一般是能将外部能量传送给被控对象的有源功率放大装置，工作中要进行能量转换，如把电能通过电机转换成机械能，驱动被控对象作机械运动。

给定环节、测量环节、比较环节、校正放大环节和执行环节一起，组成了控制系统的控制部分，实现对被控对象的控制。

第二节　控 制 原 理

一、经典控制理论与现代控制理论

从18世纪欧洲产业革命开始，蒸汽机飞球调速器、液面控制装置以及温度控制装置等自动化技术在工业生产中得到了广泛应用。而在工业实践的基础上对这些控制技术进行科学分析，是在蒸汽机工业数十年后开始的。

当初人们以为，在系统中加入信息反馈回路，将被控量与目标量比较，然后进行操作，使被控量接近目标值，这样组成的闭环系统控制精度会更高。但实际中发现，这种反馈控制有时会发生振荡，不能正常工作，这就促使人们对其进行深入的研究。随着自动控制技术在各领域的广泛应用，许多机械控制、通信技术工作者以及数学家对自动控制系统的数学描述、稳定性、过渡过程、稳态精度等提出了一套理论。这种理论是基于传递函数对系统的数学描述（输入输出描述），以根轨迹法和频率法为研究方法，目的在于研究系统的稳定性以及在给定输入和给定指标情况下的系统综合。目前，这种理论称为经典控制理论。

在解决单变量、线性定常系统问题时，用经典控制理论比较方便。因为在工程实际中，尽管许多控制系统的动态性能在不同程度上都是非线性的，如果对控制系统控制的精确度要求不是很高，而且系统变量在稳态工作点附近微小变化时，可以将某些非线性因素线性化，并把某些干扰进行线性叠加，当做单输入—单输出的线性定常系统来处理。这样，就完全可以用经典控制理论来解决。因此，目前经典控制理论在工程实际中还在广泛应用。

但是，随着工业生产对产品质量和产量要求的不断提高，探索宇宙空间以及其他高新科学技术领域的迅猛发展，不断碰到多变量系统、非线性系统、时变系统、大系统以及智能控制系统，这些系统不仅需要对其外部联系进行描述，而且需要对系统内部各物理量的变化进行探讨和研究，而经典控制理论却不能适应这一需要。于是，在经典控制理论的基础上，根据多变量等系统的特点，采用了矩阵和向量空间理论作为对系统的基本数学描述，用以揭示系统的内在规律，实现系统在一定意义下的最优控制。这种理论是20世纪60年代以后发展起来的，通常称为现代控制理论。由于它是基于状态空间分析法对系统的状态进行分析和综合的理论，适用范围广，对各种不同的系统其数学表达式简单、统一，并能方便地利用数字计算机进行运算和求解，因而有很大的优越性。

现代控制理论的基本内容包括：

(1) 系统辨识　对系统状态的研究，必须建立系统在状态空间的数学模型。由于实际的系统很复杂，往往不能通过解析的方法直接建立数学模型。因而通过试验或对运行数据进行估计求出控制对象的数学模型及参数是一种行之有效的方法。此即所谓的系统辨识问题。

（2）最优控制　最优控制就是在给定限制条件和评价函数下，寻找使系统性能指标最佳的控制规律。这里的限制条件即约束条件，就是物理上对系统所施加的一些限制。评价函数即性能指标，它是评价系统优劣的标准，也称目标函数。要寻求的规律控制也就是综合控制器。在解决最优控制的问题中，庞德亚金（Понтрякин）的极大值原理和贝尔曼（Bellman）的动态规划是最重要的两种方法。

（3）最优估计（或称最佳滤波）　当系统中有随机干扰时，必须同时应用概率和统计两种方法进行综合，即在系统数学模型已建立的基础上，通过对系统输入输出数据的测量，利用统计方法对系统的状态进行估计。古典的维纳（Wiener）滤波理论阐述的是对平稳随机过程按均方意义的最佳滤波，而现代卡尔曼（Kalman）滤波理论克服了维纳滤波理论的局限性，适用领域广。卡尔曼的滤波理论奠定了现代控制理论的基础。

现代控制理论是为探索宇宙空间的需要而出现的，它将随着社会的发展和科学技术的进步而不断完善。一般来说，经典控制理论是对控制系统的输出进行分析与综合的理论，而现代控制理论则是对控制系统的状态进行分析与综合的理论。对于一般工业控制系统，最为常用的仍是经典控制理论。本书述及仍指经典控制理论。

二、控制原理概述

（一）传递函数及方框图

用模型研究代替对真实系统的研究是自动控制理论的主要方法和手段，因此，系统的研究必须首先对真实系统建立合理、最简化的数学模型。

控制系统的数学模型，是描述系统内部各物理量（或变量）之间关系的数学表达式。在静态条件下（变量的各阶导数为零），描述各变量之间关系的数学方程称为静态模型；在动态条件下，各变量之间的关系，称为动态模型。由于微分方程中包含系统各变量的导数，表示了系统特性随时间变化的特征，它既描述了变量间动态关系，又描述了变量间的静态关系，因此，经典控制理论采用常系数微分方程作为控制系统在时域中的动态数学模型，即它是针对线性定常系统而言的，系统的数学模型——微分方程是线性的且系数为常数。这种模型就是忽略了系统非线性因素的简化模型。在给定外作用和初始条件后，求解微分方程就可以得到系统的输出响应，从而掌握系统具有的特性。

作为系统模型来说，微分方程的表示非常直观，因为它的解，即系统对输入变量的响应明显地由两个部分组成：总响应＝稳态响应＋暂态响应。但是，二阶以上的微分方程求解都很困难。为使求解方便，甚至不求解就能直接从模型来找出系统特性，经典自动控制理论采用拉氏变换将系统在时域中的数学模型——微分方程转换成复数域（s域）的数学模型——传递函数。然后在传递函数的基础上，对控制系统加以研究和讨论。

传递函数的定义如下，对于线性定常系统来说在零初始条件下，系统输出量的拉氏变换与输入量拉氏变换之比称为该系统的传递函数。线性定常系统输入为 $x(t)$，输出为 $y(t)$，由 n 阶线性微分方程描述，

$$a_n \frac{d^n y(t)}{dt^n} + a_{n-1} \frac{d^{n-1} y(t)}{dt^{n-1}} + \cdots + a_1 \frac{dy(t)}{dt} + a_0 y(t)$$

$$= b_m \frac{\mathrm{d}^m x(t)}{\mathrm{d}t^m} + b_{m-1} \frac{\mathrm{d}^{m-1} x(t)}{\mathrm{d}t^{m-1}} + \cdots + b_1 \frac{\mathrm{d}x(t)}{\mathrm{d}t} + b_0 x(t) \tag{7-1}$$

在初始条件为零时，上式两边取拉氏变换，得

$$a_n s^n Y(s) + a_{n-1} s^{n-1} Y(s) + \cdots + a_1 s Y(s) + a_0 Y(s)$$
$$= b_m s^m X(s) + b_{m-1} s^{m-1} X(s) + \cdots + b_1 s X(s) + b_0 X(s) \tag{7-2}$$

$$\frac{Y(s)}{X(s)} = \frac{b_m s^m + b_{m-1} s^{m-1} + \cdots + b_1 s + b_0}{a_n s^n + a_{n-1} s^{n-1} + \cdots + a_1 s + a_0} \tag{7-3}$$

令

$$G(s) = \frac{Y(s)}{X(s)} \tag{7-4}$$

$G(s)$ 就称为系统的传递函数。可见，系统在时域中的输出—输入之间的复杂关系（微分和积分的运算）变成了 s 域中的简单代数关系，$Y(s) = G(s) X(s)$。

图 7-2 所示为线性系统传递函数的方框图。

对于实际系统，其物理结构和功能可能千差万别，但其传递函数却可以分解成若干个典型的传递函数，这些抽象出来的典型传递函数，被称为典型环节。这些典型环节有比例环节、积分环节、微分环节、惯性环节、振荡环节、滞后环节（或延时环节）等。

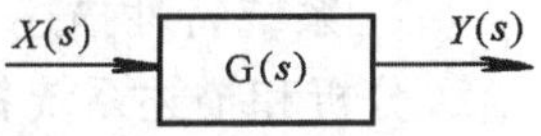

图 7-2 线性系统传递函数的方框图

用传递函数研究控制系统时，一般先画出方框图，方框图中的方框代表着构成系统的每一个基本环节，其上标注有该环节的传递函数，这些方框表示系统中各基本环节之间信号传递方向和它们之间定量的动态关系。利用方框图还可以很方便地把各环节的传递函数合并起来得到整个系统的传递函数，然后在此基础上考察系统。经典控制理论对控制系统的研究常是借助传递函数和方框图展开的。

（二）控制系统特性及描述方法

1. 控制系统特性

数学模型建立起以后，就要研究整个系统的特性。只有知道了系统的特性才能去利用和控制它。理论研究表明，控制系统的特性可以分为两类，一类是仅与系统结构有关，而与输入信号无关的特性称之为系统的固有特性，它包含有三个特性，即系统的稳定性、可控性和可观性。在经典控制理论中只讨论稳定性，后两个特性在现代控制理论中去研究；另一类特性是系统的响应特性。这种特性是系统对各种输入信号加以响应后表现出来的特性，因此这种特性不仅与系统结构有关，还与其输入信号形式有关。响应特性分为动态特性和稳态特性两种。在经典控制理论中，所谓系统特性就是指系统的稳定性、动态特性和稳态特性。显然，这三个特性之中，稳定性是最根本的特性，只有在得知系统是稳定的以后，才有必要分析系统的动、静特性。

任何一个实际稳定的控制系统对输入信号的时间响应，都是由瞬态过程和稳态过程两个阶段组成。所谓瞬态过程是指系统从刚加入信号开始，到系统输出量达到稳态值前的过渡过程。在这一期间，由于系统有惯性、摩擦等原因，输出量不可能立即完全地复现输入量的变化。图 7-3 描述了系统对单位阶跃信号的响应曲线，图 7-3a 为不稳定系统的响应曲线，呈发散或振荡状态；图 7-3b 为稳定系统的响应曲线，呈衰减的收敛状态。

瞬态过程体现了系统随时间变化的动态特性（动态响应或瞬态响应），系统输出量在各瞬时偏离输入量的程度称为动态精度。

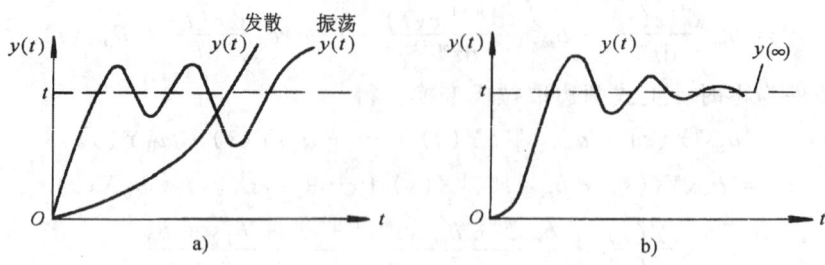

图 7-3 系统的单位阶跃响应曲线
a) 不稳定系统的响应曲线　b) 稳定系统的响应曲线

稳态过程是指时间趋于无穷时的响应过程,该过程体现了系统的稳态特性(稳态响应),最终显示系统输出量复现输入量的程度称为稳态精度。

2. 系统特性描述方法

分析和描述系统特性的方法通常有下述三种:

(1) 微分方程法　微分方程是分析和描述系统特性的最基本方法,主要适用于二阶以下的系统。由于计算机技术的发展使高阶系统微分方程的求解也成为可能,但求解过程复杂。

(2) 瞬态响应法　瞬态响应法是一种实验求解法,通常对系统输入单位阶跃信号,用阶跃响应函数或响应曲线来描述系统的动态特性,进而可算得系统的传递函数。该法不仅能揭示系统特性,也可用以建立系统的数学模型。

(3) 频率特性法　当给一个线性定常系统输入正弦交变信号时,系统对信号的传递可用一个频率传递函数(频率特性)来描述。

上述三种对系统特性的描述方法具有相互转换的关系,见图 7-4 所示。转换时只要将变量 s、$j\omega$ 和算子 d/dt 对等替代即可。

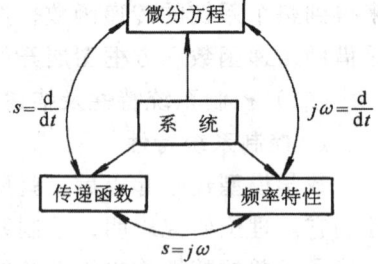

图 7-4　系统特性三种描述法间的转换

例如,图 7-5 所示的 RC 网络系统,该系统特性可分别用下述方法表示:

微分方程　　$T\dfrac{du_o}{dt} + u_o = u_i$

传递函数　　$G(s) = \dfrac{U_o(s)}{U_i(s)} = \dfrac{1}{1+TS}$

频率特性　　$G(j\omega) = G(s)|_{s=j\omega} = \dfrac{1}{1+j\omega T}$

其中,$T = RC$,$U_o(s)$ 为输出电压 u_o 的拉氏变换,$U_i(s)$ 为输入电压 u_i 的拉氏变换。

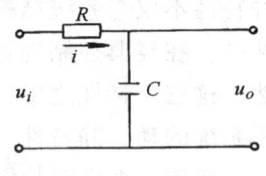

图 7-5　RC 网络系统

$G(j\omega)$ 仅仅是频率 ω 的函数,能够描述系统对各种频率交变信号的作用,因此称为系统的频率传递函数或频率特性,它只取决于系统的结构和参数。系统的频率传递函数可以用实验方法获得,也可从 $G(s)$ 转换而来。

一般情况下 $G(j\omega)$ 都是复数,可用模和相角来表示为

$$G(j\omega) = |G(j\omega)| \angle G(j\omega)$$

显然，此时的模和相角都是 ω 的函数，故分别称 $|G(j\omega)|$ 为系统的幅频特性，$\angle G(j\omega)$ 为相频特性。由于 $|G(j\omega)|$ 等于系统输出输入正弦幅值之比，是系统的放大倍数，故又称为系统的增益。

描述系统频率特性一般采用坐标图示法。利用它的坐标曲线可直接得到所有特性的近似值。常用的频率特性坐标图有三种，伯德（Bode）图（对数频率特性图），奈氏（Nyquist）图（矢端轨迹图），尼氏（Nichots）图（对数幅相特性曲线）。工程设计中最常用的是伯德图。

把幅频特性的对数和相频特性本身分别画在以 ω 为横坐标的直角坐标系中，所构成的两个图形总称为伯德图。横坐标一般就以 ω 本身值标写，但实际是以 $\lg\omega$ 来分度，这样可以使小数值具有较大的间距便于分析。幅频特性对数的曲线又称之为对数幅频特性，其纵坐标以 $20\lg\omega$ 来分度和标写，单位为 dB。相频特性的纵坐标就是以 $\angle G(j\omega)$ 的度数来分度和标值的。

由于伯德图可以描写出高增益（即大 $|G(j\omega)|$ 值）和宽频带的频率特性，以及可以使串联环节传递函数的相乘变成图中两曲线的相加，在得知典型环节的伯德图后，即可画出系统的伯德图，因而大大简化了系统的描述。

由于频率特性可以从传递函数或实验直接求得，然后利用简便的频率特性曲线对系统特性进行分析和描述，因此，在工程分析和设计中采用频率特性坐标图示法显得更为方便。

最后注意的是微分方程法、瞬态响应法都是在时域中的系统特性的描述，而方块图及坐标图则都是在复数域中的描述。前者依据的数学模型是微分方程，后者依据的是系统在复域中数学模型—传递函数。

典型环节特性的描述见附录表 2-2。

（三）控制系统的要求

1．稳定性要求

如前所述，系统的稳定性是系统的固有特性，系统稳定与否取决于系统本身的结构与参数，与输入无关。若控制系统在任何足够小的初始偏差作用下，其响应过程随着时间的推移逐渐衰减而趋于 0，则称该系统具有渐近稳定性；反之，在初始条件影响下，若控制系统的响应过程随时间的推移而发散，输入无法控制输出，则称这样的系统为不稳定系统。任何一个系统能进行正常工作的首要条件是系统必须是稳定的。

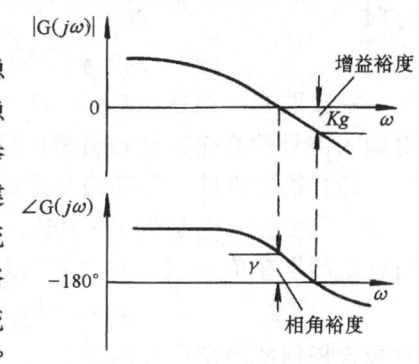

图 7-6 稳定系统的增益裕度和相角裕度

但对实际的控制系统来说，不仅仅要求它的状态是稳定的，而且还要有一定的稳定范围或稳定裕量，即相对稳定性。只有这样，才能在一定程度上防止因系统特性或参数变化而发生的不利影响。另外，有了稳定裕量，对于建立数学模型和分析计算中的某些简化处理也不会造成系统的不稳定。相对稳定性在伯德图中，用增益裕度和相角裕度表示，如图 7-6 所示。图 7-7 为临界稳定和不稳定系统在伯德图中的表示。一般要求相角裕度 γ 应当在 30°～60°之间，而增益裕度 kg 应大于 6dB。

2．响应特性要求

系统的响应特性包括动态特性和稳态特性。为了更具体地描述系统的动态特性和稳态特性，引入一些物理量用以衡量系统的特性，称之为系统的性能。系统的性能分为动态性能（瞬态性能）和稳态性能，它们可以用来表达和衡量系统满足设计要求的程度。

（1）动态性能　过渡过程中系统的动态性能，常用系统的阻尼特性和响应速度来表征。阻尼特性可用单位阶跃响应曲线表征，如图 7-8 所示。欠阻尼（$0<\zeta<1$）状态时的阻尼特性可用超调量 σ_p 衡量

$$\sigma_p = \frac{y_{max} - y(\infty)}{y(\infty)} \times 100\% \tag{7-5}$$

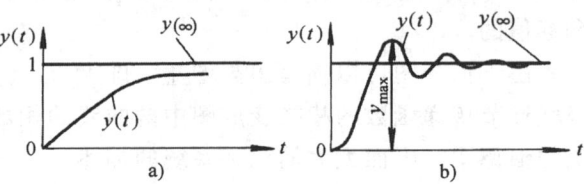

图 7-7　临界稳定和不稳定系统

σ_p 越小，说明系统的阻尼越强，响应过程进行得越慢。σ_p 过大，可使系统的瞬态响应出现严重超调，而且响应过程在长时间内不能结束。系统的阻尼特性还可以通过被控量 $y(t)$ 在过渡过程中穿越 $y(\infty)$ 的次数之半 N 来描述。N 越小，说明系统的阻尼性能越强。闭环控制系统必须具备

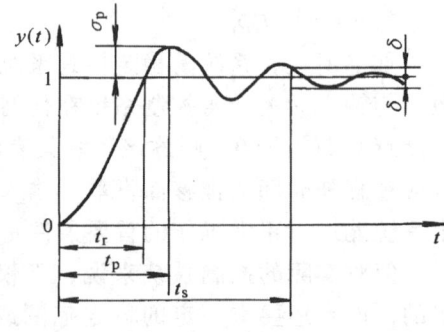

图 7-8　系统的单位阶跃响应曲线
a）过阻尼（阻尼特性强）　b）欠阻尼（阻尼特性弱）

合乎要求的阻尼特性。在一般的控制系统中，为了兼顾快速性和稳定性，取阻尼比 ζ 在 0.4~0.8 之间。而在机器人控制系统中，一般不允许超调。假如机器人末端执行器的运动目标是某个物体的表面，系统出现超调，则机器人末端执行器将会运动到物体内部而造成破坏。因此，在机器人控制系统中，应该选择系统的阻尼比 $\zeta>1$（过阻尼），理想情况下取 $\zeta=1$（临界阻尼）。

响应速度一般是通过单位阶跃响应曲线上的一些时间特征值来表征的，如图 7-9 所示。图中 t_r 称上升时间，t_p 称峰值时间，t_s 称调整时间或过渡过程时间。这些时间越短，说明系统对输入信号的响应速度越快，系统的快速性能越好。其中，调整时间 t_s 定义为当 $t \geqslant t_s$ 时，

$$|y(t) - y(\infty)| \leqslant \delta$$

一般取允许误差 $\delta = 0.02 \sim 0.05$。闭环控制系统对输入信号的响应速度必须满足设计指标的要求。

（2）稳态性能　闭环控制系统的稳态性能用稳态误差表示和度量，它是当 $t \to \infty$ 时，即过渡过程结束时，系统的实际输出 $y(\infty)$ 与参考输入所整定的期望值 $y_r(\infty)$ 之间的差值，即稳态误差 e_s

图 7-9　欠阻尼系统单位阶跃响应曲线

$$e_s = \lim_{t \to \infty} e(t) = \lim_{t \to \infty} [y_r(t) - y(t)] \tag{7-6}$$

它包含任何扰动所引起的误差。

在典型输入信号作用下系统的稳态误差，是稳态精度的基本要求，不同的典型信号，e_s 可能不同。若系统对某种典型信号来说 e_s 很大，甚至随时间延迟而增大，则系统在这种典

型信号作用下不能正常工作。

除上述基本要求外,还要求控制系统结构简单、维修方便、体积小、重量轻、投资少等。

第三节 控制电机和位置检测装置

一、控制电机

目前,应用最广泛的控制电机主要有三种:步进电动机,直流伺服电动机、交流伺服电动机。下面就这三种电动机的结构、原理、分类、特性及技术参数作简要介绍。

(一)步进电动机

步进电动机的运动是用电脉冲信号进行控制的。靠一种叫做环形分配器的电子开关器件,通过功率放大后,使步进电动机激磁绕组按规定顺序轮流接通直流电源。由于励磁绕组在空间按一定规律排列,轮流接通直流电源后,就会在空间形成一种阶跃变化的旋转磁场,使转子步进式转动。每输入一个脉冲,其转子就转过一个步距,输入脉冲序列的脉冲数量决定了步进电动机的总转角,脉冲频率决定了步进电动机的转速。

用步进电动机组成的系统具有结构简单、运行可靠等明显优点。步进电动机制造容易,控制原理简单,不需要反馈元件就可进行位置控制,在不丢步的情况下运行,其步距误差不会长期积累,因此,用它组成的数字开环控制系统简单、易调。在20世纪60年代至70年代初,这种电动机在数控机床上的应用曾风行一时。但到现在,一般数控机床上已不使用,而在功能简单的经济型数控机床及一般开环控制的机械上仍有使用。

1. 步进电动机的分类

步进电动机的种类繁多,按其电磁转矩的产生原理,可分为三大类:

(1) 反应式步进电动机 又称磁阻式(VR)步进电动机。其定子和转子磁路均由软磁材料制成,定子上有多相励磁绕组,利用磁导的变化产生转矩。这种电动机相数一般为三、四、五、六相。按绕组排列型式,可分为单段式径向磁路、多段式径向磁路和多段式轴向磁路。反应式步进电动机的主要特点是步距角小、断电时无定位转矩、单步振荡时间较长。

(2) 永磁式步进电动机 一般定子采用由软磁材料制成的凸极形式,转子由永磁材料制成。绕组轮流通电,建立的磁场与永久磁钢的恒定磁场相互作用产生转矩。励磁绕组可做成两相或多相,但一般做成两相控制绕组。永磁式步进电动机主要特点是步距角大、起动频率较低、控制功率小、单步振荡时间短,断电时电动机具有一定的保持转矩。

(3) 混合式(永磁感应子式)步进电动机 这种电动机转子上有磁钢,定子上则有多相绕组,是反应式与永磁式步进电机的组合,其结构原理图,如图7-10所示。这类电动机主要特点是步距角小、起动和运行频率高、断电时具有定位转矩。混合式步进电动机是工业中应用最多的一种。

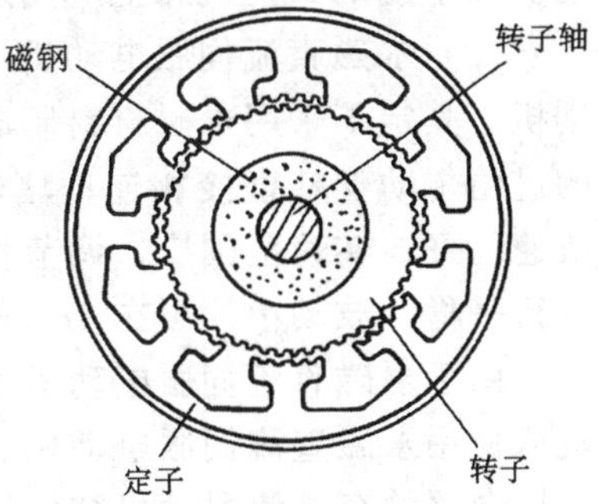

按照转子的运动方式,步进电动机又可分为旋转式步进电动机和直线步进电动机。

2. 步进电动机的特性曲线及主要技术参数

图7-10 混合式步进电动机结构原理图

特性曲线和技术参数是选择步进电动机的主要依据。步进电动机有两条重要的特性曲线，如图7-11所示。一条是反映起动频率与负载转矩关系的起动矩频特性；另一条是反映连续运行频率与转矩关系的工作矩频特性曲线。由于步进电动机的驱动频率代表了步进电动机的速度，因此，特性曲线实际是速度与转矩的关系曲线。选择步进电动机时，按所需的起动、运行转矩在特性曲线上查出相应的起动和运行频率，这两个频率都是对应转矩的极限值。实际应用时，如果超过极限值将会导致步进电动机"失步"。

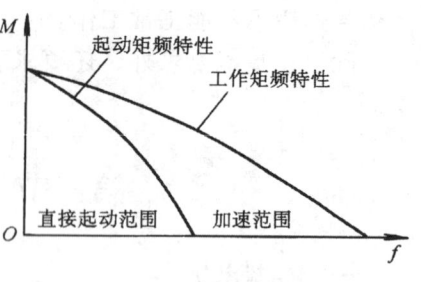

图7-11 步进电动机矩频特性

通常希望步进电动机的输出转矩大，起动频率和连续运行频率高，步距角小等。但步距角越小则系统运行速度越低，因此，为了兼顾速度和精度，在脉冲当量确定后，经常要选择适当的传动机构与步进电动机相配合。

选择步进电动机还要依据其他一些技术参数，表7-1给出了一些混合式步进电动机主要技术参数，以供参考。

表7-1 混合式步进电动机主要技术参数

项目 型号	相数	步距角	电压 U/V	相电流 I/A	最大静转矩 $M_{max}/N \cdot m$	空载起动频率 f_0/Hz	最高运行频率 f/Hz
90BYG550A	5	0.36°/0.72°	50	3	1.5	2000	5000
90BYG5200A	5	0.09°/0.18°	50	3	2.5	6000	5000
110BYG460B	4	0.75°/1.5°	80	5	8	6000	5000
110BYG550B	5	0.36°/0.72°	100	6	6	2000	5000
130BYG9100A	9	0.1°/0.2°	100	6	4	4000	5000

（二）直流伺服电动机

1．直流伺服电动机的分类

直流伺服电动机主要有以下几种：

（1）小惯量直流电动机　这类电动机又分无槽圆柱体电枢结构和带印刷绕组的盘形电枢结构两种。由于最大限度地减少了电动机的电枢转动惯量，因此这类电机能获得很好的快速性。在早期的数控机床上应用这类电动机较多，且至今仍有使用。

（2）永磁直流伺服电动机　该电动机也叫直流力矩电动机或叫大惯量宽调速直流伺服电动机。其定子采用永磁材料制成。这种直流伺服电动机的特点是：转子惯量大，可以和机床的进给传动丝杠直接相连；堵转转矩大，因而可获得大的起动力矩，使得力矩-惯量比大，快速性好；转速范围广，调节特性的线性度好；转子的槽数增多，并采用斜槽结构，其低速运行平稳、波动小，可在1r/min甚至0.1r/min下平稳运转。

由于永磁直流伺服电动机的机械特性和调节特性的线性度好，因此，至今仍有许多数控机床使用永磁直流伺服电动机。但由于它的电刷和换向器易磨损，需要经常维护；同时电刷和换向器的存在使电动机结构较复杂，电枢电流及最高转速受到一定限制。

（3）无刷直流伺服电动机　该电动机又叫无整流子电动机，是一种无刷伺服电动机。它没有换向器，由同步电动机和逆变器组成，而逆变器则是由装在转子上的转子位置传感器控制。因此它实质上是交流调速电动机的一种。它与后面所讲的永磁同步交流伺服电动机的本质区别在于，无刷直流伺服电动机的气隙磁场是按方波分布的，而永磁同步交流伺服电动机的气隙磁场是按正弦波分布的。

由于无刷直流伺服电动机的性能达到直流伺服电动机的水平，又取消了换向器及电刷部件，使电动机寿命提高了一个数量级，因此无刷伺服电动机（包括无刷直流伺服电动机、交流伺服电动机）正逐步取代有刷直流电动机。

通常所说的直流伺服电动机，一般是指永磁直流伺服电动机。

2．直流伺服电动机的特性曲线及主要技术参数

直流伺服电动机的"伺服"特性，主要表现在：

(1) 调速范围宽　即其转子转速可在宽广的范围内连续调节并稳定运行。

(2) 特性呈线性　不论是机械特性还是调节特性，都呈现良好的线性度，即在整个调节范围内，转速随转矩的变化关系或是转速随控制电压的变化关系都是线性的。

(3) 快速反应　在输入控制信号的作用下，转子能迅速地反应动作，也就是时间常数小。

前两点在一起，称其为直流伺服电动机的可控性，第三点称为响应性。直流伺服电动机这些优良特性，可体现在其特性曲线上：

(1) 转矩-速度特性曲线　转矩-速度特性曲线又叫做工作曲线，如图7-12所示。伺服电动机的工作区域被温度极限线、转速极限线、换向极限线、转矩极限线以及瞬时换向极限线分成三个区域：Ⅰ区为连续工作区，在该区域内转矩和转速的任意组合，电动机都可长期连续工作。Ⅱ区为断续工作区，此时电动机只能根据负载-工作周期曲线（见图7-13）所决定的允许工作时间和断电时间做间歇工作。Ⅲ区为加、减速区域，电动机只能用作加速或减速，工作一段极短的时间。

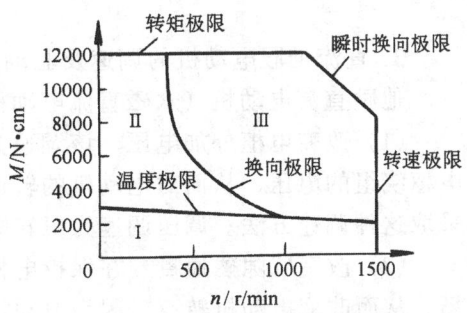

图 7-12　直流伺服电动机的
转矩-速度特性曲线

(2) 负载-工作周期曲线　该曲线如图7-13所示。负载-工作周期曲线给出了在满足机械所需转矩，而又确保电动机不过热的情况下，允许电动机的工作时间。因此，这些曲线是由电动机温度极限所决定的。

使用负载-工作周期曲线时，首先根据实际所需转矩 M 及额定转矩 M_N 的要求，求出电动机在该时的过载倍数 λ_M，

$$\lambda_M = \frac{M}{M_N} \tag{7-7}$$

然后在负载-工作周期曲线的水平轴线上找到实际机械所需要的工作时间 t_w，并从该点向上作垂线，与所要求的 λ_M 的那条曲线相交。再从该点作水平线，与纵轴相交的点即为允许的负载工作周期比 d

$$d = \frac{t_w}{t_w + t_0} \times 100\% \tag{7-8}$$

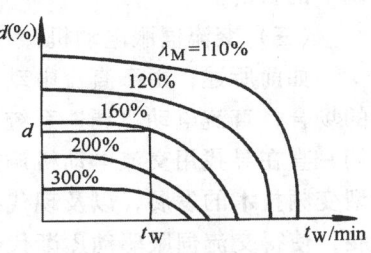

图 7-13　直流伺服电动机的
负载-工作周期曲线

式中　t_w——电动机的工作时间（min）；
　　　t_0——电动机的断电时间（min）。

最后可以求出最短断电时间 t_0

$$t_0 = t_w \left(\frac{1}{d} - 1\right) \tag{7-9}$$

选择直流伺服电动机的依据同样是特性曲线和技术参数。表 7-2 给出了一组直流伺服电动机的主要技术参数。

表 7-2　直流伺服电动机主要技术参数

型号 项目	FB-4	FB-8	FB-11	FB-15	FB-25
输出功率 P/kW	0.4	0.8	1.1	1.4	2.5
额定转矩 M_N/N·m	2.7	5.4	11.8	17.6	34.3
最大转矩 M_{max}/N·m	23	47	94	154	309
额定转速 n_N/r·min^{-1}	2000	2000	1500	1500	1000
转子惯量 J_m/kg·m^2	0.0026	0.0046	0.015	0.019	0.032
机电时间常数 t_m/ms	20	13	19	15.2	8.5

3．直流伺服电动机的调速及驱动系统

他励直流电动机（永磁直流电动机是他励电动机的一种特例）调速方法有两种：

（1）改变电枢外加电压　该调速方法就是维持电动机的励磁磁场恒定，改变加于电动机电枢绕组的电压，从而对电动机的转速进行调节。永磁直流电动机的磁场是恒定的，故只能采取这种调速方法。调压调速为恒转矩调速，其机械特性是一组平行直线。

（2）改变气隙磁通量　在保持电枢电压恒定情况下，改变励磁绕组的电流，即可改变磁场，从而改变电动机转速。因为电动机在额定运行条件下，磁场接近饱和，只能进行弱磁调节控制。弱磁调速时，维持功率不变，输出转矩下降，故称为恒功率调速。其机械特性较软，弱磁调速的范围一般小于 4。

直流伺服电动机的驱动系统，已经成为一个独立、完整的模块，称为速度控制单元。现在直流速度控制单元较多地采用晶闸管（即可控硅 SCR．Silicon Controlled Rectifier）调速系统和晶体管脉宽调制（PWM，Pulse Width Modulation）调速系统。直流速度控制单元接收转速指令信号（多为电压值），改变为相应的电枢电压，即可达到永磁直流伺服电动机速度调节的目的。

（三）交流伺服电动机

如前所述，由于直流电动机具有优良的调速性能，因此长期以来，在要求调速性能较高的场合，直流电动机调速系统一直占据主导地位。但直流电动机却存在着固有的缺点，使人们一直在寻找用交流电动机调速来代替直流电动机调速方案。新型大功率电力电子器件、新型变频技术的发展，以及现代控制理论、微机的数字控制技术等在实际应用中取得的重要进展，使得交流伺服驱动逐渐代替直流伺服驱动。

1．交流伺服电动机的分类

交流伺服电动机在结构和原理上通常采用笼型感应电动机和永磁式同步电动机两种形式。

(1) 永磁式同步电动机　永磁式同步电动机由定子、转子和检测元件三部分组成，结构原理图见图 7-14。定子具有齿槽，内有三相绕组，形状与普通感应电动机的定子相同。但外形有利于良好散热，有的呈多边形，且无外壳。转子由多块永磁铁和冲片组成。这种结构优点是气隙磁密度较高，极数较多。转子结构中还有一类是有极靴的星形转子，采用矩形磁铁或整体星形磁铁。永磁式同步电动机的优点是结构简单、运行可靠、效率高。由变频电压供电时，可方便地获得与频率成正比的可变转速，可以得到非常硬的机械特性及宽的调速范围。在数控机床进给驱动系统中多数采用永磁式同步电动机。

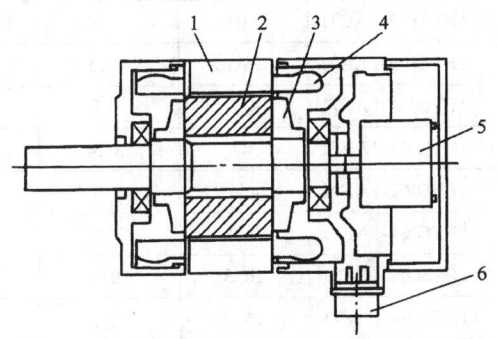

图 7-14　永磁式同步交流伺服
电动机结构原理图
1—定子　2—转子　3—压板
4—定子三相绕组　5—脉冲编码器　6—出线盒

(2) 鼠型感应电动机　笼型感应电动机结构简单、坚固，它与同容量的直流电动机相比，重量约小 1/2，价格仅为直流电机的 1/3。它的缺点是不能经济地实现范围较广的平滑调速，必须从电网吸收滞后的励磁电流，因而会使电网功率因数变坏。数控机床主轴驱动多数采用鼠型感应电动机，这是因为如果采用永磁式同步电动机，受永磁体的限制，当主轴电动机容量很大时，成本过高；同时主轴系统不象进给系统那样要求很高的性能，调速范围也不要求太大，采用笼型感应电动机，也可以达到数控机床主轴驱动系统的要求。

2．交流伺服电动机的特性曲线和主要技术参数

交流伺服电动机的性能也用特性曲线和技术参数数据来表示。最主要的特性曲线是转矩-转速曲线，如图 7-15 所示。

Ⅰ区是连续工作区，转速和转矩的任何组合，电动机都可连续工作。但连续工作区的划分受到一定条件的限制。连续工作区划定的条件有两个：一是供给电动机的电流是理想的正弦波；二是电动机工作是在某一特定温度下的。Ⅱ区是断续工作区，断续工作区的极限，一般受到电动机的供电限制。交流伺服电动机的机械特性比直流伺服

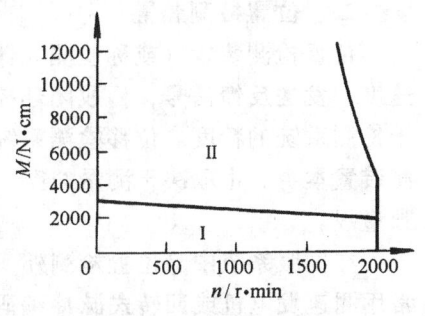

图 7-15　交流伺服电动机
转矩-转速特性曲线

电动机的机械特性硬。另外，断续工作区的范围更大，尤其在高速区，这有利于提高电动机的加、减速能力。表 7-3 给出了西门子公司 1FT6 永磁交流同步伺服电动机的主要技术参数。

3．交流伺服电动机的调速及驱动

交流电机广泛采用变频调速。变频调速的主要环节是能为交流电动机提供变频电源的变频器。变频器可分为交-直-交变频器和交-交变频器两大类。

交-直-交变频器是先将电网的三相交流电源输入到整流器，由整流器整流后变为直流电，直流电经滤波电路后，进入逆变器，由逆变器将直流电变为电压和频率可变的三相交流电。交-交变频器不经过中间环节，直接将一种频率的三相交流电变换为另一种频率的三相交流电。交-直-交变频器是目前用得最多的变频器。

表 7-3 1FT6 永磁交流同步伺服电动机主要技术参数

1FT6 电动机	额定转矩 M_N/N·m $\Delta T=100K$	静止转矩 M_{rs}/N·m		额定转速 n_N/r·min^{-1}	电机相电流 I_a/A		转子惯量 J_m/kg·m^2
		$\Delta T=60K$	$\Delta T=100K$		$\Delta T=60K$	$\Delta T=100K$	
1FT6102-1AC71	23.0	22.4	27.0	2000	10.2	12.3	0.0099
1FT6105-1AC71	38.0	41.5	50.0		18.4	22.2	0.0168
1FT6044-1AF71	4.3	4.1	5.0	3000	2.8	3.3	0.00051
1FT6061-1AF71	3.5	3.3	4.0		2.2	2.7	0.0006
1FT6062-1AF71	4.6	5.0	6.0		3.4	4.0	0.00085
1FT6064-1AF71	7.0	7.9	9.5		5.0	6.0	0.0013
1FT6082-1AF71	10.3	10.4	13.0		8.2	10.6	0.003
1FT6084-1AF71	14.7	16.2	20.0		11.3	14	0.0048
1FT6086-1AF71	18.5	22.4	27.0		14.4	17.3	0.0066
1FT6034-1AK71	1.4	1.6	2.0	6000	2.1	2.6	0.00011

注：ΔT 表示绕组温升（K）。

在交流伺服电动机调速的控制方式上有相位控制、变压变频（VVF，Variable Voltage Frequency）控制、滑差频率控制、PWM 控制、矢量变换控制、磁场控制等。

数控进给驱动中，针对永磁同步电动机，主要采用自同步控制变频调速系统，电流控制调速系统，矢量控制调速系统，PWM 调速系统。而用的最多的，几乎全是 PWM 控制的调速系统。

二、位置检测装置

位置检测装置（或称检测元器件）是伺服系统的重要组成部分。它的作用是检测位移和速度，发送反馈信号，构成闭环控制（或半闭环控制）。闭环伺服系统的运动精度主要取决于检测系统的精度。位移检测系统能够测量出的最小位移量称为分辨率。分辨率不仅取决检测装置本身，也取决于测量线路。数控机床通常选择的测量系统分辨率要比加工精度高一个数量级。

在伺服系统中除位置检测外，还有速度检测，其目的是精确地控制转速。转速检测装置常用测速发电机或回转式脉冲编码器，脉冲编码器和"频率-电压变换"回路产生速度检测信号。

根据测量装置的安装位置及与机床运动部件的耦合方式，位置检测装置可分为直接测量和间接测量两种。从测量的量值性质，检测装置可分为绝对型和增量型两类。按检测信号的类型，可分为数字式和模拟式两大类。下面就伺服系统中常用的检测装置作一介绍。

1. 旋转变压器

旋转变压器是一种交流型转角检测装置，结构上与交流感应两相异步电动机相似，由定子和转子组成，分有刷和无刷两种。在有刷结构中，定子与转子上均绕有相互垂直的两相交流绕组，转子绕组的端点通过电刷和滑环引出。无刷旋转变压器则没有电刷与滑环，基本结构包括两部分，如图 7-16 所示，一部分与有刷旋转变压器基本相同，叫分解器；另一部分叫变压器，它的一次绕组 5 绕在与分解器转子轴 8 固定在一起的变压器转子 6（高导磁材料制成）上，与转子轴 1 一起转动，变压器的二次绕组 7 绕在定子 4（高导磁材料制成）上。

旋转变压器是根据互感原理工作的。当分解器定子线圈接外加激磁电压时，转子线圈感应出的信号转接到变压器的一次绕组，最后从变压器的二次绕组引出输出信号。它具有可靠性高，寿命长，不用维修以及输出信号大等优点，是数控机床常用的位置检测装置之一。

旋转变压器只能检测转角位移，因此必须安装在旋转轴上。

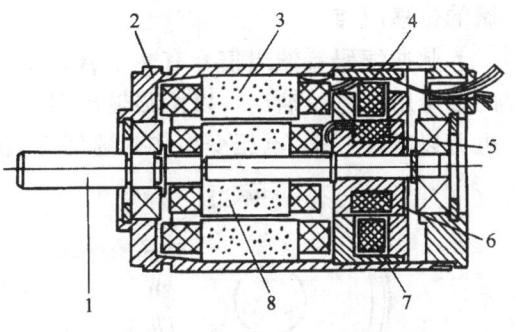

图 7-16 无刷旋转变压器的结构图
1—转子轴 2—壳体 3—分解器定子 4—变压器定子 5—变压器一次绕组 6—变压器转子 7—变压器二次绕组 8—分解器转子

2．感应同步器

感应同步器是一种电磁感应式的高精度位移检测装置，实质上，它是多极旋转变压器的展开形式。感应同步器分旋转式和直线式两种，前者用于角度测量，后者用于长度测量，两者工作原理相同。

直线感应同步器由定尺和滑尺组成，如图 7-17 所示。定尺上制有连续的平面绕组，绕组的节距为 P；滑尺上制有两组分段绕组，分别称为正弦绕组和余弦绕组，它们相对于定尺绕组在空间错开 $P/4$。滑尺安装在定尺上面，二者之间保持均匀的气隙（约为 $0.05 \sim 0.1$mm）。

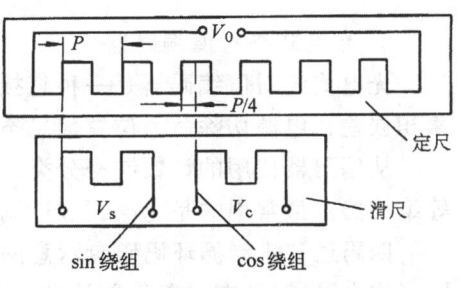

图 7-17 直线感应同步器工作原理图

感应同步器的工作原理与旋转变压器基本一致。使用时滑尺绕组通入一定频率的交流电压 V_0，由于电磁感应，在定尺绕组中产生感应电动势。感应电势的频率与激磁信号的频率相同，其相位和幅值取决于定尺和滑尺的相对位置。

感应同步器检测装置具有精度高、测量距离长、成本低、工作可靠，抗干扰性强等特点。与旋转变压器相比，感应同步器的输出信号比较弱，需要一个放大倍数很高的前置放大器。

3．光电脉冲编码器

光电脉冲编码器是一种增量型旋转式脉冲发生器，能把机械转角变成电脉冲。它的型号是由每转发出的脉冲数来表征，数控机床常用的脉冲编码器有：2000P/r、2500P/r 和 3000P/r 等。光电脉冲编码器是使用很广泛的一种位置检测装置。同时也可用作速度检测装置。

光电脉冲编码器主要由圆光栅和指示光栅组成。在圆光栅的圆周上刻有透明和不透明的间距相等的线纹，此外还有一个零位狭缝（一转发出一个脉冲），如图 7-18 所示。指示光栅上面制有相差 1/4 节距的两个狭缝（辩向狭缝）和一个零位狭缝。圆光栅与工作轴一起旋转，指示光栅与圆光栅相对平行地放置。

当圆光栅旋转时，光线透过两个光栅的线纹部分，形成明暗相间的条纹，光电元件接收这些明暗相间的光信号，并转换为交替变化的电信号；该信号为两组近似于正弦波的电流信号 A 和 B，相位角相差 $90°$，经放大和整形变成方波。圆光栅每转一转，通过零位狭缝的信号发出一个脉冲，称为 Z 相脉冲，该脉冲用来确定一转的基准信号，通常该位置对应于机械的位移原点。

脉冲编码器输出信号有 A、$\bar{A}$、B、$\bar{B}$、Z、$\bar{Z}$ 等六组信号（见图 7-19）。其中对应相反的信号用于差模输出，以增强输出信号的抗干扰能力。这些脉冲信号可作为位移测量信号，也可以经过频率/电压变换作为速度反馈信号，进行速度调节。

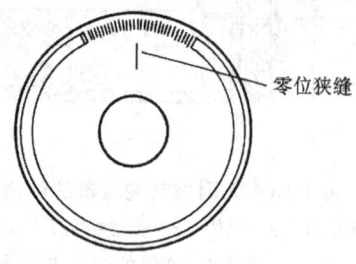

图 7-18　增量型光电脉冲编码器

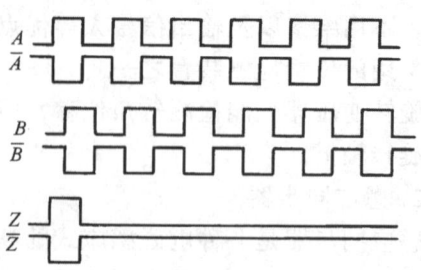

图 7-19　增量型光电脉冲编码器的输出信号

4．光电式绝对值编码器

光电式绝对值编码器是一种直接编码和直接测量的检测装置。它能指示绝对位置，没有累积误差，电源切除后，位置信息不丢失。

从编码器使用的计数制来分类，有二进制编码、二进制循环码（葛莱码）、二-十进制码等编码器。最常用的是光电式二进制循环码编码器。

四码道二进制循环码码盘示意图见图 7-20。码盘上有许多同心圆（称为码道），它代表某种计数制的一位，每个同心圆上有透光（白的）与不透光（黑的）部分，透光部分为"0"，不透光部分为"1"，这样组成了不同的图案。沿半径方向，若干同心圆组成的图案代表了某一绝对计数数值。二进制码盘每转一个角度，计数图案的改变按二进制规律变化。葛莱码计数图案的切换每次只改变一位，误差可以控制在一个单位内。

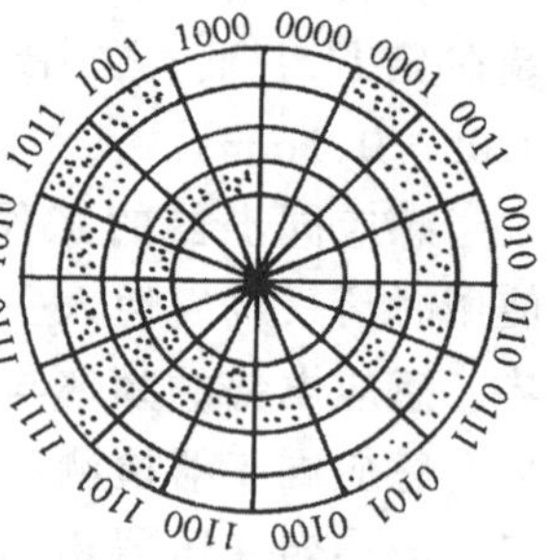

光电式码盘没有接触磨损、精度高、寿命长、转速高。单个码盘可做到 18 位二进制，但其结构复杂、价格高。

图 7-20　四码道二进制循环码（葛莱码）码盘示意图

5．光栅

光栅是高精度位置检测装置，它可将机械位移或模拟量转换为数字脉冲。由于激光技术的发展，光栅制作精度得到很大提高，现在的光栅精度可达微米级，再通过细分电路可以做到 $0.1\mu m$，甚至更高的分辨率。

根据光线在光栅中是反射还是透射，光栅分为反射光栅和透射光栅。从形状上看，又可分为圆光栅和长光栅。圆光栅用于测量转角位移，长光栅用于检测直线位移。

光栅有标尺光栅和光栅读数头两部分。标尺光栅一般固定在活动部件上；光栅读数头内装指示光栅安装在固定部件上，读数头的组成除指示光栅外，还有光源、透镜、光敏元件和驱动线路等。标尺光栅与指示光栅平行，当光栅读数头相对于标尺光栅移动时，指示光栅便与标尺光栅无接触地相对移动。

透射光栅的标尺光栅和指示光栅都是由涂有感光材料涂层或金属镀膜的透明玻璃片制成的，然后刻上均匀密集的线纹，线纹相互平行，线纹之间的距离（栅距）相等。对于圆光栅，这些线纹是等栅距角的向心条纹。

栅距和栅距角是光栅的重要参数。对于长光栅，线纹密度一般为 25~50 条/mm（金属反射光栅），100~250 条/mm（玻璃透射光栅）。对于圆光栅按一周内线纹的条数来表示，如每周 1000 条、10800 条（60 进制，精度 3″）。

光栅的工作原理是将光栅形成的莫尔条纹变成电信号。当指示光栅上的线纹和标尺光栅的线纹成一小角度时，造成两光栅尺上线纹相互交叉。在光源的照射下，交叉点附近的小区域内黑线重叠，形成黑色条纹，其它部分为明亮条纹。这种明、暗相间的条纹称为"莫尔条纹"。莫尔条纹与光栅线纹几乎成垂直方向排列（严格说，是与两光栅夹角平分线垂直），如图 7-21 所示。

用 W 表示莫尔条纹宽度，P 表示栅距，θ 表示光栅线纹的夹角，则

$$W = \frac{\frac{P}{2}\cos\frac{\theta}{2}}{\sin\frac{\theta}{2}} \tag{7-10}$$

由于 θ 角很小，则

$$W \approx \frac{P}{\theta} \tag{7-11}$$

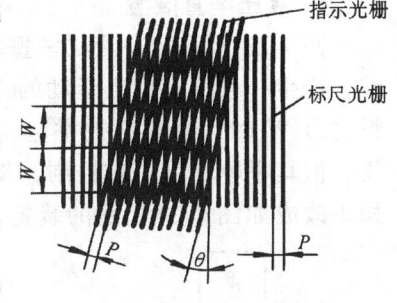

图 7-21 光栅形成的莫尔条纹

若 $P = 0.01$mm，$\theta = 0.01$ 弧度，则 $W = 100P = 1$mm。可见，通过调整 θ 角，莫尔条纹起到了放大光栅距的作用。

此外，莫尔条纹可起平均误差作用。莫尔条纹是由若干光栅线纹干涉形成，例如 100 条/mm 的光栅，10mm 宽的莫尔条纹就由 1000 条纹组成，这样栅距之间的相邻误差就被平均化了，消除了栅距不均匀造成的误差。

莫尔条纹的移动与栅距之间的移动成比例。当光栅移动一个栅距时，莫尔条纹也相应移动一个莫尔条纹宽度 W；若光栅移动方向相反，则莫尔条纹移动方向也相反。莫尔条纹移动方向与光栅移动方向垂直。这样测量光栅水平方向移动的微小距离就用检测垂直方向的宽大的莫尔条纹的变化代替。

6. 磁尺（磁栅）

磁尺的构成原理如图 7-22 所示，它由磁性标尺、磁头和检测电路组成。磁性标尺一般安装在执行机构的移动部件上，磁头装在固定部件上。标尺表面有一层磁性材料，将一定波长的方波或正弦波信号录制在磁性标尺上便成为磁刻度，其波长 λ 一般为 0.05、0.01、0.20、1mm 等几种。为了检测方向，设置了间距为 $(m\pm 1/4)\lambda$ 的两个磁头，m 为正整数。

磁尺采用拾磁原理工作。根据检测电路是幅值检测或相位检测，在磁头的激磁绕组通入相应的激磁电流，由磁头的拾磁绕组拾取信号，从而对位移进行检测。

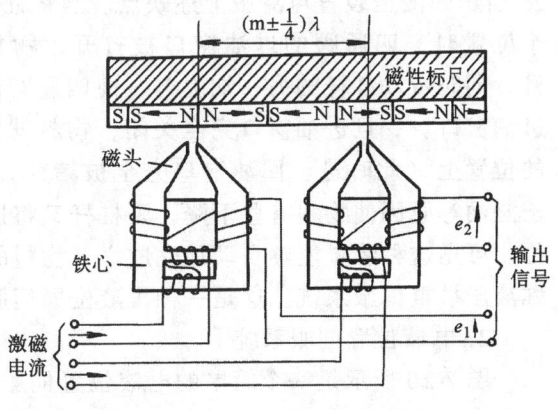

图 7-22 磁尺的构成原理

按磁性标尺基体的形状,磁栅可分为实体型磁栅、带状磁栅、线状磁栅和回转型磁栅,前三种磁栅用于直线位移测量,后一种用于角度位移测量。磁尺具有精度高、复制简单以及安装调整方便等优点。

第四节　伺服系统设计

一、伺服系统举例

伺服系统又称随动系统或自动跟踪系统,是一种对机械运动参量如位移、速度、加速度或力的自动控制系统,在各种机械的自动控制中用得很普遍。

1. 液压举重装置

图 7-23 所示为一液压举重装置。当将阀门打开时,液体便由液压装置流入液压缸的下腔,产生一使活塞向上运动的力 $F=Ap$,其中 A 为活塞面积,p 为液体压力。当 F 大于物料重力 W 时,物料便被举起。显然,这是一种力的放大器,可以举起人力无法举起的重物,但其举物高度很难控制,物料下降要靠物体的重力把液体压回到液压装置中才能实现。如果改成如图 7-24 所示的装置,即用四通阀代替节流阀,用杠杆操纵四通阀的移动,则物料

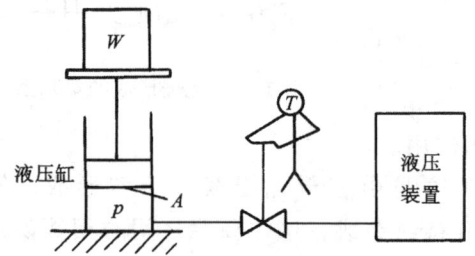

图 7-23　简单的液压举重装置

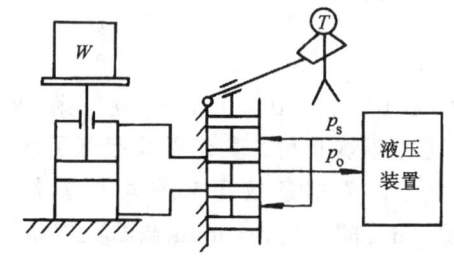

图 7-24　四通阀控制的液压举重装置

上升的速度可由四通阀的窗口大小来控制。而物料下降又可通过四通阀窗口使油直接回到液压装置中的油箱,因此,可以控制自如、上下方便。由于漏油等原因,很难使物料持久保持在某一高度。如果采用图 7-25 所示的液压装置可克服上述缺点。当将杠杆压到某个位置时,四通阀的进油窗口被打开,物料开始上升,同时带动杠杆的另一端上升,使四通阀渐渐关小进油窗口。一旦进油窗口完全关闭,物料就停在相应的位置上(此时进、回油窗口完全被堵死)。如果由

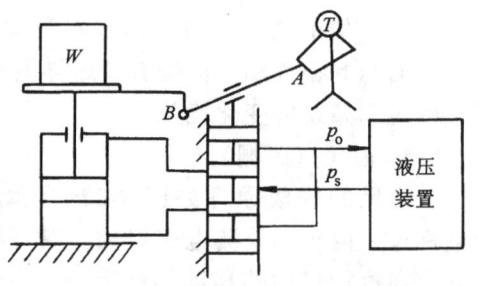

图 7-25　自动控制的液压举重装置

于漏油等原因使物料有些下降,则杠杆又将进油窗口打开,使物料又开始上升,直到恢复原位。可见这种装置能够自动地完成举升物料的工作,因此称为自动控制的液压举重装置,或称液压举重伺服系统。这是一种机液位置伺服系统。

2. 电液位置伺服系统

图 7-26 所示是一个简单的电液位置伺服系统。其给定环节与反馈环节都是电位计,它们组成桥式电路,将给定信号 U_i 与反馈信号 U 之差 ΔU 送入运算放大器中,经过放大的信号以电流形式送入到电液伺服阀的输入线圈中,伺服阀便产生对应的流量来控制液压缸活

塞的运动,此系统的负载为惯性负载。当系统任给一个电压 U_i 时,伺服阀便产生一个对应的流量,迫使液压缸活塞带动负载运动。活塞运动同样带动反馈电位计的活动端运动,因而反馈电位计的输出电压 U 随之变化。由于输入到运算放大器的电压为 $\Delta U = U_i - U$,随着 U 的增加 ΔU 减小,直至伺服阀的进、回油窗口完全被堵死。此时输出流量为零,液压缸的活塞停止运动,系统调整完毕。此时活塞的位置即为所要求的位置。由于该系统通过反馈信号与

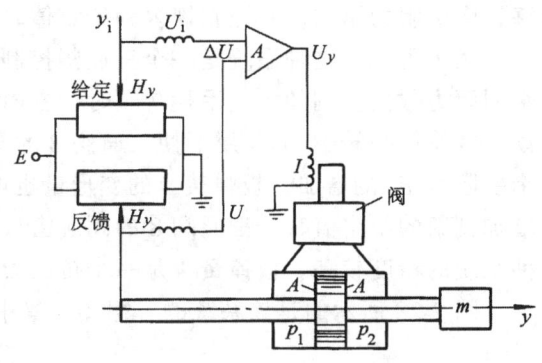

图 7-26 电液位置伺服系统

给定信号的比较来控制,从而完成了闭环、负反馈的作用,因此该系统是一个典型的电液位置伺服系统。

3. 牵引阻力调节系统

图 7-27 所示是拖拉机牵引阻力的自动调节系统。当拖拉机耕地时,由于土质不同,即使耕深 h 不变,所需克服的牵引阻力 F_r 也不相同。为了保持发动机负荷的平稳性和增大拖拉机的牵引力,常采用一种所谓牵引阻力的自动调节系统。拖拉机耕地时,土壤的阻力和农具重力的合力构成了所谓的牵引阻力 F_r,其值随土壤的结构不同而变化。为了保持 F_r 不变,只有将犁稍稍上升或下降,即改变耕深 h 使 F_r 恢复到原来的整定值。由图 7-27 可见,板弹簧 4 与犁的上拉杆 3 相连,F_r 反应到上拉杆 3 的力为 F_1,板弹簧 4 在 F_1 作用下发生变形,

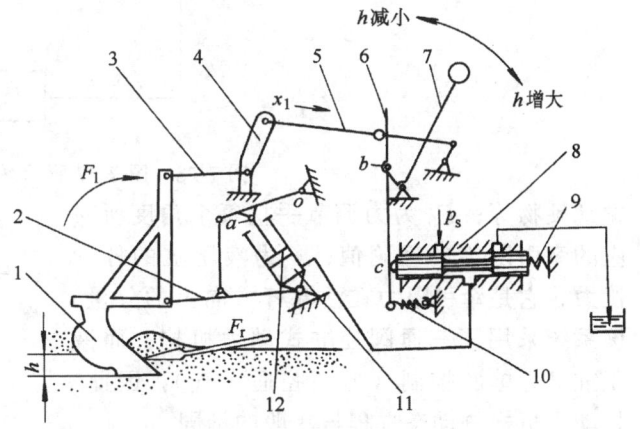

图 7-27 拖拉机牵引阻力自动调节系统
1—犁 2—下拉杆 3—上拉杆 4—板弹簧 5—推杆
6—力调节杠杆 7—力调节手柄 8—三通阀
9—压缩弹簧 10—拉伸弹簧 11—单腔液压缸 12—活塞

其变形量 x_1 通过推杆 5 传到力调节杠杆 6,使杠杆绕 b 点转动,从而通过 c 点的移动使三通滑阀改变窗口开度,达到控制液压缸 11 活塞移动的目的。

当牵引阻力 F_r 等于给定值时,三通滑阀窗口正好被关死,因而液压缸 11 活塞固定住犁的深度。当 F_r 因土壤变硬而增大时,F_1 成比例增加,上拉杆 3 迫使板弹簧 4 有更大的变形,通过推杆 5 迫使力调节杠杆 6 绕 b 点顺时针转动,阀芯在右侧压缩弹簧 9 的作用下向左偏移,液压缸 11 下腔通高压油路,使活塞 12 向上运动带动犁升高。因此阻力 F_r 减小,板弹簧 4 变形量亦随之减小,力调节杠杆 6 在其下端拉伸弹簧 10 的作用下绕 b 点作逆时针转动,迫使阀芯右移而关小窗口。当 F_r 回到原给定值时,弹簧变形量也回到原来值,阀芯回到中位,液压缸停止运动,保持犁在新的深度下工作。当牵引阻力 F_r 减小时,上拉杆 3 所受的推力 F_1 也成比例减小,板弹簧 4 的变形量也相应减小,导致推杆 5 左移。使力调节杠杆 6 在拉伸弹簧 10 的作用下绕 b 点逆时针转动,迫使三通阀芯向右移动,因而液压缸 11 下腔通过三通阀 8 的窗口与回油相通,则牵引阻力通过下拉杆 2 迫使液压缸 11 的活塞 12 下

移，牵引阻力增加，直至它恢复到给定值时，系统又进入新的平衡位置。

由上可知，这种系统是一个三通阀控制的机液伺服系统。力调节手柄可以调整被保持的牵引阻力数值。例如，当手柄7顺时针方向转动一个角度时，力调节杠杆6的支点 b 向右移动，在拉伸弹簧10的作用下使三通阀8的阀芯右移，液压缸11活塞下降以增加耕深。随着牵引阻力 F_r 的增加，板弹簧4的变形量也增加，三通阀8的阀芯左移关小回油窗口。当 F_r 增加到新的给定值时，三通阀8的阀芯窗口又重新关死，系统又进入一个新的平衡状态。这种系统的精度较高。板弹簧4是一个拉压力传感器。显然，对力来说，这是一个闭环系统。

图7-28所示的是该系统的方框图。其中 F_f 是影响牵引阻力的因素，如土壤硬度不同或

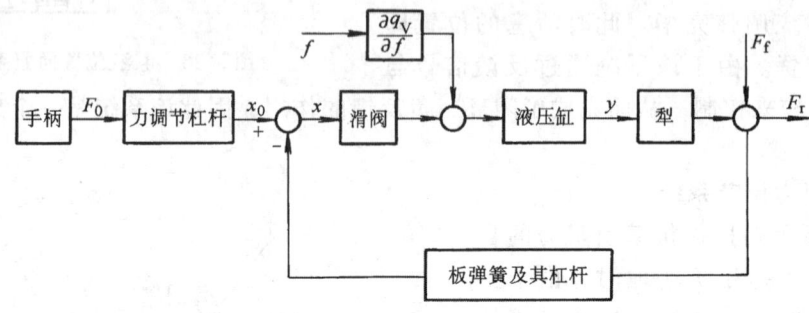

图7-28　图7-27所示系统的方框图

碰到硬物等；F_0 为力调节手柄每个角度所对应的牵引阻力的理论值；f 为液压缸的外干扰力，它是牵引阻力在活塞杆方向上的分量。该系统采用了三通阀控缸式动力机构，而液压缸又为单腔控制（另一腔通大气），因此，其动力机构的动态方程与一般的不同。

4．工业机械手电气-气压伺服控制系统

图7-29所示为一种常用的以压缩空气为工作介质的工业机械手电气-气压伺服控制系统，主要应用在工业机器人的手臂控制装置上。该工业机械手的气压伺服系统可根据指令电流偏差信号（电流范围 $\pm 4 \sim \pm 40 \text{mA}$），确保连接机械手的活塞杆13按要求的运动规律和定位精度工作。其工作过程如下：若伺服放大器15输出的偏差信号（设定的指令信号与反馈信号之差）加到气压伺服阀17的电磁线圈9上，则永久磁铁10和电磁线圈9（二者常合称力矩马达）两侧产生的电磁力不相等，使端部装有挡板3的摆杆8偏离中间平衡位置而绕支点 a 偏转，挡板3使对称布置的两个转换器喷嘴16的气体流量发生变化，造成一侧喷嘴背压腔压力升高，另一侧

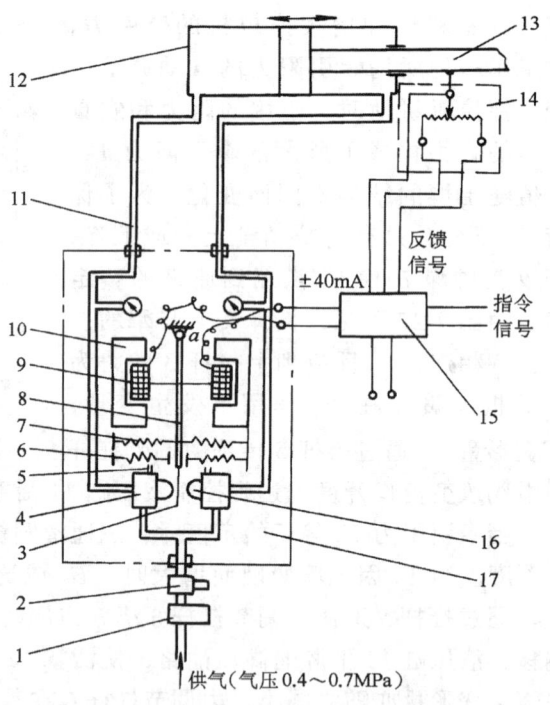

图7-29　工业机械手电气-气压伺服控制系统
1—滤清器　2—减压阀　3—挡板　4—转换器　5—排气口
6—增益调整弹簧　7—零位调整弹簧　8—摆杆
9—电磁线圈　10—永久磁铁　11—管道　12—负载气缸
13—活塞杆　14—反馈电位计　15—伺服放大器
16—喷嘴　17—气压伺服阀

喷嘴背压腔压力降低，使负载气缸12左右腔压力不等，活塞杆13移动，机械手即按要求的规律运动。

喷嘴挡板转换器的工作原理见图7-30（图中仅表示图7-29中右侧的喷嘴挡板转换器）。当摆杆在偏差信号作用下偏离中间平衡位置移向转换器时，挡板6与喷嘴5之间的间隙减小，气体流经喷嘴5的阻力增加，使喷嘴背压腔 A 内的压力升高，阀芯4右移，把罩状提动阀8推向右方，使腔 D 的罩状提动阀阀口开启，于是由进气口流入的控制气流经节流调节针阀10进入负载气缸右腔，驱动活塞杆向左移动（见图7-29）。与此同时，图7-29中左侧的喷嘴挡板转换器的动作正好相反（为方便计，全部符号均同右侧，仅注以上角标"′"），由于挡板6′与喷嘴5′之间的间隙增大，喷嘴对气流的阻力减小，喷嘴背压腔 A' 的压力降低，阀芯4′在腔 C' 压力作用下右移，罩状提动阀8′在弹簧9′作用下关小通往腔 D' 的阀口，而腔 C' 的阀口开大，使图7-29中负载气缸左腔与排气口1′相通，压力下降，实现活塞杆向左移动，即向消除偏差信号的方向移动。当偏差信号为零时，摆杆处于中间位置，两侧转换器的输出相等，活塞杆便停止在新的平衡位置上。

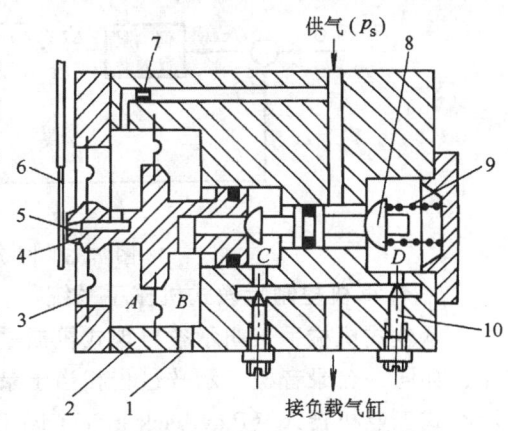

图7-30 喷嘴挡板转换器工作原理图（右侧）
1—排气口 2—阀座 3—膜片 4—阀芯 5—喷嘴
6—挡板 7—固定节流孔 8—罩状提动阀
9—弹簧 10—节流调节针阀

显然，这是一个阀控气缸位置伺服控制系统。该系统中的喷嘴挡板为一比例控制器，其原理如图7-31所示，它的功能是把挡板位置的微小变化转换为喷嘴压力腔中背压的变化。利用这种控制器可用小的输入功率移动挡板，以控制较大的输出功率。喷嘴与挡板间的距离 x 控制着背压腔的压力 p_w，图7-32所示为 p_w-x 特性曲线，在实际工作中，只应用曲线较陡的近似为直线的部分。这时，$x_1 < x < x_2$，p_w 与 x 之间有较好的线性关系。可见，喷嘴挡板比例控制器是一个由挡板的位移控制气压变化的功率放大器。图7-32中 p_a 为可能的最低压力即环境压力，p_s 为压缩空气的供气压力（常取0.14MPa）。为使控制器正常工作，应使喷嘴孔径尽可能小，且大于节流孔直径，通常喷嘴孔直径约为0.4mm，节流孔直径约为0.25mm。这种比例控制器常用于低压气动伺服控制系统，如自动喷涂作业、自动焊接及自动供料装置的机械手伺服控制，其重复定位精度为±0.5mm。在高压气动伺服控制系统中，也常作为第一级功率放大器使用。

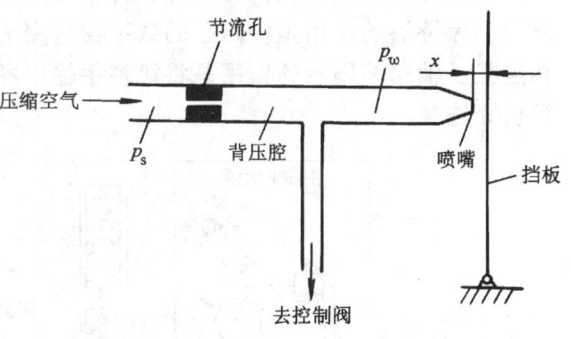

图7-31 喷嘴挡板比例控制器原理图

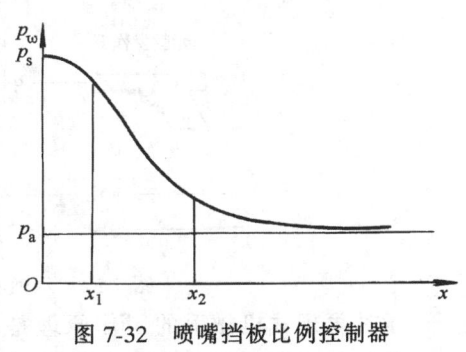

图7-32 喷嘴挡板比例控制器的 p_w-x 特性曲线

图 7-29 中，零位调整弹簧 7 的左、右端均与摆杆 8 联接，用于系统的零位调整和对中；增益调整弹簧 6 在偏差信号为零时，摆杆 8 处于中间位置，摆杆与弹簧不接触，只有当偏差信号超过某一数值后摆杆才与弹簧接触，产生补偿流量增益的信号，以保证活塞杆 13 定位精度的稳定。另外，转换器采用罩状提动阀，因其抗污染性能强，不易堵塞。

图 7-33 所示为图 7-29 伺服控制系统的方框图。

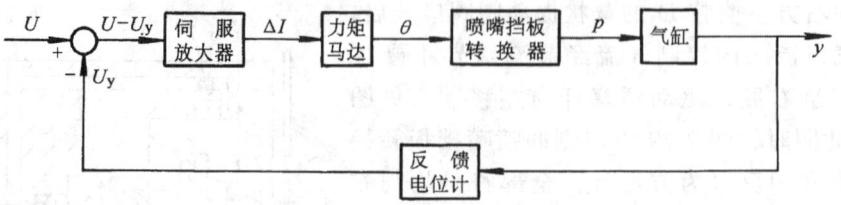

图 7-33　图 7-29 所示伺服系统方框图

5．计算机控制示教式机械手系统

示教式机械手又叫示教再现式机械手。该机械手通过教一遍动作后，就会重复所教的动作，如同一台录音机，示教过程相当于录音，再现过程相当于播放。这类机械手在国外称为示教式工业机器人（Play back industrial Robot）。

示教再现式机械手的控制环节是计算机，因此，使"手"具备了记忆功能。图 7-34 所示为示教再现式机械手伸缩控制系统的原理图。它主要由以下几部分组成：计算机、阀控液压缸、液压动力源和计算机外围设备。计算机在系统中具有记忆、比较和控制三方面的功能。阀控油缸是系统的执行部件。计算机外围设备很多，在该系统中主要指保持器和轴角编码器。保持器的作用是将离散的数字信号变为连续的模拟信号，使之与连续元件电液伺服阀相连接。轴角编码器的作用是将机械手输出的连续模拟信号转换成离散数字信号，使之与计算机相连接。

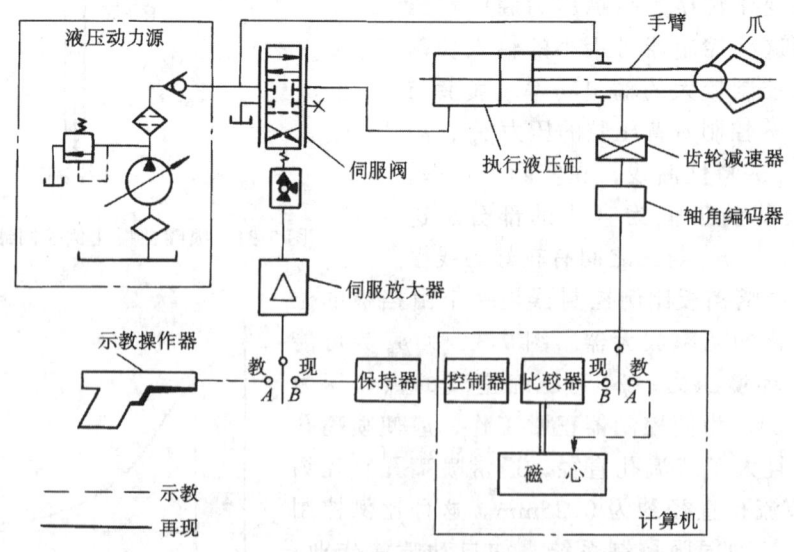

图 7-34　示教再现式机械手伸缩控制系统原理图

示教再现式机械手的工作原理是：示教时，系统中的开关 A 闭合，系统呈开环状态。人操作示教操作器，将信号送到伺服放大器，伺服放大器给电液伺服阀一个电压信号，伺服阀输出压力油推动液压缸动作,当信号消失时,液压缸就停止运动。为了防止电液伺服阀的零飘引起机械手位置的飘移,在机械手停留时,应使系统处于闭环状态,即将开关 B 闭合。操作示教操作器可以使机械手停留在任意位置上,对于需要再现的工作位置,通过与机械手输出手臂相连的轴角编码器,把机械手位置的模拟量转换成数字量,送入计算机中储存起来。因此,机械手的位置与计算机中的数字一一对应。上述过程称为示教过程。再现时,将开关 B 闭合,系统呈闭环状态,此时操作示教操作器的执行按钮,则计算机依次从存储器中取出原先存入的位置信号。每取出一个位置信号均与机械手当前位置比较,若存在误差,则该误差就控制机械手运动去消除误差,直到误差消除为止。当误差为零时,机械手就复现了原来存入的位置。根据需要,可以规定机械手在某点停留的时间,而后就复现下面一个位置。这样的过程称为再现过程。

上述工作原理也可用于机械手的回转系统和升降系统的控制。

二、伺服系统的要求

伺服系统的基本要求是输出量迅速而准确地响应指令输入的变化而变化。因此,伺服系统必须在保证系统跟踪稳定性的前提下,满足工作性能要求的稳态精度和动态品质,并具有良好的经济性。

1. 稳态误差

稳态误差是衡量系统稳态精度的指标。

机械伺服系统一般都含有积分环节,如电动机、液压马达、液压缸、齿轮传动等都可看作积分环节。一般,伺服系统开环传递函数 $G(s)$ 中包含一个积分环节 ($1/s$) 的系统称为Ⅰ型系统,包含两个积分环节 ($1/s^2$) 的系统称为Ⅱ型系统,它们的典型方框图如图 7-35 所示。图中 $G(s)$ 为系统的开环传递函数,K 为开环增益,$D(s)$ 及 $N(s)$ 都是 s 的多项式,$D(s)$ 的阶次大于或等于 $N(s)$ 的阶次。实际使用的伺服系统很少有Ⅲ型以上的系统,即 $G(s)$ 中很少含有三个或更多个积分环节的系统,因其稳定性变差。

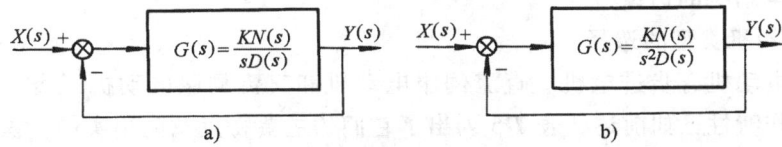

图 7-35 Ⅰ型和Ⅱ型系统的方框图
a) Ⅰ型系统 b) Ⅱ型系统

表 7-4 给出了在典型输入信号下,Ⅰ型系统和Ⅱ型系统给定的稳态误差。由表可见,同一系统在不同输入信号作用下的稳态误差不同;在相同输入信号作用下,Ⅱ型的稳态误差比Ⅰ型的小。Ⅰ型系统对位置输入无稳态误差,对速度输入有稳态误差,对加速度输入则完全不能跟随,因此,Ⅰ型系统又叫一阶无静差系统。Ⅱ型系统则对位置输入和速度输入均无稳态误差,对加速度输入有稳态误差,所以,Ⅱ型系统又叫二阶无静差系统。

不论是Ⅰ型系统还是Ⅱ型系统,系统的稳态误差与系统的开环增益 K 成反比,增大开环增益 K 可使稳态误差减小,但会使系统的稳定性下降。系统的其他参数只影响系统的动态过程,即只影响系统的动态品质,而不影响系统的稳态误差。

可见,从保证伺服系统稳态跟踪精度的观点看,Ⅱ型系统是比较理想的结构。因而,系统设计时,通常将Ⅰ型系统校正成为Ⅱ型系统,如将位置控制放大器设计成具有积分性质的位置控制器，同时，适当增大开环增益 K，以改善伺服系统的稳态跟踪精度。

表 7-4　典型输入信号下，Ⅰ型和Ⅱ型系统给定的稳态误差

给定输入	给定稳定误差终值	
	Ⅰ型系统	Ⅱ型系统
位置输入 $1(t)$	0	0
速度输入 t	$\dfrac{1}{K}$	0
加速度输入 $\dfrac{1}{2}t^2$	∞	$\dfrac{1}{K}$

注：表中 K 为系统开环增益。

2．动态品质

对于开环传递函数为 $G(s)=\dfrac{K}{s(Ts+1)}$ 的典型Ⅰ型二阶系统，各种性能指标与系统参数（系统固有频率 ω_n 和阻尼比 ζ）的关系，都能用公式表达出来，即

$$\omega_n=\sqrt{\dfrac{K}{T}} \tag{7-12}$$

$$\zeta=\dfrac{1}{2\sqrt{KT}} \tag{7-13}$$

采用单位阶跃输入下的时域指标超调量 σ_p 和调整时间 t_s 来表示动态性能，当 $0<\zeta<1$ 时，有

$$\sigma_p=\exp\left(-\dfrac{\pi\zeta}{\sqrt{1-\zeta^2}}\right)\times 100\% \tag{7-14}$$

$$t_s\approx\dfrac{1}{\zeta\omega_n}\left(3+\ln\dfrac{1}{\sqrt{1-\zeta^2}}\right) \tag{7-15}$$

三、伺服电动机的选择

1．伺服电动机类型的选择

常用伺服电动机有步进电机、直流伺服电动机和交流伺服电动机三类，它们的工作原理、结构及工作特性已如前述，表 7-5 列出了它们的主要特点及应用实例，供选择时参考。

表 7-5　常用伺服电动机的主要特点及应用实例

种类	主要特点	应用实例
步进电动机	1．转角与控制脉冲数成比例，可构成直接数字控制 2．有定位转矩（自锁力） 3．可构成廉价的开环控制系统	计算机外围设备、办公机械、以及对速度、精度要求不高的中、小功率自动控制装置等
直流伺服电动机	1．高响应特性 2．高功率密度（体积小、重量轻） 3．可实现高精度数字控制 4．有接触换向部件，需维护	NC 机械、机器人、计算机外围设备、办公机械、音响及音像设备、计测机械、医疗器械等
交流伺服电动机	1．对定子电流的激励分量和转矩分量分别控制，调速系统复杂 2．具有直流伺服电动机的全部优点，且无换向部件 3．结构简单、坚固、容易维护，但控制装置成本高	功率较大的 NC 机械

2．伺服电动机容量的选择

选择伺服电动机的容量主要依据转矩和转速两方面的性能参数，一般选择步骤如下：

1）确定有关的技术数据和技术方案；

2）计算伺服电机的静载荷转矩，初选伺服电动机；

3）计算外部转动惯量和电动机轴上的总转动惯量；

4）计算斜坡上升时间 t_r，进行动态载荷计算；计算要求的电动机转速。如果不满足要求，则应修改技术方案或重新选择伺服电动机；

5）进行热特性校核。伺服电机机械特性曲线一般按额定转矩划分为连续工作区和非连续工作区。在连续工作区内转矩和转速的任意组合，伺服电动机都可连续工作。非连续工作区，电机将工作在过载状态下，这时伺服电动机的连续工作时间和停顿时间对于不同的电动机都有一定的要求。如果超过要求，电动机将出现过热现象，控制系统将报警断电。

伺服系统必须能提供克服摩擦和工作负载所要求的转矩，同时还应保证当负载变化时伺服电动机有较高的加减速能力，即有良好的瞬态响应特性。因此，伺服电机满足机械工作所需转矩为

$$M = M_{mL} + M_{m\mu} + M_a \tag{7-16}$$

式中　M——伺服电机所需转矩（N·m）；

M_{mL}——工作负载转矩折算到伺服电动机轴上的转矩（N·m）；

$$M_{mL} = \frac{M_L}{i\eta} \tag{7-17}$$

M_L——工作负载转矩（N·m）；

i——伺服电动机到工作负载零件的总传动比；

η——伺服电动机到工作负载零件的总效率；

$M_{m\mu}$——克服摩擦和损耗所需转矩折算到伺服电动机轴上的转矩之和（N·m）。计算时应包括如移动工作台（连同其上工件及载荷），齿轮、蜗杆及滚珠丝杆等传动副、滚动轴承等的摩擦阻力或转矩，折算方法与 M_{mL} 相同；

M_a——伺服电动机所需加速转矩（N·m）；

$$M_a = J_{tot}\frac{d\omega}{dt} = (J_m + J_{mL})\frac{d\omega}{dt} \tag{7-18}$$

J_{tot}——驱动系统折算到伺服电动机轴上的总转动惯量（kg·m²）；

J_m——伺服电动机（含测速发电机）的转动惯量（kg·m²）；

J_{mL}——折算到电动机轴上的负载转动惯量，即驱动系统所有运动零件惯量折算到伺服电动机轴上的转动惯量之和（kg·m²）；

$$J_{mL} = \sum J_{mi} + \sum J_{mj} \tag{7-19}$$

$$\sum J_{mi} = \sum J_i \left(\frac{\omega_i}{\omega_m}\right)^2 = \sum J_i \frac{1}{i_{mi}^2} \tag{7-20}$$

$$\sum J_{mj} = \sum m_j \left(\frac{v_j}{\omega_m}\right)^2 \tag{7-21}$$

$\sum J_{mi}$——驱动系统中所有回转零件转动惯量折算到伺服电动机轴上的转动惯量之和（N·m）；

J_i——驱动系统中 i 回转零件的转动惯量（kg·m²）；

ω_i——驱动系统中 i 零件的角速度（rad/s）；

ω_m——伺服电动机对应于额定转速的角速度（rad/s）；

i_{mi}——伺服电动机到 i 回转零件的传动比；

$\sum J_{mj}$——驱动系统中所有移动零件惯量折算到伺服电动机轴上的转动惯量之和（kg·m²）；

m_j——驱动系统中 j 移动零件的质量，kg；

v_j——驱动系统中 j 移动零件的移动速度（m/s）；

$\dfrac{d\omega}{dt}$——伺服电动机的加速度（rad/s²）。$\dfrac{d\omega}{dt}$ 值反映了伺服电动机的瞬态响应特性。伺服电动机的瞬态响应特性也常用在最大起动转矩 M_{st} 作用下，伺服电动机的转速由 $n_m=0$ 加速到 $n_m=n_N$（额定转速）所需上升时间 t_r 来描述，即

$$\frac{d\omega}{dt}=\frac{2\pi}{60}\frac{n_N}{t_r}=\frac{M_{st}}{J_{tot}} \tag{7-22}$$

$$或\quad t_r=\frac{J_{tot}n_N}{9.549\,M_{st}} \tag{7-23}$$

M_{st}——伺服电动机的最大起动转矩（N·m）；

n_N——伺服电动机的额定转速（r/min）；

t_r——伺服响应上升时间（s）。t_r 应满足系统的性能要求，否则应修改系统方案、结构，以修正 J_{tot}，或重选伺服电动机。

为使伺服电动机在机械工作负载作用确保不过热，应使伺服电动机在连续工作、断续工作及加减速工作时都符合其转矩-速度特性曲线允许的范围以内。

四、伺服系统的机械传动件设计

由于机械传动部件具有质量和弹性（有限刚度），以及机械传动部件传动的非线性，机械传动部件之间的反转误差及摩擦引起的失动量始终存在。因此，机械传动件对伺服系统的性能影响很大。除机械本身结构问题外，选择和设计机械传动件时还要从伺服系统整体性能考虑，注意机电匹配和协调的问题。

总的来说，对机械传动系统构件的要求可以概括为：固有角频率 ω_n 要高，刚度要大，阻尼充分大，传动特性尽可能为线性，传动部分的惯性尽可能小等。

1. 伺服减速器的设计

减速器用于电动机与负载之间，实现电动机与负载的速度、力矩及惯量的匹配。因为一般伺服电动机多是高转速、低转矩，而负载则常常要求低转速、高转矩。同时外部惯量对系统的响应特性影响很大，电动机与负载之间的惯量也应合理匹配。因此，减速器成为伺服系统实现这一目的的主要机械传动件。

伺服系统一般响应速度要求较高，因此首先应考虑选择合适的传动比，使其负载加速度响应最大。

图 7-36 为电动机通过齿轮系驱动负载的示意图。图中 M_m、J_m、α_m 分别为电动机的驱动转矩、转动惯量和角加速度；为齿轮减速器的传动比；M_L、J_L、α_L 分别为负载的转矩、

转动惯量和角加速度。如果电动机的驱动转矩与负载转矩平衡，则式（7-24）成立。

$$(M_m - J_m \alpha_m) i\eta = M_L + J_L \alpha_L \quad (7\text{-}24)$$

为简化计算，可近似取 $\alpha_m = i\alpha_L$，则有

$$\alpha_L = \frac{i\eta M_m - M_L}{i^2 \eta J_m + J_L} \quad (7\text{-}25)$$

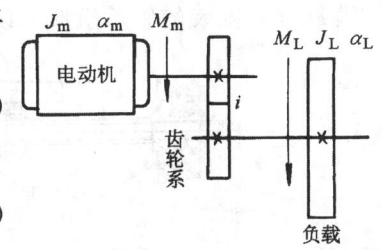

图 7-36 电机—齿轮系—负载系统示意图

将上式对 i 求导，令其等于零，则得负载有最大加速度的最佳传动比为

$$i = \frac{M_L}{\eta M_m} + \sqrt{\left(\frac{M_L}{\eta M_m}\right)^2 + \frac{J_L}{\eta J_m}} \quad (7\text{-}26)$$

当负载转矩 $M_L = 0$ 时，可得最大加速度的最佳传动比为 $i^2 = J_L/\eta J_m$，相应的最大加速度为

$$\alpha_{L\,max} = \frac{M_m}{2\sqrt{J_m \dfrac{J_L}{\eta}}} \quad (7\text{-}27)$$

由式（7-27）知，提高传动效率 η 对加大 α_{Lmax}，进而提高系统响应速度有利。

确定的传动比还应满足式（7-28）

$$i = \frac{\omega_m}{\omega_L} \quad (7\text{-}28)$$

式中 ω_m——伺服电动机额定角速度（rad/s）;

ω_L——负载角速度（rad/s）。

对传动比 i 的分配，应有利于提高系统稳定性、快速响应性和传动精度。为此，应注意：

1）加大单级降速比，减小转动惯量。圆柱体转动惯量 $J = \pi\gamma D^4 L/32$（γ 为材料的体积质量（kg/m³）; D 为圆柱体直径（m）; L 为圆柱体长度（m）），可见 J 与 D^4 成比例。因此，加大单级降速比以减小高速级齿轮直径，是减小转动惯量的最有效途径。此外，应使高速级齿轮的轮缘厚度比低速级齿轮的小。减小转动惯量可提高驱动系统固有频率，减少动力消耗，提高系统稳定性和响应速度；

2）减少传动级数。传动级数少则齿轮传动侧隙的累积值小，传动的角度传递误差及失动量均可减小。

伺服驱动系统中的齿轮副必须保证足够刚度，并有消除齿侧间隙的技术措施。为保证齿轮啮合中心距的准确性，除适当减小齿轮安装中心距的极限偏差外，还需适当提高轴承的精度等级，采用较紧的配合，减小轴承游隙，并采取预紧措施，提高轴承刚度。轴及其支承包括箱体均应有足够的刚度，适当加大轴径，因为轴径大小对转动惯量的影响很小。当需采用变速传动时，常采用离合器变速而不采用滑移齿轮变速，以免加大失动量。

2. 滚珠丝杠驱动装置

常用伺服驱动滚珠丝杠的支承有两种基本形式：一端止推和两端止推，见图 7-37。由滚珠丝杠组成的驱动装置包括滚珠丝杠支承轴承、滚珠丝杠、滚珠丝杠螺母及与螺母联接的导板。滚珠丝杠的安装形式对丝杠驱动装置的刚度有较大影响，为实现预紧，止推端由两个

"背靠背"安装的轴承组成,以增加支承刚度。

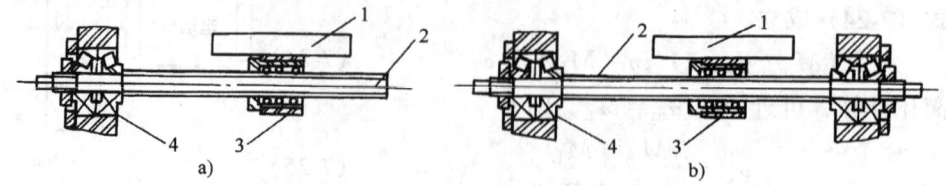

图 7-37 滚珠丝杠支承的基本形式
a) 端止推 b) 两端止推
1—工作台 2—滚珠丝杠 3—螺母 4—圆锥滚子轴承

由于滚珠丝杠是可调整的无间隙的传动件,因此,驱动装置总刚度 K 是装置动态特性的决定性特征。有关计算公式列于表 7-6 中。

当滚珠丝杠直径是螺距的 3 倍以上时,其扭转刚度为轴向刚度的 20 倍以上,扭转刚度对固有频率的影响小于 2.5%,可忽略不计。但当丝杠的直径小而螺距大时,扭转变形的影响则不可忽略。

表 7-6 滚珠丝杠驱动装置有关计算公式

特 性	计算公式	备 注
滚珠丝杠的扭转角 θ/rad	$\theta = \dfrac{32ML}{\pi d_1^4 G}$	d_1——滚珠丝杠内径(m)
滚珠丝杠的扭转刚度 K_t/N·m·rad^{-1}	$K_t = \dfrac{M}{\theta} = \dfrac{\pi d_1^4 G}{32 l}$	E——弹性模量,$E = 2.1 \times 10^{11} \mathrm{N/m^2}$ F——滚珠丝杠承受的拉压力(N) G——剪切弹性模量,$G = 8.5 \times 10^{10} \mathrm{N/m^2}$ J_{tot}——驱动系统的总转动惯量(kg·m^2)
滚珠丝杠的最小起动扭转角 θ_0/rad	$\theta_0 = \dfrac{32 M_0 l}{\pi d_1^4 G}$	K_B——轴承刚度(N/m) K_{eq}——滚珠丝杠的轴向综合刚度(K_{eq1} 或 K_{eq2})(N/m)
由滚珠丝杠扭转变形引起的工作台移动方向的失动量 x_0/m	$x_0 = \dfrac{P\theta_0}{2\pi} = \dfrac{16 P M_0 l}{\pi^2 d_1^4 G}$	K_N——滚珠螺母的刚度(N/m) K_S——轴承支架的刚度(N/m)
滚珠丝杠的轴向变形量 Δl/m	$\Delta l = \dfrac{4 F l}{\pi d_1^2 E}$	l——滚珠丝杠受载部分长度(m) 当丝杠轴承两端止推时,轴向刚度按 $l = L/2$ 计算,L 为两端轴承跨距
滚珠丝杠的轴向刚度 K_x/N·m^{-1}	$K_x = \dfrac{F}{\Delta l} = \dfrac{\pi d_1^2 E}{4 l}$	m——工作台的总质量(kg) P——滚珠丝杠的螺距(m)
滚珠丝杠一端止推时的轴向综合刚度 K_{eq1}/N·m^{-1}	$\dfrac{1}{K_{eq1}} = \dfrac{1}{K_x} + \dfrac{1}{K_B} + \dfrac{1}{K_N} + \dfrac{1}{K_S}$	M——滚珠丝杠传递的转矩(N·m) M_0——工作台起动时滚珠丝杠的最小转矩(N·m)
滚珠丝杠两端止推时的轴向综合刚度 K_{eq2}/N·m^{-1}(当螺母在丝杠中间位置时)	$\dfrac{1}{K_{eq2}} = \dfrac{1}{2K_x} + \dfrac{1}{2K_B} + \dfrac{1}{K_N} + \dfrac{1}{2K_S}$	
驱动系统的扭转固有角频率 ω_{nt}/rad·s^{-1}	$\omega_{nt} = \sqrt{\dfrac{K_t}{J_{tot}}}$	
驱动系统的轴向固有频率 ω_{nx}/rad·s^{-1}	$\omega_{nx} = \sqrt{\dfrac{K_{eq}}{m}}$	

3. 移动部件的导轨面

相对来讲,移动部件的导轨面的刚度一般比较大,因此,对伺服系统的影响主要体现在摩擦和阻尼两个方面。目前,普遍使用的导轨有滑动、滚动、静压三种导轨形式。

由于滑动导轨通常存在较大的静摩擦和混合摩擦,因而传动效率低,且容易出现低速爬行现象。通常采用导轨粘接聚四氟乙烯塑料的方法来减小摩擦和爬行趋势。

滚动导轨是目前许多要求比较高的控制系统,特别是数控系统中经常采用的导轨形式。但应注意,当采用滚动导轨时,随着导轨面摩擦的减小,可能使系统的阻尼过小,出现机械振荡,而延长过渡过程时间,降低跟踪稳定性。

静压导轨是所有导轨中滑动性能和磨损性能最好的一种。静压导轨的摩擦特性和阻尼特性好,运动平稳、均匀,有较高的定位精度。在大型机床等设备中经常采用静压导轨。

五、伺服系统的性能及机电匹配

伺服系统必须具有满足系统工作性能要求的精度、跟踪稳定性和快速响应性,而这三者与系统的成本是十分密切的。如果在驱动能量无限大的前提下处理信号传递,只要设法提高响应频率和加大回路增益,就可以提高伺服系统的精度。但是,系统的重量、摩擦、负载、有限刚度以及其他各种原因引起的失动等有源因素的影响,会使加大回路增益的同时产生闭环控制系统的自激振荡或振荡。若把回路增益减少使其稳定,则会对快速变化的目标跟踪不上,使动态和静态误差变大。如果设法减小有源因素的影响,比如采取提高驱动系统的刚度、减小惯性力和失动量等措施来提高系统的性能,则会增加系统成本。总之,伺服系统的精度、跟踪稳定性、快速响应性和经济性等要求是相互矛盾的。为了经济地设计出实用的伺服系统,有必要在了解伺服驱动系统主要元件和伺服系统整体性能基础上,研究影响系统精度、跟踪稳定性和快速响应性的主要因素,以及伺服驱动系统与机械系统的匹配问题。

1. 系统的固有频率

对于机械传动装置,由于弹性、摩擦及间隙等因素始终存在,因此,由它们引起的机械结构谐振一般很难避免。为了保证系统的稳定性,应采取一些合理的措施来提高机械系统的刚度、减小惯量,以提高其固有频率。一般要求,机械第一固有频率是伺服驱动系统固有频率的2~3倍,机械其他固有频率是机械第一固有频率的2~3倍。使各环节的固有频率显著错开,也是避免系统发生耦合振动的有效措施。

表7-7列出了美国通用电气公司推荐的两种类型伺服系统频率响应参数,可供参考。

表7-7 两种类型伺服系统频率响应参数参考

项 目	直流伺服电动机系统	电液伺服液压马达系统
位置环增益	17 rad/s	42 rad/s
位置环穿越频率	17 rad/s	42 rad/s
速度环穿越频率	70~100 rad/s	100~125 rad/s
液压部件的固有频率		300 rad/s
最低机械固有频率	500 rad/s	600 rad/s
其他机械固有频率	900 rad/s	1200 rad/s

2. 系统刚度与转动惯量

刚度与转动惯量是决定系统固有频率的两个主要参数,必须在满足系统固有频率要求的前提下,综合考虑刚度与转动惯量的合理数值。

适当提高系统机械零件的刚度,对提高机械部分固有频率、提高系统稳定性、提高系统响应速度、提高系统精度、减小失动量等均有好处。

系统惯量对电动机灵敏度和系统精度均有影响,当折算到电动机轴上的负载转动惯量 J_{mL} 小于电动机转动惯量 J_m 时,上述影响一般不大,但当 $J_{mL} \geqslant 3J_m$ 时,将使伺服电机的灵敏度和响应时间受到很大影响,甚至使伺服放大器不能在正常调节范围内工作,因此一般推荐

$$1 \leqslant \frac{J_{mL}}{J_m} \leqslant 3 \tag{7-29}$$

六、伺服系统的误差

由稳态误差分析可知,线性系统中影响系统精度的参数只与系统的无差度和开环放大倍数有关。其他参数只影响系统的动态过程,而不影响系统的稳态误差,即不影响系统精度。但实际应用的伺服系统包括许多非线性特性,这些非线性特性主要有功率放大装置的不灵敏区、机械传动装置的有限刚度、非线性摩擦及间隙等。这些非线性因素除了影响伺服系统的稳定性外,还影响伺服系统的精度。

1. 伺服刚度和机械刚度的失动量

在图 7-38 所示的伺服驱动系统中,假定检测器的误差为零,负载停止在零状态,这时,如果相反地对驱动电动机输出轴加载转矩,则停止位置将发生变化;若取消负载,系统又回到原来的停止点。故伺服系统具有弹簧性质,伺服系统的这种特性叫做伺服刚度,伺服刚度的实质是电气传动系统的转矩增益。为便于使用,常用式(7-30)将伺服刚度换算为电动机轴的伺服刚度 K_m

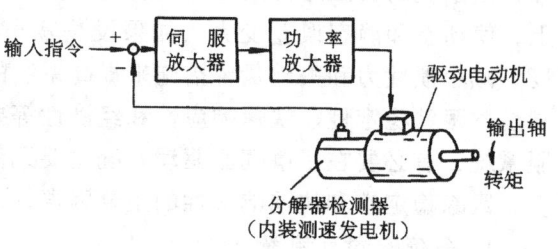

图 7-38 伺服驱动系统原理图

$$k_m = \frac{360 M_P}{2\pi\theta} \tag{7-30}$$

式中 k_m——电动机轴的伺服刚度(N·m/rad);

M_P——单位脉冲电机轴上的输出转矩(N·m);

θ——单位脉冲电机轴的转角(°)。

如果把这种驱动电机通过齿轮机构、滚珠丝杠与工作台装置连接起来,构成如图 7-39 所示的准闭环伺服系统,若不考虑齿侧间隙及其他零件间隙的影响,由于工作台导轨面上有摩擦阻力,构成驱动电动机在定位停止点的负载转矩,使驱动电动机停在离指令值稍前的转角位置上,即工作台停留的实际位置与指令位置间有偏差。这种现象就是由伺服刚度引起的失动,其位置偏差值即为由伺服刚度引起的失动量。

实际上,在负载转矩作用下,所有受载零件,如图 7-39 中的齿轮、滚珠丝杠等均会产

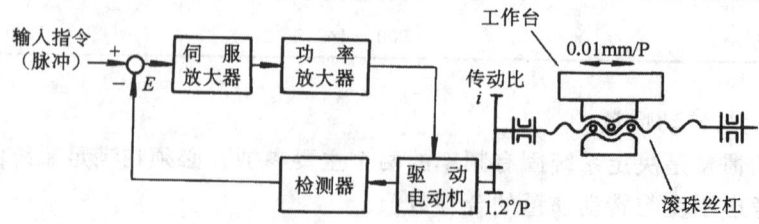

图 7-39 准闭环伺服系统

生某种程度的弹性变形，也会引起工作台相应的失动量。因此，可视伺服刚度与机械刚度为一串联系统，其等效的弹簧-质量系统如图 7-40 所示。

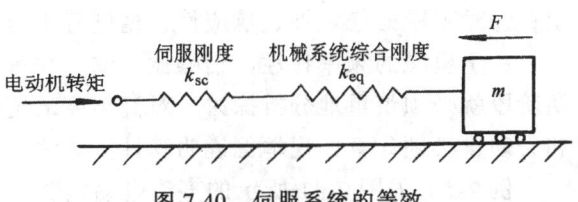

图 7-40　伺服系统的等效弹簧-质量系统

为便于计算，一般将电动机轴的伺服刚度 k_m 换算到滚珠丝杠上，即

$$k_{sc} = (\frac{2\pi}{P})^2 i^2 k_m \eta \tag{7-31}$$

式中　k_m——电机轴的伺服刚度（N·m/rad）；
　　　k_{sc}——换算到滚珠丝杠的伺服刚度（N/m）；
　　　P——滚珠丝杠螺距（m）；
　　　i——齿轮传动比，$i = z_2/z_1$；
　　　η——传动效率。

因此，图 7-40 所示系统在力 F 作用下的总失动量为

$$\Delta_{tot} = \frac{F}{k_{tot}} = \frac{F}{k_{sc}} + \frac{F}{k_{eq}} = \Delta_{sc} + \Delta_{eq} \tag{7-32}$$

式中　k_{tot}——伺服系统总刚度（N/m）；
　　　k_{sc}——换算到滚珠丝杠的伺服刚度（N/m），见式（7-31）；
　　　k_{eq}——机械系统轴向综合刚度（N/m）；
　　　F——滚珠丝杠的轴向载荷（N）；
　　　Δ_{sc}——伺服刚度引起的失动量（m）；
　　　Δ_{eq}——机械刚度引起的失动量（m）。

通常，伺服刚度值比机械刚度大得多，为提高伺服系统的动态性能和精度，减小失动量，应相应提高机械刚度。

2. 失灵区引起的失动量

在控制系统中，由于功率放大装置、静摩擦、传动副的间隙等的影响，使系统出现输入信号在零值附近的某一个小范围内没有相应的输出信号，只有当输入信号大于此范围时才有输出信号的现象，这种有输入信号而无输出信号的区段叫做失灵区或称死区。失灵区也会引起失动量，使执行构件产生定位误差。

如果失灵区处在闭环内，则可采取对输入信号施加补充信号的办法将失灵区消除，但由于失灵区具有纯滞后特性，将对系统的稳定性产生影响。如果失灵区处在闭环外，则由其引起的失动量将无法消除，只有靠提高元件精度、减小摩擦、减小传动副运动方向间隙等措施予以控制。

功率放大装置的失灵区一般在闭环内。而对图 7-39 所示的准闭环系统，机械驱动装置的齿轮副、滚珠丝杠副等传动件的间隙在闭环外。因此，对传动件应采取一定的消隙措施。

传动件间隙及功率放大装置失灵区引起的失动量与刚度及系统负载基本无关。而由静摩擦负载转矩产生的失动量与刚度有关，其值可与前述因负载转矩产生的失动量作相同考虑。

七、伺服系统的机械固有频率和失动量计算举例

设计伺服系统，一般按下列顺序进行：①仔细分析设计要求和约束条件；②建立数学模

型；③对系统的稳定性、响应性、精度等进行分析和计算；④对系统进行综合探讨。

由于机械的频率特性、信噪比、输出功率等直接影响整个系统的性能，因此在设计的初期阶段就必须慎重地分析探讨。对高精度的定位伺服系统，其伺服驱动机构的机械固有频率和失动量必须计算，现举例说明其计算方法。

例 7-1 如图 7-41 所示的直流电动机驱动的半闭环系统，检测器装在滚珠丝杠末端。

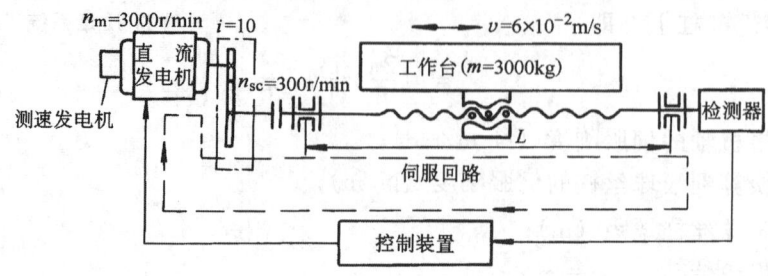

图 7-41 直流电动机驱动的半闭环系统

已知参数如下：

直流电动机：转速 $n_m = 3000\text{r/min}$，功率 $P = 1.5\text{kW}$；转动惯量 $J_m = 1.38 \times 10^{-3}\text{kg·m}^2$（含测速发电机）。

齿轮箱：传动比 $i = z_2/z_1 = 10$；折算到电机轴的齿轮系转动惯量 $J_{mG} = 1.0 \times 10^{-3}\text{kg·m}^2$

滚珠丝杠：采用 GQ63×12，内径 $d_1 = 0.056\text{m}$；螺距 $P = 0.012\text{m}$；内循环双螺母齿差调隙；两端止推结构；两端轴承间距离 $L = 2.16\text{m}$；最高转速 $n_{sc} = 300\text{r/min}$。

工作台：质量 $m = 3000\text{kg}$；摩擦阻力 $F_\mu = 1500\text{N}$；最大移动速度 $v = 6 \times 10^{-2}\text{m/s}$。

试计算该驱动系统扭转固有角频率。

解 （1）总转动惯量 J_{tot}　折算到电动机轴上的工作台的转动惯量 J_{mT}

$$J_{mT} = \frac{1}{i^2}\left(\frac{P}{2\pi}\right)^2 m = \frac{1}{10^2} \times \left(\frac{0.012}{2 \times 3.14}\right)^2 \times 3000\text{kg·m}^2 = 0.11 \times 10^{-3}\text{kg·m}^2$$

滚珠丝杠的转动惯量 J_{sc}（取材料体积质量 $\rho = 7.8 \times 10^{-3}\text{kg/m}^3$）

$$J_{sc} = 0.1\rho d_1^4 L = 0.1 \times 7.8 \times 10^3 \times 0.056^4 \times 2.16\text{kg·m}^2 = 1.6 \times 10^{-2}\text{kg·m}^2$$

折算到电机轴上的滚珠丝杠转动惯量 J_{msc}

$$J_{msc} = J_{sc}\frac{1}{i^2} = 1.6 \times 10^{-2} \times \frac{1}{10^2}\text{kg·m}^2 = 0.16 \times 10^{-3}\text{kg·m}^2$$

所以，折算到电动机轴上的总转动惯量 J_{tot}

$$J_{tot} = J_m + J_{mT} + J_{msc} + J_{mG} = (1.38 + 0.11 + 0.16 + 1.0) \times 10^{-3}\text{kg·m}^2 = 2.56 \times 10^{-3}\text{kg·m}^2$$

（2）驱动系统的扭转刚度 K_t　由于位置检测器在滚珠丝杠的末端，故可不考虑滚珠丝杠轴向振动，只计算其扭转振动。滚珠丝杠的扭转刚度为

$$K_t = \frac{\pi d_1^4 G}{32l} = \frac{3.14 \times 0.056^4 \times 8.5 \times 10^{10}}{32 \times 2.16}\text{N·m/rad} = 0.38 \times 10^5\text{N·m/rad}$$

（3）驱动系统的扭转固有角频率 ω_{nt}　如果只计滚珠丝杠扭转刚度的影响，则

$$\omega_{nt} = \sqrt{\frac{K_t}{J_{tot}}} = \sqrt{\frac{0.38 \times 10^5}{2.56 \times 10^{-3}}}\text{rad/s} = 3787\text{rad/s}$$

实际上，由于驱动系统轴、轴承、箱体及联轴器等零件的影响，扭转刚度及固有角频率比上述计算值低。

（4）滚珠丝杠扭转刚度和工作台质量系统的扭转固有频率 ω_{nT}　折算到滚珠丝杠上的工作台的转动惯量 J_{sT}

$$J_{sT} = \left(\frac{P}{2\pi}\right)^2 m = \left(\frac{0.012}{2\times 3.14}\right)^2 \times 3000 \text{kg}\cdot\text{m}^2 = 1.1\times 10^{-2}\text{kg}\cdot\text{m}^2$$

由于滚珠丝杠的转动惯量 J_{sc} 是分布在丝杠全长上的，如以集中在丝杠轴端的转动惯量代替，则可取 $\frac{1}{3}J_{sc} = \frac{1}{3}\times 1.6\times 10^{-2}\text{kg}\cdot\text{m}^2 = 0.53\times 10^{-2}\text{kg}\cdot\text{m}^2$。

所以，滚珠丝杠的当量转动惯量 J_{seq} 为

$$J_{seq} = J_{sT} + \frac{1}{3}J_{sc} = (1.1 + 0.53)\times 10^{-2}\text{kg}\cdot\text{m}^2 = 1.63\times 10^{-2}\text{kg}\cdot\text{m}^2$$

因此，滚珠丝杠扭转刚度和工作台质量系统的扭转固有角频率 ω_{nT} 为

$$\omega_{nT} = \sqrt{\frac{K_t}{J_{seq}}} = \sqrt{\frac{0.38\times 10^5}{1.63\times 10^{-2}}}\text{rad/s} = 1495\text{ rad/s}$$

电动机的频率为

$$\omega = \frac{2\pi n_m}{60} = \frac{2\times 3.14\times 3000}{60}\text{rad/s} = 314\text{rad/s}$$

可见，工作台质量系统的扭转固有角频率是足够高的。

例 7-2　如图 7-42 所示的直流电动机驱动的某闭环系统，检测器装在可动工作台上。这种系统常用于不能采用大变速比的直流电动机，或大型数控机床的连续切削控制等驱动系统。

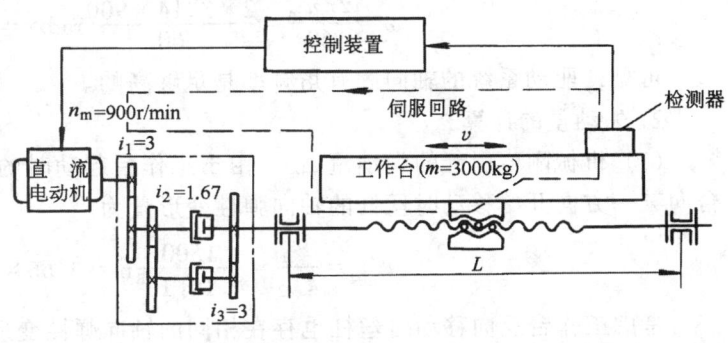

图 7-42　直流电动机驱动的闭环系统

已知参数如下：

直流电动机：转速 $n_m = 900\text{r/min}$；功率 $P = 1.5\text{kW}$；转动惯量 $J_m = 2\times 10^{-2}\text{kg}\cdot\text{m}^2$。

齿轮箱：高速链传动比 $i_H = i_1 = 3$；低速链传动比 $i_L = i_1 i_2 i_3 = 15$；折算到电动机轴的齿轮系转动惯量，高速链 $J_{mGH} = 0.5\times 10^{-2}\text{kg}\cdot\text{m}^2$，低速链 $J_{mGL} = 0.1\times 10^{-2}\text{kg}\cdot\text{m}^2$。

滚珠丝杠：型号、结构、尺寸均与上例同。最高转速，高速级 $n_{scH} = 300\text{r/min}$，低速级 $n_{scL} = 60\text{ r/min}$。

工作台：质量 $m = 3000\text{kg}$；摩擦阻力 $F_\mu = 1500\text{N}$；最大移动速度，高速级 $v_H = 6\times 10^{-2}\text{m/s}$，低速级 $v_L = 1.2\times 10^{-2}\text{m/s}$。

试计算该系统的固有角频率和失动量。

解　驱动系统扭转固有角频率的计算方法同例 7-1，只是由于低速传动链的转动惯量小，应以高速传动链的转动惯量进行计算。

1. 驱动系统轴向固有角频率的计算

(1) 滚珠丝杠的轴向刚度 K_x 由于采用两端正推的结构,所以滚珠丝杠轴向刚度的计算长度按滚珠螺母在中间位置时计算,即按 $l=L/2$ 计算,所以

$$K_x = \frac{\pi d_1^2 E}{4l} = \frac{3.14 \times 0.056^2 \times 2.1 \times 10^{11}}{4 \times 2.16/2} \text{N/m} = 4.8 \times 10^8 \text{N/m}$$

(2) 轴承刚度 k_B、滚珠螺母刚度 k_N 及轴承支架刚度 k_S 轴承刚度 k_B 应按滚珠丝杠所用轴承型号和预紧方法进行计算,滚珠螺母刚度 k_N 也应按预紧要求计算。计算时可参照制造厂有关技术资料。为提高驱动系统的综合刚度,应使 k_B 与 k_N 均不低于 k_x。本例中假定 $k_B = 7.2 \times 10^8 \text{N/m}$,$k_N = 14.4 \times 10^8 \text{N/m}$。

轴承支架的刚度 k_S 通常都比较高,此处忽略不计。

(3) 滚珠丝杠轴向综合刚度 k_{eq2}

$$\frac{1}{k_{eq2}} = \frac{1}{2k_x} + \frac{1}{2k_B} + \frac{1}{k_N} = \left(\frac{1}{2 \times 4.8} + \frac{1}{2 \times 7.2} + \frac{1}{14.4}\right) \times \frac{1}{10^8} \text{m/N} = \frac{1}{4.1 \times 10^8} \text{m/N}$$

所以 $k_{eq2} = 4.1 \times 10^8 \text{N/m}$

(4) 驱动系统轴向固有角频率 ω_{nx}

$$\omega_{nx} = \sqrt{\frac{k_{eq2}}{m}} = \sqrt{\frac{4.1 \times 10^8}{3000}} \text{rad/s} = 370 \text{ rad/s}$$

电动机的频率为

$$\omega = \frac{2\pi n_m}{60} = \frac{2 \times 3.14 \times 900}{60} \text{rad/s} = 94 \text{rad/s}$$

可见,驱动系统的轴向固有角频率是足够高的。

2. 失动量的计算

(1) 机械刚度引起的失动量 Δ_{eq} 由于工作台起动时的摩擦力 $F_\mu = 1500\text{N}$,所以在工作台向某一方向开始移动时丝杠的轴向弹性变形量为

$$\Delta'_{eq} = \frac{F_\mu}{k_{eq2}} = \frac{1500}{4.1 \times 10^8} \text{m} = 3.66 \times 10^{-6} \text{m}$$

考虑工作台反向移动时丝杠也存在相同的轴向弹性变形量,所以由丝杠轴向弹性变形引起的失动量为

$$\Delta_{eq} = 2\Delta'_{eq} = 7.32 \times 10^{-6} \text{m}$$

(2) 伺服刚度引起的失动量 Δ_{sc} 根据伺服系统要求,如取单位脉冲电动机轴的转角 $\theta = 3°$,单位脉冲电动机轴上的输出转矩 $M_p = 8\text{N·m}$,则电动机轴的伺服刚度为

$$k_m = \frac{360 M_P}{2\pi \theta} = \frac{360 \times 8}{2 \times 3.14 \times 3} \text{N·m/rad} = 153 \text{N·m/rad}$$

当取传动效率 $\eta = 0.93$ 时,折算到滚珠丝杠上的伺服刚度为

$$k_{sc} = \left(\frac{2\pi}{P}\right)^2 i^2 k_m \eta = \left(\frac{2 \times 3.14}{0.012}\right)^2 \times 3^2 \times 153 \times 0.93 \text{N/m} = 3.5 \times 10^8 \text{N/m}$$

所以,伺服刚度引起的失动量为

$$\Delta_{sc} = \frac{F_\mu}{k_{sc}} = \frac{1500}{3.5 \times 10^8} \text{m} = 4.3 \times 10^{-6} \text{m}$$

(3) 齿轮副周向侧隙引起的失动量 Δ_G 如该对齿轮副的模数 $m = 1 \times 10^{-3} \text{m}$,齿数 z_1

$=50$,$z_2=150$,周向侧隙 $j_t=0.93\times10^{-4}$m,则换算成工作台移动方向的失动量为

$$\Delta_G = j_t \frac{P}{\pi m z_2} = 0.93\times10^{-4}\times\frac{0.012}{3.14\times1\times10^{-3}\times150}\text{m}=2.4\times10^{-6}\text{m}$$

(4) 总失动量 Δ_{tot} 总失动量为 $\Delta_{tot}=\Delta_{eq}+\Delta_{sc}+\Delta_G=(7.32+4.3+2.4)\times10^{-6}\text{m}=1.4\times10^{-5}\text{m}$

思 考 题

1. 典型闭环控制系统有哪些主要组成环节?简述它们的作用。
2. 常用分析和描述系统特性的方法有哪几种?它们之间的关系如何?
3. 控制系统的基本要求有哪些?
4. 什么是超调量?超调量反映了系统的什么性能?
5. 什么是系统的稳态误差?
6. 简述步进电动机、直流伺服电动机和交流伺服电动机的特性及主要适用场合。
7. 简述伺服系统中常用检测装置的工作原理及应用。
8. 为什么伺服系统一般采用Ⅱ型系统?Ⅱ型系统有何特点?
9. 如何合理选择伺服电动机?
10. 如何合理设计伺服驱动系统的减速器及滚珠丝杠传动装置?设计时应考虑哪些要求?
11. 对伺服系统中移动部件的导轨面有何要求?
12. 什么是伺服系统失动量?影响失动量的主要因素有哪些?如何减小失动量?
13. 什么是伺服刚度?伺服刚度的大小对系统性能有何影响?
14. 怎样正确处理伺服系统精度、跟踪稳定性、快速响应性和经济性之间的矛盾?

第八章 机械系统的噪声及控制

噪声是指令人不愉快的或不希望有的声音,系多种不同频率、不同强度声音的无规律的组合。噪声对人体健康有害,人长期处于强噪声的环境中,会引起多种疾病。噪声会影响人们的正常生活,妨碍会话和思考。噪声对生产也是有害的,不仅会使人易于疲劳和烦躁,注意力分散,劳动生产率下降,还可能淹没危险信号和指挥信号,造成工伤事故。噪声也影响机械及仪器、仪表的正常工作。随着工业生产的发展,噪声已成为人类主要的公害之一。机械系统的噪声不仅是环境噪声的一个重要组成部分,也是评价机械产品质量的指标之一,因此控制机械系统的噪声,使其降低至允许范围内,已成为工业生产中必须解决的一大问题。

第一节 机械系统噪声的分类和特性

一、机械系统噪声的形成

噪声和振动是机械系统运动过程中的两种物理现象,二者之间有着密切的联系。噪声属于声音的某种状态。声音产生于物体的振动,并通过气体、液体或固体介质以波的形式进行传播。机器、设备和器械的发声部位称为声源。

各种不同类型的机械,在运转过程中可能因不同原因而引起噪声。按作用力的种类来区分,引起噪声的原因有:

1) 金属机件之间的撞击力引起的噪声。例如锻锤的冲击、打字机的碰击、高压开关的起、闭过程等的振动形成的噪声;

2) 周期性的交变力对机件的作用而引起的噪声。例如内燃发动机的曲轴活塞机构的不平衡运转,齿轮的啮合,变压器、发电机以及电动机的电磁场的周期作用,在固态液态或气态介质中由于周期性的压力波动等形成的噪声;

3) 不均匀随机力的作用而引起的噪声。例如滚动轴承、滑动轴承、机床导轨等的不均匀随机力;以及液压系统的管道、喷气发动机等的液态和气态媒质因形成涡流、气穴或界面分离等的不均匀流动而形成的噪声。

二、机械系统噪声的分类

1. 按噪声起源的不同分类

(1) 机械性噪声 机械性噪声又称为结构性噪声,由固体振动而产生。如齿轮传动、曲柄连杆、链传动、轴承、液压系统等运动部件及某些结构件振动产生的噪声。

(2) 流体动力性噪声 流体动力性噪声由气体或液体等流体振动而产生。如发动机内混合气体的燃爆声,鼓风机的进气排气声,液压或气压系统内流体振动声,高速运行的空气搅拌声及空气与机身表面摩擦引起的噪声。

(3) 电磁性噪声 电磁性噪声由高频谐磁场的相互作用,产生周期性交变力,引起电磁性振动而产生。如发电机、电动机、变压器等产生的主要噪声。

2. 按噪声强度随时间而变化的情况分类

(1) 稳态噪声 稳态噪声一般指噪声强度波动范围在 5dB 以下的连续性噪声或重复频率大于 10Hz 的脉冲噪声。

(2) 非稳态噪声 非稳态噪声一般指噪声强度波动范围在 5dB 以上的连续性噪声。

(3) 脉冲噪声 脉冲噪声一般指持续时间小于 1s、噪声强度峰值比其均方根值大于 10dB 而重复频率又小于 10Hz 的间断性噪声。

三、衡量噪声的指标

机械系统的噪声通常为宽频带噪声，其强弱可用客观评价量（如声压级、声强级、声功率级等）或主观评价量（如响度、响度级、A 声级、噪声评价数 NR、A 计权声功率级等）来衡量。客观评价量是对噪声强弱的物理度量，而主观评价量则表征了人对机械噪声强弱的主观感觉，但评价机械系统噪声则通常用主观评价量进行评价。

（一）噪声的客观评价量

1. 声压级

声压是指声波在其传播方向相垂直的平面上的压力。声压强弱的变化范围很大，例如，对于频率为 1kHz 的声音，正常人耳刚刚能听到的最低声压约为 2×10^{-5}Pa，而使人感到疼痛难忍的声压约为 20Pa。因此，使用声压的绝对值来表示声音的强弱很不方便，声学中常用声压级 L_p 来表示

$$L_p = 2\lg \frac{p}{p_0} \tag{8-1}$$

式中　L_p——声压级（B）；

　　　p——声压（Pa）；

　　　p_0——基准声压，在空气中 $p_0 = 20\mu$Pa。

通常用 dB（分贝）作为声压的单位，1dB = 0.1B，此时声压级 L_p 可表示为

$$L_p = 20\lg \frac{p}{p_0} \tag{8-2}$$

由式（8-2）可以看出，声压变化 10 倍时，声压级相差 20dB；而声压变化 100 倍时，声压级仅相差 40dB。可见，声压级不大的变化，其所对应的声压却变化很大。

2. 声功率级

声功率是指声波辐射、传输或接收的功率。对于确定的声源，其声功率是一恒量。声功率级则是声功率的相对表示，声功率级 L_W 计算式

$$L_W = 10\lg \frac{W}{W_0} \tag{8-3}$$

式中　L_W——声功率级（dB）；

　　　W——实际声功率（W）；

　　　W_0——基准声功率，$W_0 = 10^{-12}$W/m^2 = 1pW/m^2。

3. 声强级

声强级是指通过与声波传播方向相垂直的单位表面积上的声功率。声强也可用声强级 L_I 表示

$$L_I = 10\lg \frac{I}{I_0} \tag{8-4}$$

式中 L_I——声强级,dB;
I——声强,W/m²;
I_0——基准声强,$I_0 = 10^{-12}$ W/m² = 1pW/m²。

在自由声场中,声波传播方向的声强 I 与声压 p 的关系

$$I = \frac{p^2}{\rho_0 c} \tag{8-5}$$

式中 p——有效声压(N/m²);
ρ_0——空气质量密度(kg/m³);
c——空气中声波传播的速度(m/s);
I——声强(W/m²)。

将式(8-5)代入式(8-4)可得

$$L_I = 10\lg \frac{\frac{p^2}{\rho_0 c}}{\frac{p_0^2}{\rho_0 c}} = 20\lg \frac{p}{p_0} = L_p$$

可见声压级与声强级数值是相同的。

(二)噪声的主观评价量

1. 响度与响度级

人耳对声音强弱的主观感觉与声压及声音的频率有关。如两个具有相同声压级的声音,由于它们的频率不同,高频声音给人耳的感受比低频声音要响些,这是由于人耳对高频声与低频声的敏感程度不同所致。因此,就需要采用一个与频率及声压级都有关的量——响度级 L_N 来描述人耳对声音的主观感受。

要想判断一个声音有多响,最简单的办法,就是把它同另外一个基准声音加以比较。ISO 于 1936 年决定采用 1kHz 纯音作为基准参考声音。调节 1kHz 纯音的声压级,使它和所判断的声音听起来一样响,则这个 1kHz 纯音的声压级就是该声音的响度级,单位为 phon(方)。例如,一个声音听起来和声压级为 80dB、频率为 1kHz 的基准声音一样响,则这个声音的响度级就是 80phon。这样,响度级就将声压级和频率用一个单位统一起来了。

利用与基准声音比较的方法,做大量试验,可得到图 8-1 所示的可听范围的等响曲线图。图 8-1 中每一条曲线都是由声压级不同、频率不同,但具有相同响度级声音的对应点所组成。

响度级虽然定量地确定了响度感觉与声音的频率和声压级的关系,但不能定量地确定一个声音比另一个声音响多少。为了确定响度关系,引出了响度 N 的概念。响度的单位为 sone(宋)。规定声压级为 40dB 的 1kHz 纯音的响度为 1sone,也就是 1sone 等于 40phon。因此,响度表示正常听者判断一个声音比响度级为 40phon 的参考声音强的倍数。

响度与响度级之间的关系

$$N = 2^{(L_N - 40)/2} \tag{8-6}$$

或
$$L_N = 40 + 33\lg N \tag{8-7}$$

式中 N——响度(sone);
L_N——响度级(phon)。

对于一般常见的宽带噪声，可先用声级计测出噪声的倍频程声压级，然后按倍频程声压级与响度指数之间的关系求出响度指数，再根据式（8-8）求出总响度

$$N = N_{max} + k(\sum_{i=1}^{n} N_i - N_{max})$$
（8-8）

式中　N——总响度（sone）；

　　　N_{max}——各响度指数中最大者（sone）；

　　　n——频带数；

　　　k——与频带宽度有关的因数，1 倍频时 $k=0.3$；1/2 倍频时 $k=0.2$；1/3 倍频时 $k=0.15$。

　　　$\sum_{i=1}^{n} N_i$——所有倍频程响度指数之和（sone）。

倍频程声压级与响度指数之间的关系见图 8-2。总响度求出后，再根据响度级与响度的对应关系得到响度级。响度指数、响度与响度级的对应关系见附录表 3-1。

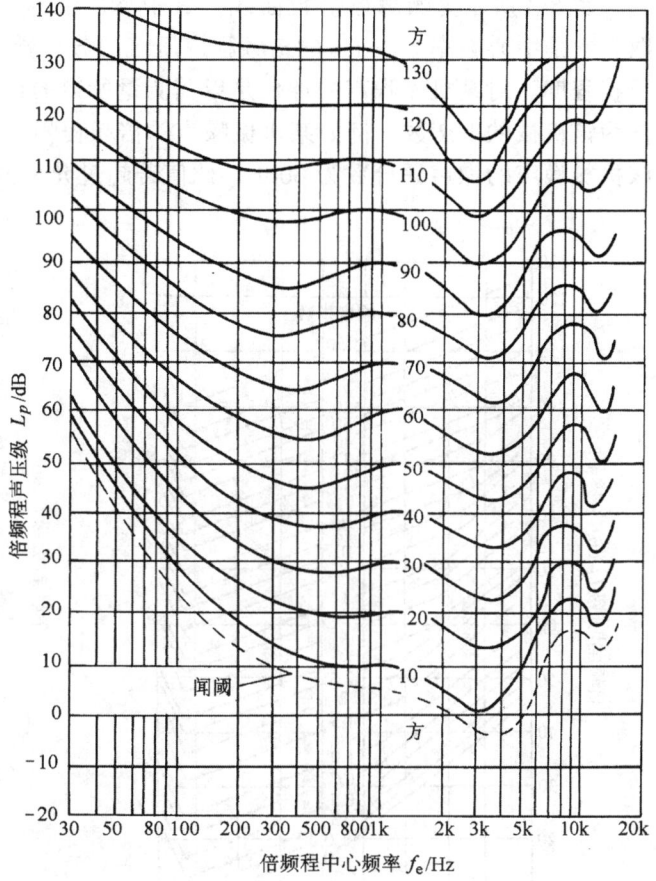

图 8-1　等响曲线图

2．A 声级

为模拟人耳听觉对不同频率的声音有不同灵敏度的特性，在噪声测试仪内设计了一种特殊的滤波器，称为计权网络，它可按等响度曲线，对不同频率的声音进行不同程度的衰减。一般设置有 A、B、C 三种计权网络，分别近似模拟了 40phon、70phon、100phon 三条等响曲线。三者的主要差别是对噪声低频成分的衰减程度不同，其中 A 计权网络与人耳的主观特性最为接近，故目前获得广泛的应用，有的还设有 D 计权网络，专用于飞机噪声的测量。

A 声级是用声级计的 A 计权网络（A 挡）测得的表头上的测量示值，记为 L_A，单位为 dBA。若用 B 或 C 计权网络测量，则分别用 dBB、dBC 来表示。A 声级是对宽带噪声作主观评价的主要评价量之一。例如，用声级计 A 计权网络测量某机械噪声，表头示值为 90dB，则表示该机械噪声的 A 声级 $L_A = 90$dBA。

3．噪声评价数 NR

噪声对人耳的影响，不仅与声音的强度有关，而且与声音的频率有关。噪声评价数 NR（Noise Rating Number）这一评价尺度，是根据人耳对各频率响应的特点，同时考虑了噪声的强度和频率两个主要因素，并强调了高频噪声比低频噪声更为烦扰人的特性，因此，比用单一的 A 声级作评价更为严格。

图 8-3 所示为噪声评价数曲线，其中 NR 值为噪声评价数曲线的号数，亦称噪声评价数，它是中心频率为 1kHz 的倍频程声压级的分贝数。同一曲线上各倍频程噪声具有相同的干扰程度。对某机械噪声的评价是以其测量所得的倍频程噪声频谱最高点所靠近的曲线号数作为该机械的 NR 数，例如某机械噪声的倍频程噪声频谱最高点接近 NR = 80 的曲线，则称该机械噪声的噪声评价数为 80dB，此值若超过允许的 NR 数时，则应采取措施，予以控制。

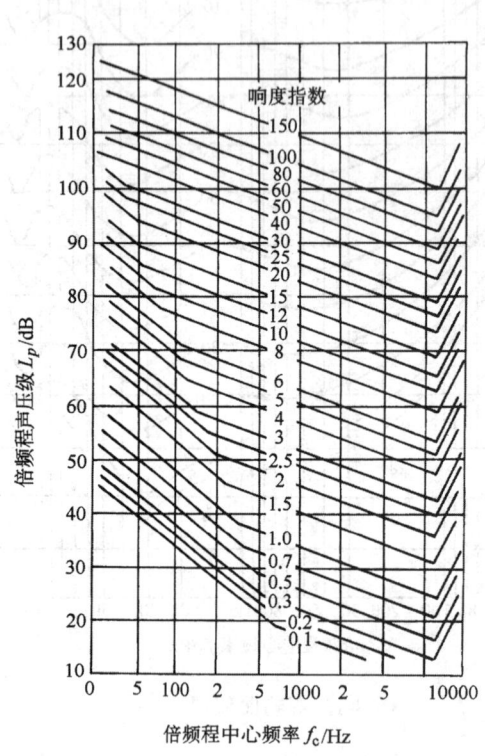

图 8-2　倍频程声压级与响度指数关系图

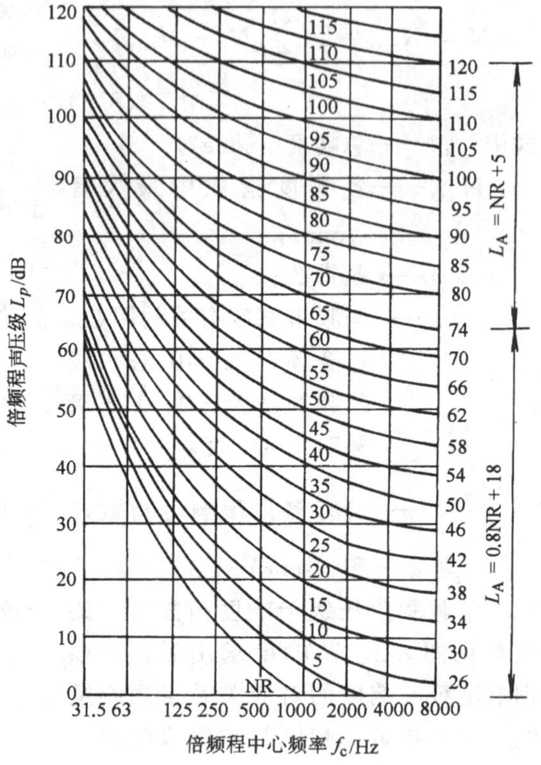

图 8-3　噪声评价数曲线

噪声评价数 NR 值亦可根据倍频声压级 L_p 确定

$$\mathrm{NR} = \frac{L_p - a}{b} \tag{8-9}$$

式中　a、b 为常数，与倍频中心频率 f_c 有关，见表 8-1。

表 8-1　f_c 与 a、b 的关系

中心频率 f_c/Hz	63	125	250	500	1000	2000	4000	8000
a/dB	35.5	22	12	4.8	0	-3.5	-6.1	-8.0
b	0.790	0.870	0.930	0.974	1	1.015	1.025	1.030

噪声评价数 NR 值与 A 声级 L_A 值之间的近似换算关系为：

当 $L_A < 75$ dBA 时

$$L_A \approx 0.8\mathrm{NR} + 18 \tag{8-10}$$

当 $L_A > 75$ dBA 时

$$L_A \approx NR + 5 \tag{8-11}$$

四、机械系统噪声的传播和衰减

噪声在噪声源和接收器（人耳或传声器）之间有三种传播途径，如图 8-4 所示。

（1）直接传播 噪声发射后在传播过程中没有受到任何阻挡而直接传到接收器。

（2）反射传播 在噪声传播过程中遇到障碍物，按障碍物的形状、尺寸和材料的不同，噪声改变传播方向或改变声的强度，再传到接收器。

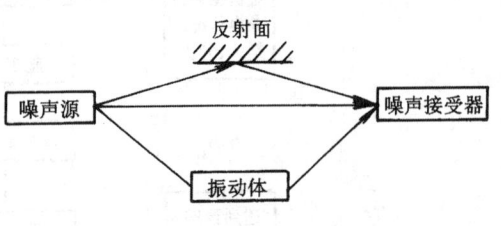

图 8-4 噪声传播途径示意图

（3）间接传播 噪声的能量在传播过程中激起声源以外的构件产生振动，这个被噪声激起振动而又发出新噪声的构件，成为噪声系统中的第二噪声源。若从噪声源发出的噪声的频率与传播过程中的某一构件的固有频率相接近时，则将使该构件被激起共振而辐射出更大的噪声。由此可知，振动辐射噪声，噪声也会激起振动，而再引起噪声，这种再引起的噪声称为再生噪声。噪声可能的传播途径如图 8-5 所示。

噪声的声波在均匀介质中传播时，其振幅和声强等随着离开声源距离的增大而衰减。声波衰减的原因，一是由于声波扩散，二是由于声能被吸收。前者指的是除平面声波外的其他声波自声源向四周辐射时，由于波前的面积随着声波传播距离的增加而不断增大，则通过单位面积的声能将相应减少，使声能分散。后者指的是由

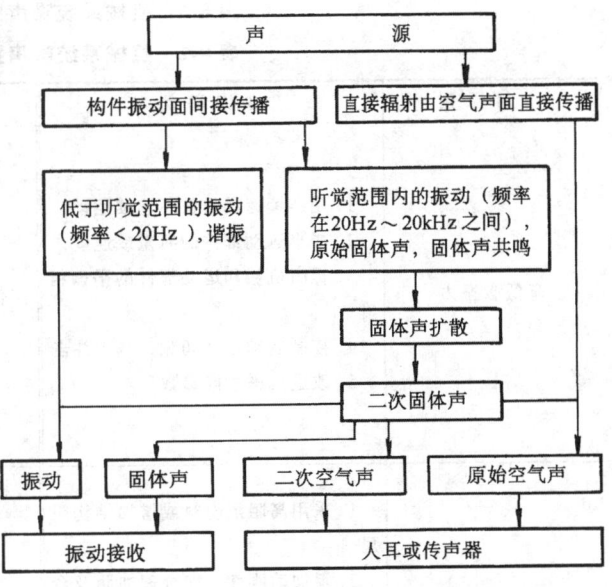

图 8-5 噪声可能的传播途径

于媒质的粘滞性、热传导和分子驰豫现象等原因，使各种波的部分能量转化为其他形式的能量，从而使声强不断衰减。

第二节 机械系统噪声控制

噪声控制的目的在于保护人体的健康和减少对人类社会环境的污染，为人们正常的工作、学习、生活创造一个舒适的声学环境。

机械系统噪声控制的途径有：①声源控制；②噪声传播途径控制；③噪声接受点（人或物）控制。具体的措施包括降低噪声源的发射声能，切断从噪声源到人耳之间的传播途径，吸收一部分声能以减小其发射量，以及对人耳进行隔声保护等。

机械系统噪声的一般控制程序见图 8-6。

一、控制噪声的一般原则和方法

机械系统噪声控制的一般原则见表 8-2。某些机械设备噪声的控制方法见表 8-3。

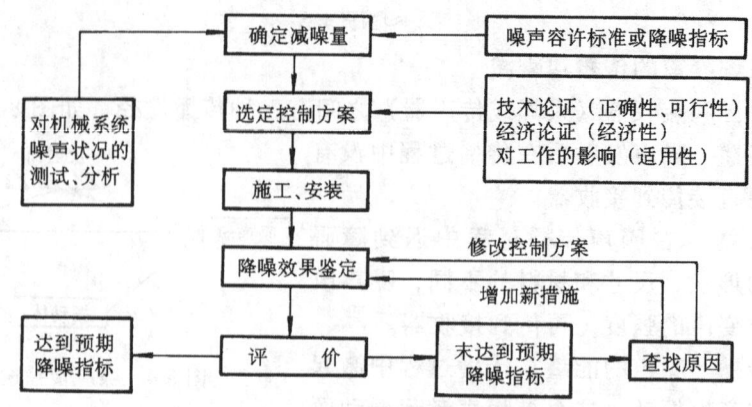

图 8-6 机械系统噪声的一般控制程序

表 8-2 机械系统噪声控制的一般原则

控 制 原 则	措 施 举 例	控 制 原 则	措 施 举 例
降低激振力	1. 用连续运动代替不连续运动 2. 减小运动部件的质量或速度 3. 提高机械和运动部件的平衡精度 4. 控制运动零件间隙，减少冲击 5. 改进机械性能参数	降低气体动力性噪声	1. 防止气流压力突变，消除湍流噪声、射流噪声和激波噪声 2. 降低气体流速，减小气体压降和分散降压 3. 设计高效消声器 4. 改变气流频谱特性，向高频方向移动 5. 降低气流管道噪声，如改变管道支持位置等
减小机械振动	1. 采用高阻尼材料或增加结构阻尼 2. 增加动刚度，如合理加肋及合理设计零件断面形状和尺寸等 3. 改变零件尺寸，如增大壁厚，以改变固有频率 4. 改善润滑条件 5. 采用减振器、隔振器或缓冲器	降低机械性噪声	1. 减小齿轮、轴承、驱动电动机、液压系统等噪声 2. 改进零件结构和材料，如采用新型凸轮等 3. 合理设计罩壳、盖板等薄板零件，防止激振，减少噪声辐射 4. 设计局部的隔声罩 5. 采用电子干涉消声装置，降低窄频噪声

表 8-3 某些机械设备的噪声控制方法

设备种类	推荐的噪声控制方法（打√者为推荐方法）				
	吸 声	隔 声	振动阻尼	隔 振	消 声 器
制螺钉机		√		√	
冲床	√	√	√	√	
冷轧机		√		√	
滚筒		√			
研磨机	√	√		√	
钻床		√		√	

（续）

设备种类	推荐的噪声控制方法（打√者为推荐方法）				
	吸声	隔声	振动阻尼	隔振	消声器
车床				√	
拉床				√	
滚齿机				√	
焊机		√	√	√	
打孔机	√	√		√	
铆钉机	√	√	√	√	
剪切机		√	√	√	
锯床		√		√	
刨床		√		√	
风扇		√		√	√
鼓风机		√		√	
压缩机		√		√	
空调设备		√		√	√
发电机	√			√	
泵		√		√	
阀门、管道系统		√		√	√
印刷机	√	√		√	
精密仪器				√	
设备外罩	√	√			
振动机械			√	√	

二、噪声源控制

噪声控制的根本途径就在于控制噪声源，从本质上看就是控制机械声源处的振动。凡是能减小振动的措施都对降低噪声有利。

1. 降低激振力

振动一般是由于冲击力、交变力和摩擦力而激励的。在具有冲击作用的机械设备中，消除振动和噪声是不可能的。减小振动和降低噪声的最有效途径是改变机械的结构或工艺过程，以不产生冲击或消除冲击作用的工艺代替原有的工艺，例如用焊接代替铆接、用压延代替冲压、用滚轧代替锤击等。

在非冲击作用的机械设备中，系统的振动多由交变力所引起。回转运动时，常常有不平衡的惯性力，这种不平衡的惯性力 F 与不平衡质量 m 成正比，与转速 n 的平方成正比，即

$$F = mr \left(\frac{\pi n}{30}\right)^2 \tag{8-12}$$

式中　F——不平衡惯性力（N）；
　　　m——不平衡质量（kg）；
　　　r——不平衡质量的偏心距（m）；
　　　n——回转件的转速（r/min）。

不平衡惯性力的作用，会由于间隙的存在、结构刚度不够大以及零件固定不牢而加大。间隙的存在还可能造成相配零件的摆动而产生碰撞，进而使振动和噪声有所增强。

为减小振动和降低噪声，应尽量减小撞击件质量，降低撞击速度，对回转件进行静态与动态平衡以提高传动件的精度，减小接合处的间隙，尽量采用均匀的回转运动代替往复运

动,合理安排润滑,减小运动表面粗糙度,以减小摩擦力。

此外,共振能最有效地传递振动和发射噪声,因此,要特别注意调整机械设备及其主要零部件的固有频率,使其不与激振的干扰力频率相一致或相接近。

2．提高发声零件的抗振性

在相同的激振条件下,提高发声零件的抗振能力,振动与噪声将会显著地降低。这方面的措施有:选用发声小的材料制造零件,提高零件的动刚度,采用吸收振动能量大的结构,增大易发声零件的质量,减少发声零件的声辐射面积等。

三、噪声传播途径控制

噪声传播途径控制就是在噪声传播的途径中增设障碍或切断其传播路线的装置,以减小传至人耳的噪声能量。常用的降噪装置有消声器、隔声罩和隔声屏等。

1．消声器降噪

消声器是控制气体动力性噪声的一种装置。当声波在管道中传播时,由于受到管壁的约束作用而不能产生扩散,因而可以传播得很远。但是,当管径突然改变时,因声波与管壁之间的摩擦阻力以及被管壁材料吸收等因素,会使在管道中传播的声波产生反射和衰减。

常用的消声器有抗性消声器、阻性消声器和阻抗复合式消声器三类。当管道截面突变时,声抗改变,使声波产生反射、干涉或共振,从而消减了声波的能量,用此原理制成的消声器就是抗性消声器。如果在管壁上衬贴吸声材料,则声波在管道内传播时,因材料的声阻作用而吸收声波能量,随传播距离加大声波不断衰减。用此原理制成的消声器即为阻性消声器。抗性消声器适用于消除低、中频噪声,阻性消声器适用于消除高、中频噪声。阻抗复合式消声器则兼有二者的特性,可在较广频率范围内起降噪作用。一般情况下消声器能降低高频噪声 $30\sim50dB$,降低低频噪声 $6\sim20dB$。

2．隔声罩降噪

采用隔声罩是抑制噪声的有效方法之一。把声源或带有声源的整台机器罩起来,而不必对噪声源进行任何改变,就可大幅度地降低噪声的传播,有的甚至可下降 $40\sim50dB$。图 8-7 所示为隔声板的结构。隔声罩如果有缝隙,则性能急剧下降。例如,全封闭时噪声可降低 55dB,而在缝隙占表面积的 1% 时,噪声只能降低 25dB。图 8-8 所示为隔声罩有缝隙、孔眼等缺口时,隔声性能随缺口面积比增大而变坏的情况。隔声罩的缺点是不利于散热。

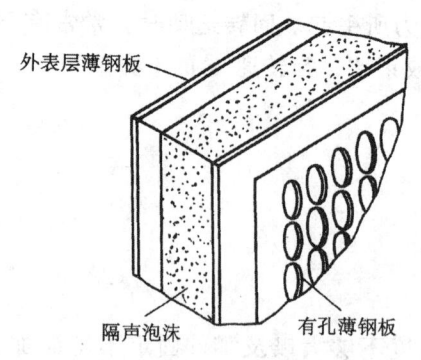

图 8-7 隔声板的典型结构

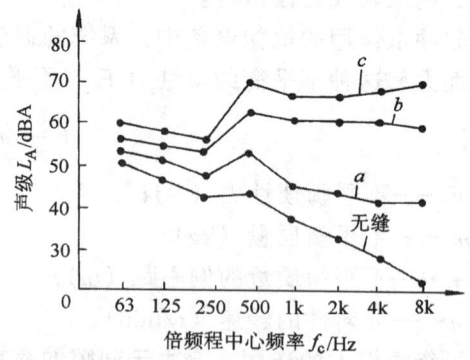

图 8-8 隔声罩有缺口时隔声性能变坏

a、b、c—隔声罩缺口面积分别为表面积的 0.15%、1%、2%

3. 隔声屏降噪

隔声屏就是用隔声结构做成屏障，放在噪声源与接受点（指操作工人操作点或需要安静的地方）之间，以阻挡噪声直接向接受点辐射的一种降噪装置。

隔声屏的形式很多，常见形式如图 8-9 所示。

四、噪声接收处控制

国家卫生部和劳动总局所订工业企业噪声卫生标准见表 8-4 所示。为了保护劳动者的安全和健康，当前述控制噪声措施仍未达到噪声允许标准时，必须考虑在噪声接收处即对劳动者的耳朵进行隔声控制。常用的有耳塞、护耳套和护耳头盔，必要时也可建造隔声间，对操作人员及监控仪器施行隔声保护。

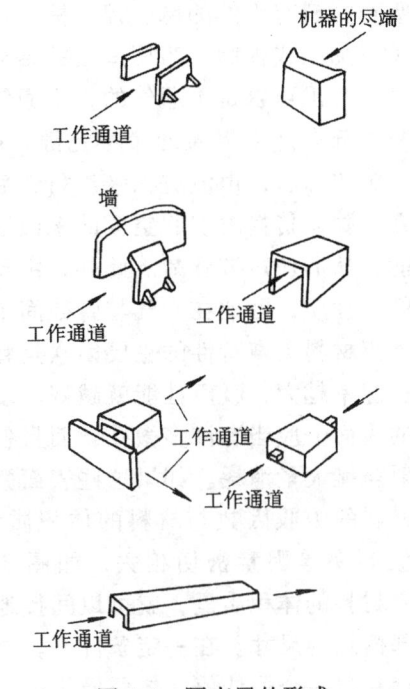

图 8-9 隔声屏的形式

表 8-4 我国工业企业噪声卫生标准（1980年起试行）

新建扩建改建企业的噪声限值					
每个工作日接触噪声的时间 t/h	8	4	2	1	最高不得超过 115dBA
允许噪声 L_A/dBA	85	88	91	94	
现有企业暂时达不到标准时适当放宽的噪声限值					
每个工作日接触噪声的时间 t/h	8	4	2	1	最高不得超过 115dBA
允许噪声 L_A/dBA	90	93	96	99	

五、常用吸声材料和隔声材料

（一）吸声材料

能将入射声能吸收掉一部分的材料称为吸声材料。把吸声材料装在房间墙壁或屏蔽装置的内表面上，或在房间内空间悬挂吸声体，将房间或屏蔽装置内的噪声吸收掉一部分，从而可达到降低噪声的效果。

材料对噪声的吸收效果常用吸收因数表示，吸收因数是指被吸收的声功率与入射声功率之比。常用吸声材料声波垂直入射时的吸收因数 α 值见附录表 3-2。

吸声材料可分为两类：一类吸声材料本身即有吸声作用，如多孔性材料。这类材料有许多毛细孔，由于粘滞和热传导的作用，使入射在它上面的声能转化为热能而耗损掉。柔顺材料亦属此类。另一类吸声材料要与其他声学元件组合才能起吸声作用，例如玻璃布和薄膜，在他们的后面要留有空气层，才能起到吸声作用。板状材料、穿孔板和微孔结构板等，也要与空腔或其他吸声材料结合才能有效地吸声。

1. 多孔吸声材料

多孔吸声材料有天然的麻、棉、棕、玻璃棉、泡沫塑料及膨胀珍珠岩等。玻璃棉可以是松散的也可以加工成棉胎，当用适当的结合剂时，也可以加工成毡状或板状。泡沫塑料的孔可以是通气的，也可以是不通气的，不通气的吸声性能较差，实际上相当于柔顺材料。多孔性吸声材料内部有许多贯通的微小孔隙，因而具有通气性。材料的固体部分在空间形成骨架，具有一定的形状，声波进入吸声材料后，大部分在空隙内传播，一小部分沿骨架传播。由于声波在空隙内传播时引起空气的来回运动，产生空气的粘滞阻力，使振动的动能不断地转化为热能，从而使声波衰减。此外，由于空气具有在绝热压缩时温度升高、而在绝热膨胀时温度降低的性质，因此在空气与骨架间不断发生热交换，也会使声能转化为热能。

确定吸声材料吸声特性的主要因素是骨架表面积的总和，所以纤维越细，其体积质量就越小，或孔隙率越大，吸声性能就越好。多孔性材料吸声的先决条件是能使声波进入微孔。因此材料的表面上应当有许多微孔，而且各微孔应相互连通，这样才能使声波入射到材料内部后的入射声能大量消耗。如果这些表面微孔为灰尘或油污所封闭，则不利于吸声。

吸声材料的吸收因数与材料的体积质量、厚度及声波频率等因素密切相关，如图 8-10 所示。改变材料的体积质量，就可以间接地控制材料内部微孔的尺寸。在一定条件下，材料体积质量存在着一个最佳值，体积质量过大或过小都会使吸声性能变坏。

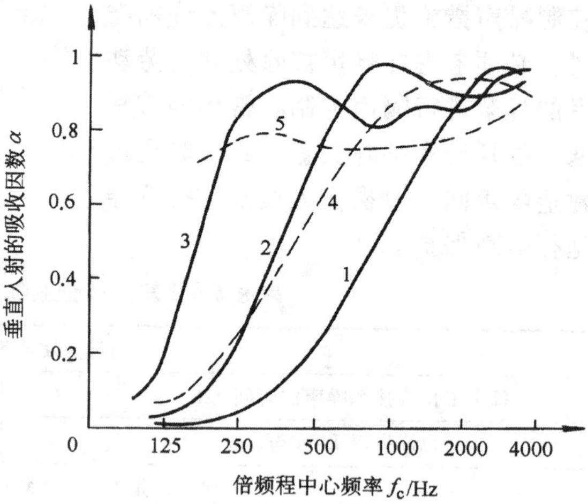

当多孔性材料的背后有空气层时，将使低频吸收因数值增加，如图 8-10 中的曲线 4、5 所示。利用这一特性，可不必用增加厚度的办法提高对低频噪声的吸收因数，从而节省材料。此外，为了美观和避免损坏吸声材料，常在疏松材料外面罩上金属网、塑料窗纱、玻璃布或 0.05mm 以下的塑料薄膜等。

图 8-10 体积质量为 15kg/m³ 超细玻璃棉的吸收因数

1—2.5cm 厚　2—5cm 厚　3—10cm 厚
4—5cm 厚（背后有 10cm 空气层）
5—5cm 厚（背后有 30cm 空气层）

2．膜状材料

膜状材料有玻璃布、塑料布、塑料薄膜、帆布、人造革和漆布等，它们可分为两类：一类是透气的，具有一定的声阻抗和声质量；另一类是不透气的，相当于增加了一定的声质量。声质量是与媒质动能有关的物理量，系惯性声抗除以角频率，加大声质量可提高吸声性能。

透气薄膜背后的空气层，可以起吸声作用。如果声阻适当，且空气层厚度接近 $\lambda/4$（λ 为声波波长）时，可以获得很高的吸收因数。不透气薄膜及其后面的空气层形成一个共振系统，在共振频率附近也可以获得很高的吸收因数。共振频率的大小与膜的质量、张力及空气层厚度等因素有关。

在多孔性材料的表面上覆盖透气薄膜，对材料的吸声性能影响并不显著。如蒙上一层不透气薄膜时，则视材料的种类及装置方法不同，会有不同程度的影响，在高频情况下影响较为显著。图 8-11 为膜状材料的吸收因数。

3．柔顺材料

柔顺材料是一种内部有不通孔气泡的不透气材料,具有一定的弹性。由于这种材料中的气泡相互独立,所以由声波引起的空气振动,不可能直接传到材料内部的气泡中。这种吸声材料的吸声原理是:当声波波及材料表面时,材料就被振动起来,由于吸声材料是由骨架材料和气泡混合组成,内部摩擦较大,所以能使声能向热能转化而使声波衰减。柔顺材料的吸声性能不如有通孔的多孔材料。目前常采用的柔顺材料为聚苯乙烯,其吸收因数一般在0.3以下,在特定的频率下会发生共振,可产生很大的吸声作用,且具有隔热性能。图8-12为柔顺材料的吸收因数。

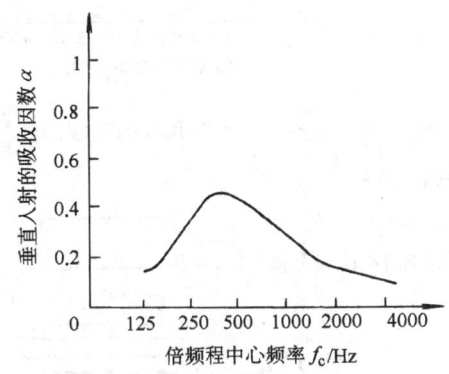

图8-11 膜状材料的吸收因数

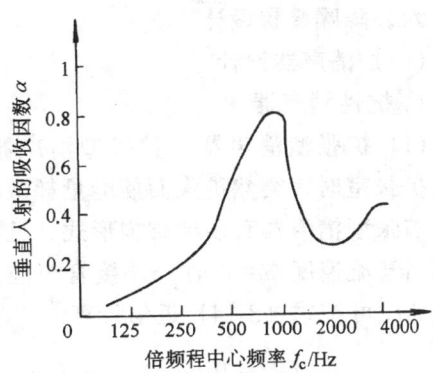

图8-12 柔顺材料的吸收因数

4. 板状材料

板状材料是常用的吸声材料,但单层板材的吸声性能一般不够理想。若在三层板材或纸板等材料的背后留有空气层或填充有多孔材料,并将这种板状材料的周边固定在框架上,则当声波入射时,就迫使薄板产生周期性的弯曲变形,而使板的内部产生摩擦损耗,使机械能转变为热能,从而产生吸声作用。当入射声波的频率和这一系统的固有频率一致时,将发生共振,因阻尼作用而使声能大量损耗,这时的吸声效果最为明显。

板的共振频率 f_r 取决于其几何尺寸、质量、弹性系数和空气层的厚度,此外,还同框架构造及板的安装方法有关。当不考虑板本身弹性时,其共振频率为

$$f_r = \frac{600}{\sqrt{\rho_A d}} \tag{8-13}$$

式中 ρ_A——板的面质量(kg/m²);

d——板后面的空气层厚度(cm)。

从式中可以看出,ρ_A、d 数值越大,对吸收低频声音越有利。

因声音会沿着板和墙作横向振动,所以使用板状材料时,其龙骨间的距离不应小于共振频率波长之半。例如当共振频率为200Hz时,间距应超过0.85m。

5. 半穿孔的吸声板

半穿孔的吸声板主要用于房间内部的吸声处理,常用的有软质纤维板,其吸声原理与多孔吸声材料相同。有时为了外观装饰,需要粉刷、喷漆或用纸张以及树脂板贴面,这样会降低材料的吸声作用。这时要在板面穿孔,以利声波进入孔隙。也可以采用玻璃纤维等无机纤维板作为吸声材料,这种材料还兼有防火、防潮和耐腐蚀等性能。图8-13为半穿孔板的吸收因数。

（二）隔声材料

隔声材料应有良好的声反射性能，较差的声吸收性能，一般采用致密、无孔隙、不透气、质量较大的材料。因此，一个良好的隔声材料往往是较差的吸声材料。常用隔声材料若按隔声性能高低排序则大致为：铅、钢、混凝土、砖、玻璃、铝、石膏板、胶合板、木材等。

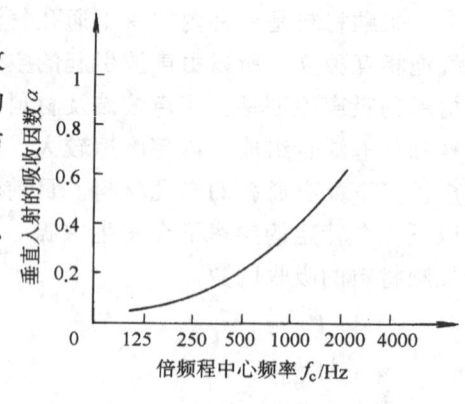

图 8-13　半穿孔板的吸收因数

六、降噪装置设计

（一）消声器设计

1. 抗性消声器

（1）扩张型消声器　扩张型消声器是利用当声波进入扩张室时因突然扩张而使能量耗散的原理制成的消声器。

扩张型消声器有多种结构形式，见图 8-14 所示。

当气流速度 $v=0$ 时，外接管单腔式消声器（图 8-14a）的消声量 ΔL 可按式（8-14）近似计算

$$\Delta L = 10\lg\left[1 + \frac{1}{4}\left(m - \frac{1}{m}\right)^2 l\sin^2 k\right] \quad (8\text{-}14)$$

式中　ΔL——消声量（dB）；

　　　m——扩张比，即扩张室横截面面积与管的横截面面积之比；

　　　l——扩张室长度（m）；

　　　k——角波数（rad/m）。$k = 2\pi/\lambda = 2\pi f/c$，其中 λ 为波长，m；f 为声波频率，Hz；c 为声波速度（m/s）。

当气流速度 $v \neq 0$ 时，消声器的消声量 ΔL 应按式（8-15）计算，即

$$\Delta L = 10\lg\left[1 + \left(\frac{m_e}{2}\right)^2 l\sin^2 k\right] \quad (8\text{-}15)$$

式中　m_e——等效扩张比，$m_e = m/(1 + mMa)$；

　　　Ma——马赫数，$Ma = v/c$，v 为气流速度，c 为声波速度。当 v 与 c 方向一致（顺流）时，Ma 为正值；当 v 与 c 方向不一致（逆流）时，Ma 取负值。一般后者的消声效果较前者好。

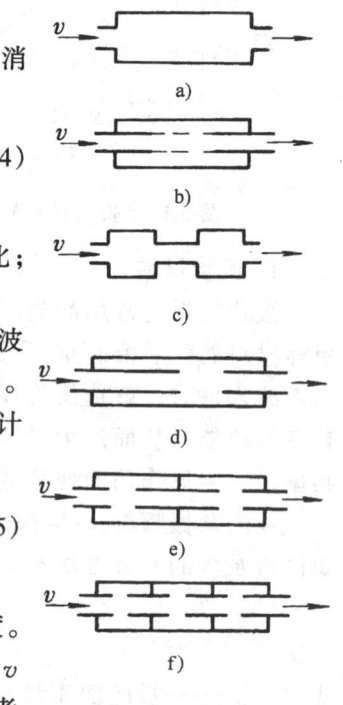

图 8-14　扩张型消声器示意图
a）外接管单腔式　b）内穿孔连通式　c）外接管双腔式　d）内接管单腔式　e）内接管双腔式　f）内接管三腔式

改善扩张型消声器消声效果的途径有：采用多段扩张室（通常不超过三段）；采用内接管并调整内接管长度至适当位置（通常取为扩张室长度 l 的 1/2 和 1/4）；采用穿孔管导流，即将内接管之间用穿孔管连接，穿孔管的穿孔面积之和一般为管总面积的 10%～30%，如图 8-14b 所示。

（2）共振型消声器　共振型消声器具有一个或数个共振腔，每个共振腔有各自的共振频率，噪声声波在共振腔口被激发产生共振，且使噪声声波与腔内媒质波动的相位相差 180°，形成相互对抗的波，从而耗散声能达到降噪的目的。可见，共振型消声器相当于一个质—弹

—阻系统。

单腔共振型消声器及其计算简图如图 8-15 所示。

当声波的波长大于共振腔最大尺寸三倍时，其共振频率 f_r 按式（8-16）计算

$$f_r = \frac{c}{2\pi}\sqrt{\frac{NA}{Vl_k}} = \frac{c}{2\pi}\sqrt{\frac{NG}{V}} \tag{8-16}$$

式中 c——声波在消声器内气体温度下的声速（m/s）；

G——传导率（m），$G = A/l_k$；

d——颈孔直径（m）；

t——颈孔长度（m），即穿孔板厚度；

l_k——颈孔有效长度（m），$l_k = t + \pi d/4$；

V——共振腔容积（m³）；

N——小孔数；

A——颈孔横截面面积（m²），$A = \pi d^2/4$。

某一频率 f 时的消声量 ΔL 为

$$\Delta L = 10\lg\left[1 + \frac{K}{\dfrac{f}{f_r} - \dfrac{f_r}{f}}\right] \tag{8-17}$$

式中 $K = \dfrac{\sqrt{NGV}}{2A}$。

工程技术中常用的频带宽度是 1 倍频和 1/3 倍频，相应的消声量计算式为

1 倍频消声量 $\Delta L = 10\lg(1 + 2K^2)$ (8-18)

1/3 倍频消声量 $\Delta L = 10\lg(1 + 20K^2)$ (8-19)

改善共振型消声器消声性能的途径有：选定较大的 K 值，即增大共振腔体积和减小颈孔横截面面积；在孔颈处衬贴薄而透声的材料或在共振腔中填放多孔吸声材料以增加消声器的摩擦阻尼；采用多节共振腔串联等。

（3）声干涉型消声器 声干涉型消声器是利用两个频率相同、相位相反的声波干涉能减小声波振幅的原理制成的消声器，如图 8-16 所示。

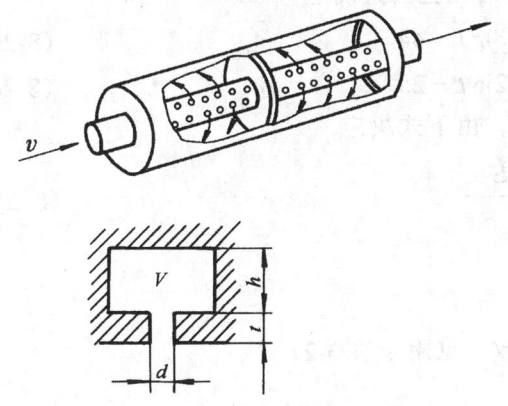

图 8-15 单腔共振型消声器及其计算简图

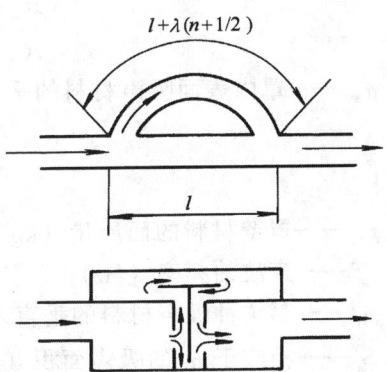

图 8-16 声干涉型消声器示意图

为使两路声波发生干涉而互相削弱，声波所通过的主通道与旁通道的长度之差应是 1/2 声波波长的奇数倍，即设主通道的长度为 l，则旁通道的长度应为 $l+\lambda(n+1/2)$，$n=0,1,2,3,\cdots$。

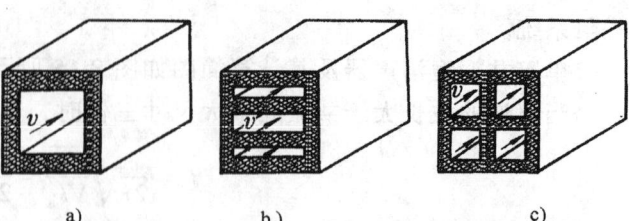

2．阻性消声器

阻性消声器因管道内壁的吸声材料或吸声结构的衬贴、布置形式不同，而有多种结构形式，如图 8-17 所示。

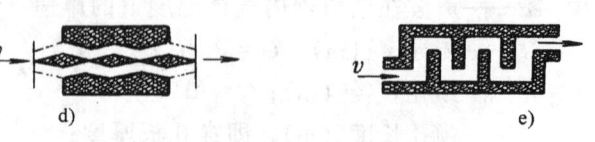

图 8-17 常见阻性消声器的结构形式
a) 直管型 b) 片型 c) 蜂窝型 d) 声流型 e) 迷宫型

当气流速度 $v=0$ 时，直管型阻性消声器的消声量 ΔL 的近似计算式为

$$\Delta L = 1.6\alpha L_{\mathrm{a}} l / A \tag{8-20}$$

式中　L_{a}——消声器横截面周长（m）；

　　　l——消声器长度（m）；

　　　A——消声器横截面面积（m²）；

　　　α——吸声材料的垂直入射吸收因数，见附录表 3-2。

当气流速度 $v \neq 0$ 时，消声器的消声量 $\Delta L'$ 计算式为

$$\Delta L' = \Delta L (1 + Ma)^{-2} \tag{8-21}$$

式中　Ma——马赫数，$Ma = v/c$，v 为气流速度，c 为声波速度。顺流时消声量减小，逆流时消声量增大。

（二）隔声罩设计

1．单层结构的隔声罩

单层结构隔声罩的实际隔声量 R 可按质量定律计算

$$R = R_{\mathrm{o}} + 10\lg\alpha_{\mathrm{av}} \tag{8-22}$$

式中　R——隔声量（dB）；

　　　R_{o}——罩壁材料的固有隔声量（dB），由下列经验公式确定

$$R_{\mathrm{o}} = 18\lg\rho_{\mathrm{A}} + 18\lg f - 44 \tag{8-23}$$

或

$$R_{\mathrm{o}} = 18\lg\rho_{\mathrm{A}} + 12\lg f - 25 \tag{8-24}$$

　　　α_{av}——罩内表面吸声材料的平均吸收因数，由下式决定

$$\alpha_{\mathrm{av}} = \frac{\sum S_i \alpha_i}{\sum S_i} \tag{8-25}$$

　　　ρ_{A}——罩壁材料的面质量（kg/m²）；

　　　f——声波的频率（Hz）；

　　　α_i——第 i 种吸声材料的垂直入射吸收因数，见附录表 3-2；

　　　S_i——相应于 α_i 的吸声面积（m²）。

常用隔声罩材料的固有隔声量见附录表 3-3。

工程上常用平均隔声量 R_{av} 表示材料的隔声能力，这是指频率分别为 125、250、500、

1000、2000、4000Hz 时隔声量的算术平均值。有时为了简便起见，希望用单一数值来表示某一构件的隔声量，则通常取 50～5000Hz 频率范围内的几何平均值 500Hz 的隔声量代表的平均值，并记作 R_{500}，则式（8-23）和式（8-24）可简化为：

当 $\rho_A \leqslant 100\text{kg}/\text{m}^2$ 时

$$R_{500} = 13.5\lg\rho_A + 13 \tag{8-26}$$

当 $\rho_A > 100\text{kg}/\text{m}^2$ 时

$$R_{500} = 18\lg\rho_A + 8 \tag{8-27}$$

2. 双层结构的隔声罩

留有空气层的双层结构的隔声罩要比质量相等的单层结构的隔声罩的隔声量大 5～10dB。在隔声量相同的条件下，双层结构的质量仅是单层结构的 2/3～3/4，因此，在隔声要求较高的场合多被采用。实际工程设计中，双层结构的隔声量，可由下列经验公式计算，即：

当 $\rho_{A1} + \rho_{A2} \leqslant 100\text{kg}/\text{m}^2$ 时

$$R = 13.5\lg(\rho_{A1} + \rho_{A2}) + 13 + \Delta R \tag{8-28}$$

当 $\rho_{A1} + \rho_{A2} > 100\text{kg}/\text{m}^2$ 时

$$R = 18\lg(\rho_{A1} + \rho_{A2}) + 8 + \Delta R \tag{8-29}$$

式中　ρ_{A1}、ρ_{A2}——分别为双层结构材料的面质量（kg/m^2）；

ΔR——附加隔声量（dB），见图 8-18。

当隔声罩结构由几种隔声能力不同的材料构成时，如隔声罩需设置门、窗等构件时，则整个结构的平均隔声量 R_{av} 为

$$R_{av} = 10\lg\frac{\sum S_i}{\sum(\tau_i S_i)} \tag{8-30}$$

式中　R_{av}——平均隔声量（dB）；

τ_i——结构第 i 部分材料的透射因数（透射声功率与入射声功率之比），$\tau_i = 10^{0.1R_{oi}}$；

R_{oi}——第 i 部分材料的固有隔声量（dB），见附录表 3-3；

S_i——结构第 i 部分的面积（m^2）。

设计双层隔声结构时，应注意如下问题：

1）避免隔声结构产生共振，为此，应保证入射声波频率大于 $\sqrt{2}f_r$；

2）两层之间避免刚性连接；

3）在两层之间填充吸声材料，如超细玻璃纤维等，可改善隔声性能和因施工造成的刚性连接带来的影响；

4）当采用两层不同的材质时，应将轻质层一面对着高噪声源一侧，这样可降低重质层的声辐射，从而提高整个结构的隔声效果。

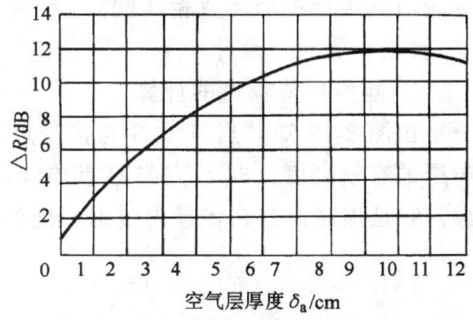

图 8-18　双层结构隔声罩的附加隔声量 ΔR

单层隔声结构与双层隔声结构的隔声量见附录表3-4。

隔声罩除可采用单层隔声结构和双层隔声结构外，亦可采用多层复合结构。实践证明，采用多层复合结构，通过不同材质的分层交错排列，只要面层与弹性层选择得当，在获得同样隔声量条件下，多层结构要比单层结构轻的多，且在主要频率范围125～4000Hz内实际隔声量均可超过由质量定律计算的隔声量，但应注意每层厚度不宜太薄，层数不必过多，一般3～5层即可，相邻层间尽量做成软硬结合的形式。

需要注意的是，孔洞、缝隙往往是影响隔声结构隔声量的主要原因。实验表明，孔隙对隔声的影响，主要在高频段，随着孔隙的增大，高频隔声量将随之下降，如图8-8所示。

3．隔声罩设计步骤与设计要点

隔声罩的声学结构设计步骤：

1) 测量机械的噪声和频谱；
2) 根据降低噪声的要求，确定声功率级隔声量和倍频程隔声量；设计隔声量应大于所要求的隔声量，一般大于5dB；
3) 选择合适的材料及结构，可按相应结构的计算式估算隔声量，条件允许时，最好实测所选材料及结构的隔声量。

隔声罩设计要点：

1) 隔声罩不能影响生产和妨碍操作；
2) 罩壁材料应选择有足够隔声能力的材料制作；
3) 罩内表面材料的吸收因数不能太小，以利罩内吸声，提高隔声效果；
4) 隔声罩应选择适当的形式，一般而言，曲面形体刚度较大，利于隔声，尽量少用方形平行罩壁，以防止罩内空气的驻波效应，使隔声量出现低谷；
5) 用钢板之类的轻型结构做罩壁时，要防止共振，改善的办法，是在金属板面上加肋或涂阻尼层，阻尼层厚度应不小于罩壁厚度的2～4倍，且一定要粘接紧密、牢固；
6) 隔声罩与被隔声源（如机械设备）间不能有刚性接触；
7) 隔声罩各联结部位要密封，不留孔隙，若有管道或电缆等其他部件必须穿过时，应在罩内声压最小处开孔，且必须采取密封和减振措施；
8) 隔声罩与地面或基座之间，应采取隔振措施；
9) 为了罩内散热降温，罩上应留出足够的通风口，口上应安装消声器，消声器的消声量应与隔声罩的隔声量相匹配。

（三）隔声屏设计

1．隔声屏降噪量的计算

由图8-19知，当声源 S 与接受点 P 之间的距离 d 确定后，绕射路程差 δ 主要取决于隔声屏的有效高度，即 S 点与 P 点连线以上的高度。图8-19中横坐标为菲涅耳（Fresnel）数 N，它是描述声波在传播中绕射性能的一个量

$$N = \frac{2\delta f}{c} = \frac{2\delta}{\lambda} \tag{8-31}$$

式中　c——声波的传播速度（m/s）。空气中 $c \approx 331.4 + 0.6t$，t 为空气的摄氏温度；

　　　　f——声波频率（Hz）；

　　　　λ——声波波长（m）。$\lambda = c/f$；

δ——声波绕射后的路程差（m），如图 8-19 中 $\delta = A + B - d$。

由式（8-31）可知，路程差 δ 越大或声波频率 f 越高（亦即波长 λ 越小），则菲涅耳数 N 越大，表明隔声屏的降噪效果越明显。

应注意的是，图 8-19 是在自由场条件下，把半无限宽的屏障设置在无指向性声源与接受点之间，按照绕射理论计算并经实验修正而得到的，在实际中虽因不符合上述条件而有误差，但计算出的数值是有参考价值的。通常实际降噪量均低于计算值，极限降噪量不大于 24dB。

2. 隔声屏结构设计的要点

1) 在隔声屏一侧或两侧贴衬吸声材料是必要的，尤其在混响强的厂房内，这不仅可提高其隔声效果，而且使隔声屏具有吸声体的作用；

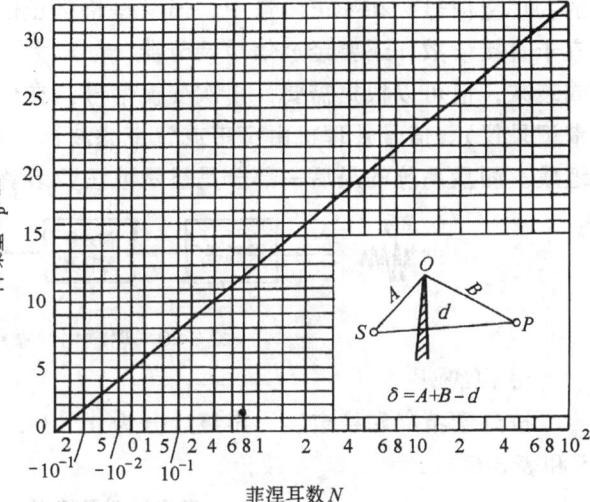

图 8-19 隔声屏降噪量计算图

2) 隔声屏所用隔声材料的隔声能力应适应，当隔声屏绕射衰减量一定时，隔声屏上所用材料的隔声值（传声损失）过大是没有意义的；

3) 隔声屏应具有足够的高度；

4) 隔声屏的宽度，也会影响降噪效果，通常取屏的宽度为高度的 1.5~2 倍。

5) 隔声屏应尽量放在靠近噪声源处。使用活动隔声屏，则应使其与地面间的缝隙减到最小；

6) 图 8-19 适用于薄屏障（即屏厚度影响可忽略）的计算，实践证明，厚度大的屏障，其降噪效果要比薄屏障好。

第三节 机械噪声测量简介

机械噪声测量是用相宜的声学测量手段，以获取机械-噪声源特征参量的技术过程，该过程包括测量前对被测对象的了解、明确测量目的、熟悉测量内容、选用测量仪器、按规定方法进行测量、做好测量记录和必要的数据处理。

常用测量仪器有声级计、频谱分析仪、电平记录仪和磁带记录仪等，其中，声级计是使用最广泛、最基本的声学噪声测量仪器。

一、噪声测量系统

常用的噪声测量仪器主要用来测声场的声压。至于声强级和声功率级的直接测量，尚有较大的困难，一般是由所测得的声压值推算出来的。噪声测量仪器可能是简单的声级计，也可能是复杂的实验室分析和处理系统。

测量噪声和振动时，理想化的测量系统如图 8-20 所示。图中，信号是指声压、位移、速度、加速度、动力等的信号。在测量系统中，直接接受信号的是传感器（如传声器、电容测微仪、加速计、地震仪等），它可将一个物理量信号转换为另一个便于传输、转换和测量的物理量信号。在噪声测量中，通常是将声压信号转换为电信号。从传感器输出的电信号不宜于直接读数，还要经过信号调节器（如放大器、衰减器、阻抗变换器、电桥等）加以放大或衰减；也可以根据需要，再次变换信号。在信号处理机之前，还设置了数据存储器（如磁带记录仪）。信号处理机由窄带或宽带滤波器、均方根检波器、峰值计或概率密度分析仪等组成。测量系统的最后一部分是显示或读数装置，如表头、示波器或图像记录仪等。

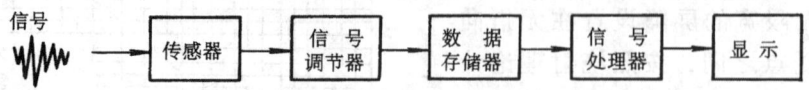

图 8-20 理想化的噪声和振动测量系统

1. 声级计

按测量精度和稳定性，声级计分为 0、Ⅰ、Ⅱ、Ⅲ 等四种类型，其主要技术指标见表 8-5 和表 8-6。

表 8-5　声级计测量精度、稳定度和量程精度容差　　　（dB）

声级计类型	0	Ⅰ	Ⅱ	Ⅲ
测量精度	±0.4	±0.7	±1.0	±1.5
工作 1 小时内读数的最大变化（不包括仪器预热）	0.2	0.3	0.5	0.5
不同频率范围声级量程精度容差：				
31.5～800Hz	±0.3	±0.5	±0.7	±1.0
20～12500Hz	±0.5	±1	—	—

表 8-6　声级计在偏离基准方向 ±30° 和 ±90° 角范围内灵敏度的最大变化　　　（dB）

频率/Hz		31.5～1000	1000～2000	2000～4000	4000～8000	8000～12500
0 型	±30°	0.5	0.5	1	2	2.5
	±90°	1	1.5	2	5	7
Ⅰ 型	±30°	1	1	1.5	2.5	4
	±90°	1.5	2	4	8	16
Ⅱ 型	±30°	2	2	2	4	9
	±90°	3	5	8	14	—
Ⅲ 型	±30°	4	4	4	12	—
	±90°	8	10	16	30	—

注：基准方向指传声器纵向轴线方向。

0、Ⅰ 型声级计为精密声级计，Ⅱ、Ⅲ 型声级计为普通声级计。

按声级计的性能及用途，通常又将声级计分为下列几种：

（1）普通声级计　普通声级计可用作工矿企业、城市交通和环境噪声等精度要求较低的声级测量，对传声器要求不高，多为压电式、动圈式和驻极体式等。

（2）精密声级计　精密声级计除可完成普通声级计所能作的声学测量外，还可作要求严格、精度较高的声学测量,如在消声室或混响室里测量声源声功率、指向性或研究机械噪声辐射特性,评价产品噪声等。精密声级计如带有倍频程滤波器则可对噪声作倍频程频谱分析。

(3) 脉冲精密声级计　脉冲精密声级计属精密声级计的一种,除具备精密声级计的功能外,还能对不连续的、持续时间很短的脉冲声或冲击声进行测量,所测得的脉冲声压级可以是有效值或峰值。对枪炮声、冲压机械的冲压声或锤击声等脉冲噪声的测量均应使用脉冲精密声级计。

(4) 积分精密声级计　积分精密声级计除可做精密声级计、脉冲精密声级计的声学测量外,还能测量在一定时间内的等效连续声级,时间间隔可以从几秒至二十几个小时内任意调节,对非稳定连续噪声的测量特别适用。

(5) 频谱声级计　频谱声级计系由声级计与实时分析仪(通常为1倍频或1/3倍频)组合而成,除具有声级计的功能外,还能得到噪声的频谱。

2. 声强计

声强计的工作原理框图见图8-21。组成声强探头的两只电容传声器A、B,要求性能相同,其排列形式有顺置式、并列式、面对式等多种(见图8-22),不同排列形式的比较见表8-7。

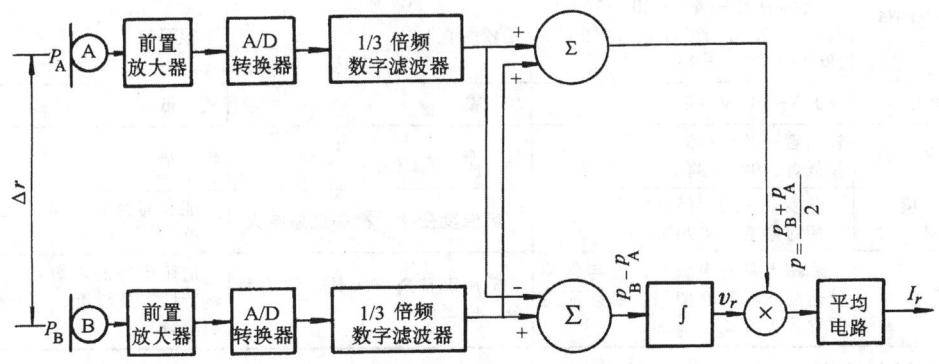

图 8-21　声强计工作原理框图

表 8-7　声强探头不同形式特点的比较

声强探头传声器排列形式	主要特点
并　列　式	探头易于安装标准形式的前置放大器,传声器之间的距离 Δr 调整方便,探头输入通道位置易交换,故便于消除测量通道的相位误差 对测量轴线不易做到完全几何对称,在高于某一频率时,对相位响应和频率响应有不利干扰,传声器现场标定困难
顺　置　式	能造成较大的声压梯度,可用一个校正器同时校正两个传声器,用一个风罩可同时罩住两个传声器,但无并列式的主要优点
面　对　式	在一定的 Δ_r 下,可以在宽的频率范围内得到较为平直的响应,传声器 0°与 180°入射响应是一致的 需用专门的校正器才能同时校正两个传声器,防风罩需专门设计

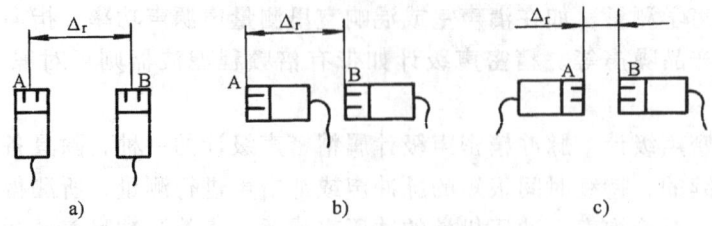

图 8-22 声强探头的排列形式
a) 并列式 b) 顺置式 c) 面对式

利用声强探头和声强计或其他设备可组成不同类型的声强测量系统。以声强计为基本设备和以双通道信号分析仪为基本设备组成的声强测量系统见图 8-23。

3．传声器

传声器是一种将声信号转换为相应电信号的声-电换能器，常用传声器的主要技术特性和适用性见表 8-8。

表 8-8 常用传声器的主要技术特性和适用性

主要技术特性和适用性	传声器类型		
	电容式	压电式	动圈式
频率响应特性（幅频特性）	频响特性一般为 20～7000Hz 时，±2dB，亦有的达 20～18000Hz 时，±2dB	还较平直	不很平直
灵敏度	0.3～50mV/Pa	较 高	较 低
动态范围/dB	较高者：20～146 较低者：90～184	较 窄	较 窄
工作环境要求	温度：-50～150℃ 相对湿度：<90%	因温度变化，准确度影响大	能在高温下工作，但易受磁场干扰
适用性	适用于精密声级计，能与各种带通滤波器配合使用。必须配用前置放大器	适用于普通声级计，结构简单、成本低	适用于普通声级计，多用于频响特性、灵敏度、指向性要求低的测量

测量用传声器分为声压型和声场型两类。通常，传声器系列中的尾数若为奇数，则为声场型，若为偶数则为声压型。声压型传声器主要用于扩散场测量，例如混响室、小型车间等反射较明显的场合，测量时，传声器位置方向应使入射声波方向与传声器纵轴线成 90°。声场型传声器主要用于自由场测量，例如室外广场、大型车间等反射较少的场合，测量时，传声器位置方向应使声波正入射，即入射声波与传声器纵轴线平行。

表征传声器性能的参数主要有以下 7 个：

（1）灵敏度 灵敏度是传声器输出端电压和有效声压的比值，单位为 mV/Pa。按负载情况可分为空载灵敏度和有载灵敏度，测量传声

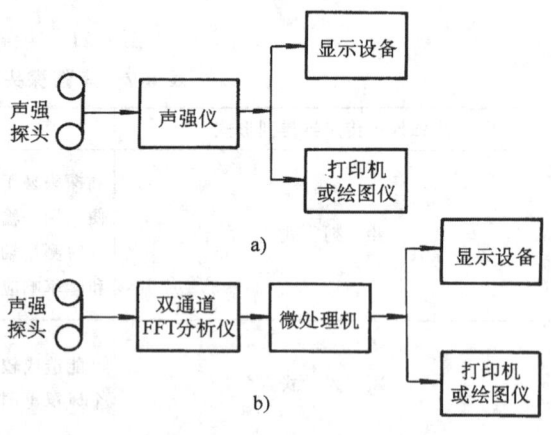

图 8-23 声强测量系统
a) 以声强计为基本设备
b) 以双通道信号分析仪为基本设备

器的负载就是前置放大器的输入阻抗;按测量声压的方法可分为声压灵敏度(声强灵敏度)和声场灵敏度,前者是传声器输出的电压和实际作用到传声器膜片上均匀声压二者的有效值之比,后者则是传声器输出电压与传声器放入声场前该点声压二者的有效值之比。如果声场为自由场,则称自由场灵敏度;如果声场为扩散场,则称无规声场灵敏度。在低频段,声压灵敏度与声场灵敏度基本一致,但在高频段,声场灵敏度将大于声压灵敏度。

(2) 灵敏度频率响应　灵敏度频率响应是指传声器置于指定条件并在恒定声场和给定入射角的声波作用下,传声器灵敏度和频率之间的关系。按声场特性,可分为声压灵敏度频率响应和自由场灵敏度频率响应。

(3) 灵敏度指向性　灵敏度指向性是指传声器极头和前置放大器的输出阻抗,它是从放大器输出端测得的交流阻抗,一般以 1kHz 的阻抗值作为标准值,通常不大于 50Ω。

(4) 传声器的输出阻抗　传声器的输出阻抗是指传声器极头和前置放大器的输出阻抗,是从放大器输出端测得的交流阻抗,一般以 1kHz 的阻抗值作为标准值,通常不大于 50Ω。

(5) 传声器等效噪声级　传声器等效噪声级是对包括传声器电路的热噪声、传声器固有噪声等的描述,常用电容传声器的等效噪声级不大于 20dBA。

(6) 最高声压级和动态范围　规定在强声波作用下,传声器的输出产生的非线性畸变达 3% 时对应的声压级,称传声器能测量的最高声压级;最高声压级与等效噪声级之差,就是传声器的动态范围。

(7) 稳定度　稳定度是指温度、湿度、气压等环境条件变化对传声器灵敏度的影响。

二、噪声测量方法

根据不同的要求,噪声测量通常包括两个方面:一是对产品进行检验性测量,主要是评价产品质量,一般只测量总的声级或作简单的频谱分析。另一是研究性的测量,通常的作法是对现有机械进行噪声分析,找出主要噪声源和噪声总能量,这样既可对现有机械采取降噪声措施,也为今后提高产品质量作好噪声控制方面的技术准备。不少机械产品已制定了噪声测量方法标准,具体测量方法详见有关标准。

1. A 声级测量

A 声级可利用声级计的 A 档(A 计权网络)直接进行测量,也可由测得的倍频程或 1/3 倍频声压级转换为 A 声级,其转换公式为

$$L_A = 10\lg \sum_{i=1}^{n} 10^{-0.1(L_{pi}+\Delta_i)} \tag{8-32}$$

式中　L_{pi}——第 i 个倍频程声压级(dB);

　　　Δ_i——相应于 L_{pi} 的修正值,见表 8-9;

　　　n——测量的倍频程声压级数。

表 8-9　L_{pi} 的修正值 Δ_i

中心频率 f_c/Hz	修正值 Δ_i/dB	中心频率 f_c/Hz	修正值 Δ_i/dB	中心频率 f_c/Hz	修正值 Δ_i/dB	中心频率 f_c/Hz	修正值 Δ_i/dB
25	-44.7	50	-30.2	100	-19.1	200	-10.9
31.5	-39.4	63	-26.2	125	-16.1	250	-8.6
40	-34.6	80	-22.5	160	-13.4	315	-6.6

(续)

中心频率 f_c/Hz	修正值 Δ_i/dB	中心频率 f_c/Hz	修正值 Δ_i/dB	中心频率 f_c/Hz	修正值 Δ_i/dB
400	-4.8	1600	1.0	6300	-0.1
500	-3.2	2000	1.2	8000	-1.1
630	-1.9	2500	1.3	10000	-2.5
800	-0.8	3150	1.2	12500	-4.3
1000	0	4000	1.0	16000	-6.6
1250	0.6	5000	0.5	20000	-9.3

A声级测量适用于测量稳态连续噪声，测点的选择依测量目的而定。若为评价机械设备的噪声，则应按有关机械设备的噪声测试标准进行，我国某些机械设备的噪声测试标准见表 8-10。当无标准可依据时，一般采取近场测量法，若机械外廓尺寸大于 1m，则测点布置在距机外廓周边 1m 处；若机械外廓尺寸小于 1m，则测点布置在距机械外廓周边 0.5m 处；周边上测点不少于 4 点，若相邻测点的声压级差大于 5dB 时，则应在二者间增加测点；若为了了解噪声对人体的危害，则测点应选择在操作者经常活动或停留的地方，传声器距地面高度 1.5m。

表 8-10　某些机械设备的噪声测试标准

标准代号	标准内容	标准代号	标准内容
GB 1496—79	机动车辆噪声测量方法	GB 9068—88	采暖通风与空气调节设备噪声声功率级的测定 工程法
GB 1859—89	内燃机噪声声功率级的测定 准工程法	GB 9069—88	往复泵噪声声功率级的测定 工程法
GB 10894—89	分离机械噪声声功率级的测定 工程法	GB 6404—86	齿轮装置噪声声功率级测定方法
GB 2888—91	风机和罗茨鼓风机噪声测量方法	JB/T 6531—92	印刷机噪声声功率级测定方法
GB 4980—85	容积式压缩机噪声声功率级的测定 工程法	QC/T57—93	汽车匀速行驶车内噪声测量方法
GB 4215—84	金属切削机床噪声声功率级的测定	QC/T58—93	汽车加速行驶车外噪声测量方法

对于非稳态连续噪声，为了解噪声对人体的危害，则应采用"等效连续 A 声级"测量方法，其实际应用的数学表达式为

$$L_{eq} = 10\lg \frac{1}{T} [t_1 \times 10^{0.1L_{1A}} + t_2 \times 10^{0.1L_{2A}} + \cdots] \tag{8-33}$$

式中　　L_{eq}——T 时间内的等效连续 A 声级（dBA），$T = t_1 + t_2 + \cdots$；

t_1，t_2，…——分别为 L_{1A}、L_{2A}、…对应的时间；

L_{1A}，L_{2A}，…——分别为 t_1、t_2、…时间内的 A 声级值（dBA）。

2．声功率测量

工程上常用的声功率测定方法有以下三种，即：

（1）有一个反射平面的自由场条件工程法（ISO3744）　该测定方法要求被测声源（如机械设备）放置在硬反射平面（如水泥地面）上，室内满足自由场条件，即满足

$$A/S > 6 \tag{8-34}$$

式中　　A——房间的吸声面积（m^2）；

S——测量表面面积（m^2）。

测量表面可选为半球面、长方体面或相随于机械形状的结构表面，分布于测量表面相应的最少测点数分别为9、10、8，若条件许可，最好用半球面。

测量时首先确定整个测量表面的A声级和各有关频带的平均声压级。测量表面的平均声压级按式（8-35）计算

$$L_{pav} = 10\lg \frac{1}{n}\left[\sum_{i=1}^{n}10^{0.1L_pi}\right] - K \tag{8-35}$$

式中　L_p——第 i 测点的A声级或倍频程声压级，基准声压 $20\mu Pa$；

　　　n——测点总数；

　　　K——环境修正系数（dB），由 A/S 的比值决定，见图8-24。

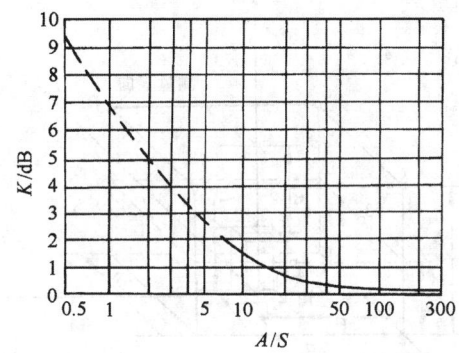

图8-24　环境修正系数 K

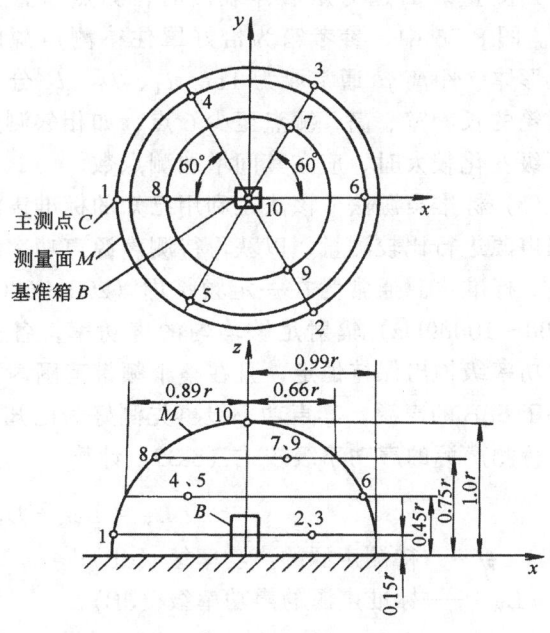

图8-25　半球面测量噪声源声功率时测点（传声器）的布置

测量过程中要求本底噪声比被测噪声低6dB以上。当测量表面选择为半球面时，测点（传声器）的位置布置见图8-25，半球面半径 r 为2～5倍被测声源尺寸。且通常不应小于1m。

声源指向性可由指向性指数 DI 表征，即

$$DI = L_{pd} - L_{pav} + 3 \tag{8-36}$$

式中　DI——声源指向性指数（dB）；

　　　L_{pd}——距被测声源 r 处指定方向上的声压级（dB）；

　　　L_{pav}——测量表面（r 半径的半球面）上的平均声压级（dB）。

（2）简测法（ISO 3746）　该测定方法的测试环境只需要大房间或室外平地（$A/S \geqslant 1$），本底噪声比被测噪声源噪声低3dB以上，不作分频带测量，只作A声级测量，A声功率级按式（8-37）、式（8-38）计算

$$L_{WA} = L_{Aav} + 10\lg S/S_0 \tag{8-37}$$

$$L_{Aav} = 10\lg \frac{1}{n}\left[\sum_{i=1}^{n}10^{0.1(L_{Ai}-\Delta_{Bi})}\right] - K \tag{8-38}$$

式中　L_{WA}——A声功率级（dB）；

　　　L_{Aav}——测量表面平均A声级（dB）；

　　　L_{Ai}——第 i 测点处的A声级（dB）；

Δ_{Bi}——第 i 测点处本底噪声修正值（dB），见表 8-11；
K——环境修正系数（dB），由图 8-24 取值；
n——测点数；
S——测量表面面积（m^2）；
S_0——基准面积，取 $S_0 = 1 m^2$。

表 8-11 本底噪声的修正值 Δ_B

机械噪声测量值－本底噪声值/dB	3	4 5	6 7 8 9
测量结果中扣除的修正值 Δ_B/dB	3	2	1

当测量表面选为矩形体表面时，测点布置见图 8-26。图 8-26 中，参考箱为恰好罩住待测声源的假想矩形体，距离 d 通常取为 1m。l_1、l_2、l_3 分别为参考箱的长、宽、高，测点至少 6 点，如相邻测点之声压级变化较大时，应在其间增加测点数。

（3）标准声源法 该法是利用已知的标准声源与待测声源进行比较测量，以获得待测声源声功率级的方法。标准声源通常为在一定频带内（200～6000Hz 或 100～10000Hz）辐射足够均匀的声功率，各频带内的功率级输出保持恒定，且在整个频带范围内指向性小于 6dB 的声源，其声功率级事先测好为已知。

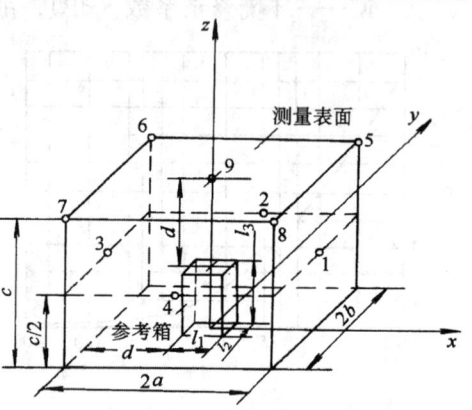

图 8-26 声功率筒测法测点在矩形体测量表面上的布置

待测声源的声功率级按式（8-39）计算

$$L_W = L_{Ws} + L_{pav} - L_{psav} \tag{8-39}$$

式中 L_W——待测声源的声功率级（dB）；
L_{Ws}——标准声源的声功率级（dB）；
L_{pav}——半径为 r 的半球面测量表面上待测声源的平均声压级，dB；
L_{psav}——半径为 r 的半球面测量表面上标准声源的平均声压级，dB。

标准声源法的测量方法有：
1）置换法 需将被测声源移开，以标准声源取代而进行测量；
2）并摆法 被测声源不必移开，标准声源置于待测声源发声最大部位进行测量；
3）比较法 标准声源置于周围反射情况与待测声源类似的另一地点处进行测量；

3．声强测量

通过声强测量求出声功率，不需要特殊的声学测量环境，甚至在较大的本底噪声情况下，也能测定声源的声功率，这是因为在测量区域外噪声的影响可以抵消，如图 8-27 所示。由声强的定义知，声强是通过与声波传播方向相垂直的单位面积上的声功率，因此，测量区域外的声源产生的背景噪声通过测量区域（封闭表面）的声功率 $W = \oint_s \mathbf{I} ds = 0$。

图 8-27 通过声强测量求噪声源的声功率

由声强计算声功率的公式为

$$L_W = L_{Iav} + 10\lg \frac{S}{S_0} \tag{8-40}$$

式中　L_W——被测声源声功率级（dB）；

　　　L_{Iav}——测量表面上的平均声强级（dB）；

　　　S——测量表面面积（m²）；

　　　S_0——基准面积，取 $S_0 = 1\text{m}^2$。

三、测量环境对测量结果的修正

用测量声压级或声功率级来获得噪声测量结果时，测量环境的声学特性，如本底噪声、发射声、房间特性、气流或风、温度、湿度等，对测量结果影响甚大，因此，必须根据测量环境对测量结果进行修正，而利用声强测量法，则可不受测量环境的影响。

对机械系统进行噪声测试的环境可分室内和室外两大类。室内环境又有消声室、混响室和半混响室三种。消声室内的声场为只有直达声没有反射声的自由声场。对于要求严格避免反射干扰的测量，必须在消声室内进行，如电声仪器的测试、校准、机械的声压级、指向性等的测量。

混响室内的声场为扩散声场，吸声很小，混响时间很长，室内声波经多次反射形成室内各点声能均匀分布，故不同位置处的声压级几乎是恒定且相等的。混响室常用于机器设备声功率、频谱和构件隔声特性等的测量。

半混响室的声场为半扩散场，这是车间现场大多数房间的情况，即实际房间的四壁、天花板、地面等既不完全反射声波，也不完全吸收声波，在这种房间内所作的测量就要进行修正。室外空旷场所可近似视为自由声场，室外测量噪声的结果主要受气候影响。

1. 本底噪声的修正

本底噪声亦称背景噪声，主要指电声系统中有用信号以外的总噪声。在工业噪声测量中，也指作为待测对象以外的噪声。测量机械噪声时，若本底噪声低于待测机械噪声10dB以上，则测量结果不必修正；低于3～10dB之间，则在测量结果中应扣除本底噪声的影响，扣除的修正值见表8-11。若本底噪声仅比待测机械噪声低不到3dB，则测量结果无效，即在这种环境下，将无法测得机械噪声的声压级或声功率级。

2. 测试房间特性的修正

在一般车间现场测量或一般室内测量时，根据房间内壁的吸声情况及房间容积 V 与测量表面（布置测点的假想表面）面积 S 的比值即 V/S，应从测量结果中扣除房间特性的影响，其修正值 K 见表8-12。

表8-12　机器噪声测试房间特性修正值 K　　（dB）

测试房间特性	测试房间容积与测量表面面积之比 V/S
	25　32　40　50　63　80　100　125　160　200　250　320　400　500　630　800　1000　1250
容积大，并带有强反射性壁面，如砖砌墙、平滑的混凝土壁等	—　　　　　　　　　$K=3$　　　$K=2$　　　$K=1$　　　　　$K=0$
一般性房间，既无强反射性壁面，也未经吸声处理	—　　　　　$K=3$　　$K=2$　　　$K=1$　　　　　$K=0$
四周全部或部分经简易的吸声处理	—　　$K=3$　　$K=2$　　　$K=1$　　　　　$K=0$

房间特性修正值 K 亦可取按图 8-24 确定的环境修正系数 K 值。

四、机械系统噪声源的识别

在同时有许多噪声源,或包含许多振动发声部件的复杂声源情况下,为了确定各个声源或振动部件的声辐射特性、区分噪声源,并根据它们对于声场的作用等而进行的测量与分析称为噪声源识别。识别的目的在于控制。由于声源的复杂程度不同,声源识别的难易也相差很大。识别噪声源,必须掌握噪声源各发声部位的噪声特性,如声的强度、频率特性、时间特性、传播特性等。特别要分析发声系统的激励和响应情况。此外,还必须熟悉噪声源的结构、工作原理和技术性能等。

对机械系统噪声源常用的识别方法有以下几种:

1. 分部开动法

在可能的情况下,在机械运转状态下,分别关掉或脱开各传动部件或环节,并测量每一步骤的噪声,以识别这一部件或环节对总噪声的贡献,从而找出主要噪声源。

2. 时域分析法

根据声源或声源各部分时间特性的差别来识别,例如,对噪声信号的自相关分析,可以发现和提取混杂在噪声中的周期信号;对噪声信号作互相关分析,可以确定噪声的传递通道;利用对噪声信号的多次平均技术亦有助于监测出其中的周期信号。

3. 频域分析法

采用窄带滤波的方法,从得到的噪声频谱中,可了解噪声所含有的频率成分及对噪声贡献较大的主要频率成分,进一步通过振动测量,或具体机械某些特征频率的计算,从而识别出主要噪声源。通过对噪声功率谱密度的分析,同样可以了解噪声的频率结构及主要频率成分。

4. 近场声强法

在机械部件表面附近的许多点处测量声强并求积分,可求得该部件的声功率,而在测量表面之外的噪声源,并不影响测量结果,因此在本底噪声很大的现场,采用近场声强法也能判断噪声源的位置。

5. 表面振动速度测量法

通过测量声源作机械振动的表面的振动速度来识别声源,因振动表面辐射的声功率,在振动表面各点作同相位振动的情况下,与表面振动速度的均方值成正比。

思 考 题

1. 按作用力的种类,机械系统引起噪声的原因有哪些?
2. 机械系统的噪声分哪几类?
3. 衡量机械系统噪声的常用客观评价量和主观评价量有哪些?简述它们的物理意义。
4. 通常噪声有哪些传播途径?噪声传播有哪些特性?
5. 简述机械系统噪声控制的途径、程序及一般原则。
6. 噪声源控制常用哪些措施?
7. 噪声传播途径控制常用哪些措施?
8. 什么是材料对声音的吸收因数?常用的吸声材料有哪几类?
9. 抗性消声器有哪些常见结构型式?简述它们的消声原理。如何提高它们的消声效果?
10. 阻性消声器有哪些常见结构型式?简述它们的消声原理。如何提高其消声效果?

11. 双层隔声结构的隔声罩与单层隔声结构相比有何优点？设计时应注意哪些问题？
12. 简述隔声罩的设计步骤与设计要点。
13. 简述隔声屏设计的要点。
14. 常用声级计有哪几种？它们的性能及用途有何差别？
15. 简述声强级的工作原理。
16. A声级测量对测量方法有何要求？
17. 工程上常用的声功率测量方法有哪几种？有何测量条件？如何测量？
18. 何谓本底噪声？机械系统噪声测量时，如何对本底噪声的影响进行修正？
19. 为什么在一般车间现场或房间进行噪声测量时要考虑测试房间特性对测量结果的修正？什么情况下可以不必修正？
20. 为什么要进行机械系统噪声源识别？常用的识别方法有哪些？

第九章 机械基础设计

第一节 机械基础的要求

一、概述

任何一台较大的固定式动力性机械都应有一个合适的基础。机械工作时的全部载荷（包括机械及其附属设备的自重和动力载荷）都由它下面的地层承受。受机械载荷影响的那一部分地层称为地基，机械向地基传递载荷的中间结构体即为基础，见图 9-1。

机械工作时，由于如制造、安装、磨损、动失衡以及工艺特性等原因，都会引起运动零部件瞬时速度变化而产生扰力（附加动力载荷），引起机械—基础—地基系统的振动，进而影响机械的运行性能，影响周围工作人员的正常活动和邻近建筑物及其他机械、设备、仪器的正常使用。因此，应合理选择地基的有关动力参数及合理设计机械基础，以减小基础的振动及其向周围的传播。

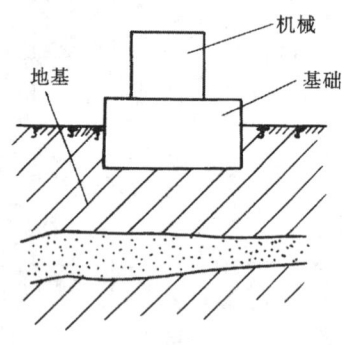

图 9-1 机械的基础与地基

机械基础设计是机械外部系统设计的内容之一。不同机械因其动力特性、附属设备及周围环境对限制振动的要求等条件不同，对基础和地基的要求也不同。机械基础设计是一个很复杂的工程问题，涉及工程地质学、土力学、建筑施工、机械动力学等多门学科，要想把机械基础设计得技术先进、安全适用、经济合理，需要机械工程师与土建工程师的良好合作。因此，作为机械工程师应该重视机械基础的设计，并掌握机械基础设计的基本知识和原则。本章主要介绍动力性机械基础设计的基本知识，详细内容见参考文献 [72]。

二、机械基础的结构型式

机械基础的结构型式主要有大块式、墙式和框架式三种，如图 9-2 所示。

大块式基础常用钢筋混凝土做成整体。墙式基础是由顶板、纵墙、横墙和底板构成的基础。框架式基础是由顶层梁板、柱和底板构成的基础。大块式基础和墙式基础均需预留有安装和操作机械所必需的沟槽和孔洞。大块式基础应用最广，其特点是基础刚度大，动力计算时可视基础本身为一刚性体，即不考虑其变形。框架式基础的上部属弹性的框架结构，因此常用于工作转速较高的机械，动力计算时一般按多自由度空间力学模型计算。

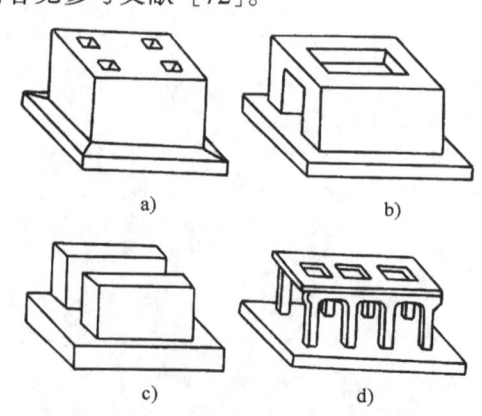

图 9-2 机械基础结构型式
a)大块式基础 b)有顶板的墙式基础
c)无顶板的墙式基础 d)框架式基础

墙式基础的刚度介于二者之间，当机械要求安装在一定高度时常采用墙式基础。

三、机械基础设计的一般规定

1）基础设计时应取得下列资料：机械的型号、转速、功率、规格及轮廓尺寸图等；机械自重及质心位置；机械底座外廓图、辅助设备、管道位置和坑、沟、孔洞尺寸以及灌浆层厚度、地脚螺栓和预埋件的位置等；机械的扰力和扰力矩大小及其方向；基础的位置及其邻近建筑物的基础图；建筑场地的地质勘察资料及地基动力试验资料；

2）机械基础宜与建筑物的基础、上部结构以及混凝土地面分开；

3）当管道与机械连接而产生较大振动时，管道与建筑物连接处应采取隔振措施；

4）当基础的振动对邻近的人员、精密设备、仪器仪表、工厂生产及建筑物产生有害影响时，应采取隔振措施；

5）基础不得产生有害的不均匀沉降；

6）重要的或对沉降有严格要求的机械，应在其基础上设置永久的沉降观测点，并应在设计图中注明要求。在基础施工、机械安装及运行过程中应定期观测沉降情况，并作记录。

四、机械基础设计的一般步骤

机械基础设计的一般步骤如下：

1）了解和分析设计任务，并收集有关设计资料；

2）根据机械的工作特性、扰力和扰力矩状况、工艺要求及地质条件，初步确定基础的结构型式；

3）根据机械及设备的底座尺寸，预留沟、坑、洞及地脚螺栓的位置及尺寸，机械扰力和抗力矩的大小和特性，以及现场地质资料，初步确定基础的几何尺寸和埋置深度；

4）根据地基土壤性质和基组（基础、基础上的机械和附属设备以及基础上填土的总称）重力计算地基的静强度；

5）根据初步确定的基础尺寸，计算基组的总质心位置，并力求使其与基础底面形心在同一垂直线上，其偏心率应控制在允许范围内；

6）根据机械扰力和扰力矩的性质进行基组动力学计算，避免基组共振，并控制基础的最大振动线位移、速度或加速度不超过允许的极限值；

7）根据基础结构型式，按现行《混凝土结构设计规范》、《钢结构设计规范》计算基础构件的强度和配置钢筋；

8）绘制基础施工图。

第二节 机械基础的静力学计算

机械基础静力学计算的目的是保证地基有足够的承载能力和防止基础偏沉。当机械的扰力和扰力矩较小，相对于机械本身的重力小得多时，可不考虑其动力效应，仅作静力学计算。对扰力和扰力矩较大的机械，则除了要进行基础的静力学计算外，还须进行动力学计算，而在进行静力学计算时，可将动载荷转化为相当的静载荷——当量载荷，作为一种简化的静力学计算。

在进行基础静力学计算时，载荷应采用设计值，包括基础自重、基础上的回填土重、机械和设备自重及传至基础上的其他载荷。

一、地基承载力计算

图 9-3 所示为地基受力示意图。

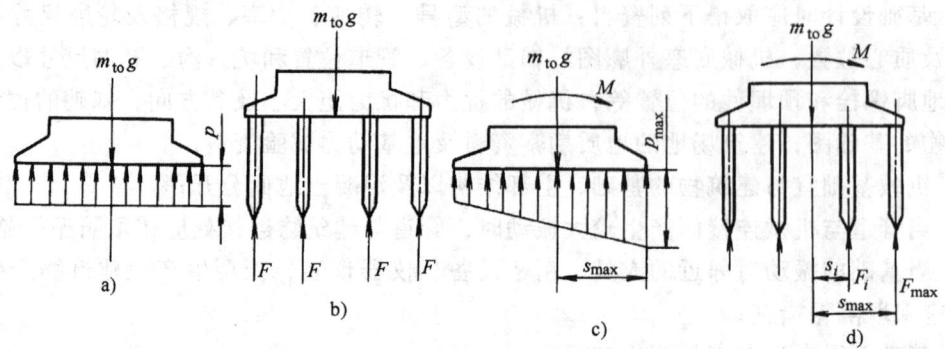

图 9-3 地基受力示意图
a) 中心受压时天然地基的受力 b) 中心受压时桩基的受力
c) 偏心受压时天然地基的受力 d) 偏心受压时桩基的受力

基础底面地基的承载力应根据其受力情况按下述公式计算。

中心受压时，按地基平均静压力设计值计算：

对天然地基

$$p = \frac{m_{to}g}{A} \leqslant \alpha_f f \tag{9-1}$$

对桩基

$$F = \frac{m_{to}g}{n_P} \leqslant \alpha_f f_P \tag{9-2}$$

偏心受压时，除应满足式（9-1）及式（9-2）外，还应按下列计算式计算其最大载荷：

对天然地基

$$p_{\max} = \frac{m_{to}g}{A} + \frac{Ms_{\max}}{I} \leqslant 1.2\alpha_f f \tag{9-3}$$

对桩基

$$F_{\max} = \frac{m_{to}g}{n_P} + \frac{Ms_{\max}}{\sum s_i^2} \leqslant 1.2\alpha_f f_P \tag{9-4}$$

式中　m_{to}——基组总质量（t）；

　　　g——重力加速度，$g = 9.81 \text{ m/s}^2$；

　　　A——基础底面积（m^2）；

　　　p——基础底面地基的平均静压力设计值（kPa）；

　　　f——地基承载力设计值（kPa）；

　　　F——平均单桩静载荷设计值（kN）；

　　　n_P——桩数；

　　　f_P——单桩承载力设计值（kN）；

　　　M——基础底面上的总力矩（kN·m）；

　　　I——基础底面通过其形心在力矩 M 方向的截面二次矩（惯性矩）（m^4），见表 9-

2;

s_{max}——在平行于力矩 M 方向,由基础底面形心至基础底面边缘的距离,或由桩台底面形心至最外侧桩中心的距离(m);

s_i——在平行于力矩 M 方向,由桩台形心至第 i 根桩中心的距离(m);

p_{max}——基础边缘处的最大静压力(kPa);

F_{max}——单桩上的最大静载荷(kN);

α_f——地基承载力的动力折减因数,可按下列规定采用:对旋转式机械基础可取 $\alpha_f = 0.8$;对锻锤基础可按式(9-5)计算。

$$\alpha_f = \frac{1}{1 + \beta \dfrac{a}{g}} \tag{9-5}$$

其中 a 为基础的振动加速度(m/s²);β 为地基土的动沉陷影响因数,各类地基土的 β 值见表 9-1;其他机械基础可取 $\alpha_f = 1.0$。

表 9-1 地基土承载力标准值 f_k 及动沉陷影响因数 β 值

地基土类别	土的名称	地基土承载力标准值 f_k/kPa	天然地基土动沉陷影响因数 β
一类土	碎石土 粘性土	>500 >250	1.0
二类土	碎石土 粉土、砂土 粘性土	>300~500 >250~400 >180~250	1.3
三类土	碎石土 粉土、砂土 粘性土	>180~300 >160~250 >130~180	2.0
四类土	粉土、砂土 粘性土	>120~160 >80~130	3.0

注:桩基土的动沉陷影响因数 β 值可按桩尖土层的类别选用。

二、基组偏心计算

为防止基础偏沉,应力求使基组总质心与基础底面形心在同一垂直线上。如存在偏心时,应控制其偏心距与平行偏心方向基础底边长之比,即偏心率 e 不超过允许限值:

对汽轮机组和电机基础,$e \leqslant 3\%$;

对一般机械基础,当地基承载力标准值 $f_k \leqslant 150$ kPa 时,$e \leqslant 3\%$;当 $f_k > 150$ kPa 时,$e \leqslant 5\%$;

对金属切削机床基础,当基础倾斜与变形对机床加工精度有影响时,应进行变形验算。当变形不能满足要求时,应采取人工加固地基或增加基础刚度等措施。加工精度要求较高且重力在 50kN 以上的机床,其基础建造在软弱地基上时,宜对地基采取预压加固措施,预压的重力可取机床的重力及加工件最大重力之和的 1.4~2.0 倍,并按实际载荷分布情况分阶段达到预压重力,预压时间可根据地基固结情况决定。

基组总质心的位置,应根据机械、附属设备及基础(包括基础上的填土)的质量和它们

的质心位置按式（9-6）计算

$$\left.\begin{array}{l} x_0 = \dfrac{\sum m_i x_i}{\sum m_i} \\ y_0 = \dfrac{\sum m_i y_i}{\sum m_i} \\ z_0 = \dfrac{\sum m_i z_i}{\sum m_i} \end{array}\right\} \quad (9\text{-}6)$$

式中 x_0，y_0，z_0——基组总质心的坐标；
　　x_i，y_i，z_i——基组各单块体质心的坐标；
　　m_i——基组各单块体的质量。

基础底面的形心位置 O'（x'、y'）按底面几何形状计算。

如图 9-4 所示，基组沿 x 方向和 y 方向的偏心率分别为

$$\left.\begin{array}{l} e_x = \left|\dfrac{x' - x_0}{l_x}\right| \\ e_y = \left|\dfrac{y' - y_0}{l_y}\right| \end{array}\right\} \quad (9\text{-}7)$$

当基础底面为对称图形时，$x' = l_x/2$，$y' = l_y/2$，所以偏心率为

$$\left.\begin{array}{l} e_x = \left|0.5 - \dfrac{x_0}{l_x}\right| \\ e_y = \left|0.5 - \dfrac{y_0}{l_y}\right| \end{array}\right\} \quad (9\text{-}8)$$

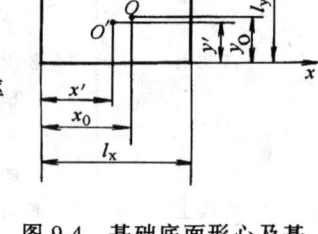

图 9-4　基础底面形心及基组偏心

式中 l_x、l_y——分别为基础底面沿 x 和 y 方向的长度。

对建造在软弱地基上的大型和重要机械的基础及 1t 和 1t 以上的锻锤基础，除应满足上述基础偏心率限值要求外，还宜采用人工地基，以免发生基础偏沉或沉降过大。

第三节　机械基础的动力学计算

机械基础动力学计算的主要目的是计算基组在扰力作用下的响应，以控制基础的最大振动线位移、速度或加速度不超过允许值。

一、地基的刚度系数、刚度及阻尼比

地基的刚度系数和阻尼比是地基的动力特征参数，影响基组振动的特性，对重要的基础，应由现场试验确定，对一般基础，当无条件进行试验并有经验时，可按下述规定确定。

（一）地基的刚度系数

地基的刚度系数是指使地基产生单位弹性位移所需施加的压强。

天然地基的抗压刚度系数 C_z 可按表9-2选取。

表 9-2　天然地基的抗压刚度系数 C_z 值　　　　　　　　　　　　（kN/m³）

地基承载力的标准值 f_k/kPa	土的名称		
	粘性土	粉土	砂土
300	66000	59000	52000
250	55000	49000	44000
200	45000	40000	36000
150	35000	31000	28000
100	25000	22000	18000
80	18000	16000	

注：1. 表中所列 C_z 值适用于基础底面积 $A \geqslant 20 m^2$。若 $A<20 m^2$，则表中数值应乘以 $\sqrt[3]{20/A}$。

2. 表中所列 C_z 值未考虑土的参振质量，因而数值偏低，其影响在基础振动计算时考虑。

天然地基的抗弯、抗剪和抗扭刚度系数可分别按式（9-9）～式（9-11）计算

$$C_\varphi = 2.15 C_z \tag{9-9}$$

$$C_x = 0.70 C_z \tag{9-10}$$

$$C_\psi = 1.05 C_z \tag{9-11}$$

（二）地基的刚度

地基的刚度是指使地基产生单位弹性位移（转角）所需施加的力（力矩）。

对明置基础（置于地面上无埋深的基础），其天然地基的抗压、抗弯、抗剪和抗扭刚度应分别按式（9-12）～式（9-15）计算

$$K_z = C_z A \tag{9-12}$$

$$K_\varphi = C_\varphi I_a \tag{9-13}$$

$$K_x = C_x A \tag{9-14}$$

$$K_\Psi = C_\Psi I_{pz} \tag{9-15}$$

式中　C_z、C_φ、C_x、C_Ψ——分别为天然地基的抗压、抗弯、抗剪和抗扭刚度系数(kN/m³)；

　　　A——基础底面积（m²）；

　　　I_a——基础底面通过其形心轴的截面二次矩（惯性矩）（m⁴），见表9-3；

　　　I_{pz}——基础底面通过其形心轴的截面二次极矩（极惯性矩）（m⁴），见表9-3；

　　　K_z——天然地基的抗压刚度（kN/m）；

　　　K_φ——天然地基的抗弯刚度（kN·m）；

　　　K_x——天然地基的抗剪刚度（kN/m）；

　　　K_Ψ——天然地基的抗扭刚度（kN·m）。

对埋置基础，当地基承载力标准值小于350kPa，且基础四周回填土与地基土的体积质量比不小于0.85时，其抗压、抗弯、抗剪、抗扭刚度可分别按式(9-16)～式(9-19)计算

$$K_z = \alpha_z C_z A \tag{9-16}$$

$$K_\varphi = \alpha_{x\varphi} C_\varphi I_a \tag{9-17}$$

$$K_x = \alpha_{x\varphi} C_x A \tag{9-18}$$

$$K_\Psi = \alpha_{x\varphi} C_\Psi I_{pz} \tag{9-19}$$

其中

$$\alpha_z = (1 + 0.4\delta_b)^2 \tag{9-20}$$

$$\alpha_{x\varphi} = (1 + 1.2\delta_b)^2 \tag{9-21}$$

$$\delta_b = \frac{h_t}{\sqrt{A}} \tag{9-22}$$

式中 α_z——基础埋深对地基抗压刚度的提高因数；

$\alpha_{x\varphi}$——基础埋深对地基抗剪、抗弯、抗扭刚度的提高因数；

δ_b——基础埋深比，当 $\delta_b > 0.6$ 时，取 $\delta_b = 0.6$；

h_t——基础埋置深度（m）；

A——基础底面积（m²）。

当基础与刚性地面相连时，可取地基抗弯、抗剪、抗扭刚度提高因数 $\alpha_{x\varphi} = (1.0 \sim 1.4)$，对软弱地基可取 $\alpha_{x\varphi} = 1.4$，其他地基土的刚度提高因数可适当减小。

表 9-3 基础底面的截面二次矩及基组转动惯量

图 形	计 算 式
	基础底面通过其形心 O' 的截面二次矩（m⁴）
	截面二次矩（惯性矩） x 方向 $\quad I_{ax} = \frac{1}{12} l_x l_y^3$ y 方向 $\quad I_{ay} = \frac{1}{12} l_y l_x^3$ 截面二次极矩（极惯性矩） z 方向 $\quad I_{pz} = I_{ax} + I_{ay}$
	基组对通过总质心 O 的回转轴的转动惯量（t·m²）
	x 方向 $\quad J_x = \frac{1}{12} m_{to} (l_y^2 + l_z^2)$ y 方向 $\quad J_y = \frac{1}{12} m_{to} (l_x^2 + l_z^2)$ z 方向 $\quad J_z = \frac{1}{12} m_{to} (l_x^2 + l_y^2)$

注：表中 m_{to} 为基组总质量（t）。$m_{to} = m_f + m_m + m_s$，m_f 为基础的质量（t）；m_m 为机械及附属设备的质量（t）；m_s 为基础上回填土的质量（t）。

（三）地基的阻尼比

地基的阻尼比是基组振动系统的阻尼系数与临界阻尼系数之比。基础阻尼比不仅与基组振型及埋深比有关，也与基组的质量比及土质有关，天然地基阻尼比可按表 9-4 中有关计算式计算。

表 9-4 天然地基的阻尼比

阻 尼 比		明 置 基 础	埋 置 基 础
竖向阻尼比 ζ_z	粘性土	$\zeta_z = \dfrac{0.16}{\sqrt{\overline{m}}}$	$\zeta_z = \dfrac{0.16}{\sqrt{\overline{m}}}(1+\delta_b)$
	砂土 粉土	$\zeta_z = \dfrac{0.11}{\sqrt{\overline{m}}}$	$\zeta_z = \dfrac{0.11}{\sqrt{\overline{m}}}(1+\delta_b)$
水平回转阻尼比 第1振型 $\zeta_{x\theta1}$ 第2振型 $\zeta_{x\theta2}$		$\zeta_{x\theta1}=\zeta_{x\theta2}=0.5\zeta_z$	$\zeta_{x\theta1}=\zeta_{x\theta2}=0.5\zeta_z(1+2\delta_b)$
扭转阻尼比 ζ_Ψ		$\zeta_\Psi=0.5\zeta_z$	$\zeta_\Psi=0.5\zeta_z(1+2\delta_b)$

注：1. 表中 $\overline{m}$ 为基组质量比，$\overline{m}=m_{t0}/(\rho A\sqrt{A})$，其中 m_{t0} 为基组质量（t）；ρ 为地基土的体积质量（t/m³）；A 为基础底面积（m²）。

2. 表中 δ_b 为基础埋深比，$\delta_b=h_t/\sqrt{A}$，其中 h_t 为基础埋置深度（m）；A 为基础底面积（m²）。当 $\delta_b>0.6$ 时，取 $\delta_b=0.6$。

桩基的刚度系数、刚度、阻尼比等动力参数可由现场试验确定，试验方法应按现行国家标准《地基动力特性测试规范》的规定进行，或按《动力机器基础设计规范》GB50040—96 的规定确定。

二、大块式基础的振动计算

大块式基础的整体刚度较高，其振动可视为弹性地基上的刚体振动，在空间具有 6 个自由度，即基组沿三根垂直轴线的位移和绕三根垂直轴线的回转。图 9-5 为大块式基础的坐标系及振动分量示意图。

对墙式基础，应保证底板、纵横墙和顶板各构件的刚度及构造连接的整体刚度，如其构造符合规范要求，则其动力学计算可视同大块式基础。

基组的实际振动情况很复杂，根据质—弹—阻理论体系及振型分解原理，基组的振动可以分解为三种相互独立的振动：① 沿 z 轴的竖向振动。② 绕 z 轴的扭转振动。③ 在 xOz 或 yOz 平面内的水平回转耦合振动。这三种振动可分别计算，然后叠加。

（一）基组的竖向振动计算

竖向振动的计算简图见图 9-6。

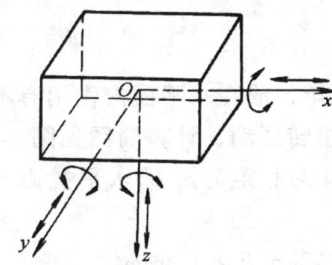

图 9-5 大块式基础的坐标系及振动分量示意图

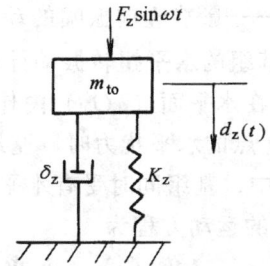

图 9-6 基组竖向振动计算简图

基组在通过其总质心 O 的竖向简谐扰力 $F_z\sin\omega t$ 作用下的运动方程为

$$m_{to}\ddot{d}_z(t) + \delta_z\dot{d}_z(t) + k_z d_z(t) = F_z\sin\omega t \tag{9-23}$$

式中 F_z——机械竖向扰力幅值（kN）；
ω——竖向扰力的角频率（rad/s）；
m_{to}——基组总质量（t）；
$d_z(t)$——基组总质心的竖向位移（m）；
δ_z——地基竖向阻尼系数（kN·s/m）；
k_z——地基的抗压刚度（kN/m）。

解上式可得基组竖向振动位移为

$$d_z(t) = A_z\sin(\omega t - \phi) \tag{9-24}$$

其中

$$A_z = \frac{F_z}{k_z} \frac{1}{\sqrt{(1 - \frac{\omega^2}{\omega_{nz}^2})^2 + 4\zeta_z^2 \frac{\omega^2}{\omega_{nz}^2}}} \tag{9-25}$$

$$\Phi = \arctan\frac{2\zeta_z\omega_{nz}\omega}{\omega_{nz}^2 - \omega^2} \tag{9-26}$$

$$\omega_{nz} = \sqrt{\frac{k_z}{m_{to}}} \tag{9-27}$$

式中 A_z——基组的竖向振动位移幅值（m）；
Φ——扰力与位移间的相位差（rad）；
ω_{nz}——基组竖向振动固有角频率（rad/s）；
ζ_z——地基竖向阻尼比，见表 9-4。

式（9-25）也常表示为如下形式

$$A_z = A_{zst}\eta_z \tag{9-28}$$

$$A_{zst} = \frac{F_z}{K_z} \tag{9-29}$$

$$\eta_z = \frac{1}{\sqrt{(1 - \frac{\omega^2}{\omega_{nz}^2})^2 + 4\zeta_z^2 \frac{\omega^2}{\omega_{nz}^2}}} \tag{9-30}$$

式中 A_{zst}——基组在最大扰力值时的竖向静位移（m）；
η_z——影响竖向振幅的动力因数。

（二）基组的水平扭转振动计算

当基组在水平面（xOy）内作用有绕 z 轴的扭转扰力矩，或在水平面内作用有不通过基组总质心 O 点的水平扰力时，基组将产生绕 z 轴的水平扭转振动，计算简图见图 9-7。

图 9-7 中，基组同时受有水平扭转扰力矩 $M_\Psi\sin\omega t$ 及偏心距为 e_y 的水平扰力 $F_x\sin\omega t$，其扭转振动的运动方程为

$$J_z\ddot{\Psi}(t) + \delta_\Psi\dot{\Psi}(t) + K_\Psi\Psi(t) = (M_\Psi + F_x e_y)\sin\omega t \tag{9-31}$$

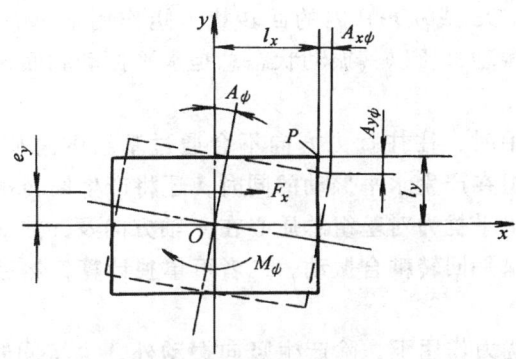

图 9-7 基组水平扭转振动计算简图

式中 M_Ψ——机械水平扭转扰力矩幅值（kN·m）；

F_x——机械水平扰力幅值（kN）；

e_y——机械水平扰力沿 y 轴方向的偏心距（m）；

ω——扰力的角频率（rad/s）；

J_z——基组对通过其总质心的 z 轴的转动惯量（t·m²），见表 9-3；

δ_Ψ——基组水平扭转振动的阻尼系数（kN·m·s）；

K_Ψ——地基的抗扭刚度（kN·m）；

$\Psi(t)$——基组的水平扭转角位移（rad）。

式（9-31）与竖向振动运动方程式（9-23）具有相同的形式，因而可采用类似的方法求解。因为扭转振动时的位移振幅值一般是指基础顶面角点 P 的位移振幅值，该点的水平扭转线位移最大，可得 P 点在 x、y 两个方向的振动线位移分量为

$$A_{x\Psi} = \frac{(M_\Psi + F_x e_y)\, l_y}{K_\Psi \sqrt{(1-\frac{\omega^2}{\omega_{n\Psi}^2})^2 + 4\zeta_\Psi^2 \frac{\omega^2}{\omega_{n\Psi}^2}}} \tag{9-32}$$

$$A_{y\Psi} = \frac{(M_\Psi + F_x e_y)\, l_x}{K_\Psi \sqrt{(1-\frac{\omega^2}{\omega_{n\Psi}^2})^2 + 4\zeta_\Psi^2 \frac{\omega^2}{\omega_{n\Psi}^2}}} \tag{9-33}$$

$$\omega_{n\Psi} = \sqrt{\frac{K_\Psi}{J_z}} \tag{9-34}$$

式中 l_y——基础顶面角点至扭转轴在 y 轴方向的水平距离（m）；

l_x——基础顶面角点至扭转轴在 x 轴方向的水平距离（m）；

$\omega_{n\Psi}$——基组水平扭转振动的固有角频率（rad/s）；

ζ_Ψ——地基扭转阻尼比，见表 9-4。

（三）基组的水平回转耦合振动计算

基组在垂直平面（xOz 或 yOz）内的回转扰力矩作用下，除产生绕水平轴的回转振动外，还将同时产生水平振动，所以其振动状态总是水平振动和回转振动的耦合振动，简称水平回转耦合振动。

基组在水平扰力作用时，往往扰力方向不会通过基组的总质心，若在垂直平面内沿 z 轴方向有偏心距，则基组在产生水平振动的同时，还将产生回转振动，所以其振动状态也是水平回转耦合振动。若水平扰力对基组总质心在 z 轴方向及 x 或 y 轴方向均有偏心距，则基组既有扭转振动，又有水平回转耦合振动，二者可单独计算，然后叠加，其中扭转振动的计算同前。

基组在偏心的竖向扰力作用下，除产生竖向振动外，也将同时产生水平回转耦合振动，二者也可分别计算，然后叠加，其中竖向振动的计算同前。

图 9-8 所示为在垂直平面（xOz）内的回转扰力矩 $M_\theta \sin\omega t$ 与在 z 轴方向有偏心距 h_3 的水平扰力 $F_x \sin\omega t$ 联合作用下基组水平回转耦合振动的计算简图。

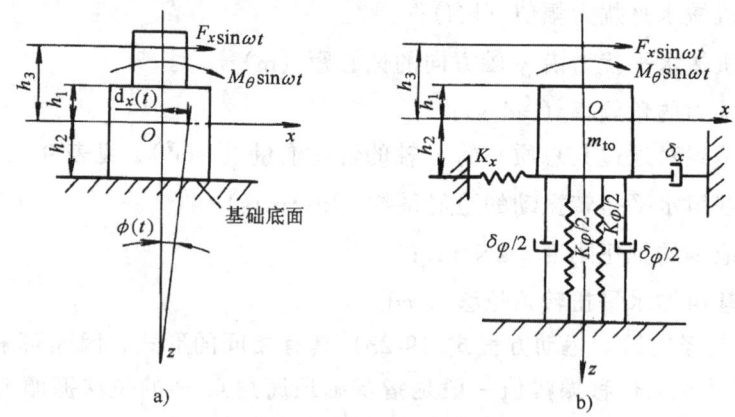

图 9-8　基组水平回转耦合振动计算简图
a) 受力简图　b) 计算简图

设基组总质心在 x 方向的水平位移为 $d_x(t)$，基组在振动平面内的回转角位移为 $\varphi(t)$，相应的运动方程式为

$$m_{to}\ddot{d}_x(t) + \delta_x[\dot{d}_x(t) - \dot{\varphi}(t)h_2] + k_x[d_x(t) - \varphi(t)h_2] = F_x\sin\omega t$$
$$J_y\ddot{\varphi}(t) + [\delta_\varphi\dot{\varphi}(t) + k_\varphi\varphi(t)] - \delta_x[\dot{d}_x(t) - \dot{\varphi}(t)h_2]h_2$$
$$- k_x[d_x(t) - \varphi(t)h_2]h_2 - m_{to}gh_2\varphi(t) = (M_\theta + F_xh_3)\sin\omega t$$

(9-35)

式中　m_{to}——基组总质量（t）；

　　　J_y——基组对通过其总质心 O 并垂直于回转平面的水平轴（图 9-8 中为 y 轴）的转动惯量（t·m²），见表 9-3；

　　　h_2——基组总质心至基础底面的距离（m）；

　　　δ_x——地基水平振动阻尼系数（kN·s/m）；

　　　δ_φ——地基回转振动阻尼系数（kN·m·s）；

　　　k_x——地基抗剪刚度（kN/m）；

　　　k_φ——地基抗弯刚度（kN·m）；

F_x——水平扰力幅值（kN）；

h_3——水平扰力作用线至基组总质心在垂直方向的距离（m）；

M_θ——垂直平面内的回转扰力矩幅值（kN·m）。

式（9-35）中的第一个方程是水平方向振动的运动方程，其等号左边第一项表示水平运动的惯性力，第二项表示水平运动和由于基础回转运动引起地基水平位移的阻尼反力，第三项表示水平运动和由于基础回转运动引起地基水平位移的弹性反力；方程式等号右边为水平扰力。

式（9-35）中的第二个方程是回转振动的运动方程，其等号左边第一项表示回转运动的惯性力矩，第二项表示回转运动引起的地基阻尼反力矩和弹性反力矩，第三项表示水平运动和回转运动引起的基础底面水平位移产生的水平阻尼反力对基阻总质心的力矩，第四项表示水平运动和回转运动引起的基础底面水平位移产生的弹性反力对基组总质心的力矩，第五项表示回转运动引起基组总质心偏移产生的附加力矩（通常该附加力矩很小而可忽略不计）；方程式等号右边为作用在基组上的回转扰力矩之和。

若令 $\delta_x = \delta_\varphi = 0$，$F_x = 0$ 及 $M_\theta = 0$，并略去附加力矩 $m_{to}gh_2\varphi(t)$，即可得无阻尼的水平回转耦合自由振动的运动方程式

$$\begin{bmatrix} m_{to}\ddot{d}_x(t) + k_x[d_x(t) - \varphi(t)h_2] = 0 \\ J_y\ddot{\varphi}(t) + k_\varphi\varphi(t) - k_x[d_x(t) - \varphi(t)h_2]h_2 = 0 \end{bmatrix} \tag{9-36}$$

该方程组的解可取如下形式

$$\begin{bmatrix} d_x(t) = D\sin(\omega_{n\theta}t + \delta) \\ \varphi(t) = \Phi\sin(\omega_{n\theta}t + \delta) \end{bmatrix}$$

即

$$\begin{bmatrix} \ddot{d}_x(t) = -D\omega_{n\theta}^2\sin(\omega_{n\theta}t + \delta) \\ \ddot{\varphi}(t) = -\Phi\omega_{n\theta}^2\sin(\omega_{n\theta}t + \delta) \end{bmatrix}$$

代入式（9-36），并约去 $\sin(\omega_{n\theta}t + \delta)$，可得对幅值 D 和 Φ 的齐次方程组

$$\begin{bmatrix} (k_x - m_{to}\omega_{n\theta}^2)D - k_xh_2\Phi = 0 \\ -k_xh_2D + [k_\varphi + k_xh_2^2 - J_y\omega_{n\theta}^2]\Phi = 0 \end{bmatrix}$$

使该方程组存在非零解的必要条件是其系数的行列式等于零，即

$$\begin{vmatrix} k_x - m_{to}\omega_{n\theta}^2 & -k_xh_2 \\ -k_xh_2 & k_\varphi + k_xh_2^2 - J_y\omega_{n\theta}^2 \end{vmatrix} = 0$$

从而得水平回转耦合振动固有角频率的方程式

$$\omega_{n\theta}^4 - \left[\frac{k_x}{m_{to}} + \frac{k_\varphi + k_xh_2^2}{J_y}\right]\omega_{n\theta}^2 + \frac{k_xk_\varphi}{m_{to}J_y} = 0 \tag{9-37}$$

令

$$\omega_{nx} = \sqrt{\frac{k_x}{m_{to}}} \tag{9-38}$$

$$\omega_{n\varphi} = \sqrt{\frac{k_\varphi + k_xh_2^2}{J_y}} \tag{9-39}$$

其中 ω_{nx} 为基组沿 x 向水平振动固有角频率（rad/s）；$\omega_{n\varphi}$ 为基组绕 y 轴回转振动固有角频率（rad/s）。

则式（9-37）可写为

$$\omega_{n\theta}^4 - (\omega_{nx}^2 + \omega_{n\varphi}^2)\omega_{n\theta}^2 + \omega_{nx}^2 \frac{K_\varphi}{J_y} = 0$$

或

$$\omega_{n\theta}^4 - (\omega_{nx}^2 + \omega_{n\varphi}^2)\omega_{n\theta}^2 + \left[\omega_{nx}^2 \omega_{n\varphi}^2 - \frac{m_{to} h_2^2 \omega_{nx}^2}{J_y}\omega_{nx}^2\right] = 0$$

解该方程可得两个根为

$$\omega_{n\theta 1,2}^2 = \frac{1}{2}\left[(\omega_{nx}^2 + \omega_{n\varphi}^2) \mp \sqrt{(\omega_{nx}^2 - \omega_{n\varphi}^2)^2 + \frac{4 m_{to} h_2^2}{J_y}\omega_{nx}^2}\right] \tag{9-40}$$

可以证明 $\omega_{n\theta 1}^2$ 及 $\omega_{n\theta 2}^2$ 均为正值，且有下列关系

$$\omega_{n\theta 1} < \omega_{nx} < \omega_{n\theta 2}$$
$$\omega_{n\theta 1} < \omega_{n\varphi} < \omega_{n\theta 2}$$

$\omega_{n\theta 1}$ 及 $\omega_{n\theta 2}$ 分别是 $\omega_{n\theta 1}^2$ 及 $\omega_{n\theta 2}^2$ 的正根。工程上常把 $\omega_{n\theta 1}$ 及 $\omega_{n\theta 2}$ 称为水平回转耦合振动的第 1 及第 2 振型的固有角频率。相应于第 1 振型和第 2 振型时基组的水平回转耦合振动振型如图 9-9 所示。

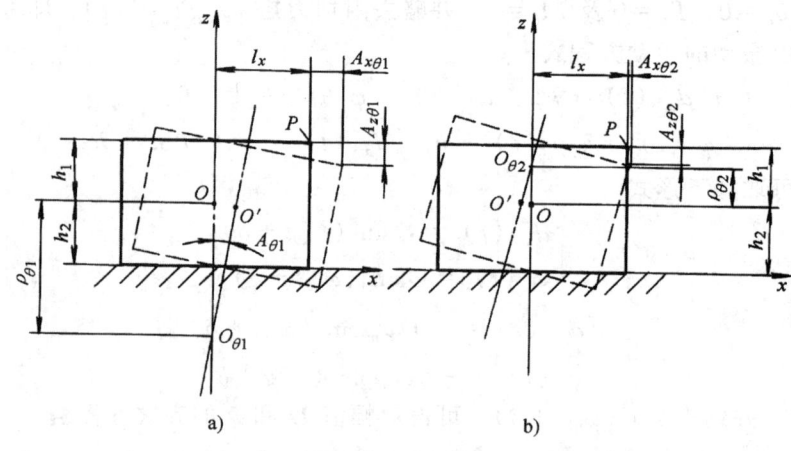

图 9-9 基组水平回转耦合振动的振型
a) 第 1 振型　b) 第 2 振型

由图 9-9 可见，第 1 振型的基组回转中心在 $O_{\theta 1}$，第 2 振型的基组回转中心在 $O_{\theta 2}$。$O_{\theta 1}$、$O_{\theta 2}$ 均在通过总质心 O 的垂线上，$O_{\theta 1}$ 在 O 点下方，$O_{\theta 2}$ 在 O 点上方。它们的当量回转半径 $\rho_{\theta 1}$ 及 $\rho_{\theta 2}$ 可由式（9-41）算得

$$\begin{cases} \rho_{\theta 1} = \dfrac{\omega_{nx}^2 h_2}{\omega_{nx}^2 - \omega_{n\theta 1}^2} > 0 \\ \rho_{\theta 2} = \dfrac{\omega_{nx}^2 h_2}{\omega_{n\theta 2}^2 - \omega_{nx}^2} > 0 \end{cases} \tag{9-41}$$

于是，基础顶面控制点 P 的竖向和水平向振动线位移幅值分别为

$$A_{x\theta} = (A_{\theta 1} + A_{\theta 2}) l_x \tag{9-42}$$

$$A_{x\theta} = A_{\theta 1}(\rho_{\theta 1} + h_1) + A_{\theta 2}(h_1 - \rho_{\theta 2}) \tag{9-43}$$

其中

$$A_{\theta 1} = \frac{M_{\theta 1}}{(J_y + m_{\text{to}} \rho_{\theta 1}^2)\ \omega_{n\theta 1}^2} \eta_1 \tag{9-44}$$

$$A_{\theta 2} = \frac{M_{\theta 2}}{(J_y + m_{\text{to}} \rho_{\theta 2}^2)\ \omega_{n\theta 2}^2} \eta_2 \tag{9-45}$$

$$\eta_1 = \frac{1}{\sqrt{(1 - \frac{\omega^2}{\omega_{n\theta 1}^2})^2 + 4\zeta_{x\theta 1}^2 \frac{\omega^2}{\omega_{n\theta 1}^2}}} \tag{9-46}$$

$$\eta_2 = \frac{1}{\sqrt{(1 - \frac{\omega^2}{\omega_{n\theta 2}^2})^2 + 4\zeta_{x\theta 2}^2 \frac{\omega^2}{\omega_{n\theta 2}^2}}} \tag{9-47}$$

式中 $A_{z\theta}$——水平回转耦合振动时基础顶面控制点竖向振动线位移幅值（m）；

$A_{x\theta}$——水平回转耦合振动时基础顶面控制点水平振动线位移幅值（m）（图 9-9 中为 x 方向）；

$A_{\theta 1}$、$A_{\theta 2}$——分别为水平回转耦合振动时第 1 振型和第 2 振型的回转角位移幅值（rad）；

h_1——基组总质心至基础顶面的距离（m）；

l_x——基础顶面控制点至 z 轴在 x 方向的距离（m）；

m_{to}——基组总质量（t）；

$M_{\theta 1}$，$M_{\theta 2}$——绕通过水平回转耦合振动第 1 振型和第 2 振型回转中心并垂直于回转面 xOz 的轴（图 9-9 中为 y 轴）的总回转扰力矩（kN·m）；

J_y——基组对回转轴（图 9-9 中为对 y 轴）的转动惯量（t·m^2）；

$\rho_{\theta 1}$、$\rho_{\theta 2}$——基组水平回转耦合振动第 1 振型和第 2 振型的当量回转半径（m），见式（9-41）；

$\zeta_{x\theta 1}$、$\zeta_{x\theta 2}$——基组水平回转耦合振动第 1 振型和第 2 振型地基阻尼比，见表 9-4；

ω——机械扰力和扰力矩角频率（rad/s）；

$\omega_{n\theta 1}$、$\omega_{n\theta 2}$——基组水平回转耦合振动第 1 振型和第 2 振型固有角频率（rad/s），见式（9-40）。

在计算中，应注意基组是绕 x 轴回转还是绕 y 轴回转，因为两个方向的 J_x 和 J_y、l_x 和 l_y 的值是不同的。

对框架式基础、联合基础及其他型式基础的动力学计算详见 [72]。

（四）振动量的修正和叠加

1. 振动量的修正

根据测试结果分析，土的参振质量变化范围很大，约为基础本身质量的 0.43～2.9 倍，且与基组的质量比或基础底面积均无明显的规律性，因此振动计算时土的参振质量很难准确规定。表 9-2 中给出的天然地基抗压刚度系数 C_z 未考虑土的参振质量的影响，由此计算得到的基组固有频率较为接近实际值，但使 C_z 值偏低，而使计算的基础振动线位移值偏大。

因此,《动力机器基础设计规范》GB50040—96 规定：C_z 值按表 9-4 取值，除冲击性扰力机械和热模锻压力机基础外，计算天然地基大块式基础的振动线位移时，应将计算所得的竖向振动线位移幅值（A_z、$A_{z\theta}$）乘以 0.7，水平向振动线位移幅值（$A_{x\psi}$、$A_{y\psi}$、$A_{x\theta}$、$A_{y\theta}$）乘以 0.85。

2. 振动量的叠加

当机械的扰力比较复杂而出现多种振动型式时，可按振型分解原理，用前述计算方法分别求得各型振动分量，再按式（9-48）～式（9-51）叠加

$$A = \sqrt{(\sum_{j=1}^{n} A'_j)^2 + (\sum_{k=1}^{m} A''_k)^2} \tag{9-48}$$

$$v = \sqrt{(\sum_{j=1}^{n} \omega' A'_j)^2 + (\sum_{k=1}^{m} \omega'' A''_k)^2} \tag{9-49}$$

$$\omega' = 0.105 n \tag{9-50}$$

$$\omega'' = 0.210 n \tag{9-51}$$

式中　A'_j——在机械第 j 个一谐扰力或扰力矩作用下，基础顶面控制点的振动线位移幅值（m）；

　　　A''_k——在机械第 k 个二谐扰力或扰力矩作用下，基础顶面控制点的振动线位移幅值（m）；

　　　A——基础顶面控制点的总振动线位移幅值（m）；

　　　v——基础顶面控制点的总振动速度幅值（m/s）；

　　　ω'——机械的一谐扰力和扰力矩角频率（rad/s）；

　　　ω''——机械的二谐扰力和扰力矩角频率（rad/s）；

　　　n——机械工作转速（r/min）。

应使总振动线位移及总振动速度不超过机械允许的最大值。如《动力机器基础设计规范》GB50040—96 中规定：活塞式压缩机基础顶面控制点的最大振动线位移应小于 0.20mm，最大振动速度应小于 6.30mm/s；透平压缩机基础顶面控制点的最大振动速度应小于 5.0mm/s；对有冲击性扰力的机械如锻锤，还规定了允许的最大振动加速度。

第四节　机械基础的构造与材料

一、机械基础的构造

机械基础的构造应能保证基础在静力和动力载荷作用下具有足够的整体刚度和强度，防止基础构件的过大变形和开裂，并便于施工。

一般规定，基础顶面尺寸应比安装在其上面的机械设备的底面尺寸稍大，每边大出尺寸不宜小于 100mm。除锻锤基础外，在机械底座下应预留二次灌浆层，其厚度不宜小于 25mm。二次灌浆层应在设备安装就位并初调后，用微膨胀混凝土填充密实，且与混凝土基础面结合。

基础地脚螺栓设置的规定：地脚螺栓轴线至基础边缘的距离不应小于 4d（d 为地脚螺栓直径）或 80mm。预留螺栓孔边至基础边缘的距离不应小于 100mm，否则应采取加强措施，如设置钢筋网或局部配筋。预埋地脚螺栓底面下的混凝土净厚度不应小于 50mm，当为

预留孔时则不应小于 100mm。

降低基础高度既有利于减小扰力矩，也有利于提高经济性。因此，地脚螺栓应避免过粗过长，以免增大基础的宽度和高度。由于混凝土对地脚螺栓的握裹力，仅在距混凝土表面约 $15d$ 的深度范围内有明显作用，因此，地脚螺栓的埋置深度以不超过 $(30\sim40)d$ 为宜。为缩短地脚螺栓长度，可采用预埋锚板地脚螺栓或爪式地脚螺栓，也可采用预埋套管地脚螺栓，见图 9-10。一般，带弯钩地脚螺栓的埋置深度不应小于 $20d$，带锚板和预埋套管地脚螺栓的埋置深度不应小于 $15d$。

基础整体宜采用整体式或装配整体式结构。对于基础块体强度薄弱的地方，或构造尺寸不能满足规定要求时，应局部配置辅助构造钢筋，以免基础开裂。

当基组出现回转振动时，地基支承面上将产生不均匀的压强，两端边缘处的压强大于中部的压强，致使地基支承面形成拱状，如图 9-11 所示。拱状的支承面使实际支承面积减小，不能保证可靠稳固地支承基础，也降低了基组固有频率，增加了共振危险。为避免支承面形成拱状，可在基础底面中部做出凹槽，如图 9-12 所示。具体做法是：在基础底面中部要做凹槽的地基处，先铺上一层松土或砂层，当基础做好后再把松土或砂土吹除，使基础底部形成凹槽。为防止凹槽边缘的基础体开裂，凹槽不宜太深，且宜在凹槽附近布置受弯钢筋。

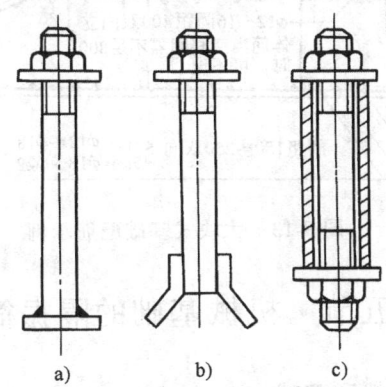

图 9-10 地脚螺栓简图

a) 预埋锚板地脚螺栓　b) 爪式地脚螺栓　c) 预埋套管地脚螺栓

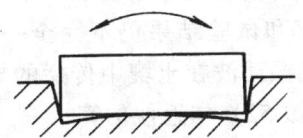

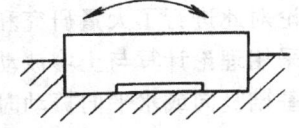

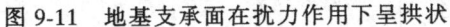

图 9-11 地基支承面在扰力作用下呈拱状　　　图 9-12 基础底面中部做出凹槽

此外，也可采用超载预压地基或人工地基，以消除支承面呈拱状的现象。

二、机械基础的材料

机械基础多用混凝土或钢筋混凝土建造。大块式和墙式基础采用的混凝土强度等级不宜低于 C15。对按构造要求设计的或不直接承受冲击力的大块式基础或墙式基础，可采用强度等级为 C10 的混凝土。

对于有防水、防油、防渗等要求的基础，应采用 C20 防水混凝土，并要求在施工时震捣密实。防水基础还应掺入防水剂，必要时可做防水层。防油基础可在基础表面涂防油材料或加防护盖板。

机械基础的配筋，一般采用Ⅰ级或Ⅱ级钢筋，不宜使用冷轧钢筋。对受冲击较大的部位，应尽量采用热轧变形钢筋，并不宜采用有焊接接头的钢筋。对体积小于 40m³ 的大块式基础，一般可不配筋或作局部配筋。对体积大于 40m³ 的基础，应沿基础周边配置直径较小、间距较密的钢筋网。配置钢筋应按《混凝土结构设计规范》GBJ10—89 的有关规定进行。图 9-13 为大块式基础配筋的示例，图中 φ 表示采用Ⅰ级钢筋，Φ 表示采用Ⅱ级钢筋。

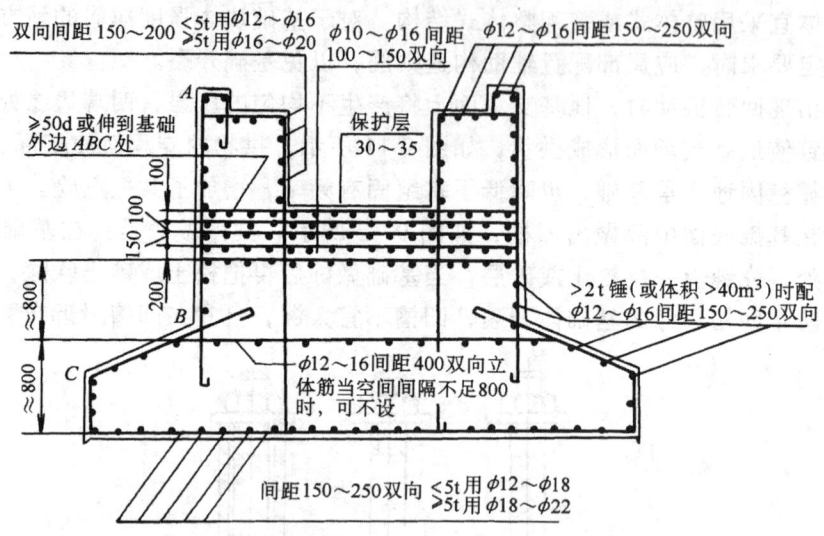

图 9-13 大块式基础配筋示例

第五节 机械基础的隔振简介

一、弹性波在土壤中的传播和衰减

机械产生的振动波，通过基础和地基周围土壤向四周传播，由于土壤对振动能量的吸收，振动波将随传播距离的增加而衰减。振动波在土壤中传播的规律很复杂，不少学者运用弹性波理论对此进行了大量研究和试验，但至今理论计算和试验结果仍不完全一致。因此，目前大多采用理论计算与土壤波动试验相结合的方法研究振动波在土壤中传播的规律。

机械基础竖向或水平向振动时地面振动衰减可按式（9-52）作近似估算

$$A_r = A_0 \left[\frac{r_0}{r} \xi_0 + \sqrt{\frac{r_0}{r}} (1-\xi_0) \right] e^{-f_0 \alpha_0 (r-r_0)} \tag{9-52}$$

对于方形及矩形基础

$$r_0 = \mu_1 \sqrt{\frac{A}{\pi}} \tag{9-53}$$

对于圆形基础

$$r_0 = \sqrt{\frac{A}{\pi}} \tag{9-54}$$

式中　A_r——距振动中心 r 处地面上的振动线位移幅值（m）；

A_0——振动基础的振动线位移幅值（m）；

f_0——基础上机械的扰力频率（Hz），一般为 50Hz 以下。对于冲击机械，可采用基础的固有频率 f_n；

r_0——圆形基础的半径或矩形及方形基础的当量半径（m）；

r——振动基础中心至地面考察点的水平距离（m）；

ξ_0——地基土的性质和基础底面积大小对振动波传播的影响因数，见表 9-5；

α_0——地基土能量吸收系数（s/m），见表 9-6；

μ_1——动力影响因数，见表 9-7。

表 9-5 影响因数 ξ_0

土的名称	振动基础的半径或当量半径 r_0/m							
	≤0.5	1.0	2.0	3.0	4.0	5.0	6.0	≥7.0
一般粘性土、粉土、砂土	0.70~0.95	0.55	0.45	0.40	0.35	0.25~0.30	0.23~0.30	0.15~0.20
饱和软土	0.70~0.95	0.50~0.55	0.40	0.35~0.40	0.23~0.30	0.22~0.30	0.20~0.25	0.10~0.20
岩石	0.80~0.95	0.70~0.80	0.65~0.70	0.60~0.65	0.55~0.60	0.50~0.55	0.45~0.50	0.25~0.35

注：1. 对于饱和软土，当地下水深≤1m 时，ξ_0 取较小值；在 1~2.5m 时，ξ_0 取较大值；≥2.5m 时，取一般粘性土的 ξ_0 值。

2. 对于岩石，覆盖层在 2.5m 以内时，ξ_0 取较大值；在 2.5~6m 时，ξ_0 取较小值；超过 6m 时，取一般粘性土的 ξ_0 值。

表 9-6 地基土能量吸收系数 α_0 值

地基土名称及状态		$\alpha_0/(10^{-3}\text{s}\cdot\text{m}^{-1})$
岩石（覆盖层 1.5~2.0m）	页岩、石灰岩	0.385~0.485
	砂岩	0.580~0.775
硬塑的粘土		0.385~0.525
中密的块石、卵石		0.850~1.100
可塑的粘土和中密的粗砂		0.965~1.200
软塑的粘土、粉土和稍密的中砂、粗砂		1.255~1.450
淤泥质粘土、粉土和饱和细砂		1.200~1.300
新近沉积的粘土和非饱和松散砂		1.800~2.050

注：1. 同一类地基土，振动设备大者（如 10t、16t 锻锤），α_0 取小值；振动设备小时，α_0 取较大值。

2. 同等情况下，土壤孔隙比大则 α_0 取偏大值，孔隙比小则 α_0 取偏小值。

表 9-7 动力影响因数 μ_1

基础底面积 A/m²	≤10	12	14	16	≥20
μ_1	1.00	0.96	0.92	0.88	0.80

二、机械基础的隔振

对有振动的机械设备采取的隔振叫积极隔振或主动隔振,对需要防止受振动影响的机械、设备、仪器等采用的隔振叫消极隔振或被动隔振。一般在设计中应尽量采用积极隔振,当积极隔振有困难或效果不能满足要求时,可采用或同时采用消极隔振。

积极隔振和消极隔振的原理是相似的,都是在振动波传播的路径上安置合适的弹性阻尼装置——隔振器,使振动大部分被隔离掉。

机械基础隔振器常用材料有橡胶、钢制弹簧、泡沫塑料、聚苯乙烯板及木材等。其中橡胶制成的隔振器因具有良好的弹性、较大的阻尼、成型简单等优点而被广泛采用,运输胶带和橡胶板也常被用于制作橡胶隔振器。钢制弹簧隔振器则因有稳定的力学性能、使用寿命长、不怕油渍污染、且可做得刚度很小等特点而被普遍采用,但因其阻尼很小,当用于可能有较大的通过共振场合时,为加快振动的衰减,使基组尽快越过共振区,常与用橡胶等有较大阻尼的材料制成的隔振器联合使用。金属弹簧隔振器对低频振动的隔振效果较好,对高频振动的隔振效果较差。

(一) 隔振器的布置形式

1. 支承式

支承式隔振器的布置形式如图 9-14 所示。其中垂直支承式主要用于隔离垂直方向的振动;基组质心较高时,宜用高支点垂直支承式;扰力以水平方向为主时,宜用水平支承式。

对于有冲击性扰力的锻锤等机械,其隔振器可以置于基础下方,也可以置于砧座与基础之间,后者不仅有显著的隔振效果,而且基础底面尺寸及埋深小,施工方便,具有较好的经济性。

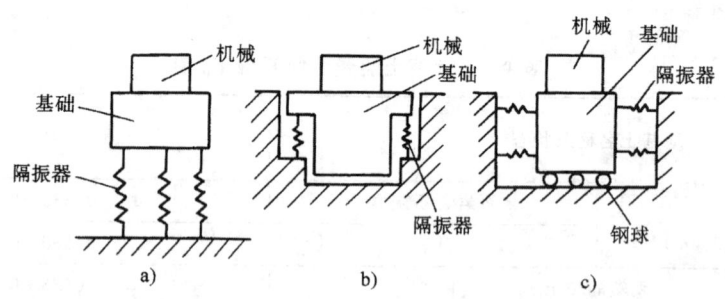

图 9-14 支承式隔振器的布置形式
a) 低支点垂直支承式 b) 高支点垂直支承式 c) 水平支承式

对于精密机床、数控机床等基础,可在基础四周粘贴泡沫塑料、聚苯乙烯等隔振材料,或在基础四周设置隔振沟,隔振沟的深度与基础深度相同,宽度为 100mm,沟内可充填海绵、乳胶等材料或不充填任何填料。

2. 悬挂式

悬挂式隔振器的布置形式如图 9-15 所示。根据隔振器受力不同分承拉式和承压式。悬挂式隔振器的各向水平刚度很小,对水平振动的隔振效果较好,常用于扰力频率较低的精密机械的隔振。

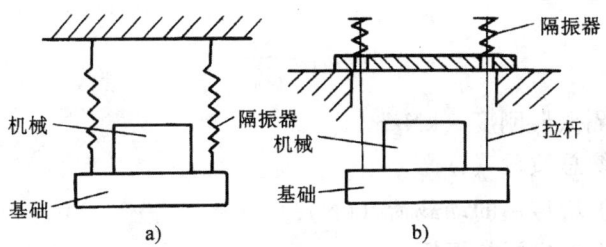

图 9-15 悬挂式隔振器的布置形式
a) 承拉式 b) 承压式

(二) 隔振器的要求

隔振器应有良好的隔振效果，结构简单，性能稳定，易安装调整，经济性好。

隔振器的隔振效果可用隔振因数来衡量。

对积极隔振，其振源是机械本身，若隔振前机械传给地基的动载荷最大值为 F，隔振后减小为 F'，则隔振因数可表示为

$$\beta = \frac{F'}{F} \tag{9-55}$$

对消极隔振，其振源是其他机械传给地基的振动，若隔振前机械的振幅为 A，隔振后减小为 A'，则隔振因数可表示为

$$\beta = \frac{A'}{A} \tag{9-56}$$

无论是积极隔振还是消极隔振，当振源是简谐振动时，若不计阻尼的影响，隔振因数均可近似由式 (9-57) 计算

$$\beta = \left| \frac{1}{\frac{\omega^2}{\omega_{ni}^2} - 1} \right| \tag{9-57}$$

$$\omega_{ni} = \sqrt{\frac{k_i}{m_i}} \tag{9-58}$$

式中　ω——机械的扰力角频率或地基的干扰振动角频率 (rad/s)；

ω_{ni}——隔振系统的固有角频率 (rad/s)；

k_i——隔振器的刚度 (kN/m)；

m_i——隔振系统 (包括被隔振机械、隔振器及隔振器底座) 的总质量 (t)。

显然，隔振因数 β 应小于 1。β 愈小，隔振效果愈好。由式 (9-57) 知，为提高隔振效果，应使 $\omega \gg \omega_{ni}$。通常应使 $\omega/\omega_{ni} = 2.5 \sim 5$，以使 $\beta < 0.2$，意味着将有 80% 以上的振动被隔离。为此，应适当减小隔振器的刚度 k_i 和增大隔振系统的质量 m_i。

设计时可按式 (9-59) ~ 式 (9-61) 近似确定隔振器的刚度和隔振系统质量

$$k_i \leqslant \frac{\omega^2 m_i}{1 + \frac{1}{\beta}} \tag{9-59}$$

或
$$k_i \leqslant \frac{F'}{A'} \tag{9-60}$$

$$m_i \geqslant \frac{k_i}{\omega_{ni}^2} \tag{9-61}$$

式中 k_i——要求的隔振器刚度（kN/m）；

m_i——隔振系统总质量（t）；

F'——经过隔振后传递的动载荷（kN）；

A'——经过隔振后机械的振幅（m）；

β——要求的隔振因数；

ω——机械的扰力角频率或地基的干扰振动角频率（rad/s）；

ω_{ni}——隔振系统的固有角频率（rad/s）。

一般情况下，常用隔振材料的阻尼比不大，设计隔振器时可不考虑阻尼的影响。但当隔振系统存在"通过共振"现象时，应设法增大隔振器的阻尼比，以减小机械在起动和停止过程中因扰力角频率通过共振区时出现的最大振幅，此时应采用如磁感应阻尼、空气阻尼、液体阻尼等的隔振器。

隔振器的详细设计可参考有关资料 [73]、[75]、[76]。

例 9-1 某风机由电动机直接带动，转速为 $n=960$r/min，风机连同电动机的不平衡惯性力 $F=600$N，风机与电动机质量 $m_0=700$kg。要求传给基础的动载荷 $F' \leqslant 200$N，风机允许的振动速度 $v_P=0.01$m/s。试确定垂直方向隔振器参数。

解：扰力角频率

$$\omega = \frac{2\pi n}{60} = \frac{2\pi \times 960}{60} \text{rad/s} = 100 \text{ rad/s}$$

隔振后允许振幅

$$A' = \frac{v_P}{\omega} = \frac{0.01}{100}\text{m} = 1 \times 10^{-4}\text{m}$$

要求的隔振因数

$$\beta = \frac{F'}{F} = \frac{200}{600} = \frac{1}{3}$$

要求隔振系统的固有角频率

$$\omega_{ni} = \omega\sqrt{\frac{\beta}{1+\beta}} = 100 \times \sqrt{\frac{1/3}{1+1/3}}\text{rad/s} = 50 \text{ rad/s}$$

要求隔振器的刚度

$$k_i = \frac{F'}{A'} = \frac{200}{1 \times 10^{-4}}\text{N/m} = 2 \times 10^6 \text{N/m}$$

隔振系统总质量

$$m_i = \frac{k_i}{\omega_{ni}^2} = \frac{2 \times 10^6}{50^2}\text{kg} = 800\text{kg}$$

隔振器底座的质量

$$m_B = m_i - m_0 = 800 - 700\text{kg} = 100\text{kg}。$$

思 考 题

1. 常见机械基础的结构型式有哪几种？各有什么特点？
2. 机械基础设计有哪些一般规定？
3. 机械基础静力学计算的目的是什么？主要计算内容有哪些？
4. 机械基础动力学计算的目的是什么？主要计算内容有哪些？
5. 什么是地基的刚度及刚度系数？
6. 简述大块式基础振动计算的主要内容。
7. 为什么要进行基础振动量的修正？有何具体规定？
8. 如何进行振动量的叠加？
9. 设置基础地脚螺栓有何规定？
10. 基础常用隔振器有哪些布置型式？各有什么特点？
11. 对机械基础隔振器的材料有何要求？常用哪些材料？
12. 如何衡量隔振器的隔振效果？

附录 A 拉氏变换及其应用

一、拉氏变换

1. 拉氏变换的定义

有一函数 $f(t)$，t 是实变数，假定当 $t \geqslant 0$ 时，下列积分的值存在

$$\int_0^\infty f(t)e^{-st}dt = \lim_{\substack{a\to 0^+ \\ b\to\infty}} \int_a^b f(t)e^{-st}dt = F(s)$$

则由 $f(t)$ 到 $F(s)$ 的运算叫做对函数 $f(t)$ 作拉普拉斯（Laplace）变换，简称拉氏变换，记为

$$F(s) = L[f(t)]$$

式中 $f(t)$ 叫拉氏变换的原函数；$F(s)$ 叫 $f(t)$ 的象函数；s 是一个具有正实数部分的复变数，即 $\mathrm{R_e}s > 0$。所以，拉氏变换是由原函数 $f(t)$ 求象函数 $F(s)$ 的运算。

由象函数 $F(s)$ 求其原函数 $f(t)$ 的运算叫做拉氏反变换，其计算式为

$$f(t) = \frac{1}{2\pi i}\int_{C-i\infty}^{C+i\infty} F(s)e^{st}ds$$

记为

$$L^{-1}[F(s)] = f(t)$$

其中 C 是任意的一个实数，即 $C = \mathrm{R_e}(s)$。

2. 拉氏变换的基本性质

设 $L[f(t)] = F(s)$，a、b 为常数，则有：

（1）拉氏变换是线性变换

$$L[af_1(t) + bf_2(t)] = aF_1(s) + bF_2(s)$$

（2）时间推移时的拉氏变换

$$L[f(t - t_0)] = \int_0^\infty f(t - t_0)e^{-st}dt = e^{-st_0}F(s)$$

（3）时间比例尺改变时的拉氏变换

$$L\left[f\left(\frac{t}{a}\right)\right] = aF(as) \qquad (a > 0)$$

(4) 函数导数的拉氏变换

$$L\left[\frac{\mathrm{d}}{\mathrm{d}t}f(t)\right] = sF(s) - f(0)$$

$$L\left[\frac{\mathrm{d}^2}{\mathrm{d}t^2}f(t)\right] = s^2F(s) - sf(0) - \dot{f}(0)$$

$$L\left[\frac{\mathrm{d}^n}{\mathrm{d}t^n}f(t)\right] = s^nF(s) - s^{n-1}f(0) - s^{n-2}\dot{f}(0) - \cdots - sf^{n-2}(0) - f^{n-1}(0)$$

式中 $f(0)$、$\dot{f}(0)\cdots f^{n-1}(0)$ 分别代表 $f(t)$、$\dot{f}(t)\cdots f^{n-1}(t)$ 在 $t=0$ 处的值。

(5) 函数积分的拉氏变换

$$L\left[\int f(t)\mathrm{d}t\right] = \frac{F(s)}{s} + \frac{\left[\int f(t)\mathrm{d}t\right]_{t=0}}{s}$$

$$L\left[\iint f(t)\mathrm{d}t\mathrm{d}t\right] = \frac{F(s)}{s^2} + \frac{\left[\int f(t)\mathrm{d}t\right]_{t=0}}{s^2} + \frac{\left[\iint f(t)\mathrm{d}t\mathrm{d}t\right]_{t=0}}{s}$$

$$L\left[\int\cdots\int f(t)(\mathrm{d}t)^n\right] = \frac{F(s)}{s^n} + \sum_{K=1}^{n}\frac{1}{S^{n-K+1}}\left[\int\cdots\int f(t)(\mathrm{d}t)^K\right]_{t=0}$$

(6) 初值定理　如果函数 $f(t)$ 在 $t\rightarrow 0$ 时存在极限，则

$$\lim_{t\rightarrow 0}f(t) = \lim_{s\rightarrow\infty}sF(s)$$

(7) 终值定理　如果函数 $f(t)$ 在 $t\rightarrow\infty$ 时存在极限，并且在原点处以外无极点，则

$$\lim_{t\rightarrow\infty}f(t) = \lim_{s\rightarrow 0}sF(s)$$

附录表 1-1 列出了常用函数的拉氏变换，可供作拉氏变换和拉氏反变换时查用。

附录表 1-1　常用函数的拉氏变换

原函数 $f(t)$	象函数 $F(s)$	原函数 $f(t)$	象函数 $F(s)$
单位脉冲 $\delta(t)$	1	$\cos\omega t$	$\dfrac{s}{s^2+\omega^2}$
单位阶跃 $1(t)$	$\dfrac{1}{s}$	$e^{-at}\sin\omega t$	$\dfrac{\omega}{(s+a)^2+\omega^2}$
t	$\dfrac{1}{s^2}$	$e^{-at}\cos\omega t$	$\dfrac{s+a}{(s+a)^2+\omega^2}$
e^{-at}	$\dfrac{1}{s+a}$	$\dfrac{1}{b-a}(e^{-at}-e^{-bt})$	$\dfrac{1}{(s+a)(s+b)}$
te^{-at}	$\dfrac{1}{(s+a)^2}$	$\dfrac{1}{b-a}(be^{-at}-ae^{-at})$	$\dfrac{s}{(s+a)(s+b)}$
t^n	$\dfrac{n!}{s^{n+1}}$	$\dfrac{1}{ab}\left[1+\dfrac{1}{a-b}(be^{-at}-ae^{-bt})\right]$	$\dfrac{1}{s(s+a)(s+b)}$
$t^n e^{-at}$	$\dfrac{n!}{(s+a)^{n+1}}$	$\dfrac{1}{a^2}(at-1+e^{-at})$	$\dfrac{1}{s^2(s+a)}$
$\sin\omega t$	$\dfrac{\omega}{s^2+\omega^2}$		

3．几个特殊函数的拉氏变换

（1）阶跃函数和单位阶跃函数　设下述阶跃函数
$$f(t) = 0 \quad (t<0)$$
$$= A = \text{const} \quad (t>0)$$

根据拉氏变换定义，该阶跃函数的拉氏变换为
$$L[f(t)] = \int_0^\infty A e^{-st} dt = \frac{A}{s}$$

当 $A=1$ 时，该函数称为单位阶跃函数，可写为
$$1(t) = 0 \quad (t<0)$$
$$= 1 \quad (t>0)$$

此时其拉氏变换
$$L[1(t)] = \int_0^\infty e^{-st} dt = \frac{1}{s}$$

（2）斜坡函数　设下述函数
$$f(t) = 0 \quad (t<0)$$
$$= At \quad (t \geq 0)$$

式中 A 为常数。利用分部积分公式可得其拉氏变换为
$$L[f(t)] = \int_0^\infty At e^{-st} dt = \int_0^\infty \frac{At}{-s} de^{-st}$$
$$= At \frac{e^{-st}}{-s}\bigg|_0^\infty - \int_0^\infty \frac{A}{-s} e^{-st} dt = \frac{A}{s} \int_0^\infty e^{-st} dt = \frac{A}{s^2}$$

（3）脉动函数、脉冲函数和单位脉冲函数　设下述函数
$$f(t) = A = \text{const} \quad (0<t<t_0)$$
$$= 0 \quad (t<0,\ t_0<t)$$

该脉动函数可以看作是一个从 $t=0$ 开始的高度为 A 的阶跃函数，再叠加一个从 $t=t_0$ 开始的高度为 $(-A)$ 的阶跃函数，即
$$f(t) = A1(t) - A1(t-t_0)$$

所以其拉氏变换为
$$L[f(t)] = L[A1(t)] - L[A1(t-t_0)]$$
$$= \frac{A}{s} - \frac{A}{s} e^{-st_0} = \frac{A}{s}(1 - e^{-st_0})$$

如果脉动函数的脉动高度为 A/t_0，而持续时间 $t_0 \to 0$，则脉动高度 A/t_0 将趋近于无穷大，但在一个脉动下的面积始终等于 A，这种脉动函数称为脉冲函数。当一个脉冲下的面积 $A=1$ 时，该脉冲函数称为单位脉冲函数或称为狄拉克（Dirac）δ 函数，常用 $\delta(t)$ 来表示。单位脉冲函数的拉氏变换为
$$L[\delta(t)] = 1$$

由于实际系统的输入信号具有随机性，给分析和试验系统的性能带来困难。因此，通常都是以典型信号如单位阶跃函数、斜坡函数、单位脉冲函数以及正弦、余弦等作为输入信号，对系统进行分析和试验。这些典型信号都是很简单的时间函数，利用它们进行数学分析和试验比较容易。具体分析和试验时究竟用哪一种典型信号，应视机械系统在正常工作时的

主要输入信号的特性而定。如果系统的实际输入量是随时间逐渐变化的，则可取斜坡函数作为分析和试验信号；如系统的输入是突然的扰动，则可取单位阶跃函数作为分析和试验信号；如系统承受冲击输入，则应取单位脉冲函数作为分析和试验信号。

上述典型信号相对于系统的实际输入是"严酷"的，但如果系统在严酷的试验输入信号下其性能能满足设计要求，则一般来说在正常的比较"平缓"的输入下其性能也是能满足设计要求的。

二、用拉氏变换解常系数线性微分方程

任何一个机械系统都是由一定的质量、弹性和阻尼特性的零部件组成的系统，在其运行过程中不断进行着能量、物料和信息的转换，这个转换过程一般都可以用微分方程建立的数学模型来表述。拉氏变换是求解常系数线性微分方程的一种简易的方法。

求解常系数线性微分方程通常需利用初始条件确定积分常数，其计算有时比较困难。而拉氏变换本质上是一种积分变换，它把一个用时间变量 t 描述的物理过程转换成用复变数 s 来描述的过程，将用 t 表达的微分方程简化成用 s 表达的代数方程，所以计算简便。利用拉氏变换求解常系数线性微分方程的步骤如下：

1) 先根据研究对象的物理特性列出微分方程，然后通过拉氏变换将微分方程的每一项进行变换，演化成复变数 s 的代数方程。如果所有的初始条件为零，则变换时可简单地用 s 代替 d/dt，用 s^2 代替 d^2/dt^2。

2) 求出象函数 $F(s)$，再通过拉氏反变换就可求得原函数 $f(t)$，即微分方程的解。

例如，附录图 1-1 所示的机械系统，在外界无作用力输入时，系统处于静止状态，即满足初始状态为零的条件。现有一冲击力 $\delta(t)$ 作用于质量 m，求系统的运动。

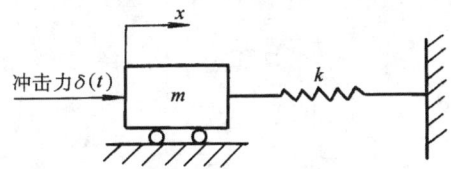

附录图 1-1 受冲击力作用的机械系统

该系统在单位脉冲 $\delta(t)$ 作用下的微分方程为
$$m\ddot{x} + kx = \delta(t)$$
对方程各项作拉氏变换，即
$$L[m\ddot{x}] = m[s^2 X(s) - sx(0) - \dot{x}(0)]$$
$$L[kx] = kx(s)$$
$$L[\delta(t)] = 1$$
于是原方程转化为
$$m[s^2 X(s) - sx(0) - \dot{x}(0)] + kX(s) = 1$$
根据初始条件 $x(0) = 0, \dot{x}(0) = 0$，所以

$$X(s) = \frac{1}{ms^2 + k} = \frac{\sqrt{\dfrac{k}{m}}}{s^2 + \dfrac{k}{m}} \cdot \frac{1}{\sqrt{mk}}$$

查拉氏变换表得 $X(s)$ 的原函数为 $x(t)$,$\dfrac{\sqrt{\dfrac{k}{m}}}{s^2+\dfrac{k}{m}}$ 的原函数为 $\sin\sqrt{\dfrac{k}{m}}t$,由此得

$$x(t) = \dfrac{1}{\sqrt{mk}}\sin\sqrt{\dfrac{k}{m}}t$$

这就是微分方程的解。可见,该系统在冲击力 $\delta(t)$ 作用下的运动是以 $1/\sqrt{mk}$ 为振幅的简谐运动,其角频率为 $\sqrt{k/m}$。

附录B 传递函数和方框图

一、传递函数

1. 传递函数的定义

传递函数的定义是：对一个常系数线性系统，当初始条件为零时，系统输出量（响应函数）$y(t)$的拉氏变换$Y(s)$与系统输入量（驱动函数）$x(t)$的拉氏变换$X(s)$之比，称为该系统的传递函数，记为

$$G(s) = \frac{Y(s)}{X(s)}$$

一个常系数线性系统，输入$x(t)$与输出$y(t)$之间的关系可以用一个常系数线性微分方程来描述：

$$a_n \frac{d^n}{dt^n} y(t) + a_{n-1} \frac{d^{n-1}}{dt^{n-1}} y(t) + \cdots + a_1 \frac{d}{dt} y(t) + a_0 y(t)$$
$$= b_m \frac{d^m}{dt^m} x(t) + b_{m-1} \frac{d^{m-1}}{dt^{m-1}} x(t) + \cdots + b_1 \frac{d}{dt} x(t) + b_0 x(t)$$
$$(n \geqslant m)$$

当初始条件为零时，即当$t=0$时，系统的初始状态$x(0)$、$\frac{d}{dt}x(0)$、$\cdots$及$y(0)$、$\frac{d}{dt}y(0)$、$\cdots$均为零，对方程两边各项进行拉氏变换，则

$$(a_n s^n + a_{n-1} s^{n-1} + \cdots + a_1 s + a_0) Y(s) = (b_m s^m + b_{m-1} s^{m-1} + \cdots + b_1 s + b_0) X(s)$$

可得其传递函数为

$$G(s) = \frac{Y(s)}{X(s)} = \frac{b_m s^m + b_{m-1} s^{m-1} + \cdots + b_1 s + b_0}{a_n s^n + a_{n-1} s^{n-1} + \cdots + a_1 s + a_0} \qquad (n \geqslant m)$$

由上式可见，传递函数是复变数s的代数多项式，它表示了系统输入与输出之间的关系，即表示了系统的特性。

2. 传递函数的特性

传递函数有下述一些特性：

1) 传递函数表示了系统本身的特性。其分子表示输入量的特性，只取决于外界对系统的作用，而与系统本身的特性无关；分母表示输出量的特性，只决定于系统本身的特性，而与外界的影响无关。分母中s的最高阶数表示系统的阶数，即输出量的最高阶导数的阶数；

2) 输入量和输出量均已进行了拉氏变换，所以求解它们之间的关系可以借用拉氏变换表而不必解微分方程，这就使分析和计算大为简便。如果一系统的传递函数和输入已知，则可按$Y(s) = G(s) X(s)$的关系得到$Y(s)$，再进行拉氏反变换得出系统输出$y(t)$。所以，尽管现代控制理论有了很大的发展，但用传递函数来分析和设计常系数线性系统仍是最简单的基本方法；

3) 系统有传递函数，组成系统的各环节及元件也有传递函数。系统的传递函数是各组

成环节及元件传递函数的组合；

4) 传递函数可以是有量纲的，也可以是无量纲的，完全取决于输入量和输出量之间的联系；

5) 不同物理性质的系统或元件，可以具有相同类型的传递函数。

二、方框图

系统方框图是系统中各个环节或元件的功能和作用信号流向的图解表示方法。单独一个环节或元件也可用方框图表示其功能和信号的流向。方框图形象地表示出系统内部及各环节的函数功能，以及各变量之间的关系。所以，方框图是系统分析和设计的一个有用工具。

附录图 2-1 所示为一闭环系统的方框图。显然，反馈信号 $B(s) = H(s)Y(s)$ 的量纲必须与输入信号 $X(s)$ 的量纲相同，否则不能在比较环节相加。这必须由反馈环节 $H(s)$ 保证。

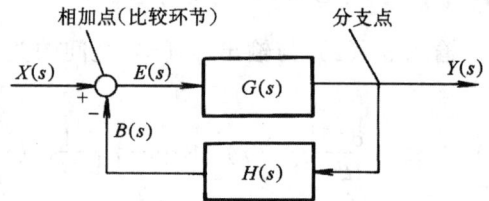

附录图 2-1　闭环系统方框图

图中输入信号 $X(s)$ 与反馈信号 $B(s)$ 之差称为偏差信号 $E(s) = X(s) - B(s)$。

输出信号 $Y(s)$ 与偏差信号 $E(s)$ 之比叫做前向传递函数，即

$$G(s) = \frac{Y(s)}{E(s)}$$

反馈信号 $B(s)$ 与偏差信号 $E(s)$ 之比叫做开环传递函数，即

$$G_K(s) = \frac{B(s)}{E(s)} = G(s)H(s)$$

可见，若反馈环节的传递函数 $H(s) = 1$（这种反馈称为单位反馈），则前向传递函数等于开环传递函数。

输出信号 $Y(s)$ 与输入信号 $X(s)$ 之比称为闭环传递函数，即

$$G_B(s) = \frac{Y(s)}{X(s)} = \frac{\frac{Y(s)}{E(s)}}{\frac{E(s)+B(s)}{E(s)}} = \frac{G(s)}{1+G(s)H(s)}$$

上述这些概念在分析闭环系统时经常用到。

实际系统的方框图往往很复杂，为便于分析和计算，常需将其简化或变换。简化过程中必须遵循的原则是：前向通路中各传递函数的乘积必须保持不变，同时反馈回路中各传递函数的乘积也必须保持不变。

附录表 2-1 列出了一些重要的方框图变换规则。

附录表 2-2 为典型环节特性的描述。

附录表 2-1　方框图变换规则

序号	名　称	原方框图	等效方框图
1	串联易位	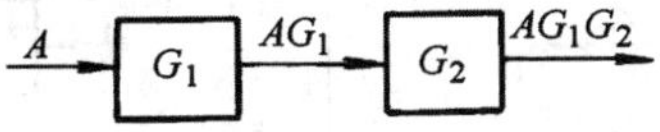 $A \to [G_1] \xrightarrow{AG_1} [G_2] \xrightarrow{AG_1G_2}$	$A \to [G_2] \xrightarrow{AG_2} [G_1] \xrightarrow{AG_1G_2}$
2	串联合并	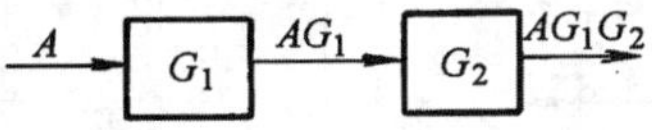 $A \to [G_1] \xrightarrow{AG_1} [G_2] \xrightarrow{AG_1G_2}$	$A \to [G_1G_2] \xrightarrow{AG_1G_2}$
3	并联	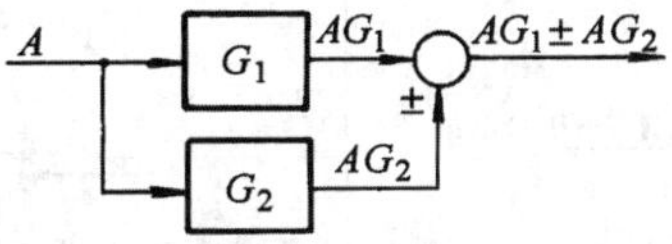 A 分别经 G_1 得 AG_1, G_2 得 AG_2, 相加减得 $AG_1 \pm AG_2$	$A \to [G_1 \pm G_2] \xrightarrow{AG_1 \pm AG_2}$
4	反馈连接	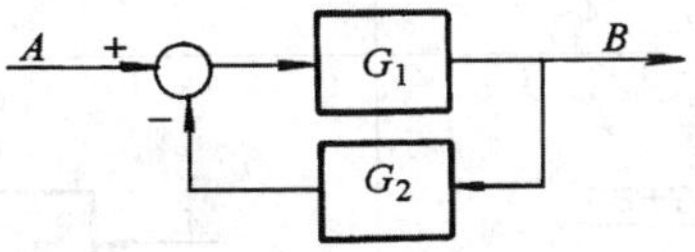 $A \xrightarrow{+} \bigcirc \to [G_1] \to B$, 反馈 G_2	$A \to \left[\dfrac{G_1}{1+G_1G_2}\right] \to B$
5	分支点前移	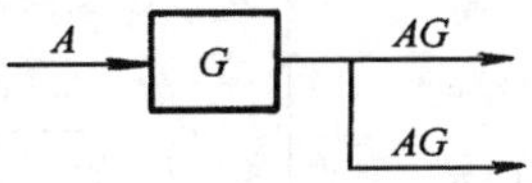 $A \to [G] \to AG$, 分支 AG	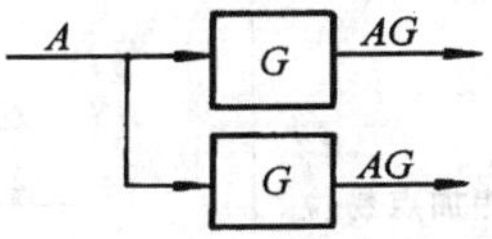 $A \to [G] \to AG$; $A \to [G] \to AG$

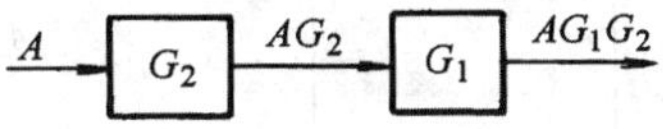

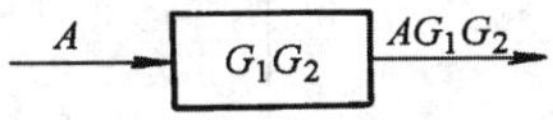

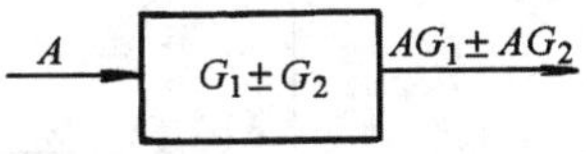

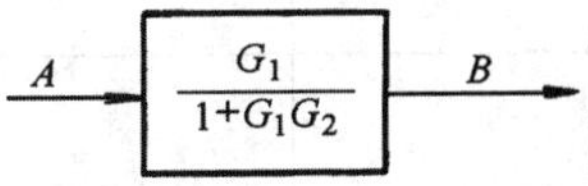

(续)

序号	名 称	原 方 框 图	等 效 方 框 图
6	分支点后移	$A \to \boxed{G} \to AG$，分支 A	$A \to \boxed{G} \to AG$，经 $\boxed{1/G} \to A$
7	分支点易位	A 三路输出 A, A, A	A 三路输出 A, A, A
8	相加点前移	$A \to \boxed{G} \to AG \xrightarrow{\pm B} AG \pm B$	$A \xrightarrow{\pm B/G} \boxed{G} \to AG \pm B$，$B \to \boxed{1/G} \to B/G$
9	相加点后移	$A \xrightarrow{\pm B} \boxed{G} \to AG \pm BG$	$A \to \boxed{G} \to AG \xrightarrow{\pm BG} AG \pm BG$，$B \to \boxed{G} \to BG$
10	相加点易位	$A \xrightarrow{\pm B} A \pm B \xrightarrow{\pm C} (A \pm B) \pm C = d$	$A \xrightarrow{\pm C} A \pm C \xrightarrow{\pm B} (A \pm C) \pm B = d$

附录表 2-2 典型环节特性的描述

典型环节	微分方程		阶跃输入时的瞬态响应		传递函数 $G(s)$	频率响应	
		系统方程	微分方程的解	响应图像		频率特性 $G(j\omega)$	波德图
比例环节		$v = Ku$	$v = Ku$		K	K	
惯性环节		$T\dfrac{dv}{dt} + v = u$	$v = u_s(1 - e^{-\frac{t}{T}})$		$\dfrac{1}{1+Ts}$	$\dfrac{1}{1+j\omega T}$	
积分环节		$T\dfrac{dv}{dt} = u$	$v = \dfrac{t}{T}u_s$		$\dfrac{1}{Ts}$	$\dfrac{1}{j\omega T}$	

（续）

典型环节	微分方程	阶跃输入时的瞬态响应		传递函数 $G(s)$	频率响应	
	系统方程	微分方程的解	响应图像		频率特性 $G(j\omega)$	波德图
微分环节	$v = T\dfrac{\mathrm{d}u}{\mathrm{d}t}$	$v = T\dfrac{\mathrm{d}u_s}{\mathrm{d}t}$	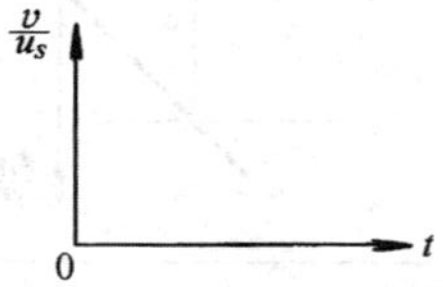	Ts	$j\omega T$	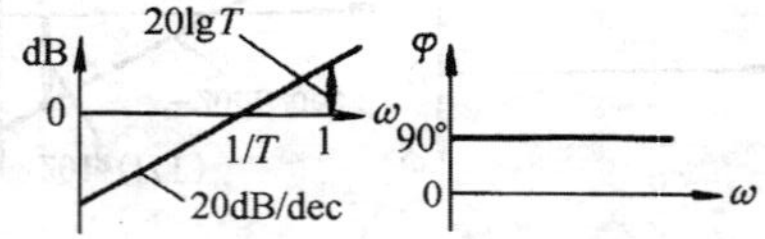
振荡环节	$T^2\dfrac{\mathrm{d}^2v}{\mathrm{d}t^2} + 2\zeta T\dfrac{\mathrm{d}v}{\mathrm{d}t} + v = u$ $(\zeta<1)$	$v = u_s\{1 - \mathrm{e}^{-\zeta\frac{t}{T}}[\cos(\frac{t}{T}\sqrt{1-\zeta^2}) + \frac{\zeta}{\sqrt{1-\zeta^2}}\sin(\frac{t}{T}\sqrt{1-\zeta^2})]\}$	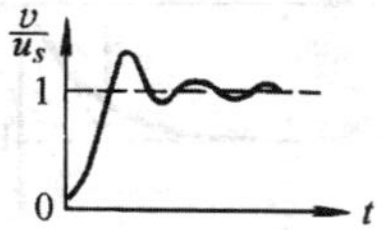	$\dfrac{1}{1+2\zeta Ts+T^2s^2}$	$\dfrac{1}{1+2j\omega\zeta T+(j\omega)^2T^2}$	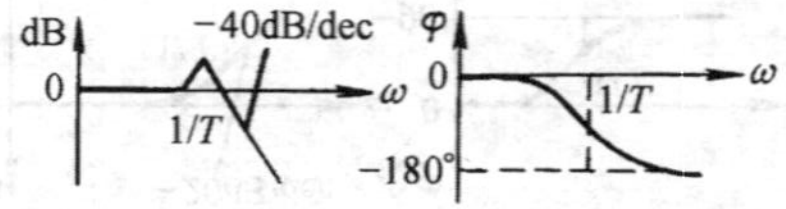
纯滞后环节	$v = u(t - T_T)$	$v = u_s(t - T_T)$	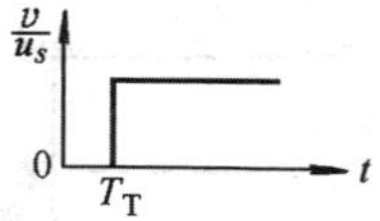	$\mathrm{e}^{-T_r s}$	$\mathrm{e}^{j\omega T_r}$	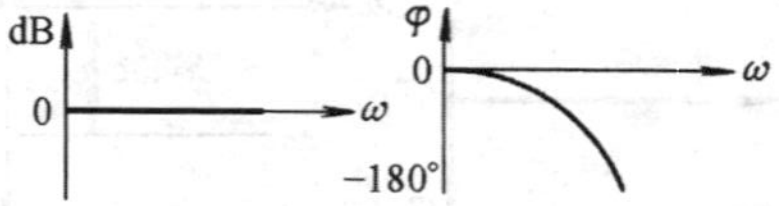

附录C 若干声学性能参考数据

附录表 3-1 响度指数、响度与响度级换算表

倍频程声压级 L_p/dB	倍频程响度指数 N_i/sone									响度 N/sone	响度级 L_N/phon
	31.5	63	125	250	500	1000	2000	4000	8000		
20						0.18	0.30	0.65	0.61	0.25	20
21						0.22	0.35	0.50	0.67	0.27	21
22					0.07	0.26	0.40	0.55	0.73	0.29	22
23					0.12	0.30	0.45	0.61	0.80	0.31	23
24					0.16	0.35	0.50	0.67	0.87	0.33	24
25					0.21	0.40	0.55	0.73	0.94	0.35	25
26					0.26	0.45	0.61	0.80	1.02	0.38	26
27					0.31	0.50	0.67	0.87	1.10	0.41	27
28				0.07	0.37	0.55	0.73	0.94	1.18	0.44	28
29				0.12	0.43	0.61	0.80	1.02	1.27	0.47	29
30				0.16	0.49	0.67	0.87	1.10	1.35	0.50	30
31				0.21	0.55	0.73	0.94	1.18	1.44	0.54	31
32				0.26	0.61	0.80	1.02	1.27	1.54	0.57	32
33				0.31	0.67	0.87	1.10	1.35	1.64	0.62	33
34			0.07	0.37	0.73	0.94	1.18	1.44	1.75	0.66	34
35			0.12	0.43	0.80	1.02	1.27	1.54	1.87	0.71	35
36			0.16	0.49	0.87	1.10	1.35	1.64	1.99	0.76	36
37			0.21	0.55	0.94	1.18	1.44	1.75	2.11	0.81	37
38			0.26	0.62	1.02	1.27	1.54	1.87	2.24	0.87	38
39			0.31	0.67	1.10	1.35	1.64	1.99	2.38	0.93	39
40		0.07	0.37	0.77	1.18	1.44	1.75	2.11	2.53	1.00	40
41		0.12	0.43	0.85	1.27	1.54	1.87	2.24	2.68	1.07	41
42		0.16	0.49	0.94	1.35	1.64	1.99	2.38	2.84	1.15	42
43		0.21	0.55	1.04	1.44	1.75	2.11	2.53	3.0	1.23	43
44		0.26	0.62	1.13	1.54	1.87	2.24	2.68	3.2	1.32	44
45		0.31	0.69	1.23	1.64	1.99	2.38	2.84	3.4	1.41	45
46	0.07	0.37	0.77	1.33	1.75	2.11	2.53	3.0	3.6	1.52	46
47	0.12	0.43	0.85	1.44	1.87	2.24	2.68	3.2	3.8	1.62	47
48	0.16	0.49	0.94	1.56	1.99	2.36	2.84	3.4	4.1	1.74	48
49	0.21	0.55	1.04	1.69	2.11	2.53	3.0	3.6	4.3	1.87	49
50	0.26	0.62	1.13	1.82	2.24	2.68	3.2	3.8	4.6	2.00	50
51	0.31	0.69	1.23	1.96	2.36	2.84	3.4	4.1	4.9	2.14	51
52	0.37	0.77	1.33	2.11	2.53	3.0	3.6	4.3	5.2	2.30	52
53	0.43	0.85	1.44	2.24	2.68	3.2	3.8	4.6	5.5	2.46	53

(续)

倍频程声压级 L_p/dB	倍频程响度指数 N_i/sone									响度 N/sone	响度级 L_N/phon
	31.5	63	125	250	500	1000	2000	4000	8000		
54	0.49	0.94	1.56	2.36	2.84	3.4	4.1	4.9	5.8	2.64	54
55	0.55	1.04	1.69	2.53	3.0	3.6	4.3	5.2	6.2	2.83	55
56	0.62	1.13	1.82	2.66	3.2	3.8	4.6	5.5	6.6	3.03	56
57	0.69	1.23	1.96	2.84	3.4	4.1	4.9	5.8	7.0	3.25	57
58	0.77	1.33	2.11	3.0	3.6	4.3	5.2	6.2	7.4	3.48	58
59	0.85	1.44	2.27	3.2	3.8	4.6	5.5	6.6	7.8	3.73	59
60	0.94	1.56	2.44	3.4	4.1	4.9	5.8	7.0	8.3	4.00	60
61	1.04	1.69	2.62	3.6	4.3	5.2	6.2	7.4	8.8	4.29	61
62	1.13	1.82	2.81	3.8	4.6	5.5	6.6	7.8	9.3	4.59	62
63	1.23	1.96	3.0	4.1	4.9	5.8	7.0	8.3	9.9	4.92	63
64	1.33	2.11	3.2	4.3	5.2	6.2	7.4	8.8	10.5	5.28	64
65	1.44	2.27	3.5	4.6	5.5	6.6	7.8	9.3	11.1	5.66	65
66	1.56	2.44	3.7	4.9	5.8	7.0	8.3	9.9	11.8	6.06	66
67	1.69	2.62	4.0	5.2	6.2	7.4	8.8	10.5	12.6	6.50	67
68	1.82	2.81	4.3	5.5	6.6	7.6	9.3	11.1	13.5	6.96	68
69	1.96	3.0	4.7	5.8	7.0	8.3	9.9	11.8	14.4	7.46	69
70	2.01	3.2	5.0	6.2	7.4	8.8	10.5	12.6	15.3	8.00	70
71	2.27	3.5	5.4	6.6	7.8	9.3	11.1	13.5	16.4	8.6	71
72	2.44	3.7	5.8	7.0	8.3	9.9	11.8	14.4	17.5	9.2	72
73	2.62	4.0	6.2	7.4	8.8	10.5	12.6	15.3	18.7	9.8	73
74	2.81	4.3	6.6	7.8	9.3	11.1	13.5	16.4	20.0	10.6	74
75	3.0	4.7	7.0	8.3	9.9	11.8	14.4	17.5	21.4	11.3	75
76	3.2	5.0	7.4	8.8	10.5	12.6	15.3	18.7	23.0	12.1	76
77	3.5	5.4	7.8	9.3	11.1	13.5	16.4	20.0	24.7	13.0	77
78	3.7	5.8	8.3	9.9	11.8	14.4	17.5	21.4	26.5	13.9	78
79	4.0	6.2	8.8	10.5	12.6	15.3	18.7	23.0	28.5	14.9	79
80	4.3	6.7	9.3	11.1	13.5	16.4	20.0	24.7	30.5	16.0	80
81	4.7	7.2	9.9	11.3	14.4	17.5	21.4	26.5	32.9	17.1	81
82	5.0	7.7	10.5	12.6	15.3	18.7	23.0	28.5	35.3	18.4	82
83	5.4	8.2	11.1	13.5	16.4	20.0	24.7	30.5	40	19.1	83
84	5.8	8.8	11.8	14.4	17.5	21.4	26.5	32.9	41	21.1	84
85	6.2	9.4	12.6	15.3	18.7	23.0	28.5	35.3	44	22.6	85
86	6.7	10.1	13.5	16.4	20.0	24.7	30.5	38	48	24.3	86
87	7.2	10.9	14.4	17.5	21.4	26.5	32.9	41	52	26.0	87
88	7.7	11.7	16.3	18.7	23.0	28.5	35.3	44	56	27.9	88
89	8.2	12.6	16.4	20.0	24.7	30.5	38	48	61	29.9	89
90	8.8	13.6	17.5	21.4	26.5	32.9	41	52	66	32.0	90
91	9.4	14.8	18.7	23.0	28.5	35.3	44	56	71	34.3	91
92	10.1	16.0	20.0	24.7	30.5	38	48	61	77	36.8	92
93	10.6	17.3	21.4	26.5	32.9	41	52	66	83	39.4	93

（续）

倍频程声压级 L_p/dB	倍频程响度指数 N_i/sone									响度 N/sone	响度级 L_N/phon
	31.5	63	125	250	500	1000	2000	4000	8000		
94	11.7	18.7	23.0	28.5	35.3	44	56	71	90	42.2	94
95	12.6	20.0	24.7	30.5	38	48	61	77	97	45.3	95
96	13.6	21.4	26.5	32.5	41	52	66	83	105	48.5	96
97	14.8	23.0	28.5	35.3	44	56	71	90	113	52.0	97
98	16.0	24.7	30.5	38	48	61	77	97	121	55.7	98
99	17.3	26.5	32.5	41	52	66	83	105	130	59.7	99
100	18.7	28.5	35.5	44	56	71	90	113	139	64.0	100
101	20.3	30.5	38	48	61	77	97	121	149	68.9	101
102	22.1	32.9	41	52	66	83	105	130	160	73.5	102
103	24.0	35.3	44	56	71	90	113	139	171	78.8	103
104	26.1	38	48	61	77	97	121	149	184	84.4	104
105	26.5	41	52	66	83	105	130	160	197	90.5	105
106	31.0	44	56	71	90	113	139	171	211	97	106
107	33.9	48	61	77	97	121	149	184	226	104	107
108	36.9	52	66	83	105	130	160	197	242	111	108
109	40.3	56	71	90	113	139	171	211	260	119	109
110	44	61	77	97	121	149	184	226	278	128	110
111	49	66	83	105	130	160	197	242	298	137	111
112	54	71	90	113	139	171	211	260	320	147	112
113	59	77	97	121	149	184	226	278	343	158	113
114	65	83	105	130	160	197	242	298	367	169	114
115	71	90	113	139	171	211	260	320		181	115
116	77	97	127	149	184	226	276	343		194	116
117	83	105	130	160	197	242	298	367		208	117
118	90	113	139	171	211	260	320			223	118
119	97	121	149	184	226	278	343			239	119
120	105	130	160	197	242	298	367			256	120
121	113	139	171	211	260	320				274	121
122	121	149	184	226	278	343				294	122
123	130	160	197	242	298	367				315	123
124	139	171	211	260	320					338	124
125	149	184	226	278	343					362	125

附录表 3-2 材料的吸收因数

（1）纤维材料类吸收因数表（驻波管值）

纤维材料	厚度 δ/cm	体积质量 ρ/g·cm^{-3}	中心频率 f_c/Hz					
			125	250	500	1000	2000	4000
1．玻璃纤维	5	0.10	0.15	0.38	0.81	0.83	0.79	0.74
2．超细玻璃纤维	5	—	0.25	0.41	0.82	0.83	0.89	—
3．矿渣棉	6	0.24	0.25	0.55	0.79	0.75	0.88	—
4．石棉	2.5	0.21	0.06	0.35	0.50	0.46	0.52	0.65

（2）纤维制品类吸收因数表（驻波管值）

纤维制品	厚度 δ/cm	体积质量 ρ/g·cm^{-3}	中心频率 f_c/Hz					
			125	250	500	1000	2000	4000
1．甘蔗板	1.3	0.20	0.12	0.19	0.28	0.54	0.49	0.70
2．木丝板	3	0.52	0.05	0.07	0.15	0.56	0.90	—
3．麻纤维板	2	0.26	0.09	0.11	0.16	0.22	0.28	—
4．玻璃棉板	5	0.64	0.06	0.17	0.48	0.81	0.95	0.90
5．石棉板	0.8	1.88	0.02	0.03	0.05	0.06	0.11	0.28
6．沥青软木板	3.5	0.22	0.05	0.06	0.29	0.35	0.34	0.50
7．工业毛毡	2	0.37	0.07	0.26	0.42	0.40	0.55	0.56
8．沥青玻璃棉毡	3	0.06	0.11	0.13	0.26	0.46	0.75	0.88
9．超细玻璃棉毡	4	—	0.08	0.24	0.89	0.69	0.77	—
10．沥青矿棉毡	3	0.2	0.08	0.18	0.50	0.68	0.81	0.89
11．泡沫玻璃	4	0.16	0.11	0.27	0.35	0.31	0.43	—
12．树脂棉板	5	0.34	0.06	0.17	0.48	0.81		

（3）塑料制品类吸收因数表（驻波管值）

塑料制品	厚度 δ/cm	体积质量 ρ/g·cm^{-3}	中心频率 f_c/Hz					
			125	250	500	1000	2000	4000
1．硬聚氯乙烯泡沫塑料板	2.5	0.01	0.04	0.04	0.17	0.56	0.28	0.58
2．酚醛泡沫塑料	2	0.16	0.08	0.15	0.30	0.52	0.56	0.60
3．聚胺甲酸脂泡沫塑料	2	0.04	0.11	0.13	0.27	0.69	0.98	0.79
4．微孔聚脂泡沫塑料	4	0.03	0.10	0.14	0.26	0.50	0.82	0.77
5．粗孔聚胺脂泡沫塑料	4	0.04	0.10	0.10	0.20	0.59	0.68	0.85
6．聚氯乙烯塑料	0.41	0.29	0.03	0.02	0.06	0.29	0.13	0.13
7．尿基米波罗	3	0.02	0.10	0.17	0.45	0.67	0.65	0.85

（4）灰泥制品类吸收因数表（驻波管值）

灰泥制品	厚度 δ/cm	体积质量 ρ/g·cm^{-3}	中心频率 f_c/Hz					
			125	250	500	1000	2000	4000
1．微孔吸声砖	9.5	0.34	0.41	0.75	0.66	0.76	0.81	—
	5	0.34	0.11	0.38	0.84	0.75	—	—
2．加气微孔耐火砖	3.5	0.37	0.08	0.22	0.38	0.45	0.65	0.66
	5.5	0.62	0.20	0.46	0.60	0.52	0.65	0.62
3．常石英砂吸声砖	6.5	1.5	0.08	0.24	0.78	0.43	0.38	
4．泡沫混凝土块	2	0.27	0.05	0.09	0.23	0.64	0.78	—
	5	0.29	0.21	0.39	0.45	0.50	0.58	—

(续)

(4) 灰泥制品类吸收因数表（驻波管值）

灰泥制品	厚度 δ/cm	体积质量 ρ/g·cm^{-3}	中心频率 f_c/Hz					
			125	250	500	1000	2000	4000
5. 加气混凝土	9	0.67	0.08	0.10	0.10	0.19	0.27	0.20
	15	0.5	0.08	0.14	0.19	0.28	0.34	0.45
6. 粘土砖	6	1.84	0.07	0.07	0.13	0.07	0.07	0.11
7. 泡沫石膏	2.5	0.21	0.06	0.18	0.50	0.70	0.55	0.50
8. 水泥蛭石板	5~10	0.43~0.50	—	0.10	0.23	0.45	0.43	0.50
9. 沥青蛭石板	5~7	0.35~0.40	0.10	0.40	0.40	0.75	0.52	0.70
10. 空心砖[①]150mm, A型, 未喷漆			0.50	0.68	0.28	0.30	0.48	0.56
150mm, A型, 喷漆			0.62	0.84	0.36	0.43	0.27	0.50
200mm, A型, 未喷漆			0.75	0.44	0.24	0.27	0.29	0.33
150mm, B型, 喷漆			0.31	0.97	0.56	0.47	0.51	0.53
200mm, B型, 喷漆			0.74	0.57	0.45	0.35	0.36	0.34

① A型有两条槽，B型有三条宽槽，内填矿棉，都是加气混凝土制的。

附录表 3-3 常用材料的固有隔声量 R_0

材料或构件	厚度 t/mm	面质量 ρ_A/kg·m^{-2}	各频率（Hz）下的固有隔声量 R_0/dB						平均隔声量 R_{av}/dB
			125	250	500	1000	2000	4000	
钢板（背后有加强肋，肋间的方格尺寸不大于1m×1m）	0.7		15	19	23	26	30	34	24.5
	1	7.8	17	21	25	28	32	36	26.5
	2	15.6	20	24	28	32	36	35	29.2
	3	23.4	23	27	31	35	37	40	30.5
	4	31.2	25	29	33	36	34	34	31.8
	8	62.4	28	32	36	34	33	40	33.8
平板玻璃	3	8.5	—	—	—	—	—	—	24
	6	17.0	—	—	—	—	—	—	30
胶合板	3	2.4	11	14	19	23	26	27	20
	5	4.0	12	16	20	24	27	27	21
	8	6.4	16	20	24	27	27	27	23.5
木丝板	20	12	23	26	26	26	26	26	25.5
石膏板（石膏混泥土板）	80	115	28	33	37	39	44	44	37.5
	95	135	32	37	37	42	48	53	41.5
砖墙（两面抹灰）	半砖	220	34	36	42	50	58	60	47
	一砖	240	43	45	52	58	59	57	52
空心砖墙（双面抹灰）	150	197	23	33	30	38	42	39	34
钢筋混凝土板	40	100	32	36	35	38	37	53	38.5
	100	250	34	40	40	44	50	55	43.8
	200	500	40	44	44	50	55	60	48.2
	300	750	44.5	50	58	65	69	69	59.3
加气混凝土块墙（抹灰）	150	175	28	36	29	46	54	55	43
双层砖墙表面抹灰	中间空气层 150	800	50	51	58	71	78	80	65
双层混凝土墙厚 120mm	中间空气层 40	200	38	45	47	58	63	62	52

附录表 3-4 单层与双层隔声结构的隔声量 R

类别	材料及构造	面质量 $\rho_A / \text{kg} \cdot \text{m}^{-2}$	隔声量 R/dB 平均	隔声指数[①]
单层结构	1mm 铝板（合金铝）	2.6	20.5	22
	1mm 铝板 + 0.35mm 镀锌铁皮	5.0	22.7	25
	1mm 铝板涂 2～3mm 象牌石棉漆	3.4	23.1	25
	1mm 铝板涂 2～3mm 象牌石棉漆并贴 0.35mm 镀锌铁皮	5.8	28.1	30
	1mm 钢板	7.8	27.9	31
	1mm 钢板 + 0.5mm 钢板	11.4	28.7	30
	1mm 钢板涂 3mm 象牌石棉漆	9.6	30.1	32
	1mm 钢板涂象牌石棉漆加 0.5mm 钢板	13.2	32.8	34
	2mm 铝板	5.2	25.2	27
	1.5mm 钢板	11.7	29.8	32
	1.5mm 钢板 + 0.75mm 钢板	17.5	31.4	31
	1mm 镀锌铁皮	7.8	29.3	30
	1mm 镀锌铁皮涂 2～3mm 阻尼层	9.6	32.1	33
	18mm 草纸板	4	24.5	27
	五合板	3.4	20.6	22
	20mm 碎木压榨板	13.8	28.5	31
	5mm 聚氯乙烯塑料板	7.6	26.6	29
	12mm 纸面石膏板	8.8	24.9	28
	12mm + 9mm 纸面石膏板	15.4	29.3	31
	20mm 无纸石膏板	20.4	30.5	31
	12～15mm 铅丝网抹灰	45.3	33.3	36
	12～15mm 铅丝网抹灰贴 50mm 矿棉毡	52.3	38.0	42
	50mm 五合板蜂窝板	8.7	25.3	29
	50mm 五合板蜂窝板	10.8	29.6	32
双层结构	50mm 石棉水泥板蜂窝板	23	31.8	35
	12～15mm 铅丝网抹灰双层中填 50mm 矿棉毡	94.6	44.4	47
	双层 1mm 铝板（中空 70mm）	5.2	30.0	26
	双层 1mm 铝板涂 3mm 石棉漆（中空 70mm）	6.8	34.9	32
	双层 1mm 铝板 + 0.35mm 镀锌铁皮（中空 70mm）	10.0	38.5	36
	双层 1mm 钢板（中空 70mm）	15.6	41.6	40
	双层 2mm 铝板（中空 70mm）	10.4	31.2	32
	双层 2mm 铝板填 70mm 超细棉	12.0	37.3	39
	双层 1.5mm 钢板（中空 70mm）	23.4	45.7	44

① 隔声指数是入射声的 C 声级和透射声的 A 声级相差的分贝数，用来表示隔声构件隔声性能的指标，系主观的评定标准，比用平均隔声量更能表明隔声构件隔声性能的优劣。

参 考 文 献

1. 朱龙根，黄雨华主编．机械系统设计．北京：机械工业出版社，1992
2. 汪应洛主编．系统工程导论．北京：机械工业出版社，1985
3. 王雨田主编．控制论、信息论、系统科学与哲学．北京：中国人民大学出版社，1986
4. （日）寺野寿郎编．机械系统设计．工程设计学丛书第二册．姜文炳等译．北京：机械工业出版社，1983
5. 刘豹等编著．系统工程概论．北京：机械工业出版社，1987
6. 黄天铭等编著．机械系统学．重庆：重庆出版社，1997
7. 胡胜海主编．机械系统设计．哈尔滨：哈尔滨工程大学出版社，1997
8. 中国现代设计法研究会编．决策管理现代设计法．北京：中国建筑工业出版社，1990
9. 戚昌滋主编．机械现代设计方法学．北京：中国建筑工业出版社，1987
10. 牟致忠，朱文予主编．机械可靠性设计．北京：机械工业出版社，1993
11. （美）周维廉著．在产品设计中降低成本．陈崇祐等译．北京：机械工业出版社，1984
12. 沈明编著．价值工程原理与方法．北京：中国农业机械出版社，1984
13. 傅家骥主编．工业技术经济学．北京：清华大学出版社，1986
14. 徐滨士主编．表面工程与维修．北京：机械工业出版社，1996
15. 上海科学研究所摘编．工程项目可行性研究指南．上海：上海科学技术出版社，1985
16. 董仲元，蒋克铸主编．设计方法学．北京：高等教育出版社，1991
17. （德）G·帕尔，W·拜茨著．工程设计学，学习与实践手册．张直明等译．北京：机械工业出版社，1992
18. 戴曙主编．金属切削机床．北京：机械工业出版社，1997
19. 范宏才主编．现代锻压机械．北京：机械工业出版社，1994
20. 北京化工大学，华南理工大学合编．塑料机械设计（第二版）．北京：中国轻工业出版社，1995
21. 陆振曦，陆守道主编．食品机械原理与设计．北京：中国轻工业出版社，1995
22. 杨长骙，傅东明主编．起重机械（第2版）．北京：机械工业出版社，1992
23. 陆植主编．叉车设计．北京：机械工业出版社，1991
24. 何德誉主编．曲柄压力机．北京：机械工业出版社，1984
25. 徐灏编著．机械强度的可靠性设计．北京：机械工业出版社，1984
26. 徐灏编著．疲劳强度．北京：高等教育出版社，1988
27. 郦明，奥脱·布克斯鲍姆，哈茨·罗毕克．结构抗疲劳设计．北京：机械工业出版社，1987
28. 顾绳谷主编．电机及拖动基础．北京：机械工业出版社，1986
29. 杨连生．内燃机性能及其传动装置的优化匹配．北京：北京学术期刊出版社，1988
30. 北方工业大学流体传动与控制教研室等编．气动元件及系统设计．北京：机械工业出版社，1995
31. 林建亚等编．液压元件．北京：机械工业出版社，1988
32. 郑洪生．气压传动及控制．北京：机械工业出版社，1988
33. 方佳雨，张国柱编．煤矿机械液力传动．北京：煤炭工业出版社，1987
34. 曹惟庆，徐曾荫主编．机构设计．北京：机械工业出版社，1997
35. 杨廷力著．机械系统基本理论——结构学·运动学·动力学．北京：机械工业出版社，1996
36. 唐锡宽，金德闻．机械动力学．北京：高等教育出版社，1983
37. 徐业宜主编．机械系统动力学．北京：机械工业出版社，1991
38. 张策等．弹性连杆机构的分析与设计．北京：机械工业出版社，1989
39. 石永刚，徐振华编著．凸轮机构设计．上海：上海科学技术出版社，1995
40. （德）韦布 RM，霍利斯 WS．传送机构．王绍杰等译．上海：上海科学技术出版社，1980
41. （德）韦布 RM，霍利斯 WS．工作移置机构．雷锡銮等译．上海：上海科学技术出版社，1982

42　（德）韦布 RM，霍利斯 WS．工作头机构．胡潮曾等译．上海：上海科学技术出版社，1983
43　汤瑞编著．轻工机械设计．上海：同济大学出版社，1994
44　阮忠唐主编．机械无级变速器．北京：机械工业出版社，1983
45　杨信．汽车构造．北京：人民交通出版社，1995
46　高敏．机电产品艺术造型基础．成都：四川科学技术出版社，1984
47　崔靖．汽车构造与使用．西安：陕西科学技术出版社，1985
48　杨叔子，杨克冲主编．机械工程控制基础．武汉：华中工学院出版社，1984
49　钱学森，宋健．工程控制论（修订版）上册．北京：科学出版社，1980
50　冯淑华等编著．机械控制工程基础．北京：北京理工大学出版社，1991
51　（日）绪方胜彦著．现代控制工程．卢伯英等译．北京：科学出版社，1980
52　何铖编．现代控制理论基础．北京：机械工业出版社，1989
53　沈安俊．电气自动控制．北京：机械工业出版社，1988
54　尹估盛等编著．机械控制学．重庆：重庆出版社，1997
55　毕承恩等编著．现代数控机床，上、下册．北京：机械工业出版社，1993
56　廖效果，朱启逑主编．数字控制机床．武汉：华中理工大学出版社，1992
57　吴祖育．数控机床（第二版）．上海：上海科学技术出版社，1990
58　徐元昌．机械电子技术．上海：同济大学出版社，1995
59　（美）S·M·欣内尔斯著．现代控制系统理论及应用．李育才译．北京：机械工业出版社，1981
60　屈维德主编．机械振动手册．北京：机械工业出版社，1992
61　张策主编．机床噪声——原理及控制．天津：天津科学技术出版社，1984
62　王文奇编著．噪声控制技术及其应用．沈阳：辽宁科学出版社，1985
63　方丹群等编著．噪声控制．北京：北京出版社，1986
64　Ghering．W．L．噪声控制参考手册．徐子江等译．上海：上海科学技术文献出版社，1982
65　陈绎勤编著．噪声与振动的控制．北京：中国铁道出版社，1985
66　郑长聚等编著．实用工业噪声控制技术．上海：上海科学技术出版社，1982
67　郭秀兰等编著．工业噪声论文专集．上海：同济大学出版社，1989
68　张建寿，谢咏絮等编著．机械和液压噪声及其控制．上海：上海科学技术出版社，1987
69　柳昌庆等主编．测试技术与实验方法．北京：中国矿业大学出版社，1997
70　杨玉致编著．机械噪声测量和控制原理．北京：轻工业出版社，1984
71　Harris．C．M．Handbook of Noise Control．Second Edition．New York：McGRAW-HILL Book Company，1979
72　动力机器基础设计规范 GB50040-96．北京：中国计划出版社，1997
73　姜俊平等编．振动计算与隔振设计．北京：中国建筑工业出版社，1985
74　Beards．C．F．Vibrations and Control Systems．England：ELLIS HORWOOD LIMITED，1988
75　机械工程手册编委会．机械工程手册第 2、4、14、17、38 卷．北京：机械工业出版社，1997
76　徐灏主编．机械设计手册第 1～5 卷．北京：机械工业出版社，1991
77　吴宗泽主编．机械结构设计．北京：机械工业出版社，1988